Metropolitan

国家"十四五"重点研发计划课题：
城市群都市圈人居环境规划建设及空间优化理论方法
（课题编号：2022YFC3800101）

大都市圈特色小镇

发展的理论与实践

张沛 李赢 陈超 等 著

中国建筑工业出版社

图书在版编目（CIP）数据

大都市圈特色小镇发展的理论与实践 / 张沛等著
. —北京：中国建筑工业出版社，2023.7
ISBN 978-7-112-28920-2

Ⅰ.①大… Ⅱ.①张… Ⅲ.①小城镇—城市建设—研
究—中国 Ⅳ.① F299.21

中国国家版本馆CIP数据核字（2023）第128798号

责任编辑：杨　虹　尤凯曦
责任校对：芦欣甜
校对整理：张惠雯

　　本书中融合多学科理论视野，在梳理都市圈特色小镇的基础理论、典型
案例的基础上，识别都市圈特色小镇发展的要素体系，搭建不同发展阶段核
心动力机制的理论模型，构建都市圈特色小镇发展绩效评价体系，对国内典
型对象进行绩效水平测度，并通过勾勒都市圈特色小镇发展的理想图景，探
索不同类型、不同阶段的关键路径和适宜模式，最后以南京都市圈特色小镇
和西安都市圈特色小镇规划实践为例进行实证研究。

大都市圈特色小镇发展的理论与实践
张沛　李赢　陈超　等 著
＊
中国建筑工业出版社出版、发行（北京海淀三里河路9号）
各地新华书店、建筑书店经销
北京海视强森文化传媒有限公司制版
北京中科印刷有限公司印刷
＊
开本：787毫米×1092毫米　1/16　印张：26¼　字数：475千字
2024年1月第一版　2024年1月第一次印刷
定价：**98.00**元
ISBN 978-7-112-28920-2
（41651）

前言 | Preface

经过改革开放四十多年的快速发展，中国城镇化水平显著提高，常住人口城镇化率由 1978 年末的 17.92% 增加到 2021 年末的 64.7%，在这个过程中经历了恢复发展阶段（1978—1983 年）、稳步发展阶段（1984—1995 年）、快速发展阶段（1996—2011 年）和新型城镇化阶段（2012 年至今）四个阶段。伴随我国城镇化水平不断提升，人口持续向大城市聚集，城镇间经济分工与协作联系愈发紧密，城市人口、城市数量快速增加，城市规模快速提升，根据国家统计局公布的第七次全国人口普查数据，我国已有城区常住人口超 1000 万的超大城市 7 座、城区常住人口在 500 万～1000 万之间的特大城市 14 座，大城市与周边城镇共同构成的一体化区域成为近年来我国区域发展的重要空间形态。党的十八大以来，我国高度重视城市群建设工作，中央城镇化工作会议、中央城市工作会议和《国家新型城镇化规划（2014—2020 年）》都提出以城市群为新型城镇化的主体形态。党的十九大报告明确提出"以城市群为主体构建大中小城市和小城镇协调发展的城镇格局，加快农业转移人口市民化"，都市圈作为城市群内部承上启下的重要环节，是以超大特大城市为中心、通过辐射效应与周边地区相互联系的社会经济高度一体化区域，成为推进新型城镇化战略和区域协调发展的主要载体。2019 年 2 月，国家发展改革委发布《关于培育发展现代都市圈的指导意见》，提出要培育发展一批现代化都市圈，形成区域竞争新优势，为城市群高质量发展、经济转型升级提供重要支撑。《中华人民共和国国民经济和社会发展第十四个五年规划和 2035 年远景目标纲要》中也提出，"深入推进以人为核心的新型城镇化战略，以城市群、都市圈为依托促进大中小城市和小城镇协调联动、特色化发展"。培育发展现代化都市圈是推动城市群一体化发展的重要途径，也是转变超大特大城市发展方式、促进大中小城市协调发展的重要抓手，能够带动国家经济发展和参与国际竞合，不仅可以吸引资金、人才和产业集聚，形成区域竞争新优势，而且也是有机疏解中心城市非核心功能、解决"大城市病"的有效途径。

特色小镇是现代经济发展到一定阶段的新型产业布局形态，通过重点培育发展主导产业，吸引人才、技术、资金等先进要素集聚，具有产业特而强、功能聚而合、形态小而美、机制新而活的特点。自 2015 年年底中央对浙江特色小镇的创新经济模式作出重要批示后，2016 年 7 月住房和城乡建设部、国家发改委、财政部联合发布通知，决定在全国范围开展特色小镇培育工作，提出到 2020 年培育 1000 个左右各具特色、富有活力的休闲旅游、商贸物流、现代制造、教育科技、传统文化、美丽宜居等特色小镇。此后，从国家到地方各级政府相继出台一系列政策，从土地、财政、金融、人才等多个方面鼓励和支持特色小镇的发展，并吸引大型房地产企业等大量社会资本涌入特色小镇领域，依托自身优势资源探索特色小镇发展路径。各地特色小镇的规划建设出现一拥而上、热火朝天的局面，地方政府亦将其作为招商引资、出政绩的"风口"，高速发展下特色小镇概念不清、房地产化、特色产业发展薄弱等问题严重，国家部委陆续出台《关于规范推进特色小镇和特色小城镇建设的若干意见》《关于建立特色小镇和特色小城镇高质量发展机制的通知》《关于促进特色小镇规范健康发展意见的通知》等文件开展规划纠偏工作，通过曝光负面警示案例和推广典型经验来引导全国特色小镇建设，并于 2021 年 9 月由国家发改委等十部委联合发布《关于印发全国特色小镇规范健康发展导则的通知》，确定了特色小镇 13 项定量的具体指标，逐步建立特色小镇文件体系，明确操作细则。经过几年的发展，全国各地区特色小镇建设取得了一定的成效，逐渐从注重数量转向注重质量，国家发改委数据显示，截至 2021 年上半年，全国 1600 个左右特色小镇共吸纳就业人数约 440 万人，近几年累计完成投资约 3.5 万亿元，年缴纳税金约 2800 亿元，每个特色小镇累计完成投资平均约 21 亿元，吸纳就业人数平均约 2750 人，年均缴纳税金约 1.7 亿元。特色小镇作为经济新常态下发展模式的探索，在产业发展方面能够依托小尺度空间集聚细分产业和企业，促进土地利用效率提升、生产力布局优化和产业转型升级，是经济高质量发展的新平台；在城市发展方面能够疏解大城市中心城区非核心功能，吸纳农业转移人口进城就业生活，促进农业转移人口市民化和就近城镇化，是新型城镇化建设的新载体；在城乡协调方面能够承接城市要素转移，支撑城乡产业协同发展，是城乡融合的新支点；在文化传承方面能够推动传统文化创造性保护、创新性发展，为特色小镇注入文化灵魂，是传统文化传承保护的载体。

从理论层面上讲，都市圈和特色小镇都是城镇化中后期城市经济演进的产物，是城市和区域发展的一种经济地理空间组织形式。都市圈本质上是中心城市与周边城镇在分工协作基础上实现功能互补、共建共享的同城化发展区域，核心驱动力来自于都市圈城镇体系内的集聚和扩散，中心城市利用行政化力量和要素集聚由大城市变成大都市，其所辐射影响的区域由城市圈升级为都市圈。现代化都市圈中的中心城市不仅辐射周边中小城镇，而且辐射周边农村，促进新型城乡关系的形成和先进要素的自由流动。特色小镇作为连接城乡空间的重要节点，主要在中心城市外围地区承接产业转移和要素外溢，通过构建"中心城市＋特色小镇"的战略发展格局，以特色产业集聚和科技创新形成对中心城市产业链的延伸与补充，利用其细分高端的鲜明产业特色、产城人文融合的多元功能特征、集约高效的空间利用特点，成为都市圈建设中优化区域资源配置、带动经济转型升级、推动城乡融合发展的重要力量。因此，研究都市圈特色小镇的发展，是践行中国新型城镇化战略、乡村振兴战略和创新驱动战略的有益探索。

国内外学术界对于都市圈的研究主要集中在都市圈的概念界定、都市圈产业结构升级的特征和机理、都市圈中心城市对外围区域的影响以及都市圈的协同与共生等方面。21世纪以来国外都市圈外围小城镇面临投资匮乏、劳动力缺乏及人口老龄化等诸多挑战，相关研究从建设理论逐渐转向社会问题和可持续发展方面，国内关于都市圈外围小城镇的研究则偏重于发展理念、机制模式、空间形态、特色化发展等方面。特色小镇不同于行政建制镇、产业园区、经济开发区等传统概念，一方面借鉴了国外特色市镇发展理论和实践经验，另一方面也是对国内广东"专业镇"、江苏"苏南模式"、浙江"块状经济"小城镇等类型的创新发展，2015年以来，特色小镇在国家政策支持下迅速发展，学术界也从功能作用、规划建设和发展机制等多个角度进行研究，成为社会经济领域的研究热点，取得了大量的研究成果。总体来看，学术界对于都市圈与特色小镇分别展开研究较多，但从都市圈中心城市与特色小镇相结合的角度来呈现其互动关系、影响机制的研究尚不多见，尤其是特色小镇作为新生事物，针对其发展的理论层面研究还较为薄弱。笔者认为，研究特色小镇如何在都市圈内与中心城市协同与共生具有重大的价值。

针对我国都市圈特色小镇发展的现实基础及目标诉求，本书融合地理学、区域经济学、城乡规划学、社会学等多学科理论视野，在全面梳理都市圈特色小镇的基础理论、归纳总结国内外典型案例经验教训的基础上，识别都市圈特色小镇发展的要素体系，搭建不同发展阶段核心动力机制的理论模型，继而构建都市圈特色小镇发展绩效评价体系，对国内典型对象进行绩效水平测度，并通过勾勒都市圈特色小镇发展的理想图景，探索不同类型不同阶段的关键路径和适宜模式，最后以南京都市圈特色小镇和西安都市圈特色小镇规划实践为例进行实证研究，拓展和丰富都市圈和特色小镇的理论与方法体系。本书的研究特色和探索创新主要集中体现在以下几个方面：①新目标。立足于新时代和新理念，对中国城镇化进程中都市圈特色小镇这一新命题展开研究，开展都市圈—中心城市—特色小镇协同发展的理论和实践探索，实现新型城镇化导向下以人为本的终极发展目标。②新框架。通过基础理论归纳、实践经验借鉴、要素体系搭建、动力机制梳理、绩效水平测度等，凸显研究的学术价值，并针对实证案例找寻有效性对策，彰显研究的实践价值，在理论层面和应用层面构建都市圈特色小镇研究的新框架。③新机制。研究都市圈内推动特色小镇演化发展过程中的动力作用原理或体系，分析都市圈内中心城市与特色小镇的协同和共生关系，识别并梳理其发生阶段、发育阶段及提升阶段不同作用机理所形成的核心动力机制。④新思路。针对都市圈特色小镇这一复合系统，创建"基础理论支撑—典型案例借鉴—现实问题诊断—发展模式构建—规划策略导引"的适宜性研究理路，有效应用于理论探索与实证研究，形成有机的分析整体。⑤新策略。科学研判都市圈特色小镇的发展潜力，剖析其面临的问题和挑战，在都市圈特色小镇发展理想图景的指引下，探索不同发展阶段都市圈和不同类型特色小镇发展的关键路径和适宜模式，以国内典型都市圈特色小镇为实证研究对象提出相应的规划导引策略。

本书的章节内容安排如下：①导论。介绍研究背景与意义，对都市圈和特色小镇的概念进行辨析，界定主要研究对象，从都市圈空间发展研究、都市圈外围市镇发展研究、特色小镇发展研究及都市圈特色小镇发展研究四个方面梳理相关文献，并进行研究述评，提出本书的研究思路和方向。②大都市圈特色小镇发展的基础理论。从经济区位理论、区域经济理论、产业发展理论、城镇发展理论及其他相关理论等多个视角进行分析和解读，为都市圈特色小镇的发展提供理论支撑。③国外大都市圈特色市镇发展的实践经验。选择美国洛杉矶、英国伦敦、日本东京、德国纽伦堡以及法国巴黎五个世界知名都市圈特色市镇发展作为典型案例进行研究，回顾都市圈发展历程，总结中心城市与周边特色市镇的互动机制和发展经验。④国内大都市圈特色小镇发展的实践探索。深度梳理上海、广州、杭州、成都四个国内先发地区都市圈特色小镇的实践探索历程，总结其发展的经验教训，并提出未来发展方向。⑤大都市圈特色小镇发展的要素与机制。结合前文基础理论和国内外典型案例的研究，识别出包括核心要素和支撑要素在内的都市圈特色小镇发展要素体系，并搭建与之相对应的核心动力机制理论模型。⑥大都市圈特色小镇发展的实践检讨。在大都市圈特色小镇发展要素体系基础上，构建都市圈特色小镇发展绩效评价体系，分别选择成熟型、发展型和培育型都市圈中的典型代表进行绩效测度分析，科学评估其发展潜力，并针对存在的问题提出可持续发展思考。⑦大都市圈特色小镇发展的路径与模式。针对国内不同阶段都市圈发展特色小镇与不同类型特色小镇提出相应的发展路径，通过对特色小镇产业发展模式、开发模式、投融资模式、空间组织模式及运营模式的系统梳理及分析，构建大都市圈特色小镇的发展模式理论框架，并以发展阶段都市圈作为情景战略的研究对象，探索不同情景下不同类型特色小镇的模式选择。⑧典型大都市圈特色小镇发展的规划策略。以发展阶段的多中心结构南京都市圈和单中心结构西安都市圈作为实证研究对象，分析都市圈特色小镇的发展历程、发展潜力、发展目标，针对性地提出总体规划策略引导未来发展。⑨结论与展望。概括总结都市圈特色小镇发展的互动机制、要素体系、动力机制、发展路径与模式等研究重点与结论，指出研究中的不足，并对下一步的深入研究提出展望。

本书由西安建筑科技大学建筑学院张沛、李赢、陈超等著，高云嵩、李致君、崔瑞文参与并辅助完成了基础资料梳理等工作。多年来，张沛教授团队一直致力于都市圈规划、城乡一体化等研究与实践，先后承担多项省市级特色小镇相关的咨询研究课题，并主持完成多个特色小镇的规划实践，本书是在此基础上拓展完成的。写作过程中我们参阅了大量的相关文献，在此谨向有关文献的作者致以诚挚的谢意，如有引用疏漏，敬请谅解。感谢中国建筑工业出版社本书编辑团队为本书出版所付出的辛勤劳动。

本书仅仅是对我国大都市圈特色小镇理论和规划实践的初步研究，仍有许多问题有待深入探索，限于作者水平，书中还难免存在不足之处，敬请专家、学者及读者批评指正。

目录 | Content

研究背景与意义

概念辨析与对象界定

国内外相关研究综述

研究思路与技术路线

导　论

1.1　研究背景与意义

都市圈是中心城市通过辐射效应与周边地区相互联系的区域，也是城乡融合程度最高的地区。都市圈的概念来源于西方，我国学者结合国内大城市的地域空间组织形式进行广泛研究，借鉴西方发达国家的理论研究和实践经验来指导国内的发展。都市圈的建设已成为我国城镇化和区域发展的重要战略之一，引导都市圈内中心城市产业升级并带动区域发展被认为是优化区域经济和空间结构的重要途径。特色小镇是聚集特色产业，融合文化、旅游、社区等功能的创新创业发展平台，培育和发展特色小镇，有利于实现小空间大集聚、小平台大产业、小载体大创新，促进新旧动能转化、经济转型升级，打造特色小镇是推进以人为核心的新型城镇化、实现乡村振兴及创新驱动战略的一项重要举措。研究都市圈特色小镇对于发展区域经济、构建创新网络具有很强的必要性和紧迫性。

1.1.1　研究背景

1. 时代背景

20 世纪 60 年代以来城市化进程加速发展，以发达国家为代表的大城市巨型化、中心化特征明显，中心城市在区域发展中扮演重要角色，与周边中小城镇经济联系逐渐加强，同时区域之间的人口与产业互动开始出现，催生城市群和都市圈概念的兴起和发展。当前都市圈是世界经济最活跃的区域，也是国家和地区参与全球竞争的重要空间单元，数据显示 90% 以上的世界 500 强企业集中分布在全球大都市圈内，Scott（2002）将这一现象称为"世界都市圈增长时代"[①]。改革开放 40 年来我国处于快速城镇化阶段，以北京、上海、广州等中心城市为核心的都市圈逐渐发展并成熟，对我国区域经济和空间发展发挥着重要支撑作用。2019 年年末我国常住人口城镇化率达到 60.6%，常住城镇人口达到 8.5 亿人，

---

① SCOTT A. Global city-regions: trends, theory, policy[M]. Oxford: Oxford University Press, 2002.

标志着城镇化进程迈入中后期，由高速发展阶段转向高质量发展阶段，城市群成为新型城镇化的主体形态，都市圈作为城市群的核心组成部分，也成为我国推进高质量城镇化的重要抓手。

都市圈是城乡融合程度最高和中小城镇发展最快的地区，中心城市周边中小城镇特色化、差异化发展成为区域产业升级和空间重构的载体。我国城镇化早期的广东专业镇模式、江苏苏南模式、浙江块状经济模式等均是典型代表，2019 年广东、江苏、浙江三省的城镇化率已超过 70%。为了应对城镇化后期我国经济转型升级的时代困境，在总结国外特色市镇发展经验和国内小城镇先进发展模式的基础上，浙江于 2014 年提出"特色小镇"概念，构建以创新驱动为支撑、培育新兴特色产业为主体的新型平台。这一做法不仅丰富了城镇体系，而且从供给侧结构性改革的角度来看，特色小镇的蓬勃兴起也是顺应了时代发展的潮流，是经济新常态下的发展模式创新，并与推进我国新型城镇化高质量发展直接相关。

2. 政策背景

国家对都市圈和特色小镇建设十分重视，出台一系列政策文件指导发展。《国家新型城镇化规划（2014—2020 年）》和"十三五"规划中，明确以城市群作为推进城镇化的主体形态。党的十九大报告中提出"以城市群为主体构建推动大中小城市和小城镇协调发展的城镇格局"，都市圈是城市群的核心，在城镇化总体格局中起承上启下的作用。2019 年 2 月，国家发改委出台了《关于培育发展现代化都市圈的指导意见》，明确指出都市圈是城市群内部以超大特大城市或辐射带动力强的大城市为中心的、以 1h 通勤圈为基本范围的城镇化空间形态，要求促进中心城市与周边城市（镇）同城化发展，加快培育发展现代化都市圈，并把实施特色小镇高质量发展工程列为重要任务。2019 年以来，国家发改委发布的年度新型城镇化和城乡融合重点任务中，均把培育现代化都市圈和促进特色小镇规范健康发展作为优化城镇化空间布局和形态的重要手段。

特色小镇在全国的迅猛发展离不开中央和地方政策的强力推动，针对特色小镇这个新生事物，国家发展和改革委员会（以下简称"国家发改委"）自 2016 年开展特色小镇申报和培育工作以来，联合住房和城乡建设部（以下简称"住建部"）印发实施一系列指导意见来引导特色小镇培育建设，农业部、国家林业局、国家体育总局也从自身优势出发，出台政策组织开展农业特色互联网小镇、森林特色小镇、运动休闲特色小镇等建设试点工作，国家开发银行也通过提供开发性金融政策积极参与规划编制工作。但是，特色小镇推进过程中出现了概念不清、定位不准、盲目发展和房地产化倾向等问题，国家发改委陆续发布《关于规范推进特色小镇和特色小城镇建设的若干意见》《关于建立特色小镇和特色小城镇高质量发展机制的通知》《关于促进特色小镇规范健康发展意见的通知》等探索性和试验性文件，进一步引导特色小镇规范健康发展，并在此基础上综合各地区部门实践探索，于 2021 年 9 月印发《全国特色小镇规范健康发展导则》，提出具有普适性、操作性的基本指引。除此之外，各地方省市政府也根据自身情况，在国家政策框架下出台相关政策及实施细则指导特色小镇的顺利推进，从培育申报、规划建设、要素供给、考核评比等多方面制定系列政策保障措施。

3. 理论背景

从区域经济和城市空间发展角度看，随着市场经济的发展，围绕城市中心的经济活动明显出现了集聚和层级特征。中心地理论由德国地理学家克里斯塔勒和德国经济学家廖什分别于 1933 年和 1940 年提出，认为可以通过城市职能空间分布促成地区之间的商品交换和经济互动，从而实现区域协调发展。关于经济增长路径解释的理论还包括佩鲁的增长极理论、缪尔达尔的循环累积因果理论、赫希曼的极化—涓滴理论和弗里德曼的核心—边缘理论等。此外，在区域经济学分析中一个重要的突破是新经济地理学理论，主要是以现代企业区位选择的视角，并从规模经济、外部性、集聚经济等因素入手来阐释区域经济非均衡增长的动力来源，克鲁格曼建立了中心—外围模型（Core-Periphery, CP）解释城市集聚现象。

都市圈的概念来源于西方，我国学者结合国内大城市的地域空间组织形式进行了广泛研究，借鉴西方发达国家的理论研究和实践经验来指导国内的发展。都市圈的建设已成为我国城镇化和区域发展的重要战略之一，引导都市圈内中心城市产业升级被认为是优化区域经济和空间结构的重要途径[①]。特色小镇是城市和区域经济发展的一种经济地理现象，本身是市场机制作用下的城市和区域经济空间的修复和再造[②]，信息化时代创新驱动下推进城市空间结构形态的扩张，逐渐形成知识经济主导的新型城市网络，特色小镇发展是网

① 陈红霞 . 都市圈产业升级与区域结构重塑 [M] . 北京：科学出版社，2018.
② 张晓欢 . 迈向高质量特色小镇建设之路 [M] . 北京：中国发展出版社，2018.

络化和城市化发展中生产、生活、生态空间交互的结果，时空压缩和时空聚散为特色小镇提供了发展机遇[①]。由于我国近年来（特）大城市才进入都市圈化发展阶段，当前国内关于现代大都市圈的空间理论仍处于起步阶段，结合特色小镇角度的研究更为薄弱，在此背景下，借助相关基础理论，探讨如何通过都市圈和特色小镇的良性互动来推动区域经济一体化、开拓高质量发展的动力源十分必要。

4. 现实背景

从世界各国发展进程来看，当一个国家或地区城镇化率超过 50% 时会逐步进入城市型社会，但同时也会带来用地紧张、交通拥堵、房价高企、配套不足、环境恶化等"大城市病"，大城市与周边中小城镇一体化水平不高、分工协作不够、低水平同质化竞争严重、协同发展体制机制不健全等问题日益突出。从国际经验来看，需要通过加强区域公共交通和设施体系建设、合理分布人口和产业来形成功能互补和要素流动的发展格局，都市圈"大分散、小集中"的布局模式有助于形成分工协作、有机联动的空间发展格局。在全球范围内，都市圈发展是城镇化中后期全球普遍的城镇化现象，也是城市和区域经济演进的产物，未来城市间的竞争是都市圈之间的竞争。清华大学中国新型城镇化研究院编写的《中国都市圈发展报告 2021》中共识别到全国 34 个都市圈及都市连绵区，占到全国总面积的 14%、总人口的 50.37%、生产总值的 65.57%。面对经济社会结构的新变化，中国城镇化进程中劳动力、土地、资本等要素在城乡地区无法实现真正的自由流通[②]，根源在于城乡二元经济结构所引发的中小城市和小城镇发展迟缓，导致大量流动人口过度向大城市集中[③]。在新时期城镇化的发展中，经济结构转型升级符合中国国家结构的现状，有助于中国克服"中等收入陷阱"，一方面是确保中心城市充满活力，另一方面是推动城镇化政策下移，促进周边中小城镇迅速发展。因此，中心城市需要疏解非核心功能、提高土地利用效率、加快产业转型升级，进而有序引导相关产业链环节和人口向周边中小城镇转移成为必然路径。在主要发达国家大城市周边的市镇往往是其特色产业的重要载体，典型代表包括美国格林尼治基金小镇、瑞士达沃斯小镇、法国格拉斯小镇、德国赫尔佐根赫若拉赫小镇等，利用特色产业成为高端人才的集聚区。在经济转型发展的大背景下，中国都

① 李君轶，李振亭. 集中到弥散：网络化下的特色小镇建设 [J]. 旅游学刊，2018，33（6）：9-11.
② 陆铭. 大国大城：当代中国的统一、发展与平衡 [M]. 上海：上海人民出版社，2016.
③ 李明超. 大城小镇：城市化进程中城市病治理和小城镇发展 [M]. 北京：经济管理出版社，2017.

市圈聚焦新兴主导产业，引导先进要素集聚，培育和发展特色小镇是解决"大城市病"和实现区域一体化的有效途径。

1.1.2 研究意义

1. 理论意义

中国城镇化发展正处在由高速度向高质量转变的关键时期[①]，都市圈是我国新型城镇格局中承上启下的关键一环，"城市群—都市圈—中心城市"的三个空间尺度紧密相连，中国区域协调发展与城市群建设要以大都市圈为核心，进一步发挥好中心城市的龙头带动作用[②]。特色小镇本身是随着城镇化发展而产生的新型产业组织形式，是特色产业所需的人才、资金、信息等要素的集聚地，从供给侧结构性改革的角度来看，要高质量推进城镇化，一方面充分发挥中心城市的集聚和扩散效应，将周边的小城镇纳入都市圈发展体系推动城乡融合发展，另一方面充分利用特色小镇产业创新平台带动区域协调发展。

当前，全国特色小镇的建设大量开展，有关特色小镇的理论研究并不充分，对特色小镇"是什么、为什么、如何做"的问题仍然存在着不同看法和争论，特别是大都市圈与特色小镇互动发展的相关研究才刚刚起步。我国大部分都市圈正处在发展关键期，如何做到发展与治病并举需要从理论层面加以指导，现代大都市圈与特色小镇发展的内在机制、高质量发展的模式与路径值得深入探讨，对其内部规律进行分析有利于丰富城镇化和都市圈理论的研究。本文在对国内外大量文献进行总结的基础上，结合主要大都市圈与特色小镇发展案例，从城乡规划学、区域经济学、城市地理学、社会学、管理学等多个视角对大都市圈特色小镇的发展理论进行系统梳理,研究都市圈中心城市与特色小镇之间的互动关系。

2. 现实意义

2019 年 4 月，中共中央、国务院发布的《关于建立健全城乡融合发展体制机制和政策体系的意见》中提到，要搭建城乡产业协同发展平台，把特色小镇作为城乡要素融合的重要载体，打造集聚特色产业的创新创业生态圈。2019 年 2 月，国家发展和改革委员会

① 贾若祥 . 中国城镇化发展 40 年：从高速度到高质量 [J]. 中国发展观察，2018（24）：17-21.
② 张学良 . 以都市圈建设推动城市群的高质量发展 [J]. 上海城市管理，2018，27（5）：2-3.

发布《关于培育发展现代化都市圈的指导意见》，对都市圈的建设给出了明确定位，并提出"构建大中小城市和小城镇特色鲜明、优势互补的发展格局"，不仅为都市圈的建设指明了方向，同时也为特色小镇在都市圈内部的发展建设提供了空间。

中国的新型城镇化需要借助特色小镇建设推进城市和乡村之间的融合发展，实现人口、环境、资源和发展之间的相互协调，围绕都市圈内中心城市布局发展特色小镇可以有效承接产业转移、高端要素外溢以及实现城市功能疏解，通过打造都市圈内产业和人口集聚的平台来盘活区域现存资源，真正落实城乡基础设施和公共服务设施均衡化，进而消除城乡发展差距和二元结构，最终实现社会和谐发展。

1.2　概念辨析与对象界定

1.2.1　概念辨析

1. 都市圈

1）都市圈的概念源起

西方发达国家自 20 世纪 40 年代后逐步由 19 世纪形成的高密度工业城市转向 20 世纪的低密度郊区化城市，郊区化低密度蔓延（Urban Sprawl）成为 20 世纪西方城市空间增长的主导方式，并普遍进入大城市都市区时代[①]。进入 20 世纪后，美国城市发展出现了新的现象，一些规模较大的城市超越原有的地域界线向四周扩展，将周围地区纳入城市化轨道，并与中心城市紧密相连，融为一体[②]。1910 年美国人口普查局（U.S. Census Bureau）首先采用"都市地区"（Metropolitan District, MD）这一概念来进行人口统计，美国对都市区的认识和界定在实践中不断发展，相继提出了"标准都市区"（SMA）、"都市统计区"（MSA）等概念，1990 年美国政府正式统一采用"都市圈"（Metropolitan Area, MA）这一概念，主要服务于人口和经济活动统计的需要。加拿大、英国等国借鉴美国的做法，陆续提出类似于都市区的概念，如加拿大的"国情调查大都市区"（Census Metropolitan Area，CMA）及英国的"标准大都市劳动市场"（Standard Metropolitan

---

① 冯艳，黄亚平 . 大城市都市区簇群式空间发展及结构模式 [M]. 北京：中国建筑工业出版社，2013.
② 谢守红 . 大都市区的概念及其对我国城市发展的启示 [J]. 上海城市规划，2003（6）：6-9.

Labor Area，SMLA) 等，这些区域的定义和范围界定尽管有所差异，但均体现了促进区域一体化的发展思路，探寻遵从市场发展规律的区域治理模式。

　　都市圈的概念起源于 1947 年 Dickinson 提出的三地带学说，该学说认为大城市的结构由中心地域、中间地带和边缘腹地三部分构成，中心地域位于城市中心，中间地带位于中心地域外侧，边缘腹地是依靠交通工具发展起来的区域[①]。1951 年日本城市地理学家木内信藏在借鉴美国都市区概念和三地带学说的基础上，结合日本城市自身的特点应用于城市的圈层开发，随后将这一思想发展并提出"都市圈"（Metropolitian Area）的概念[②]，并在日本政府的支持下得到实践和完善。1954 年日本行政管理厅对都市圈的概念进行界定，即中心城市人口在 10 万以上，外围地区需与中心城市具备较强的社会经济联系，如通勤率、电话联系强度等。1960 年进一步提出大都市圈的概念，规定大都市圈中心城市为中央指定城市或者人口规模在 100 万以上且临近地区有 50 万人以上的城市，同时外围地区向中心城市的通勤率在 15% 以上。随着日本经济在第二次世界大战后步入黄金发展期，东京、大阪等大城市的扩张带来中心城市与周边市、町、村的日常通勤率日益增多，在政府引导下中心城市利用优质的基础设施和公共服务资源吸引企业和人口聚集，中心—外围的经济圈层特征明显，都市圈成为日本城市化进程和城市发展重要的空间组织特征。

2）都市圈的基本内涵

　　都市圈理论的渊源主要包括城市地域结构理论和城镇体系理论两个方面：城市地域结构理论的研究包括杜能圈理论、同心圆理论、多中心理论和三地带学说，强调城市的极化性和区域性，存在中心—外围的发展程度差异和内生经济社会空间关联；城镇体系理论的研究包括空间相互作用理论、空间扩散理论、中心地理论、增长极理论、点轴发展理论及核心边缘理论等，强调区域发展的互动性和相互关联性，从区域发展角度探讨城镇发展的空间集聚扩散的过程与模式[③]。

　　学术界对大城市空间区域化的趋势有普遍共识，自 20 世纪 80 年代起都市圈概念传入中国，我国学者开始对都市圈本土化发展的思路和可能性进行探讨，提出符合中国国情的都市圈概念与内涵，并随着时代的发展和认识的深入，不断丰富和完善都市圈发展的理

---

① DICKINSON R E. City, region and regionalism: a geographical contribution to human ecology[M]. London: Routledge, 2007.
② 木内信藏. 都市地理学研究 [M]. 东京: 古今书院, 1951.
③ 陈红霞. 都市圈产业结构升级与区域结构重塑 [M]. 北京: 科学出版社, 2018.

论研究和实践探索（表 1-1）。

国内学者关于都市圈概念与内涵的研究　　　　　　　　　　表 1-1

学者	时间（年）	概念与内涵
周起业等	1989	都市圈是以大城市为依托，与周围地区发展起来的中小城市所形成的联系紧密的经济网络[1]
王建	1997	都市圈的地理含义是指在现代交通技术条件下，直径在 200～300km、面积在 4 万～6 万 km²、人们可以在一天内乘汽车进行面对面交流的特定区域
高汝熹	1998	都市圈是以经济比较发达并具有较强城市功能的中心城市为核心，由该中心城市及与其有着经济内在联系且地域相邻的若干周边城镇所覆盖的区域共同组成，该中心城市的辐射能力能够达到并能够促进相应地区经济社会发展的最大地域范围[2]
邹军等	2001	都市圈是城市群的一种空间表现形式，是以空间联系作为主要考虑特征的功能地域概念，在形式上分别有单核心都市圈和多核心都市圈两种[3]
张京祥等	2001	都市圈是有一个或多个核心城镇，以及与这个核心有密切社会、经济联系的，具有一体化倾向的临接城镇与地区组成的圈层式结构，包括单一中心城市为核心和多个中心城市为核心两种形式，都市圈是客观形成与规划主观推动双向作用的产物，根本目的是打破行政界线的束缚，按经济与环境功能整合需求及发展趋势[4]
杨涛等	2002	都市圈是由强大中心城市及其周边邻近城镇和地域组成的高强度密切联系的一体化区域，是城市化的高级形式，能够在更大范围内优化资源配置、提高资源利用率，将在国家经济生活中扮演重要角色[5]
张伟	2003	都市圈由一个或多个中心城市和与其有紧密社会、经济联系的临接城镇组成具有一体化倾向的协调发展区域，是以中心城市为核心、以发达的联系通道为依托吸引辐射周边城市与区域并促进城市之间的相互联系与协作带动周边地区经济社会发展的、可以实施有效管理的区域[6]
董晓峰等	2005	都市圈的概念为，拥有一个人口规模在 100 万以上中心城市或省会城市且邻近 150km 左右半径的范围内至少 1 个中等城市规模以上的城市和多个小城市的城市区域，城市之间经济联系密切、交通网络完善的城市地区称为都市圈，至少以 2 个相连的都市圈为主体的城镇密集区为大都市圈，大都市圈密集发展的地区可以形成特大都市圈[7]
高汝熹	2006	中心城市的规模和能量决定了它辐射的远近，因而也就决定了都市圈范围的大小；都市圈的形成要素包括区位因素、基础设施和人文因素；都市圈形成的动力机制是市场作用，成长的协调机制是制度建设，成长的均衡机制是竞争合作[8]

[1] 周起业 . 区域经济学 [M]. 北京：中国人民大学出版社，1989.
[2] 高汝熹 . 城市圈域经济论 [M]. 昆明：云南大学出版社，1998.
[3] 邹军，陈小卉 . 城镇体系空间规划再认识：以江苏为例 [J]. 城市规划，2001（1）：29-32.
[4] 张京祥，邹军，吴启焰，等 . 论都市圈地域空间的组织 [J]. 城市规划，2001（5）：19-23.
[5] 杨涛，杨绍峰 . 强化南京的交通中心地位 促进南京都市圈生长发育 [J]. 现代城市研究，2002（1）：28-33.
[6] 张伟 . 都市圈的概念、特征及其规划探讨 [J]. 城市规划，2003（6）：47-50.
[7] 董晓峰，史育龙，张志强，等 . 都市圈理论发展研究 [J]. 地球科学进展，2005（10）：1067-1074.
[8] 高汝熹，罗守贵 . 论都市圈的整体性、成长动力及中国都市圈的发展态势 [J]. 现代城市研究，2006（8）：5-11.

续表

学者	时间（年）	概念与内涵
张学良	2018	都市圈是以某个大城市为中心，以经济、社会联系为纽带，以发达的交通通道为依托，以时间距离为标尺来划分的大城市及其毗邻区域。与城市群相比，都市圈是突破城市行政边界、促进生产要素跨区域优化配置的更小空间尺度[①]
汪光焘等	2019	都市圈是一种跨行政区划的、2个或者多个行政主体之间的经济社会协同发展区域，能够更好地发挥辐射功能强的中心城市在发展中的主导作用、实现跨区域的资源合理配置，是顺应城镇化发展规律、跨行政区的城市空间形态，即：中心城市建成区与周边中小城市建成区之间互动的城市空间形态[②]
尹稚等	2019	现代化都市圈是以大城市为强大支撑、以1h通勤圈为基本范围的紧凑型、紧密型的空间形态。都市圈范围的划定标准包括：城区人口500万以上的超大城市作为中心城市，1h通勤圈为基准范围，人口密度超过1500人/km²，以县级行政单元为基础，与中心城市日平均双向流动人口县域总人口比例1.5%以上的联系强度[③]
肖金成等	2019	都市圈是大都市通过扩散辐射效应与周边地区发生相互作用的产物，都市圈的范围是大都市与周边城市相互联系和合作的区域，大都市与周边城市的关系是产业协作和功能分工的关系，形成分工协作圈。都市圈的概念界定为，以超大城市、特大城市或辐射带动功能强的大城市为核心，以核心城市的经济辐射距离为半径，形成的功能互补、分工合作、经济联系密切的区域[④]
华夏幸福产业研究院	2019	以一个特大城市为核心，以与之有较强通勤联系的中小城市（镇）为基本范围，大中小城市协同发展的高度融合的网络城镇体系。都市圈包括三个基本圈层，分别是核心圈、城市圈和辐射圈，核心圈是集聚都市圈核心要素和主要城市职能、人口和经济密度较高、社会经济效益显著、辐射带动作用强的核心城市连片建成区，城市圈是依托于核心圈且与之有较强经济社会联系的一体化发展区域，辐射圈是相对独立但与核心城市有较强经济、社会联系的区域[⑤]
自然资源部	2020	都市圈是以中心城市为核心，与周边城镇在日常通勤和功能组织上存在密切联系的一体化地区，一般以1h通勤圈，是区域产业、生态和设施等空间布局一体化的重要空间单元。城镇圈是以多个重点城镇为核心，空间功能和经济活动紧密关联、分工合作可形成小城镇整体竞争力的区域，一般以半小时通勤圈，是空间组织和资源配置的基本单元，体现城乡融合和跨区域公共服务均等化
汪光焘等	2021	都市圈是作为中心城市、城市群中间层级存在的城镇化空间形态，它可以直接承接中心城市的功能辐射，同时又是城市群的组成部分，几个都市圈的相互联系和互动发展，最终将推动城市群整体崛起。现代化都市圈的概念：都市圈是超大、特大中心城市发展的结果；都市圈是实现跨行政区划资源合理配置的城市空间形态；都市圈既是经济圈，也是高度关联的社会圈、生活圈；培育和建设现代化都市圈应协同统筹多重功能内涵[⑥]

① 张学良.都市圈建设：新时代区域协调发展的战略选择[J].改革，2019（2）.
② 汪光焘，叶青，李芬，等.培育现代化都市圈的若干思考[J].城市规划学刊，2019（5）：14-23.
③ 尹稚，等.中国都市圈发展报告（2018）[M].北京：清华大学出版社，2019.
④ 肖金成，马燕坤，张雪领.都市圈科学界定与现代化都市圈规划研究[J].经济纵横，2019（11）：2，32-41.
⑤ 华夏幸福产业研究院.都市圈解构与中国都市圈发展趋势[M].北京：清华大学出版社，2018.
⑥ 汪光焘，李芬，刘翔，等.新发展阶段的城镇化新格局研究：现代化都市圈概念与识别界定标准[J].城市规划学刊，2021（2）：15-24.

续表

学者	时间（年）	概念与内涵
方创琳	2022	都市圈是以超大城市、特大城市或者辐射带动能力强的大城市为核心，以 1h 通行圈为基本范围形成的高度同城化地区，是城市群的核心区，也是城市群内高端、高新、高精尖、高品质产业集聚区，是一个浓缩的城市群。新发展格局下需要走出一条"以圈鼎群"与"以群托圈"相结合的科学发展之路，以高度同城化的都市圈为鼎推动城市群实现高度一体化[①]

资料来源：作者整理

从学界关于都市圈的文献变化来看，都市圈的内涵界定要点包括：①以单个或多个超大、特大城市为中心，通过发达的交通和信息网络实现区域内的要素流通和能量互换，对周边城镇有较强的集聚和扩散能力；②中心城市与周边城镇之间存在一体化和协同发展倾向，是产业协作和功能互补的关系；③都市圈的范围由中心城市经济辐射半径和交通联系程度确定；④空间上有较为明显的圈层结构形式。随着党的十九大报告将区域协调发展战略上升为国家战略，都市圈开始得到国家层面的重视，2019 年 2 月发布的《关于培育发展现代化都市圈的指导意见》对都市圈的概念作了界定，即"城市群内部以超大特大城市或辐射带动功能强的大城市为中心、以 1h 通勤圈为基本范围的城镇化空间形态"。尽管指导意见没有明确 1h 通勤采用何种交通工具，但还是从交通联系的角度强调了中心城市与周边城镇的一体化程度，关于都市圈概念与内涵的学术探讨仍将继续下去，为政府部门的下一步规划和实践提供参考借鉴。

3）都市圈相关概念辨析

在中国，由于翻译或者理解的缘故，在研究文献中有错用误用都市圈概念的现象，例如存在着城市带、都市带、城市圈、都市区、城市群等与都市圈接近又不同的名称或者概念，引起许多学者的关注与研究。谢守红（2008）对都市区、都市圈和都市带进行了概念界定与比较分析，对人口规模、空间尺度、社会经济、空间结构等方面的特征进行了比较分析[②]。张从果等（2007）将都市区、城市群、城镇密集区、大都市带、都市连绵带（或都市连绵区）、城市经济区等与都市圈概念内涵进行比较[③]。洪世键等（2007）梳理了国内学者对大都市区相关概念的分歧，辨析都市区、都市圈与都市带的区别与联系，归纳总

① 方创琳.新发展格局下的中国城市群与都市圈建设 [J].经济地理，2021，41（4）：1-7.
② 谢守红.都市区、都市圈和都市带的概念界定与比较分析 [J].城市问题，2008（6）：19-23.
③ 张从果，杨永春.都市圈概念辨析 [J].城市规划，2007（4）：31-36，47.

结了对中国大都市区界定的典型方案[①]。胡序威（2014）认为都市圈与都市区的区别在于除了前者的地域范围大于后者可包含多个都市区外，还在于都市圈的界线不十分明确，且常处于动态变化之中[②]。马燕坤等（2020）对都市区、都市圈与城市群三个概念进行分析，认为无论是都市区，还是都市圈和城市群，都是经济社会较为发达的地区才有可能出现的经济地理现象，三者之间不仅有内在的联系，而且有外在和内在的区别[③]。根据国内城市发展现状与研究进展，本文选择城市圈、都市区、城市群等几个典型概念进行梳理和解读，并与都市圈进行比较分析。

（1）城市圈

城市圈的产生是城市发展初期逐步向外扩张的地理现象，中心城市随着经济能级的提高与周边城镇的关系变得越来越密切。崔功豪等（2006）认为城市圈是都市圈的初级阶段，城市圈由以 50 万以上人口的中心城市为核心与周围联系紧密的郊区城镇组成，中心城市向外约 1h 通勤交通距离为城市圈外缘边界，而 500 万人口以上的特大城市则成长为都市圈[④]。也有学者认为城市圈是都市圈介于核心圈层与辐射圈层之间、依托于核心圈且与之有较强经济社会联系的一体化发展区域[⑤]。肖金成（2021）认为在都市与周边城市关系发展初期周边要素向核心城市聚集，极化效应大于辐射效应时形成城市圈，当要素集聚与辐射并存时形成都市圈，都市圈是城市圈的特殊形态[⑥]。值得一提的是，武汉于 2002 年提出"1+8"城市圈的初步战略构想，是以中国中部最大城市武汉为中心、与周边约 100km 半径范围内 8 市构成的城市联合体，并在国家的多项政策支持下迅速发展，多年来开展四轮相关规划研究探索，从武汉城市圈的圈层结构和聚散特征来看也分为核心圈层、紧密圈层和外围圈层[⑦]，与都市圈的概念和内涵基本一致，区别仅仅在于叫法不同。

（2）都市区

国内学者对都市区的早期研究来源于美国都市统计区的发展经验，尽管对大都市区概念的界定标准有所区别，但在内涵和应用的理解上较为一致。周一星（1989）认为中国应该借鉴美国、英国等西方国家的都市区概念，提出中国自己标准的城市体系地域概

① 洪世健，黄晓芬.大都市区概念及其界定问题探讨[J].国际城市规划，2007（5）：50-57.
② 胡序威.应厘清与城镇化有关的各种地域空间概念[J].城市发展研究，2014，21（11）：1-4.
③ 马燕坤，肖金成.都市区、都市圈与城市群的概念界定及其比较分析[J].经济与管理，2020，34（1）：18-26.
④ 崔功豪，魏清泉，刘科伟.区域分析与区域规划[M].北京：高等教育出版社，2006.
⑤ 华夏幸福产业研究院.都市圈解构与中国都市圈发展趋势[M].北京：清华大学出版社，2018.
⑥ 肖金成.关于新发展阶段都市圈理论与规划的思考[J].人民论坛·学术前沿，2021（4）：4-9，75.
⑦ 吴挺可，王智勇，黄亚平，等.武汉城市圈的圈层聚散特征与引导策略研究[J].规划师，2020，36（4）：21-28.

念，即"城市经济统计区"[①]，并提出大都市区的一般概念是一个大的人口核心以及与这个核心具有高度的社会经济一体化的邻接社区的组合，一般由县作为构造单元[②]。谢守红（2003）详细介绍了美国大都市区概念与内涵的调整过程，认为大都市区是城市规模发展到一定程度后，中心城市与周边一定范围内地域保持密切社会经济联系，具有一体化倾向的城市功能区域，其发展演进是集聚—扩散—再集聚的城市地域空间组织的优化过程[③]。张欣炜和宁越敏（2015）认为都市区在空间上表现为高度集聚的中心城市及其周围与之联系紧密的外围区域的结合，以大量人流、物流和信息流为纽带，并基于"六普"城乡划分口径和数据，以区、县为基本单元，利用人口密度、城镇化率等指标界定了 128 个大都市区，中心城市应分别满足人口密度 1500 人 /km^2、城镇化率在 70% 及 50 万人以上几个标准，与城镇化率 60% 以上的外围市辖区县共同组成都市区[④]。从学者们的研究可以看出，都市区的内涵主要是以中心城市辐射带动市域范围内外围近郊区县发展的城市经济统计区，都市区的中心城市只有一个，通过行政区划体制协调管理，都市区的范围一般不突破中心城市的行政边界。

（3）城市群

城市群的概念来源于 1957 年 7 月美国学者戈特曼发表在美国《经济地理》杂志上的论文，其用"Megalopolis"一词描述美国东北海岸城市分布密集区域[⑤]，随后在其专著中对大城市连绵区的概念和形成机理进行阐述[⑥]，被公认为现代意义上城市群研究的开端。我国的相关研究始于 20 世纪 80 年代，1980 年周一星提出了都市连绵区（MIR）的概念，1983 年于洪俊和宁越敏在《城市地理概论》中对戈特曼的思想进行了介绍，并将"Megalopolis"翻译为"巨大都市带"。在国内学界后续的研究中，由于不同学科和领域学者对"Megalopolis"译法的区别，有城市群、都市带和都市连绵区等多种称谓，其所指代的都源于戈特曼关于大都市连片发展的概念。姚士谋等（1992）在中国首部以城市群（Urban Agglomeration）为研究对象的专著《中国的城市群》中，将其概念定义为

① 周一星 . 中国城镇的概念和城镇人口的统计口径 [J]. 人口与经济，1989（1）：9-13.
② 周一星 . 城市地理学 [M]. 北京：商务印书馆，1995.
③ 谢守红 . 大都市区的概念及其对我国城市发展的启示 [J]. 上海城市规划，2003（6）：6-9.
④ 张欣炜，宁越敏 . 中国大都市区的界定和发展研究：基于第六次人口普查数据的研究 [J]. 地理科学，2015，35（6）：665-673.
⑤ J. 戈特曼，李浩，陈晓燕 . 大城市连绵区：美国东北海岸的城市化 [J]. 国际城市规划，2007（5）：2-7.
⑥ GOTTMANN J . Megalopolis：the urbanized northeastern seaboard of the United States[M]. Twentieth Century Fund, 1961.

在特定的地域范围内具有相当数量的不同性质、类型和等级规模的城市，依托一定的自然环境条件，以一个或两个超大或特大城市作为地区经济的核心，借助于现代化的交通工具和综合运输网的通达性，以及高度发达的信息网络，发生与发展着城市个体之间的内在联系，共同构成一个相对完整的城市"集合体"[①]。史育龙和周一星（1997）建议将大都市带或都市连绵区定义为，是以都市区为基本组成单元，以若干大城市为核心并与周围地区保持强烈交互作用和密切的社会经济联系，沿一条或多条交通走廊分布的巨型城乡一体化区域[②]。吴启焰（1999）把城市群定义为在特定地域范围内具有相当数量不同性质、类型和等级规模的城市，依托一定的自然环境条件，以一个或两个特大或大城市作为地区经济的核心，借助于综合运输网的通达性，发生于城市个体之间、城市与区域之间的内在联系，共同构成一个相对完整的城市地域组织[③]。方创琳（2009）认为城市群是指在特定地域范围内，以一个特大城市为核心，由至少三个以上都市圈（区）或大中城市为基本构成单元，依托发达的交通通信等基础设施网络，所形成的空间相对紧凑、经济联系紧密、并最终实现同城化和一体化的城市群体[④]。宁越敏（2012）以"Large City Cluster"来表述大城市群，并提出城市群应满足五项条件，即以都市区统计范围为基础、拥有200万以上人口的大都市和1000万人以上的总人口、城市化水平高于全国水平、沿交通走廊连接周边形成巨型城市化区域、区域内部在历史上有紧密联系与地域认同感[⑤]。张学良（2018）认为城市群是由两个及以上规模和功能不同但联系紧密并空间上呈现连绵的都市圈构成，都市圈是城市群的核心，在区域协调发展与城市群建设中，都市圈特别是大都市圈发挥着关键作用[⑥]。肖金成等（2020）把城市群的概念界定为，在特定的区域范围内密集分布着数量可观的性质、类型和规模各异的城市，城市规模等级体系完善，以超大城市、特大城市或两个及以上辐射带动功能强的大城市作为核心，依托发达的交通、通信等多种现代化基础设施网络，城市间功能互补、分工协作，发生和发展着广泛而又密切的经济联系，从而形成的一体化水平较高的城市集群区域[⑦]。从学者们的研究演进过程来看，都市带、都市连绵区、城镇密集区等概念逐渐被城市群所替代，其核心内涵是存在一个以上超大或者特大

① 姚士谋. 中国的城市群 [M]. 合肥：中国科学技术大学出版社，1992.
② 史育龙，周一星. 关于大都市带（都市连绵区）研究的论争及近今进展述评 [J]. 国外城市规划，1997（2）：2-11.
③ 吴启焰. 城市密集区空间结构特征及演变机制：从城市群到大都市带 [J]. 人文地理，1999（1）：15-20.
④ 方创琳. 城市群空间范围识别标准的研究进展与基本判断 [J]. 城市规划学刊，2009（4）：1-6.
⑤ 宁越敏，张凡. 关于城市群研究的几个问题 [J]. 城市规划学刊，2012（1）：48-53.
⑥ 张学良. 以都市圈建设推动城市群的高质量发展 [J]. 上海城市管理，2018，27（5）：2-3.
⑦ 马燕坤，肖金成. 都市区、都市圈与城市群的概念界定及其比较分析 [J]. 经济与管理，2020，34（1）：18-26.

中心城市作为辐射核心，以一个以上的都市圈及许多大中小城市为基本单元，是跨区域发展的城镇化空间形态。

从以上概念的解读可以看到，都市圈与城市圈、都市区及城市群等概念之间既有联系又有区别，它们都是地区经济社会发展过程中的经济地理现象，在我国的新型城镇格局中形成"大城市—城市圈—都市区—都市圈—城市群"的空间序列：城市圈是一个城市的人口规模、经济能级到达一定程度后，辐射带动周边区域共同构成的圈域经济；随着城市规模的增大，辐射带动的空间范围就不断向外扩展，与周边区域的社会经济交往及交通联系越来越密切，当中心城市发展成大都市时，其所辖市域范围内存在紧密通勤联系的区域可以称为都市区；跨越行政区划所辐射影响的圈域范围则可称为都市圈，都市圈由都市区及周边地区组成，都市圈与其他都市圈的空间耦合和功能耦合构成城市群（表1-2）。

都市圈相关概念辨析　　　　　　　　　表1-2

概念	发展阶段	空间尺度	空间范围	空间特征
城市圈	初级	最小	市域范围内	以城市建成区为主
都市区	中级	较小	市域范围内	一个大都市的连绵建成区
都市圈	高级	大	跨行政区	一个或多个大都市 + 中小城市 + 小城镇 + 乡村
城市群	最高级	最大	跨行政区	多个大都市 + 大中小城市 + 小城镇 + 乡村

资料来源：作者整理

4）都市圈范围界定方法

在国际上，美国的大都市区和日本的都市圈概念自提出以来，其划定标准都在各自城市发展的过程中根据城市规划管理的需要不断修正，从人口规模、人口密度、城市化率、外围通勤率等指标制定相应标准，总体来说，均是包括一个达到一定人口规模的中心城市以及与其有密切通勤联系的区域。从前文研究进展中可以看到，我国的学者在探讨都市圈概念内涵的同时，也结合中国国情从中心城市的人口规模、辐射区域范围等方面给出定性或者定量的判定标准。汪光焘等（2021）认为应围绕中心城市核心建成区，以市域城镇空间体系为基础，以自然生态系统为底图，与资源环境本底和承载能力相匹配，以综合交通网络为支撑，分析现状经济社会发展关联度和人文文化习俗因素，以县级行政区为基本

划定单元，综合确定都市圈规划边界[①]。目前，学界对都市圈范围界定的方法主要有以下
几种：半径确定法、等时圈范围法、大数据识别法和综合研判法。随着都市圈的发展变化，
特别是区域综合交通体系的不断完善，中心城市与外围地区的时空距离逐渐被压缩、联系
强度不断加大，都市圈的范围也呈现动态变化的过程（表1-3）。

都区圈范围界定方法

表1-3

方法	说明	优缺点
半径确定法	以核心城市中心为圆心、以一定距离为半径确定圈层范围的方法	简单易懂，但难以体现具体的区域关联因素
等时圈范围法	以核心城市中心为起点，根据交通工具一定时间所能到达的地域来确定圈层范围	应用广泛、接受度高，能够反映交通因素的影响，但较难反映复杂的区域关系
大数据识别法	借助手机信令、POI、夜间灯光等数据筛选出人口密集分布及流动区域，根据通勤率和等时圈来确定各个圈层的范围	较为精准地反映中心城市与外围区域的联系，但不便于数据统计和管理
综合研判法	以县级行政单元为基础，结合半径、等时圈、大数据等技术手段，划定圈层范围	具有较强的科学性和可操作性，便于都市圈内部的协同与治理

资料来源：作者整理

5）都市圈发展阶段和水平分类

陈小卉（2003）将都市圈发展阶段分为雏形期、成长期和成熟期，认为雏形期的都
市圈规划重点是依靠政府提供基础要素和行政手段培育，成长期的都市圈以构建成熟一体
化市场为导向、构筑产业集群进行发展，成熟期的都市圈是做好不同利益主体关系的协
调[②]。薛俊菲等（2006）在世界都市圈发展情况研究的基础上，将都市圈空间成长过程划
分为雏形期、成长期、发育期和成熟期四个阶段，并分析了引起都市圈空间成长的四大动
力因素，即城市化（郊区化）、现代交通技术、产业扩散与转移和政府决策与规划[③]。陆
军等（2020）根据不同阶段生产要素流动方向的差异，将都市圈的成长过程分为萌芽期、
成长期、成熟期和衰退期四个阶段，在萌芽期企业和人口呈现出向核心城市单向涌入的趋
势，中心城市得以迅速壮大，形成鲜明的核心—外围结构；在成长期，当其规模增加到一

① 汪光焘，李芬，刘翔，等.新发展阶段的城镇化新格局研究：现代化都市圈概念与识别界定标准[J].城市规划学刊，2021（2）：15-24.
② 陈小卉.都市圈发展阶段及其规划重点探讨[J].城市规划，2003（6）：55-57.
③ 薛俊菲，顾朝林，孙加凤.都市圈空间成长的过程及其动力因素[J].城市规划，2006（3）：53-56.

定程度时，高额的生活成本压力驱使部分产业和劳动力开始反向流动，随着交通运输能力的发展，这一阶段都市圈核心与外围呈现出动态的双向流动，核心与外围间的边界逐渐模糊，为获得更多土地资源，都市圈边界开始向更外围空间扩张；到达成熟期的都市圈，已初步建立起成熟的产业分工体系，核心城区呈现出以生产性服务业为主导的产业结构特征，通勤圈内通过承接核心地区产业外迁而逐渐发展出一个或多个次级中心，分担核心区的部分功能并形成自己的影响圈层，与原有圈层形成功能交叠，逐渐向多中心、网络化空间结构演进[①]。安树伟等（2020）在都市圈核心城市经济势能量级的基础上，从都市圈的城市功能角度，依据都市圈在人口集聚、产业发展、吸纳就业、公共服务功能四个方面收集相关指标，将都市圈类型分为萌芽期、发育期、成长期和成熟期四个阶段，其中萌芽期都市圈核心城市经济势能弱、城市之间联系少、城市体系不完善，还不属于真正意义上的都市圈；发育期都市圈具有一定的圈域经济发展基础，在空间上呈现中心地主导的格局，但核心城市辐射带动能力较弱；成长期都市圈具有相对成熟的圈域经济发展基础，空间结构呈现中心地状态与网络状态并存的格局，核心城市具有较强的辐射带动能力；成熟期都市圈核心城市与周围城市之间关系紧密，要素配置、物质生产与产品流动高效有序，城市体系相对完善，整体空间布局成网络状[②]。

　　为更好地了解国内都市圈发展的水平，许多学者对都市圈进行评价和分类研究。清华大学中国新型城镇化研究院（2021）以都市圈发展水平、中心城市贡献度、都市圈联系强度和都市圈同城化机制为 4 个一级指标、16 个二级指标和 25 个三级指标构建了都市圈综合发展质量指标体系，并对全国 34 个主要都市圈进行测算得出成熟型都市圈 6 个、发展型都市圈 17 个和培育型都市圈 11 个[③]。此外，戴德梁行（2019）基于大数据评价体系，以经济活跃度、商业繁荣度、交通便捷度和区域联系度 4 个一级指标、12 个二级指标和31 个三级指标构建都市圈综合发展质量评价体系，对国内 26 个都市圈的发展水平和能级特点进行了层级分类，得到成熟型都市圈 2 个、赶超型都市圈 2 个、成长型都市圈 12 个和培育型都市圈 10 个；华夏幸福产业研究院（2019）也从人口规模、经济能级、创新力三个视角分别对国内 31 个都市圈进行分类。

　　总体而言，成熟型都市圈经济总量大，发展质量高，跨区域合作经验丰富，同城化水

① 陆军，等 . 中国都市圈协同发展水平测度 [M]. 北京：北京大学出版社，2020.
② 安树伟，张晋晋，等 . 都市圈中小城市功能提升 [M]. 北京：科学出版社，2020.
③ 尹稚等 . 中国都市圈发展报告 2021[M]. 北京：清华大学出版社，2021.

平较高，都市圈内人流、资金流、物流等基本形成网络化结构，都市圈内城市间相互联系
紧密，体现出都市圈整体发展质量更好，已从单中心的辐射带动发展模式转向都市圈内协
同发展模式；发展型都市圈多处于东部沿海和中部地区，与成熟型都市圈相比仍存在较为
明显的差距，大多数都市圈处于加快一体化建设、提升发展质量的阶段；培育型都市圈大
多位于我国中西部地区，经济发展水平较低，中心城市处于发展集聚阶段，都市圈发展建
设重点仍在经济实力培育和中心城市能级提升。都市圈的分类从不同的侧重点在一定程度
上反映了国内都市圈的发展水平状况，丰富了都市圈研究的视角和维度，有利于剖析都市
圈自身的优劣势和发现潜在的问题，在未来的发展中精准发力补短板、增强发展后劲。由
于不同发展阶段的都市圈情况各有不同，因此需要针对其实际问题和具体矛盾提出针对性
的发展对策和引导建议。

6）国家关于都市圈发展的相关政策

2019 年 2 月，国家发改委发布《关于培育发展现代化都市圈的指导意见》，提出"以
促进中心城市与周边城市（镇）同城化发展为方向，以创新体制机制为抓手，以推动统一
市场建设、基础设施一体高效、公共服务共建共享、产业专业化分工协作、生态环境共保
共治、城乡融合发展为重点，培育发展一批现代化都市圈，形成区域竞争新优势，为城市
群高质量发展、经济转型升级提供重要支撑"，并明确了到 2022 年和 2025 年的中长期
发展目标。自 2019 年起，国家层面将培育现代化都市圈作为推进新型城镇化和城乡融合
发展任务的关键环节，工作重点从初期探索和理顺都市圈发展机制逐渐走向指导规划实践
（表 1-4）。此外，在由国务院、国家发改委等发布的许多关于城乡融合、特色小镇等专
项政策中，也将都市圈作为先行先试的重点发展区域。

国家推进新型城镇化和城乡融合发展任务中与都市圈发展相关的内容   表 1-4

政策文件	相关内容
《2019 年新型城镇化建设重点任务》（发改规划〔2019〕617 号）	实施《关于培育发展现代化都市圈的指导意见》，落实重点任务部门分工；指导有关地方编制实施都市圈发展规划或重点领域专项规划。探索建立中心城市牵头的都市圈发展协调推进机制。加快推进都市圈交通基础设施一体化规划建设。支持建设一体化发展和承接产业转移示范区。推动构建都市圈互利共赢的税收分享机制和征管协调机制。鼓励社会资本参与都市圈建设与运营。在符合土地用途管制前提下，允许都市圈内城乡建设用地增减挂钩节余指标跨地区调剂。健全都市圈商品房供应体系，强化城市间房地产市场调控政策协同

续表

政策文件	相关内容
《2020 年新型城镇化建设和城乡融合发展重点任务》（发改规划〔2020〕532 号）	大力推进都市圈同城化建设。深入实施《关于培育发展现代化都市圈的指导意见》，建立中心城市牵头的协调推进机制，支持南京、西安、福州等都市圈编制实施发展规划。以轨道交通为重点健全都市圈交通基础设施，有序规划建设城际铁路和市域（郊）铁路，推进中心城市轨道交通向周边城镇合理延伸，实施"断头路"畅通工程和"瓶颈路"拓宽工程。支持重点都市圈编制多层次轨道交通规划
《2021 年新型城镇化和城乡融合发展重点任务》（发改规划〔2021〕493 号）	增强中心城市对周边地区辐射带动能力，培育发展现代化都市圈，增强城市群人口经济承载能力，形成都市圈引领城市群、城市群带动区域高质量发展的空间动力系统。 培育发展现代化都市圈。支持福州、成都、西安等都市圈编制实施发展规划，支持其他有条件的中心城市在省级政府指导下牵头编制都市圈发展规划。充分利用既有铁路开行市域（郊）列车，科学有序发展市域（郊）铁路，打通城际"断头路"。推进生态环境共防共治，构建城市间绿色隔离和生态廊道。建立都市圈常态化协商协调机制，探索建立重大突发事件联动响应机制。 建设轨道上的城市群和都市圈。加快规划建设京津冀、长三角、粤港澳大湾区等重点城市群城际铁路，支持其他有条件城市群合理规划建设城际轨道交通。优化综合交通枢纽布局，建设一体化综合客运枢纽和衔接高效的综合货运枢纽，促进各类交通方式无缝接驳、便捷换乘。推广交通"一卡通"、二维码"一码畅行"
《2022 年新型城镇化和城乡融合发展重点任务》（发改规划〔2022〕371 号）	推动具备条件的都市圈和城市群内户籍准入年限同城化累计互认。 培育发展现代化都市圈。健全省级统筹、中心城市牵头、周边城市协同的都市圈同城化推进机制。支持有条件的都市圈科学规划多层次轨道交通，统筹利用既有线与新线发展城际铁路和市域（郊）铁路，摸排打通国家公路和省级公路"瓶颈路"，打造 1h 通勤圈。支持合作共建产业园区，促进教育医疗资源共享，健全重大突发事件联防联控机制。支持有条件的都市圈探索建立税收分享和经济统计分成机制

资料来源：作者整理

2. 特色小镇

小城镇是城之尾、乡之首，是国家推动工业化、信息化、城镇化以及农业现代化的重要平台，也是推动国家实现现代化建设的重要路径。特色小镇不是凭空出现的，回溯历史，小城镇发展历史为特色小镇的提出和发展积累了丰富经验。改革开放以来，小城镇经历了快速发展阶段（1978—1992 年）、稳步发展阶段（1993—2000 年）、有重点发展阶段（2001—2012 年）及转型发展阶段（2013 年至今）。1980 年代开始，随着乡镇企业异军突起，我国的小城镇有了长足发展，广东、江苏、浙江、山东就出现了一批产业导向的小城镇，是在效仿日本"一村一品"和"第三意大利"产业发展模式基础上的创新，到 1980 年代末逐渐形成"一村一品、一乡一业"的发展格局，并出现产业特色明显的专业化乡镇，1990 年代末，专业化乡镇从地方走向全国和世界，进而实施城乡一体化规划与协调发展[①]。进入新阶段以来，我国大城市常住人口比重超过 50%，"大城市病"及大中小城市发展不协调的问题日益突出，在新型城镇化、乡村振兴、创新驱动等国家战略背景下，小城镇发展面临新的转型要求，国家和省市相继出台一系列推动小城镇建设的政策建议和中长期规划，特色小镇正是新时代背景下小城镇的新探索模式。仇保兴认为特色小镇的发展经历了四个阶段，从"小镇 + '一村一品'"的 1.0 版，升级到"小镇 + 企业集群"的 2.0 版，再到"小镇 + 旅游休闲"的 3.0 版，最后是"小镇 + 新经济体"的 4.0 版。特色小镇被提出来不是偶然的，这与全国的经济转型升级、新型城镇化战略和新农村建设战略等新的经济发展形势有关。特色小镇是我国主动适应和引领经济新常态的战略举措，是贯彻"创新、协调、绿色、开放、共享"五大发展理念的探索和实践。从供给侧结构性改革方面来看，特色小镇是供给侧改革的一种创新产物，通过整合资源并融入现代生产要素，成为绿色经济发展的新引擎。

1）特色小镇的发生

特色小镇概念始于浙江的探索实践，是在块状经济和县域经济基础上发展而来的创新经济模式，旨在将建设特色小镇作为推进供给侧改革、探索新型城镇化和产业发展的新路径。2014 年 10 月，时任浙江省省长李强在杭州西湖区参观考察云栖小镇时，首次提出"特色小镇"，充分肯定了云栖小镇产业创新和人才企业集聚的做法，"特色小镇"的提法由此而来。2015 年 1 月至 2016 年 1 月间，中央领导和浙江省政府分别对特色小镇的建设作出了肯定。特色小镇在破解浙江空间资源瓶颈、有效供给不足、高端要素聚合度不够、城乡二元结构和改善人居环境方面具有重要意义，是推进供给侧改革和新型城镇化的有效路径。

特色小镇在浙江省内得到了广泛关注，各地政府均结合自身特点和优势打造特色小镇，政府也密集出台政策予以引导，逐渐形成特色小镇建设的政策体系。2015 年 4 月，浙江省政府出台《关于加快特色小镇规划建设的指导意见》（浙政发〔2015〕8 号），明确了特色小镇建设的总体要求、创建程序、政策措施和组织领导，关于特色小镇的定义，指出特色小镇不是行政区划单元上的"镇"，也不同于产业园区、风景区的"区"，而是按照创新、协调、绿色、开放、共享发展理念，结合自身特质，找准产业定位，科学进行规划，

---

① 余国扬. 专业镇发展导论 [M]. 北京：中国经济出版社，2007.

挖掘产业特色、人文底蕴和生态禀赋，形成"产、城、人、文"四位一体有机结合的重要功能平台。浙江规定的特色小镇建设要求：空间规模上，规划面积一般控制在 3km² 左右，建设面积控制在 1km² 左右；经济规模上，原则上环保、健康、时尚、高端装备制造等四大行业的特色小镇 3 年内要完成 50 亿元的有效投资，信息经济、旅游、金融、历史经典产业等特色小镇 3 年内要完成 30 亿元的有效投资（均不含住宅和商业综合体项目）；此外，建设标准方面，所有特色小镇要建设成为 3A 级以上景区，旅游产业类特色小镇要按照 5A 级景区标准建设。

2015 年 5 月，浙江省特色小镇规划建设工作联席会议办公室正式成立，并发布了《关于印发浙江省特色小镇规划建设工作联席会议成员名单及职责的通知》，明确了特镇办的组织架构和各单位的工作职责。

2015 年 9 月，浙江省住房和城乡建设厅印发《关于加快推进特色小镇建设规划工作的指导意见》（浙建规〔2015〕83 号），要求各级城乡规划建设部门协同做好特色小镇选点工作，加快编制完善特色小镇建设规划，认真做好特色小镇建设规划的审查审批工作。

2015 年 10 月，浙江省特色小镇规划建设工作联席会议办公室发布《浙江省特色小镇创建导则》（浙特镇办〔2015〕9 号），明确了特色小镇的申报条件、申报材料内容、申报程序、监管和调整方案以及验收命名流程，进一步对培育创建特色小镇的产业定位、建设空间、投入资金、建设内涵、功能定位、运行方案、建设进度、综合效益等提出定性和定量的要求，为浙江省特色小镇的推进制定了科学合理的工作机制。

中央领导的批示加上长时间以来中央媒体和各大地方主流媒体对浙江特色小镇展开的密集式报道，使"特色小镇"逐渐从社会热点成长为社会焦点，特色小镇概念的推广与具体建设也进入快速通道。

2）特色小镇的推进

随着特色小镇在浙江得到广泛实践并取得一系列的成就，在国家层面政策的推动下，特色小镇的建设开始以星火燎原之势走向全国。2016 年 7 月，住建部、国家发改委、财政部联合发布《关于开展特色小镇培育工作的通知》（建村〔2016〕147 号）提出，到2020 年，培育 1000 个左右各具特色、富有活力的休闲旅游、商贸物流、现代制造、教育科技、传统文化、美丽宜居等特色小镇，引领带动全国小城镇建设，不断提高建设水平和发展质量。2016 年 8 月，住建部发布了《关于做好 2016 年特色小镇推荐工作的通知》，要求根据各省（区、市）经济规模、建制镇数量、近年来小城镇建设工作及省级支持政策情况组织填报推荐特色小镇，由住建部村镇建设司会同国家发改委规划司、财政部农业司组织专家对各地推荐上报的候选特色小镇进行复核，并现场抽查，认定公布特色小镇名单。2016年10月和2017年8月，住建部相继公布了第一批127个、第二批276个国家级特色小镇，但这些特色小镇均是以行政建制镇为依托，目的是盘活小城镇特色资源的经济价值，引导小城镇特色产业发展与集聚，改善小城镇人居环境。

从政府部门早期出台的政策文件可以看出，特色小镇的概念主要分为两种，一种是传统行政建制镇，具有特色鲜明的产业形态、和谐宜居的美丽环境、彰显特色的传统文化、便捷完善的服务设施、充满活力的体制机制；另一种是浙江省定义的相对独立于市区，具有明确产业定位、文化内涵、旅游和一定社区的发展空间平台，区别于行政区划单元和产业园区。随着特色小镇推进的不断深入，国家层面对特色小镇的内涵阐释逐渐明晰。2016年10月，国家发改委在《关于加快美丽特色小（城）镇建设的指导意见》中第一次明确了特色小（城）镇包括特色小镇、小城镇两种形态，"特色小镇主要指聚焦特色产业和新兴产业，集聚发展要素，不同于行政建制镇和产业园区的创新创业平台；特色小城镇是指以传统行政区划为单元，特色产业鲜明、具有一定人口和经济规模的建制镇"。2016年12月，国家发改委、国家开发银行、中国光大银行、中国企业联合会、中国企业家协会及中国城镇化促进会等机构联合下发了《关于实施"千企千镇工程"推进美丽特色小（城）镇建设的通知》，意在推动"政府引导、企业主体、市场化运作"的新型小（城）镇创建模式，以促进传统产业升级和培育新兴产业为导向，将特色小镇打造为高端功能节点和创新创业发展平台。

除了住建部公布的两批403个全国特色小城镇外，其他部委也根据自身职能推出各自领域的特色小镇培育目标和扶持政策，例如国家体育总局也公布了96个体育休闲小镇名单，农业部、国家林业局、国家中医药管理局、工信部也分别开展农业特色互联网小镇、森林特色小镇、中医药文化小镇、工业文化特色小镇试点工作。尽管国家层面的特色小镇政策文件大多停留在原则层面，但由于特色小镇顺应社会经济转型发展和供给侧改革的趋势，在浙江等先发地区的引领下，全国地方各级政府相继出台一系列政策和实施细则，从土地、财政、金融、人才等多个方面鼓励和支持特色小镇的发展，并吸引大型房地产企业等大量社会资本涌入，绿地、绿城、万科、华侨城、碧桂园、华夏幸福等多家房地产企业陆续进入特色小镇建设领域，在全国范围内布局实施特色小镇战略，例如华侨城的文旅小镇、碧桂园的科技小镇、华夏幸福的产业小镇、绿城的康养小镇等，依托企业自身优势资源探索特色小镇运营模式和发展路径。在政策利好之下，各地特色小镇的规划建设出现一拥而上、热火朝天的局面，地方政府将其作为招商引资、出政绩的"风口"，高速发展下特色小镇概念不清、房地产化、特色产业发展薄弱等问题日益严重。国家高度重视特色小镇建设工作，多次作出重要指示批示。国家发改委会同有关部门深入贯彻落实，坚持目标导向、问题导向、结果导向，2017 年印发《关于规范推进特色小镇和特色小城镇建设的若干意见》，2018 年印发《关于建立特色小镇和特色小城镇高质量发展机制的通知》，2019 年召开全国特色小镇现场会，2020 年印发《关于公布特色小镇典型经验和警示案例的通知》；实行正面激励与负面纠偏"两手抓"，推广来自 16 个精品特色小镇的"第一轮全国特色小镇典型经验"、来自 20 个精品特色小镇的"第二轮全国特色小镇典型经验"，淘汰一些错用概念或质量不高的"问题小镇"（包括将有关部门命名的 403 个"全国特色小镇"整体更名为全国特色小城镇）。

为加强对特色小镇发展的顶层设计、激励约束和规范管理，2020 年 9 月国务院印发《关于促进特色小镇规范健康发展意见的通知》，提出了特色小镇发展的主要任务，并于 2021 年 9 月由国家发改委等十部委联合发布《关于印发全国特色小镇规范健康发展导则的通知》，确定了特色小镇 13 项定量的具体指标，逐步建立特色小镇文件体系，明确操作细则。经过几年的发展，全国各地区特色小镇建设取得了一定的成效，逐渐从注重数量转向注重质量，国家发改委数据显示截至 2021 年上半年，全国 1600 个左右特色小镇共吸纳就业人数约 440 万人、近几年累计完成投资约 3.5 万亿元、年缴纳税金约 2800 亿元，每个特色小镇累计完成投资平均约 21 亿元、吸纳就业人数平均约 2700 人、年均缴纳税金约 1.7 亿元。

自 2019 年起国家将支持特色小镇发展作为推进新型城镇化和城乡融合发展任务的重点内容，不断探索特色小镇规范有序发展的机制，强化对其发展过程中违规现象和行为的监测和监管，由国家发改委协调各有关部委统一制定和完善特色小镇政策体系，推动特色小镇进入控制数量、提高质量的健康发展轨道（表 1-5）。

国家推进新型城镇化和城乡融合发展任务中与特色小镇发展相关的内容　　　表 1-5

政策文件	相关内容
《2019 年新型城镇化建设重点任务》（发改规划〔2019〕617号）	建立典型引路机制，坚持特色兴镇、产业建镇，坚持政府引导、企业主体、市场化运作，逐年挖掘精品特色小镇，总结推广典型经验，发挥示范引领作用；完善政银企对接服务平台，为特色产业发展及设施建设提供融资支持，为打造更多精品特色小镇提供制度土壤。建立规范纠偏机制，逐年开展监测评估，淘汰错用概念的行政建制镇、滥用概念的虚假小镇、缺失投资主体的虚拟小镇。组织制定特色小镇标准体系，适时健全支持特色小镇有序发展的体制机制和政策措施。全面开展特色小城镇建设情况调查评估。省级发展改革委要组织特色小镇和小城镇相关部门协调推进，避免政出多门、产生乱象
《2020 年新型城镇化建设和城乡融合发展重点任务》（发改规划〔2020〕532号）	规范发展特色小镇和特色小城镇。强化底线约束，严格节约集约利用土地、严守生态保护红线、严防地方政府债务风险、严控"房地产化"倾向，进一步深化淘汰整改。强化政策激励，加强用地和财政建设性资金保障，鼓励省级政府通过下达新增建设用地计划指标、设立省级专项资金等方式择优支持，在有条件的区域培育一批示范性的精品特色小镇和特色小城镇。强化正面引导，制定特色小镇发展导则，挖掘推广第二轮全国特色小镇典型经验
《2021 年新型城镇化和城乡融合发展重点任务》（发改规划〔2021〕493号）	促进特色小镇规范健康发展。推动《国务院办公厅转发国家发展改革委关于促进特色小镇规范健康发展意见的通知》全面落实落地。统一实行清单管理，以各省份为单元全面建立特色小镇清单，开展动态调整、优胜劣汰。制定特色小镇发展导则，引导树立控制数量、提高质量导向，强化正面引导和分类指导。统筹典型引路和负面警示，推广新一轮特色小镇建设典型经验，加强监督监管，整改违规行为
《2022 年新型城镇化和城乡融合发展重点任务》（发改规划〔2022〕371号）	促进特色小镇规范健康发展。推动落实《关于促进特色小镇规范健康发展意见的通知》及《关于印发全国特色小镇规范健康发展导则的通知》。健全各省份特色小镇清单管理制度，加强监测监督监管，防范处置违规行为，通报负面警示案例

资料来源：作者整理

3）特色小镇的基本内涵

特色小镇不同于普通的建制镇，最大的差异体现在"特"上。首先，特色小镇是以"五大发展理念"为引领的，更加强调绿色发展，创新发展；其次，特色小镇的功能更加复合，强调生产、生活、生态协同发展；再次，特色小镇的产业更具差异化、独特化，强调挖掘自身资源优势，并联合创新创意产业发展；最后，特色小镇的风貌追求精美，强调生态环境优美，生活环境舒适，景观环境特色鲜明。

2015 年特色小镇在浙江省实践后，学术界对"特色小镇"理论作出了自己的解释。吴一洲、陈前虎等（2016）对特色小镇的定义是一个大城市内部或周边的，在空间上相对独立发展的，具有特色产业导向、景观旅游和居住生活功能的项目集合体[①]。卫龙宝（2016）认为特色小镇是以信息经济、环保、健康、旅游、时尚、金融、高端装备制造等产业为基础，兼顾生态环境与人文底蕴形成的产业、人文、环境等要素协同发展的新型城镇化与区域创新的空间集聚载体[②]。盛世豪（2017）指出特色小镇并非单一产业集聚平台，而是产业创新空间组织，主要通过集聚创新要素，促进科技成果产业化，培育新兴产业，推动区域产业体系升级[③]。王建廷（2018）认为特色小镇是在地域条件和资源条件基础上发展起来的，集聚人才、技术、资本等要素，通过资源整合、产业融合，打造具有明确产业定位、科技元素、文化内涵、旅游业态，生态宜居的小规模发展空间平台[④]。

国家政策层面对特色小镇的概念内涵的阐述也随着研究和实践的深入不断完善（表1-6），更加明确了特色小镇的本质属性和发展特点。

国家政策体系中对特色小镇内涵表述的演变　　　　　　　　表1-6

政策文件	特色小镇的概念内涵
《国家发展改革委关于加快美丽特色小（城）镇建设的指导意见》（发改规划〔2016〕2125号）	特色小镇主要指聚焦特色产业和新兴产业，集聚发展要素，不同于行政建制镇和产业园区的创新创业平台
《国家发展改革委等关于规范推进特色小镇和特色小城镇建设的若干意见》（发改规划〔2017〕2084号）	特色小镇是在几平方公里土地上集聚特色产业，生产生活生态空间相融合，不同于行政建制镇和产业园区的创新创业平台。立足产业"特而强"、功能"聚而合"、形态"小而美"、机制"新而活"，推动创新性供给与个性化需求有效对接，打造创新创业发展平台和新型城镇化有效载体
《关于建立特色小镇和特色小城镇高质量发展机制的通知》（发改办规划〔2018〕1041号）	特色小镇的基本条件是：立足一定的资源禀赋或产业基础，区别于行政建制镇和产业园区，利用 $3km^2$ 左右国土空间（其中建设用地 $1km^2$ 左右），在差异定位和领域细分中构建小镇大产业，集聚高端要素和特色产业，兼具特色文化、特色生态和特色建筑等鲜明魅力，打造高效创业圈、宜居生活圈、繁荣商业圈、美丽生态圈，形成产业特而强、功能聚而合、形态小而美、机制新而活的创新创业平台

① 吴一洲，陈前虎，郑晓虹 . 特色小镇发展水平指标体系与评估方法 [J]. 规划师，2016，32（7）：123-127.
② 卫龙宝，史新杰 . 浙江特色小镇建设的若干思考与建议 [J]. 浙江社会科学，2016（3）：28-32.
③ 盛世豪 . 特色小镇引领区域经济走向新常态 [N]. 中国经济时报，2017-10-13.
④ 王建廷，申慧娟 . 京津冀协同发展中心区域特色小镇建设路径研究 [J]. 城市发展研究，2018，25（5）：7-12.

续表

政策文件	特色小镇的概念内涵
《国务院办公厅转发国家发展改革委关于促进特色小镇规范健康发展意见的通知》（国办发〔2020〕33号）	特色小镇作为一种微型产业集聚区，具有细分高端的鲜明产业特色、产城人文融合的多元功能特征、集约高效的空间利用特点，在推动经济转型升级和新型城镇化建设中具有重要作用
《国家发展改革委等十部门关于印发全国特色小镇规范健康发展导则的通知》（发改规划〔2021〕1383号）	特色小镇是现代经济发展到一定阶段产生的新型产业布局形态，是规划用地面积一般为几平方公里的微型产业集聚区，既非行政建制镇，也非传统产业园区。特色小镇重在培育发展主导产业，吸引人才、技术、资金等先进要素集聚，具有细分高端的鲜明产业特色、产城人文融合的多元功能特征、集约高效的空间利用特点，是产业特而强、功能聚而合、形态小而美、机制新而活的新型发展空间

资料来源：作者整理

4）特色小镇概念辨析

为了更加明晰特色小镇的内涵，在此将特色小镇和特色小城镇、建制镇、工业园区、经济开发区、旅游区进行对比（表1-7）。作为非行政主体的独立发展空间，特色小镇既不同于特色小城镇、建制镇、工业园区、经济开发区、旅游区，又不是这几者的简单叠加。

特色小镇相关概念比较   表1-7

类别	行政区划属性	产业结构	管理运行主体	开发建设模式	功能
特色小镇	非行政区划	集聚各类产业，工业与服务业紧密融合	企业	企业主体	生产、生活、生态功能
特色小城镇	行政区划	主导产业与服务生活的第三产业为主	政府	政府主导	生产、生活功能
一般建制镇	行政区划	主导产业与服务生活的第三产业为主	政府	政府主导	生活功能为主
产业园区	行政区划范围	制造业、高端产业	园区管委会	政府主导	生产功能
开发区	半行政区划，具有政府职能部门性质	工业、服务业为主	管委会或投资公司	政府主导	生产功能为主，兼具生活功能
旅游区	非行政区划	旅游业、休闲产业	旅游公司或地方政府	企业或政府主导	生态、生活功能

资料来源：作者整理

（1）特色小城镇

特色小城镇是建立在建制镇基础之上的。国家关于特色小镇建设起初并没有明确划分"特色小镇"与"特色小城镇"，而是统称为"特色小（城）镇"。在后续出台的政策中正式明确了特色小城镇的基本条件，即立足工业化、城镇化发展阶段和发展潜力，实现特色产业在镇域经济中占主体地位、在国内国际市场占一定份额，拥有一批知名品牌和企业，镇区常住人口达到一定规模，带动乡村振兴能力较强，形成具有核心竞争力的行政建制镇排头兵和经济发达镇升级版。

特色小城镇与特色小镇的区别在于特色小城镇是以行政建制镇为基础，在产业结构方面的主要目的是带动乡村振兴，充分发挥城镇化对新农村建设的辐射带动作用。并且，特色小城镇的发展是以政府为主导，为城镇居民提供良好的工作与生活环境，发展特色小城镇是深入推进新型城镇化的重要动力。

（2）一般建制镇

建制镇是指经省、自治区、直辖市人民政府批准设立的镇。随着建制镇的增长，也说明我国国民经济得到持续的高增长，从而进一步推动中国城市化进程。

我国最初公布的特色小镇名单均是以建制镇为载体，选取具有特色资源、特色产业、区位优势的小城镇，通过政策扶持、资金援助、规划引导与市场运作培养成具有休闲旅游、商贸物流、文化传承、产业带动的特色小城镇。小城镇是经济转型升级、新型城镇化建设的重要载体，在推进供给侧结构性改革、生态文明建设、城乡协调发展等方面发挥着重要作用。

但当前的特色小镇概念明确之后，其与一般建制镇有较大的区别。首先特色小镇并不是严格按照行政区划划定；其次在产业结构上，建制镇强调的是以原有产业基础为主导，同时兼顾为城镇居民生活服务的产业结构；在发展模式上建制镇是以政府为主导，而特色小镇是以企业为主导。我国建制镇数量巨大，按照控制数量、提高质量，节约用地、体现特色的要求，选取具有特色的小镇与特色产业发展相结合、与服务"三农"相结合，带动新型城镇化发展。

（3）产业园区

产业园区是一个国家或区域的政府根据自身经济发展的内在要求，通过行政手段划出一块区域，聚集各种生产要素，在一定空间范围内进行科学整合，突出产业特色，优化功能布局，使之成为适应市场竞争和产业升级的现代化产业分工协作生产区。

我国产业园区建设由于粗暴的开发和单一的产业功能，在生态环境、功能配置方面略显不足。同时，由于以上原因导致我国传统的产业园区大多在社会影响力、招商方面的带动不明显，对于创新型、高新型企业的吸引力不足。根据创建主体和创建路径特征，浙江省第一批省级特色小镇有多个产业园区型，如临安云制造小镇、路桥沃尔沃小镇等。这类特色小镇依托传统产业园区良好的产业基础、经济贡献、成本方面的优势，开发第三产业，提供完备的配套设施，通过产业链延伸和价值链提升，使传统产业园区迅速改造升级。

从产业园区到特色小镇的发展过程中需要实现产业由"特"到"强"、空间由"物"到"人"、功能由"产城融合"到"文化培育"、管理由"传统开发区模式"到"创新体制机制"的四大转变[①]。

（4）开发区

开发区是指由国务院和省、自治区、直辖市人民政府批准在城市规划区内设立的经济技术开发区、保税区、高新技术产业开发区、国家旅游度假区等实行国家特定优惠政策的各类开发区。开发区也具有政府职能部门的性质，开发区的主要管理人员经常是当地政府行政管理的高层人员来兼任或专职。

开发区模式在经济绩效方面具有极大的优势，但同样也面临着产业转型发展的困境。特色小镇与开发区在体量、开发模式与产业结构方面存在着差异。特色小镇产业园更轻，更有特色；而开发区产业更重，更突出经济性。但特色小镇与开发区都是对特定区域内各类元素的优化重组，都强调单位面积和投资的产出比，考核指标中都看重投资的规模数量，激励政策也都主要集中在税收优惠以及用地指标方面。从某种意义上来看，特色小镇治理模式可以看作是开发区治理模式的升级版本，是开发区治理模式在经济社会发展达到一定高度之后的突围转型，也是对开发区治理模式尤其是开发区模式套用到城市经营领域之后各类问题的一种"纠偏"[②]。

（5）旅游区

旅游区是指县级以上行政管理部门批准设立，有统一管理机构，范围明确，具有参观、游览、度假、娱乐、求知等功能，并提供旅游服务设施的独立单位，旅游区的界线一般与

---

① 余波，潘晓栋，赵新宇.产业园区型特色小镇创建分析及对义乌云驿小镇的思考 [J].城市规划学刊，2017（S2）：235-239.
② 周鲁耀，周功满.从开发区到特色小镇：区域开发模式的新变化 [J].城市发展研究，2017，24（1）：51-55.

行政区域一致。旅游区是表现社会经济、历史文化和自然环境统一的旅游地域单元，一般包含许多旅游点，由旅游线连接而成。

旅游是特色小镇的四大功能之一，特色小镇生态环境建设要求不低于3A级景区，旅游特色小镇要求不低于5A级景区。当前的特色小镇在发展模式上基本可以分为两大类：一是以当地的特色景观、特色文化等发展以观光游、休闲游和体验游为主的特色小镇；二是以其他特色产业为主导，但同时也不排斥旅游产业的发展，甚至积极迎合旅游产业，形成了"特色产业 + 旅游业"的特色小镇创新业态。

总而言之，"特色小镇"与"特色小城镇"的区别在于"特色小镇"与市区独立，而"特色小城镇"的乡镇意味更浓厚，更加强调行政地域概念，它具有的社区特征属性可以更好地成为传承和发展其独特地方文化的载体；"特色小镇"的区域概念更强。但特色小镇不能作为行政区域划分单元的"镇"，也不能成为产业园区与开发区的"区"来存在，应该是与企业协同创新来达到合作共赢的企业社区，以创新空间为前提作用的产业发展载体。特色小镇具有旅游功能但不等同于旅游区，特色小镇的建设以聚集人才、研究技术、获得资本等要素去推进产业的集聚、创新和升级，来实现"小空间大集聚、小平台大产业、小载体大创新"，从而形成新的经济增长点。

5）特色小镇研究概况

通过知网以"特色小镇"为主题词进行搜索，截至2022年7月，共检索到相关文献约1.2万篇，可见特色小镇是近年来的热点研究对象。从其发文量年度变化趋势图上可以看出，特色小镇的研究自2014年这一名词首次出现后开始快速发展，到2018年达到了一个小高峰，这是由于在政策驱动下包括房地产企业在内的社会资本大量进入特色小镇建设领域，引发全社会和学术界的关注，但随着国家对特色小镇纠偏工作的持续开展，特别是对房地产化倾向和违法违规的行为严格整顿，要求按照严定标准、严控数量、统一管理、动态调整原则，实施清单式动态管理。在政府加强监管和宏观经济下行趋势明显的影响下，特色小镇的发展回归理性，尽管研究成果的发表数量有所下降，但仍然保持在一个较高的水平，并且对特色小镇的研究深度和广度不断增加（图1-1）。

通过知网以"特色小镇"为关键词选择被引用前200的文献进行计量可视化分析看出，与特色小镇研究联系最紧密的关键词是新型城镇化，其次是浙江特色、产业转型升级等。笔者将众多关键词进行分类梳理，大致可以分为：特色小镇的功能研究，包括产业功能、社区功能、旅游服务功能等；特色小镇与经济发展研究，包括区域经济、产业转型、供给

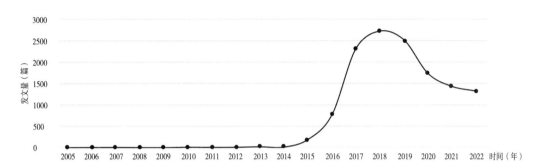

图 1-1　特色小镇相关文献发文量年度变化趋势

资料来源：作者自绘

侧结构性改革、块状经济等；特色小镇的规划建设研究，包括空间规划、空间布局、基础设施等；特色小镇与城镇化发展研究，包括小城镇建设、田园城市、城镇化、乡村发展等；特色小镇的管理运营研究，包括发展模式、PPP 模式等；以及特色小镇的评估类研究，包括指标体系、评价体系等。

通过知网以"特色小镇"为主题词进行检索，在相关学科分类中可以看出，对特色小镇关注度较高的学科主要有城市经济、城乡规划与市政、区域经济、旅游经济、农业经济等。本书主要从经济、城乡规划、旅游与农业等学科角度分析各学科对特色小镇的认识以及研究的重点所在。

（1）经济学视野下的特色小镇

产业功能作为特色小镇的首要功能，在特色小镇发展的过程中起到至关重要的作用，特色小镇要有明确的产业定位与合适的发展模式才能实现产业升级、经济发展。通过知网以"特色小镇"为主题词进行检索，并选择经济学领域相关研究，对检索结果的关键词进行计量可视化分析可以看出，新型城镇化、产业转型升级、经济增长、产业定位、发展模式、经济发展等是此类研究出现频次较高的关键词。

产业是特色小镇最重要的发展动力，经济发展是特色小镇建设的重要目标之一，许多学者将经济学专业知识运用到特色小镇的建设当中，分析其发展动力、发展模式等。

（2）城乡规划视野下的特色小镇

特色小镇的探索从始至终都伴随着我国城镇化的发展。随着新型城镇化的建设，特色小镇以突出产业特色为重点的小城镇或区域建设一度增强了村镇与产业集聚区的经济实力，也是城乡规划学领域研究的热点问题。通过知网以"特色小镇"为主题词，选择城乡规划学领域进行检索，发现此类研究内容成果丰硕。同时，通过对其关键词进行统计发现，相关关键词出现频率较高，联系较为紧密的有新型城镇化、规划设施、景观设计、地域文化、城市发展等。

特色小镇的发展与新型城镇化密不可分，我国城镇化进程中原有的产业园区等传统产业组织方式出现的种种问题，需要探索和创新发展模式，建设特色小镇的目的是提升城镇化的内涵品质，真正实现"以人为本"的目标，提升人民群众的获得感。规划设计过程中，应坚持以产业发展为内核，以生态发展为依托，以面向未来发展的城镇居住技术植入为手段，将生产、生活、生态融入小镇建设中，强调空间发展的质量，通过网络来强化其与外部区域的互动联系。

（3）旅游视野下的特色小镇

旅游是特色小镇的一大功能，同时也是一些特色小镇的主要产业，在旅游学视角下的特色小镇研究也十分丰富。通过知网以"特色小镇"为主题词进行检索，分析其在旅游学视角下的关键词，通过统计可以看出特色小镇在旅游学方面的研究包括全域旅游、旅游特色小镇、旅游资源、旅游体验、文化旅游、景区、可持续发展等。

在特色小镇的发展中可根据小镇的特质植入旅游功能，把握好核心产业文化基因及旅游融入度，将旅游作为特色小镇的拓展功能，使小镇成为一个产业、社区、文化、旅游"四位一体"的社会空间，具有独特的魅力和鲜明的主题文化，拓展高端产业辐射的边界，通过旅游的流动产生更大的消费力，让特色小镇更具活力和生命力，文化旅游和体育运动类型的小镇，还需要更加关注文化内涵的挖掘，寻找支撑小镇发展的精神力量。

（4）乡村视角下的特色小镇

特色小镇的发展与农村紧密相关。国家出台的乡村振兴战略、美丽乡村规划等都与特色小镇的建设相关，"特色小城镇"和"特色小镇"是连接城乡之间的纽带，从农村相关研究的视角认识特色小镇，其关注点更多地在于农村发展如何与特色小镇对接。通过知网以"特色小镇"为主题词进行检索，选择与农村相关的研究领域，并对其关键词进行统计可以看出此类研究与特色小镇联系最为密切的关键词有新型城镇化、"三农"、小城镇发展、产业转型升级、乡村发展、乡村地区、乡村振兴等，大致可以分为乡村产业转型升级研究、城乡关系研究等方面。

特色小镇是乡村振兴的基础和特色，从培育特色开始，形成自身的主题，构建个性化、差异化的小镇，最终形成平台小镇[①]，其发展模式决定了其在促进农村产业融合方式、培育融合主体、建立稳固的利益联结机制、提供产业融合服务等方面具有优势，以特色小镇引领农村一、二、三产业融合发展具有现实意义[②]。特色小城镇和特色小镇建设处于县域城镇化和乡村振兴中间层次，是实施乡村振兴战略，带动农业现代化和农民就近城镇化的重要着力点和支撑点[③]。

6）特色小镇分类研究

各地特色小镇的建设实践在空间载体、产业内涵、外部条件、规划实施以及政策措施等方面有明显的多元化特征，各自特色与优点亦有差异。学界和业界根据对特色小镇的理解有不同的分类标准，同时也在不断改进和优化分类研究。浙江省根据产业定位，在早期的政策文件中将特色小镇分为信息经济、环保、健康、时尚、旅游、金融、高端装备制造和历史经典等八类。2018 年 4 月发布的《浙江省特色小镇创建规划指南（试行）》是全国首个针对特色小镇创建规划出台的专项指导文件，其将特色小镇分成三大类，作为引导特色小镇"特色化"规划建设的分类基础，第一大类以提供技术与金融服务产品为主，包括信息经济小镇、时尚小镇 A（研发设计型）、金融小镇；第二大类以提供实物产品为主，包括环保小镇、健康小镇 A（制造业为主）、时尚小镇 B（产品制造型）、高端装备制造小镇；第三大类以提供体验服务产品为主，包括健康小镇 B（康养保健为主）、旅游小镇、历史经典小镇。武前波等（2018）将特色小镇划分为四大类型，分别是都市社区型、创新创业型、区域集聚型、创意旅游型，前两者一般位居大都市区，依托良好的创新环境和人力资本优势，可以"无中生有"衍生出各类新兴产业，后两者一般地处边缘地带或偏远地域，具有较强的创业精神，凭借传统产业集群优势或原始生态资源基础，推动传统小城镇的"再创业"，进而演变为新时期的创意或创新型特色小镇[④]。温锋华（2018）从产业类型入手，将特色小镇分为大类、中类和小类三个层次，其中大类分为农业类特色小镇、制造业类特色小镇和服务业类特色小镇等三大类型，每个大类分为若干中类，每个中类根据类型的内涵，再细分为若干小类[⑤]。关于特色小镇的分类研究大多基于一些案例的归纳总结，分类过程中并没有严格的排他性和严密的体系性。

---

① 周锦，赵正玉.乡村振兴战略背景下的文化建设路径研究 [J].农村经济，2018（9）：9-15.
② 郝华勇.以特色小镇引领农村一二三产业融合发展研究 [J].农业经济，2018（2）：3-5.
③ 王玉虎，张娟.乡村振兴战略下的县域城镇化发展再认识 [J].城市发展研究，2018，25（5）：1-6.
④ 武前波，徐伟.新时期传统小城镇向特色小镇转型的理论逻辑 [J].经济地理，2018，38（2）：82-89.
⑤ 温锋华.中国特色小镇规划理论与实践 [M].北京：社会科学文献出版社，2018.

　　《全国特色小镇规范健康发展导则》中明确提出特色小镇应以产业为主导，"秉持少而精、少而专方向，在确实具备客观实际基础条件的前提下确立主导产业，宜工则工、宜商则商、宜农则农、宜游则游，找准优势、凸显特色"，根据制造业发达程度、先进要素集聚能力和资源禀赋情况等优势重点发展九种主要类型的特色小镇，制造业发达地区可着重发展先进制造类特色小镇，先进要素集聚地区可着重发展科技创新、创意设计、数字经济及金融服务类特色小镇，拥有相应资源禀赋地区可着重发展商贸流通、文化旅游、体育运动及三产融合类特色小镇，并提出相应的建设规范性要求（表1-8）。

中国特色小镇主要类型划分及建设规范性要求　　　　　　　　　　　表1-8

序号	主要类型	规范性要求
1	先进制造类	着眼推动产业基础高级化和产业链现代化，促进装备制造、轻工纺织等传统产业高端化、智能化、绿色化发展，培育生物、新材料、新能源、航空航天等新兴产业，加强先进适用技术应用和设备更新，推动产品增品种、提品质、创品牌，发展工业旅游和科技旅游。着眼降低投产成本、提高产品质量，健全智能标准生产、检验检测认证、职业技能培训等产业配套设施
2	科技创新类	着眼促进关键共性技术研发转化，整合各类技术创新资源及教育资源，引入科研院所、高等院校分支机构和职业学校，发展"前校后厂"等产学研融合创新联合体，打造行业科研成果熟化工程化工艺化基地、产教融合基地和创业孵化器。建设技术研发转化和产品创制试制空间，提供专业通用仪器设备和模拟应用场景
3	创意设计类	着眼发挥创意设计对相关产业发展的先导作用，开发传统文化与现代时尚相融合的轻工纺织产品创意设计服务，提供装备制造产品外观、结构、功能等设计服务，创新建筑、园林、装饰等设计服务供给，打造助力于新产品开发的创意设计服务基地。注重引进工艺美术大师、时尚设计师等创意设计人才，布局建设工业设计中心
4	数字经济类	着眼推动数字产业化，引导互联网、关键软件等数字产业提质增效，促进人工智能、大数据、云计算、物联网等数字产业发展壮大，为智能制造、数字商务、智慧市政、智能交通、智慧能源、智慧社区、智慧楼宇等应用场景提供技术支撑和测试空间。建设集约化数据中心、智能计算中心等新型基础设施
5	金融服务类	着眼拓宽融资渠道、活跃地方经济，发展天使投资、创业投资、私募基金、信托服务、财富管理等金融服务，扩大直接融资特别是股权融资规模，引导中小银行和地方银行分支机构入驻或延伸服务，引进高端金融人才，打造金融资本与实体经济集中对接地。建设项目路演展示平台和人才公寓等公共服务设施
6	商贸流通类	着眼畅通生产消费连接、降低物流成本，发展批发零售、物流配送、仓储集散等服务，引导商贸流通企业入驻并组织化、品牌化发展，引导电商平台完善硬件设施及软件系统，结合实际建设边境口岸贸易、海外营销及物流服务网络，提高商品集散能力和物流吞吐量。加强公共配送中心建设和批发市场、农贸市场改造升级

续表

序号	主要类型	规范性要求
7	文化旅游类	着眼以文塑旅、以旅彰文，创新发展新闻出版、动漫、演艺、会展、研学等业态，培育红色旅游、文化遗产旅游、自然遗产旅游、海滨旅游、房车露营等服务，打造富有文化底蕴的旅游景区、街区、度假区。合理植入公共图书馆、文化馆、博物馆，完善游客服务中心、旅游道路、旅游厕所等配套设施
8	体育运动类	着眼提高人民身体素质和健康水平，发展球类、冰雪、水上、山地户外、汽车摩托车、马拉松、自行车、武术等项目，培育体育竞赛表演、健身休闲、场馆服务、教育培训等业态，举办赛事、承接驻训，打造体育消费集聚区和运动员培养训练竞赛基地。科学配置全民健身中心、公共体育场、体育公园、健身步道、社会足球场地和户外运动公共服务设施
9	三产融合类	着眼丰富乡村经济业态、促进产加销贯通和农文旅融合，集中发展农产品加工业和农业生产性服务业，壮大休闲农业、乡村旅游、民宿经济、农耕体验等业态，加强智慧农业建设和农业科技孵化推广。建设农产品电商服务站点和仓储保鲜、冷链物流设施，搭建农村产权交易公共平台

资料来源：《全国特色小镇规范健康发展导则》

7）特色小镇的典型特征

特色小镇之所以能够区别于一般建制镇、产业园区、城市新区、旅游区等，独特之处就在于其产业专精、功能多元、空间高效与机制灵活的典型特征。

（1）产业特征

产业专精是特色小镇发展的核心内涵。从我国产业结构演进的基本规律来看，新常态下，产业的发展趋势呈现两个方向：一是产业转型升级驱动下的高度加工化、技术集约化、知识化和服务化，特别是在经济发展水平达到一定阶段以后；二是历史经典产业的回归，这是我国经济向消费主导转变以及人们对消费品质需求增强的必然结果。特色产业的选择需要立足当地资源禀赋、区位环境以及产业发展历史等基础条件，向新兴产业、传统产业升级、历史经典产业回归三个方向发展；旅游产业具有消费聚集、产业聚集、人口就业带动、生态优化、幸福价值提升作用，也是引领特色小镇发展的主要动力。

以其少而精、少而专的产业发展思路来精准产业定位，着眼于选择一个细分产业作为主导产业，通过做精做强推动高端产业和产业高端化发展，促进产业链、创新链、人才链等耦合，有利于产业转型升级和全要素生产率提高。特色产业既有立足本地资源进行改造升级的传统产业，充分利用"互联网＋"等新兴手段，推动产业链向研发、营销延伸；也有培育的战略新兴产业，建立研发服务、创新孵化、人才引入、金融导入相结合的创新创业服务体系，创造良好产业发展环境，通过增强产业核心竞争力，打造行业"单项冠军"，助推产业基础高级化和产业链现代化。

（2）功能特征

功能多元是特色小镇发展的内在要求。以产业为依托的"生产"或"服务"是特色小镇的核心功能，没有生产与服务就无法形成大量人口的聚集；文化是特色小镇的内核，形成了每个小镇独有的印象标识；特色小镇不能只以旅游为核心功能，但旅游的"搬运"功能，可以激发小镇内在系统与外部系统的交换融合，也是不可或缺的功能；有特色产业，有旅游，有居住人口，有外来游客，就必然要形成满足这些人口生活与居住的社区功能，否则特色小镇就只是一个"产业园"。

在发展主导产业的基础上，推进生产、生活、生态"三生融合"，产业、社区、文化、旅游"四位一体"，打造优质服务圈和繁荣商业圈。通过叠加现代社区功能，提高物业服务质量，结合教育、医疗、养老、育幼资源整体布局提供优质公共服务，完善商贸流通和家政等商业服务；叠加文化功能，挖掘工业文化等产业衍生文化，建设展示整体图景和文化魅力的公共空间，赋予独特文化内核及印记，推动文化资源社会化利用；叠加旅游功能，促进产业与旅游相结合，寓景观于产业场景，增加景观节点和开敞空间，实现实用功能与审美功能相统一。

（3）空间特征

空间高效是特色小镇发展的外在表现，在几平方公里的小空间内集聚特色产业和先进要素，高效利用土地空间。在区位选址上，特色小镇布局应依据国土空间规划，立足不同地区区位优势、产业基础和比较优势，在拥有相对发达块状经济或相对稀缺资源的区位进行布局，重点布局在城市群、都市圈等优势区域或其他有条件区域，重点关注市郊区域、城市新区及交通沿线、景区周边等区位，容易接受中心城市的功能辐射，公共设施和基础设施较为完善，能够吸引高端要素入驻。

在形态上，体现风貌的可识别和绿色生态，尊重延续自然肌理和历史文脉，具有宜人的建筑体量和街道尺度。小镇的风格是小镇的个性，小镇的风貌是其独特的建筑与外观，都要与文化传承结合，与生态及自然环境一致。小镇风貌的确定，需在遵循生态原则的基础上，以小镇的"功能定位"为出发点，以小镇的"历史文化"为导向，以小镇的"地形地貌"为根据，形成个性化、艺术化、传承化、文化化的景观与建筑风貌，塑造"小而美"的小镇形态。小镇的风情以历史文化、生活方式、风俗习惯等软环境为基础，结合演艺、社区活动、人际交往，成为独特的文化价值。

（4）机制特征

机制灵活是特色小镇发展的内生动力，要求理念创新、发展模式创新、规划建设创新、管理服务创新、机制政策创新等。特色小镇的建设不仅是政府的行政行为，而是以政府为主导、以市场为主体、社会共同参与的主办运营商开发模式。政府以顶层设计、制度建设、服务管理为主要任务，把控整体方向、创造制度环境、建设基础设施、提供公共服务；企业（小镇开发运营商）通过资源整合以及市场化的运作管理方式，成为特色小镇建设中的主角；而与特色小镇息息相关的当地居民，则承担参与与社会监督的责任。

体制机制建设要适应经济社会发展新需求，不断提升特色小镇运营和管理效率，促进小镇健康发展，激发内生动力。一是发挥企业主体作用，把企业作为特色小镇建设主力军，激发企业投资热情、引导企业落地项目；二是发挥政府引导作用，当好"谋划者、改革者、服务者"，重在编制规划、确立标准、出台政策、建设公共设施，重在优化营商环境，以企业投资项目审批制改革为突破，凡与企业相关的改革率先在特色小镇实践，依托"小镇客厅"为企业提供店小二式服务。

1.2.2　对象界定

从都市圈和特色小镇的概念内涵和相关政策演进可以看到，一方面围绕中心城市的特色小镇能够和都市圈形成优势互补、协同发展的空间格局，另一方面国家也鼓励将培育发展现代化都市圈与高质量发展特色小镇相结合，都市圈为特色小镇提供发展条件，特色小镇可以成为都市圈建设中的重要环节。

从理论层面上讲，都市圈和特色小镇都是城镇化中后期城市经济演进的产物，是城市和区域发展的一种经济地理空间组织形式。都市圈本质上是中心城市与周边城镇在分工协作基础上实现功能互补、共建共享的同城化发展区域，核心驱动力来自于都市圈城镇体系内的集聚和优化配置，中心城市利用行政化力量和要素集聚由大城市变成大都市，其所辐射影响的区域由城市圈升级为都市圈，现代化都市圈中的中心城市不仅辐射周边中小城镇，而且辐射周边农村，促进新型城乡关系的形成和高端要素的自由流动。特色小镇作为连接城乡空间的重要节点，顺应了都市圈发展的趋势，在产业专业化和区位优势之间形成良好的匹配关系，在中心城市外围地区承接产业转移和要素外溢，通过构建都市圈"中心城市 + 特色小镇"的战略发展格局，以特色产业集聚和科技创新形成对中心城市产业链的延伸与

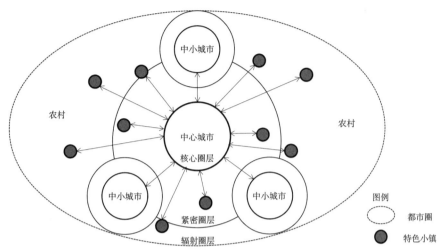

图 1-2 大都市圈特色小镇位置示意
资料来源：作者自绘

补充，对外溢的先进要素进行重新组合形成新的发展空间，利用其细分高端的鲜明产业特色、产城人文融合的多元功能特征、集约高效的空间利用特点，成为都市圈建设中激活区域资源、带动经济转型升级、推动城乡融合发展的重要力量。

本书研究对象主要为处于都市圈中心城市外围城乡接合部的特色小镇，这类特色小镇在都市圈具有区位优势和资源优势，可以有效利用中心城市外溢要素和农村地区的优质环境，以产业特而强、功能聚而合、形态小而美、机制新而活为发展目标，不仅可以增强中心城市核心竞争力与辐射带动能力，还可以推动超大特大城市非核心功能向周边城市（镇）疏解和产业转移，成为促进都市圈产业协同发展、城乡融合发展和乡村振兴的重要平台，对于形成疏密有致、分工协作、功能完善的都市圈发挥着重要作用（图 1-2）。

1.3 国内外相关研究综述

1.3.1 都市圈发展研究

1. 都市圈空间结构的演化特征与机制

城市空间结构主要是从空间角度探索城市形态和城市相互作用网络在理性组织原理上

的表达方式，在城市结构的基础上增加的空间维度[1]。圈层扩散是大城市地域空间发展的基本规律，城市在发展过程中与周边城镇形成互动关系，随着经济空间分布不均等程度的加深，中心城市对外围地区的辐射力开始以圈的形式向外扩散，逐渐形成了以城市为中心、外围呈圈层状环绕的空间布局，即城市圈层结构[2]。德国经济地理学家杜能在1826年出版的《孤立国同农业和国民经济的关系》中提出了农业区位论，阐述了在自然交通、技术条件相同条件下，生产地和消费地与中心城市距离远近不同会导致收益差异，在空间上呈现以大城市为中心的同心圆状的农业生产地带，杜能的城市圈层理论称为"杜能圈"[3]。1923年美国社会学家伯吉斯根据对芝加哥城市土地利用结构的分析，提出了同心圆圈层结构理论，认为城市从中心扩展成五个圈层的同心环状区域，城市人口增长导致了城市区域向外扩张。1945年美国地理学家哈里斯和厄尔曼根据工业发展对城市空间结构的影响，提出了多中心理论，他们认为城市市区有若干个分立的核心，有商务中心和其他承担专门化功能的支配中心[4]。1966年美国区域规划学者弗里德曼在缪尔达尔和赫希曼等人有关区域间经济增长和相互传递的理论基础上提出了核心—边缘理论，阐释了核心与外围之间的相互作用与空间结构演化特征，以及由内向外的四大地带。新经济地理学家克鲁格曼（1996）建立了多中心城市空间结构的自组织演化模型，在一定条件下多中心结构是一种稳定均衡的城市空间结构[5]。同时，Hall和Pain（2006）指出尽管大都市的空间形态正逐渐向以大都市为中心的多中心大都市区域发展，多中心也并不是绝对意义的平等，中心—外围的格局仍然是存在的[6]。杜能圈理论、同心圆理论、多中心理论等后续理论的发展解释了城市由单中心的圈层结构向多中心的圈层结构转变的演化机理（图1-3），为都市圈概念的出现和空间发展提供理论支撑。

在我国，都市圈的中心空间演化特征和圈层结构形式得到了普遍认同。石忆邵等（2001）认为从单中心城市到多核心的城市区域是世界特大城市空间结构形态演化的客观规律，众多在空间上相对分离但功能上密切联系的多中心城市群体有机整合而构成都市

① 顾朝林，甄峰，张京祥.集聚与扩散：城市空间结构新论[M].南京：东南大学出版社，2000.
② 张亚斌，黄吉林，曾铮.城市群、"圈层"经济与产业结构升级：基于经济地理学理论视角的分析[J].中国工业经济，2006（12）：45-52.
③ 杜能.孤立国同农业和国民经济的关系[M].北京：商务印书馆，1986.
④ 陈宪.上海都市圈发展报告·第一辑：空间结构[M].上海：上海人民出版社，2021.
⑤ 刘安国，杨开忠.克鲁格曼的多中心城市空间自组织模型评析[J].地理科学，2001，21（4）：315-322.
⑥ HALL P，PAIN K.The polycentric metropolis：learning from mega-city regions in Europe[M].London：Routledge，2006.

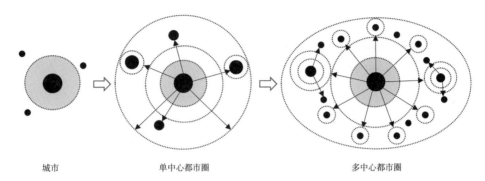

图 1-3　都市圈空间发展演变示意
资料来源：作者自绘

经济圈[①]。张京祥等（2001）认为以单一中心城市为核心的"日常都市圈"，简称为"都市圈"，以多个中心城市为核心的"多核心都市圈"，简称为"大都市圈"，它是由以若干中心城市为核心和周边城市、地区所共同组成的更大地域、经济结构，其内部包含若干个"日常都市圈"[②]。程大林等（2003）认为都市圈内部与核心城市的高强度联系塑造了圈层状的地域结构特征，并以南京都市圈为实证，通过对多种经济、社会联系流的直接调查与相关联系强度的空间叠置分析，进行了都市圈圈层地域的界定[③]。宋迎昌（2005）观察国内外都市经济圈发展的历程，认为其发展具有明显的阶段性：第一阶段是强核，核心城市由小变大、由弱变强；第二阶段是外溢，核心城市出现规模不经济的现象，产业转移和城市郊区化带动新城、卫星城的开发；第三阶段是布网，城乡一体化建设将城区和郊区连在一起；第四阶段是整合，整合经济圈资源、产业、功能和管理等多方面内容；第五阶段是耦合，都市经济圈经济发展和规模扩大促使若干都市经济圈相互重叠、渗透、融合，形成了规模更大的都市经济带[④]。邢宗海（2013）以空间功能要素集聚与扩散特征为判据，将都市圈的演化过程分为"中心城市绝对集中""中心城市相对集中""圈域集聚""圈域耦合"四种空间状态，及都市圈、都市区、中心城市的城市化地区等三个层次，都市圈的发展趋势是由"大分散、小集中"的空间状态向"大集中、小分散"的状

① 石忆邵，章仁彪. 从多中心城市到都市经济圈：长江三角洲地区协调发展的空间组织模式 [J]. 城市规划汇刊，2001（4）：51-54，80.
② 张京祥，邹军，吴启焰，等. 论都市圈地域空间的组织 [J]. 城市规划，2001（5）：19-23.
③ 程大林，李侃桢，张京祥. 都市圈内部联系与圈层地域界定：南京都市圈的实证研究 [J]. 城市规划，2003（11）：30-33.
④ 宋迎昌. 国外都市经济圈发展的启示和借鉴 [J]. 前线，2005（11）：51-53.

态逐渐演化[①]。郑德高等（2017）以时空距离及关联强度为基础，将上海大都市圈分为核心、近域、远郊和外围四个圈层，核心圈层（0 ~ 15km）承载全球城市核心功能，近域圈层（15 ~ 30km）为具有专业化功能的城市副中心，远郊圈层（30 ~ 60km）为以制造与研发为主的产业科技新城，外围圈层（60 ~ 120km）分布相对独立的综合城市，中心城市通过圈层扩散带动整个大都市圈功能空间组织的调整与升级[②]。张磊（2019）基于新制度主义理论视角，以东京都市圈为例，剖析了影响其空间结构变化的两个规划制度节点，即由限制转向引导大城市发展，以及提升城市活力的中心区再开发制度[③]。吴挺可等（2020）等将大城市地域空间划分为核心圈层、紧密圈层和外围圈层这三个由内而外的圈层，并从圈层聚散规律的维度将都市圈的发展演化划分为向心集聚、整体集聚与近域扩散、远域轴向扩散和多圈域耦合作用四个阶段[④]。

2. 都市圈中心城市对外围区域的影响

在经济全球化中，都市圈能够有效促进区域城市之间的经济合作，并提升区域整体竞争力[⑤]，产业结构调整形成地域分工，逐步推进大都市圈多中心空间结构的形成[⑥]。中心城市是指在一定区域范围内，在经济、文化和技术等领域都处于重要地位，综合实力相对较强，辐射作用巨大，能够带动周边区域一同发展的大型城市，中心城市往往是高新技术产业和新兴服务产业的聚集地，在区域经济活动中具有中心地位，通过强大的对外辐射作用带动区域经济发展。集聚效应是都市圈的本质特征之一，中心城市的空间扩张形成的结果就是更大范围的经济集聚，中心城市与外围城市的良性互动会实现共赢和良性循环[⑦]。都市圈域中心城市是在都市圈的形成和发展中处于"核心"和"首位"地位的城市，圈域中心城市主要有产生极化、扩散和创新三大功能效应，中心城市的集聚和扩散对都市圈的形成和发展十分重要，圈域中心城市功能的优化主要通过强化区域规划、建立区域协调机制

① 邢宗海. 都市圈空间结构演化特征及调控机制：以济南都市圈为例 [J]. 城市发展研究，2013，20（5）：25-28.
② 郑德高，朱郁郁，陈阳，等. 上海大都市圈的圈层结构与功能网络研究 [J]. 城市规划学刊，2017（5）：41-49.
③ 张磊. 都市圈空间结构演变的制度逻辑与启示：以东京都市圈为例 [J]. 城市规划学刊，2019（1）：74-81.
④ 吴挺可，王智勇，黄坚平，等. 武汉城市圈的圈层聚散特征与引导策略研究 [J]. 规划师，2020，36（4）：21-28.
⑤ MORGAN D R, MARESCHAL P. Central-city/suburban inequality and metropolitan political fragmentation[J]. Urban affairs review, 1999, 34（4）：578-595.
⑥ SCOTT A J. Locational patterns and dynamics of industrial activity in the modern metropolis[J]. Urban Studies, 1982, 19（2）：111-141.
⑦ 吴群刚，杨开忠. 关于京津冀区域一体化发展的思考 [J]. 城市问题，2010（1）：11-16.

和增强中心城市自身能量实现[①]。中心城市因具备经济势能，对周边城市具有辐射和吸引作用，从而实现互利共赢，这是都市圈形成和发展的关键[②]，都市圈本质上要求打破行政区的束缚，在城乡交融区实现经济社会的整合[③]。宁越敏等（2011）指出上海城市空间组织是由全球生产体系主导下的劳动分工所支配，表现为中心城市集中发展服务业，郊区发展生产制造业，通过地域分工和专业化促成上海由单中心城市向多中心城市过渡[④]。李少星（2010）指出，中心城市服务业职能不断强化的同时，应促进制造业的向外转移，通过生产性服务业和制造业在核心与外围地区的分工合作，获得多样化经济带来的好处，以支撑中心城市和外围地区的长期可持续发展[⑤]。吕玉兰等（2011）分析对比了核心城市与外围城市的特征，认为都市圈外围城市的形成机制包括核心城市与外围城市的经济落差、区位格局、区域分工模式和交通运输条件等几个方面，外围城市必须转变观念，主动融入都市圈，完善和加强其交通基础设施的建设，在明确城市定位的前提下发挥自身优势，依托外围城市的龙头企业，培植其优势主导产业，并为其发展创造良好的软硬件环境[⑥]。王兴平（2014）认为，交通的网络化、现代信息技术的数字化促使都市圈向同城化和一体化加速推进，这促使创新要素从中心都市区向都市圈扩散和重组[⑦]。王佳宁等（2016）认为，通过经济发展、交通系统建设、物流发展、区域创新等多个维度，都市圈中心城市对整个区域产生辐射作用，影响主要体现在经济和空间两个方面[⑧]。邵丹（2018）以西安、渭南两市作为研究区域，借助多源数据提供的不同信息，认识核心城市的集聚与扩散特征，分析外围地区中心节点与网络发育程度[⑨]。李瑞鹏（2019）认为，核心城市带动作用的提高是都市圈发展的关键，从核心城市带动作用大小的影响因素入手，构建了综合评价指标体系，利用熵值–topsis法对我国都市圈核心城市带动作用的大小进行评价[⑩]。周秀等（2022）指出，随着国内都市圈轨道交通规划建设的不断深入，都市圈外围 TOD 地区正逐步成为承接中心城市产业梯度转移的重要载体，通过阐述都市圈外围产业型 TOD 地区的形成动

① 王何，逄爱梅．我国三大都市圈域中心城市功能效应比较 [J]．城市规划汇刊，2003（2）：72-76，96.
② 杨勇，高汝熹，罗守贵．都市圈中心城市及其经济势能 [J]．安徽农业科学，2007（13）：4062-4063.
③ 原新，唐晓平．都市圈化：一种新型的中国城市化战略 [J]．中国人口·资源与环境，2006（4）：7-12.
④ 宁越敏，石崧．从劳动空间分工到大都市区空间组织 [J]．上海城市规划，2011（5）：123.
⑤ 李少星．巨型区域：新的城市化空间形态：理论辨析与实证探讨 [J]．城市规划，2010，34（4）：74-79.
⑥ 吕玉兰，倪自银．都市圈外围城市的形成机制及其发展策略研究 [J]．改革与战略，2011，27（8）：49-51.
⑦ 王兴平．创新型都市圈的基本特征与发展机制初探 [J]．南京社会科学，2014（4）：9-16.
⑧ 王佳宁，罗重谱，白静．成渝城市群战略视野的区域中心城市辐射能力 [J]．改革，2016（10）：14-25.
⑨ 邵丹．关中城市群核心外围城市联系的空间分析：以西安、渭南为例 [J]．城市发展研究，2018，25（7）：148-153，160.
⑩ 李瑞鹏．都市圈核心城市带动作用研究 [D]．北京：首都经济贸易大学，2019.

因、概念界定及典型特征，认为其能够成为承接高端制造产业转移的战略平台、链接外围地区与中心城市的交通枢纽、集聚商务人群和本地居民的多元场所和拥有优越自然生态资源的宜居之地，并从用地布局、交通组织、设施供给和环境营造四个维度提出都市圈外围产业型 TOD 地区的规划策略[①]。

3. 都市圈产业结构升级的特征和机理

由于工业化和城镇化的推动，西方发达国家的区域中心城市升级步伐较快，多数大城市在 20 世纪中期已实现以服务业为主导。Hall（1996）认为产业转型、产业结构多元化是实现和再造中心城市竞争力的有效策略[②]。Sassen（2001）通过研究伦敦大都市圈，认为 20 世纪 80 年代以来伦敦产业结构升级加速，高端服务业集中。在区域尺度上，中心城市的产业升级、产业转移和疏解同样能保证区域经济的可持续[③]。魏后凯（2007）认为在区域竞争与合作的过程中，推进形成一体化的新型产业分工体系，是消除和缓解大都市区产业发展恶性冲突的有效途径[④]。李学鑫等（2010）认为产业转型是实现城市经济转型最重要、最本质的内容[⑤]。鄂冰等（2012）认为城市及其所在区域的产业机构优化与升级建立在区域分工协作的基础上，城市之间、区域之间的结构可以是一种彼此竞争的关系，但更是相互依赖和互为补充的联系[⑥]。张亚斌等（2006）认为"圈层"经济内部产业结构升级的直接原因是区域内部产业的合理转移、分工和技术扩散，实现不同"圈层"经济间的协同升级[⑦]。陈红霞（2018）分析探讨了都市圈产业结构与区域结构互动的基本规律，认为都市圈一体化下的产业升级不仅提升了城市经济的实力和竞争力，更成为重塑区域经济和空间结构的主导力量，主要表现在以下几个方面：一是随着产业结构调整，城市主导产业中外向型产业迅速发展，区域产业空间分工发生变化，进而改变了区域职能结构；二是随着中心—外围各城市产业升级，城市对外辐射和带动能力增强，城市等级随之提高，进而改变了区域的城镇等级结构体系；三是在都市圈产业升级的背景下，区域分工合作调

① 周秀，宋彦杰，杨宇玲 . 都市圈外围产业型 TOD 地区规划策略与深圳实践 [J]. 规划师，2022，38（2）：16-24.
② HALL P. The global city[J]. International social science journal，1996，48（1）：15-23.
③ SASSEN S. The global city: New York, London, Tokyo[M]. Princeton: Priceton University Press, 2001.
④ 魏后凯 . 大都市区新型产业分工与冲突管理：基于产业链分工的视角 [J]. 中国工业经济，2007（2）：28-34.
⑤ 李学鑫，田广增，苗长虹 . 区域中心城市经济转型：机制与模式 [J]. 城市发展研究，2010，17（4）：26-32.
⑥ 鄂冰，袁丽静 . 中心城市产业结构优化与升级理论研究 [J]. 城市发展研究，2012，19（4）：60-64.
⑦ 张亚斌，黄吉林，曾铮 . 城市群、"圈层"经济与产业结构升级：基于经济地理学理论视角的分析 [J]. 中国工业经济，2006（12）：45-52.

整，城镇等级结构改变的过程中，中心城市之间及中心城市与外围地区之间的互动关系和模式发生变化，区域治理结构也随之调整[1]。陈红艳等（2020）以东京都市圈为研究对象，系统梳理 20 世纪 60 年代以来东京都市圈产业结构转换和空间重组特征，研究表明，从产业结构调整来看，东京都市圈三产比重持续上升、二产比重大幅下滑、第一产业持续萎缩，已逐步实现从工业主导向服务业主导转变；从产业空间重组来看，东京都市圈逐步形成梯度发展、阶层趋于固化的产业空间结构，服务业和高附加值轻工业中心集聚，技术密集型重工业外围布局[2]。张同斌等（2021）研究了城市和圈层空间经济结构变动的内在机理，结论表明城市向圈层地区知识溢出效应的增强，能够缩小城市与圈层之间的经济差距[3]。

4. 都市圈内部的协同与共生

进入到 21 世纪，我国都市圈进入快速发展期，都市圈的可持续发展除了增强自身的综合能力外，还需要良好的协同发展水平。陆军等（2020）认为都市圈协同发展的内涵是指在一定条件下，都市圈系统内部的政区、行业、组织等各子系统，通过相互配合和协调，实现子系统的高度整合，推动都市圈系统形成有序的新结构状态，并基于理论研究成果构建了中国都市圈协同发展的理论分析框架，提出了都市圈协同发展的"三生"空间、"四元"概念模型和八大支撑领域，其中"三生"空间是指统筹好"三生"空间之间的融合互促发展关系，实现区域内生产、生活和生态的动态调节匹配，是区域空间优化和协同发展的重要保障；"四元"概念模型是指连通性、互补性、媒介性和福利性；八大支撑领域包括交通设施协同、统一市场建设、产业分工协作、协同创新合作、公共服务协同、城乡融合协同、生态环境协同和统筹协调发展[4]。

促进都市圈协同发展的研究主要集中在空间协同、产业协同、创新协同等方面：

（1）空间协同。官卫华等（2015）分析了南京都市圈的现状矛盾和规划协调思路，明确都市圈区域空间协调的规划约定包括空间功能导向、空间边界管制和跨界地区分类管控等协调要求，并对南京都市圈空间协同规划的工作机制、技术方法、约束机制进行探索

①　陈红霞.都市圈产业结构升级与区域结构重塑 [M]. 北京：科学出版社，2018.
②　陈红艳，骆华松，宋金平.东京都市圈人口变迁与产业重构特征研究 [J].地理科学进展，2020，39（9）：1498-1511.
③　张同斌，刘俸奇，孙静.中国城市圈层空间经济结构变迁的内在机理研究 [J].经济学（季刊），2021，21（6）：1949-1968.
④　陆军，等.中国都市圈协同发展水平测度 [M]. 北京：北京大学出版社，2020.

和创新[①]。陈小鸿等（2017）针对上海都市圈核心功能区、通勤圈等不同空间尺度范围的布局特征，确定多模式轨道交通层次结构、功能定位、网络形式等系统设计准则和策略导向，并提出一小时时间约束的上海都市圈交通廊道识别、节点选择和枢纽体系设计方法和方案[②]。朱直君等（2020）从"境""人""城""业"四个维度系统地阐述了成都都市圈空间协同的规划举措，即共同保护自然优美的生态环境、打造高品质生活宜居地、划定与自然资源禀赋高度匹配的功能分区及建设开放型现代化产业生态圈[③]。

（2）产业协同。都市圈一体化的关键是内部实现以产业分工合作为基础的经济一体化[④]。薛家骥（2004）认为，都市圈的产业整合是提升都市圈整体竞争能力的核心问题，现阶段的产业整合要适应经济全球化竞争的需要，进入跨地区经济一体化的整合层次，把都市圈域融为一体，形成深化分工、优势互补、资源共享、合作竞争的产业体系[⑤]。范晓鹏（2021）认为，都市圈的产业协同发展强调产业分工协作的深化与优化，最终形成资源整合、良性竞争、合作共赢、优势互补的发展模式，从而实现产业协同发展的乘数效应。同时，产业协同发展的质量体现在政府主导与市场作用的共同推动，实现传统产业与新兴产业的深度融合，跨区域产业规划的衔接与协调，以及产业协作体制机制的完善过程，确保都市圈一体化发展有着持续而稳定的发展动力[⑥]。

（3）创新协同。解学梅（2013）基于对都市圈协同创新概念和特征的解析，阐述了都市圈协同创新效应的内涵与运行机制，构建了都市圈协同创新效应模型，剖析了都市圈协同创新效应的内在机理。研究指出，协同创新效应模型是由创新主体协同、资源要素协同、协同方式和空间协同四个维度通过维度间的协同互动和维度内的耦合关联构成，都市圈协同创新效应的产生取决于圈内创新要素的耦合及不同创新主体之间协同链接所产生的"外溢效率"，依赖于圈内技术扩散、知识溢出和信任承诺机制的有效性和圈内良好的制度环境[⑦]。陆军等（2020）从理论层面概括了都市圈协同创新的空间演化特征，分别为"创新

①　官卫华，叶斌，周一鸣，等．国家战略实施背景下跨界都市圈空间协同规划创新：以南京都市圈城乡规划协同工作为例 [J]．城市规划学刊，2015（5）：57-67．
②　陈小鸿，周翔，乔瑛瑶．多层次轨道交通网络与多尺度空间协同优化：以上海都市圈为例 [J]．城市交通，2017，15（1）：20-30，37．
③　朱直君，彭耕，熊琳，等．成都都市圈空间协同策略探讨 [J]．规划师，2020，36（19）：79-83．
④　陈红霞，李国平．1985～2007 年京津冀区域市场一体化水平测度与过程分析 [J]．地理研究，2009，28（6）：1476-1483．
⑤　薛家骥．都市圈域产业的整合与协同 [J]．现代经济探讨，2004（4）：3-7．
⑥　范晓鹏．西安都市圈一体化与高质量耦合发展规划策略研究 [D]．西安：西安建筑科技大学，2021．
⑦　解学梅．协同创新效应运行机理研究：一个都市圈视角 [J]．科学学研究，2013，31（12）：1907-1920．

要素单核集聚—区际知识溢出与联合—开放式协同创新网络联动—区域协同创新共同体"
四个阶段，其中知识流动和扩散机制、风险共担与收益共享机制、产业分工协作机制、政
策引导机制、价值增值机制是驱动都市圈协同创新发展的核心机制[①]。许泱（2021）认为
都市圈是一个邻近的空间单元，有天然的空间优势，通过打破行政壁垒、充分尊重创新要
素的自由流动、创新体制机制，是可以作为区域协同创新高地来打造的，区域协同创新的
形成，是一个"创新主体的自由流动—知识的流动和溢出—成果市场交易地方化—产学研
创新合作"层层递进的形成机制[②]。

　　城市间的竞合作用是都市圈发展的原动力，一个都市圈内的城市化进程实质上是城市
共生与竞争相互作用的演进过程，都市圈内有各种不同形态与性质的城市，这些城市彼此
间关系密切，相互联系、相互制约，进而形成一个共生共存的城市网络系统[③]。在都市圈
内部区域合作的理想状态是实现城市间的经济一体化与和谐共生。冷志明等（2008）基
于城市圈经济一体化的内涵及目标，引入种群生态学中的共生理论，剖析其在城市圈经济
一体化中的适用性，将参与城市圈经济一体化的各方作为具有复杂相关关系的生态有机种
群，进而通过分析其共生单元、共生模式、共生环境和共生界面，从一个全新的角度，提
出城市圈经济一体化的运作机理和对策[④]。朱俊成（2010）基于复杂自组织系统对区域合
作与发展进行研究，在共生理论分析的基础上，分析区域共生的机理与组织结构模式，提
出区域多中心嵌套共生结构模式；并探讨武汉城市圈共生机制、共生模式、区域共生空间
结构与共生战略[⑤]。李文强（2011）认为，都市圈内以合作为基础的区域性产业结构演化
具有明显的共生特征，都市圈内不同能级的城市间也具有共生的生态关系，每个城市个体
都必须明确自己在都市圈内的地位、分工和作用，从而建立互利的共生关系；这种互利的
共生关系既表现为都市圈各城市可以通过资源共享提高城市经济发展水平，也表现为通过
资源互补提高城市产业专业化程度，强化集聚效应；这种共生关系的建立不仅会对每个城
市自身的产业结构产生影响，推动城市间互动网络的建设，还能够促进都市圈各城市更加
合理地利用资源，减少不必要的竞争，实现共存共荣[⑥]。

①　陆军，毛文峰，聂伟.都市圈协同创新的空间演化特征、发展机制与实施路径[J].经济体制改革，2020（6）：43-49.
②　许泱.都市圈视角下创新要素集聚的演化机理与空间效应研究[M].长春：吉林大学出版社，2021.
③　罗守贵，金芙蓉.都市圈内部城市间的共生机制[J].系统管理学报，2012，21（5）：704-709，720.
④　冷志明，易夫.基于共生理论的城市圈经济一体化机理[J].经济地理，2008（3）：433-436.
⑤　朱俊成.基于共生理论的区域合作研究：以武汉城市圈为例[J].华中科技大学学报（社会科学版），2010，24（3）：
　　92-97.
⑥　李文强.都市圈产业结构演化研究[D].上海：上海交通大学，2011.

1.3.2 都市圈外围市镇发展研究

1. 国外都市圈外围市镇发展

出于对 19 世纪贫民窟城市的恐惧，新住房、新工厂在郊区兴建，新的交通技术（有轨电车、电气通勤车、地铁、公共汽车）使得这种郊区化进程得以进行 [1]。学术界普遍认为英国社会学家霍华德提出的"田园城市"理论是最早应对"大城市病"的研究成果。20 世纪末，大都市发展进程的加快，导致其空间发展负荷急剧加大，学术界出现了 "精明增长""紧凑城市"等理论对大都市区域的发展进行指导。1993 年彼得·卡尔索普(Peter Calthorpe) 在其新城市主义代表著作《未来美国大都市：生态、社区和美国梦》中总结了美国城市蔓延的一系列社会问题，并分析其根源，提出大都市圈小城镇发展的新模式——公共交通导向式发展（TOD）[2]。1996 年发布的《新城市主义宪章》，倡导通过公共政策、政府合作和经济战略等发展实践来实现未来大都市区域内城市、城镇和社区的融合 [3]。

到 21 世纪初，发达国家和发展中国家一些都市圈的城市化程度已经很高，例如欧洲城市体系的主要构成除了少数著名大城市还有围绕其密集分布的中小城镇网络 [4]。Faludi（2010）认为城市发展政策应以中小城镇为重点，因为大城市与小城镇均衡发展会刺激经济社会的可持续增长和城乡融合 [5]。克劳斯·昆兹曼（2013）在介绍德国城镇体系的历史演变时，重点分析了多中心城市区域和大都市圈中小城镇的职能和作用，同时指出外围小城镇面临的挑战，如投资匮乏、劳动力缺乏、人口老龄化等 [6]。相关小城镇的研究逐渐由建设理论的研究转向了以下几个方向：

1）都市圈新城建设和发展的社会问题

马克·戈特迪纳等在《新城市社会学》中对大都市区域持续变化的本质进行聚焦，重点思考了种族、阶层、生活方式等对大都市地区发展所起的作用 [7]；Robert Wuthnow 在

---

① HALL P. Cities of tomorrow : an intellectual history of urban planning and design in the twentieth century [M]. Oxford ： Blackwell, 2002.
② CALTHORPE P. The next American metropolis：ecology, community, and the American dream[M]. Princeton: Architectural Press, 1993.
③ EMILY T. 新城市主义宪章 [M]. 王学生，谭学者，译 . 北京：电子工业出版社，2016.
④ 陈春生 . 中小城镇发展与城乡一体化 [M]. 北京：中国社会科学出版社，2018.
⑤ FALUDI A. Cohesion, coherence, cooperation: European spatial planning coming of age?[M]. London and New York ： Routledge, 2010.
⑥ 克劳斯·昆兹曼，尼尔斯·莱伯，刘源 . 德国中小城镇在国土开发中扮演的重要角色[J]. 国际城市规划，2013，28(5)：29-35.
⑦ 戈特迪纳，哈奇森 . 新城市社会学 [M]. 黄怡，译 . 上海：上海译文出版社，2018.

其《小镇美国：现代生活的另一种启示》一书中从社会学角度深入探讨了现代社会中小城镇构建的意义和精神来源，探讨如何通过 10 种维度来加强社群意识以展现小镇的独特性[1]；Tommy Firman（2004）讨论了土地和新市镇发展对印尼雅加达都市圈空间隔离的影响[2]；Yuki Kato（2006）通过对美国三个新市镇的研究，对目前住房市场隔离、阶层与身份隔离的现象进行了分析[3]；Delik Hudalah（2012）对雅加达大都市圈后郊区因素进行分析后认为，城市—农村转型地区开始形成[4]。

2）都市圈一体化

Antonio Moreno-Jiménez（2001）旨在揭示新城规划与地方经济的一个组成部分——零售功能之间的相互作用，并以马德里大都市圈一个小镇为例讨论经济理论应用、城市规划实践和政策[5]；Caryl Bosman（2007）从政府行为对新市镇发展建设的影响作用角度，对郊区社区的建设规划进行了研究[6]；Heng Wei（2013）研究大都市圈城市交通一体化，讨论了适用于现有中心城区可达性的综合交通规划和新市镇交通系统的主要原则[7]；Piotr Bartkowiak（2017）研究了波特兰大都市圈内地方市镇政府单元之间的关系形成[8]；Chang Gyu Choi（2019）对首尔大都市圈绿化带与新市镇的关系进行了综述研究[9]；Antonio Nigro（2019）研究了大都市圈低密度地区小城镇土地利用与公共交通一体化的评价方法与应用，突出主要交通和支线交通与土地使用强度之间的不平衡，并勾勒出城市发展战略和交通网络的优先事项[10]。

① WUTHNOW R. 小镇美国：现代生活的另一种启示 [M]. 邵庆华，译. 上海：文汇出版社，2019.
② FIRMAN T. New town development in Jakarta metropolitan region: a perspective of spatial segregation[J]. Habitat International,2004, 28（3）: 349-368.
③ KATO Y. Planning and social diversity: residential segregation in American new towns[J]. Urban studies, 2006, 43(12): 2285-2299.
④ HUDALAH D, FIRMAN T. Beyond property: industrial estates and post-suburban transformation in Jakarta metropolitan region[J]. Cities, 2012, 29(1):40-48.
⑤ MORENO-JIMÉNEZ A Interurban shopping, new town planning and local development in Madrid metropolitan area[J]. Journal of retailing and consumer services, 2001, 8(5): 291-298.
⑥ BOSMAN C. Building community places: Machizukuri-Neoliberalism, suburbanization and "Americanization" [J]. International planning studies, 2007, 12(4):309-325.
⑦ WEI H, MOGHARABI A. Key issues in integrating new town development into urban transportation planning, procedia [J]. Social and behavioral sciences, 2013,96: 2846-2857.
⑧ BARTKOWIAK P, KOSZEL M. Forms of relationships among local government units in polish metropolitan areas[J]. Procedia engineering, 2017,182:76-82.
⑨ CHOI C G, LEE S, KIM H, et al. Critical junctures and path dependence in urban planning and housing policy: a review of greenbelts and new towns in Korea's Seoul metropolitan area, Land Use Policy, 2019,80:195-204.
⑩ NIGRO A, BERTOLINI L, MOCCIA F D. Land use and public transport integration in small cities and towns: assessment methodology and application[J]. Journal of Transport geography, 2019,74:110-124.

3）都市圈与小城镇可持续发展

Robin Hickman 和 Peter Hall（2013）认为城市规划是可持续交通的重要实现因素，对伦敦和牛津两个案例进行了研究，并制定了城市形式和交通投资战略的未来战略，展示了不同规模的可能性[①]；S. L. Lan（2018）研究了大都市圈在实施可持续决策时，其内部都市经济与物流协同发展的关键因素[②]；Peter Hall（2013）通过泛欧旅行，实地考察和总结德国、法国、荷兰、丹麦和瑞典等国的城市和中小城镇，总结其经济增长、城市更新、可持续交通等经验[③]；Raffaele Carli（2018）提出将层次分析法多指标决策技术应用于智能大都市环境中的可持续发展，目的是通过客观的绩效指标来分析能源、水和环境系统，对大都市圈进行分析、基准和优化[④]。

2. 国内都市圈外围城镇发展

国内关于大都市圈与小城镇的研究主要集中在大城市地区及周边小城镇的发展研究，主要包括以下几个方面：

1）发展理念与战略

许大明（2003）结合实例分析了大都市圈中小城镇的现状特点与存在的问题，探讨了大都市圈小城镇在未来发展中的功能定位和发展策略[⑤]；石忆邵（2013）从新型城镇化的内涵角度讨论了小城镇的产业培育、就地城镇化、空间重组等问题[⑥]；冯奎（2013）通过国内外典型都市圈与周边中小城镇发展的案例研究，剖析其发展历程及特征[⑦]；易鑫（2017）通过回顾德国在城市发展中面临的问题和对策，学习德国大都市区及中小城镇平衡的空间发展经验，比如规划制度、规划政策、规划技术方案、规划教育体系等[⑧]；王海滔（2017）选取苏州作为研究对象，运用空间绩效评价体系对苏州大都市外围地区进

---

① HICKMAN R, HALL P, BANISTER D. Planning more for sustainable mobility[J]. Journal of transport geography, 2013,33:210-219.
② LAN S L, ZHONG R Y. Ordinated development between metropolitan economy and logistics for sustainability[J]. Resources, conservation and recycling, 2018, 128:345-354.
③ HALL P. Good cities, better lives: how europe discovered the lost art of urbanism[M]. London: Routledge,2013.
④ CARLI R, DOTOLI M, PELLEGRINO R. Multi-criteria decision-making for sustainable metropolitan cities assessment[J]. Journal of environmental management, 2018,226:46-61.
⑤ 许大明，修春亮. 大都市圈中的小城镇发展研究：以哈尔滨大都市圈为例 [J]. 东北师大学报（自然科学版），2003（1）：86-91.
⑥ 石忆邵. 中国新型城镇化与小城镇发展 [J]. 经济地理，2013，33（7）：47-52.
⑦ 冯奎，等. 中外都市圈与中小城市发展 [M]. 北京：中国发展出版社，2013.
⑧ 易鑫，克劳斯·昆兹曼，等. 向德国城市学习：德国在空间发展中的挑战与对策 [M]. 北京：中国旅游出版社，2017.

行空间绩效综合评价，并基于空间绩效评价发现的问题及问题根源提出相应优化路径[①]。

2）发展机制与模式

王战和（2005）对大城市周边地区小城镇的发展特征及发展机制进行分析，认为周边小城镇具有更强的发展优势，能够依托中心城市，协调好与各方面的关系，共同发展，最终实现城乡一体化[②]；王圣学（2008）以西安大都市区域为例讨论如何通过建立卫星城来控制大城市中心区的无限制扩张，并通过规划促进区域的健康持续发展[③]；施文鑫（2009）以产业集聚为主线，重点分析小城镇发展与产业集聚之间的关系，探索西安都市圈小城镇与产业集聚互动发展的机制，以西安户县草堂镇为例探讨其发展策略，基于产业集聚视角指出西安都市圈小城镇发展的对策建议[④]；汪增洋（2019）用产城融合测度小城镇高质量发展，从人的城镇化和小城镇发展的角度考察中国城镇化转型发展下的空间模式选择问题[⑤]。

3）空间特征与形态

刘婷婷（2009）总结了超大城市郊区小城镇的特点及其发展动力因素，通过地理信息系统分析了上海新市镇的整体空间特征，表现在中心城区—新城—新市镇空间结构明显，新市镇趋于交通节点处，区位条件便利[⑥]；卢道典（2009）以广州为例，总结分析了大都市区小城镇的典型特征，根据中央提出的统筹城乡发展思路，提出了大都市区小城镇整合发展的三种模式，即功能片区模式、新市镇模式和专业镇模式，并提出了广州大都市区小城镇整合发展方案[⑦]。

4）区域协调及规划策略

陆韬（2013）在回顾总结"城市病"、大都市区城镇体系以及新城规划建设等相关理论及研究的基础上，从空间治理以及大都市区城镇体系构建的视角出发，以新城为主要切入点，着重从城市功能的角度探讨新城在完善大都市区城镇体系、预防和治理"大城市病"中所扮演的重要角色[⑧]；吴闫（2015）从城市群和结构功能主义角度分析我国新型城

① 王海滔.苏州大都市外围地区空间演化及其绩效评价研究[D].苏州：苏州大学，2017.
② 王战和，许玲.大城市周边地区小城镇发展研究[J].西北大学学报（自然科学版），2005，35（2）：4.
③ 王圣学，等.大城市卫星城研究[M].北京：社会科学文献出版社，2008.
④ 施文鑫.基于产业集聚视角的西安都市圈小城镇发展研究[D].咸阳：西北农林科技大学，2009.
⑤ 汪增洋，张学良.后工业化时期中国小城镇高质量发展的路径选择[J].中国工业经济，2019（1）.
⑥ 刘婷婷.超大城市郊区小城镇发展模式研究[D].上海：上海师范大学，2009.
⑦ 卢道典，黄金川，王俊，等.大都市区小城镇的典型特征与整合发展模式研究[J].小城镇建设，2009（11）：13-17，25.
⑧ 陆韬."大城市病"的空间治理[D].上海：华东师范大学，2013.

镇化背景下小城镇与城市群的互动关系，通过对小城镇的功能重构，实现城市群与小城镇协调发展[1]。

1.3.3　特色小镇发展研究

1. 国外特色市镇发展

国外对小镇的探索开始于 18 世纪中期。1898 年，英国学者霍华德在其《明日的花园城市》一书中提出了建立田园城市的思想；随后，盖迪斯首创了区域规划综合研究方法。1975 年，著名经济学家钱纳里、塞尔昆提出了城镇化与工业化协同发展的模型。当前国外小镇发展的典型模式主要有：英国的工业化模式、美国的自由市场模式、日本的行政管理导向模式、韩国的新村运动模式、拉美国家的外部经济模式。纵观国外小城镇发展的模式，可以发现国外小城镇发展注重与经济发展相协调，注重小城镇的规划建设，注重小城镇合理的空间布局与功能完善，注重挖掘小城镇的特色文化并对其加以保护和发展，注重大城市对于小城镇的带动作用。

国外的小镇多是以产业为主导模式的特色市镇。国外关于特色市镇的理论主要是从新城镇运动实践中逐步发展起来的，形成了一些传播广泛的经典基础理论，如区位论、产业结构理论、区域演化理论、城镇体系理论、城乡一体化理论等，也形成了一些现代理论，如可持续发展理论、竞争理论、创新理论等[2]。国外在特色小镇的研究方面，研究较多的是旅游小镇，研究视角集中在以居民感知为对象的城镇社区建设与旅游业发展的互动关系，特色小镇的规划建设以及特色小镇的文化特色保护与发展等，研究特色多体现案例与系统理论的融合。西方国家则一贯强调城市的有机性及社会性，在规划体系完善、严谨的欧洲，弹性规划、负面清单规划、自下而上的自组织规划[3]、社会参与式规划成为近年来研究和实践的热点[4]。这些新思潮的共同点是都强调、挖掘来自社会内部自组织的力量。

另外，国外学者将社会学、经济学、环境学、生态学、管理学等多种学科理论融入

① 吴闫. 城市群视域下小城镇功能变迁与战略选择 [D]. 北京：中共中央党校，2015.

② 张沛，等. 中国城镇化的理论与实践（西部地区发展研究探索）[M]. 南京：东南大学出版社，2009.

③ 周静，倪碧野. 西方特色小镇自组织机制解读 [J]. 规划师，2018，34（1）：132-138.

④ FALUDI A. The performance of spatial planning [J]. Planning practice & research, 2000（4）：299-318.

到旅游小城镇研究中，研究过程中注重定性与定量分析的结合，综合应用多种方法，研究结果科学性较强[①]，比如 Agarwal[②]、Russell 和 Faulkner[③] 分别将重构理论、混沌与复杂性理论和旅游地生命周期理论相结合，研究旅游小城镇的演化。Etienne Nel 和 Teresa Stevenson[④] 通过统计 68 个小城镇的变化指标，确定了经济发展多样化的障碍，认为企业的入驻对小城镇的发展极为重要，可以在国家经济环境中发挥扶贫作用。Graham Parlett（1995）研究了旅游业对当地小镇经济发展的影响，他分析了爱丁堡古镇的旅游业对其他产业的辐射效应，指出爱丁堡镇的旅游业已经成为当地的支柱产业，这与当地政府对传统文化、传统建筑的保护相关[⑤]。John S. Akama（2007）研究了肯尼亚的旅游小镇，由于当地政府过于干预与主导当地旅游业的发展与小镇的规划，并没有充分考虑当地居民的利益与意愿，使其规划并没有很好地促进当地的经济发展[⑥]。Robert Madrigal（1999）通过对美国和英国的两个旅游小镇发展的比较，提出当地居民对于旅游业的发展有一定的影响[⑦]。关于特色小镇的规划建设，Carlos Costa（2001）对如何规划特色小镇的建设过程构建模型，使其变得更加合理、更加科学，并进一步提出应将旅游业规划与小镇总体规划相互融合，两者虽都是遵从市场利益制定的，但旅游规划实际上是小镇规划的一部分[⑧]。Marco Bellandi（2005）结合实际特色小镇建设案例提出特色小镇建设要充分对实地进行调查并了解当地居民意愿，根据实际情况制定不同的营销开发策略，从而促进当地经济的发展[⑨]。关于特色小镇的文化资源保护与发展，Clare Murphy（2006）提出在小镇的发展过程中，应当注意当地文化传统的保护与运用，使其更具时代感，并推出相应的文化产品，

① 王咏，陆林，杨兴柱. 国外旅游小城镇研究进展与启示 [J]. 自然资源学报，2014，29（12）：2147-2160.
② AGARWAL S. Restructuring seaside tourism: the resort lifecycle [J] .Annals of tourism research, 2002, 29（1）: 25-55.
③ RUSSELL R, FAULKNER B. Entrepreneurship, chaos and the tourism area lifecycle [J]. Annals of tourism research, 2004, 31（3）: 556-579.
④ NEL E, STEVENSON T. The catalysts of small town economic development in a free market economy: a case study of New Zealand [J]. Local Economy, 2014, 29（4-5）:486-502.
⑤ PARLETT G, FLETEHER J, COOP C. The impact of Purism on the Old Town of Edinburgh[J]. Tourism Management, 1995, 16（5）:355-360.
⑥ AKAMA J S. Melphon mayaka systems approach to tourism training and education: the Kenyan case study [J].Tourism management, 2007, 24（1）:298-306.
⑦ MADRIGAL R. Residents' perceptions and the role of government [J]. Annals of tourism research, 1999, 22（1）: 86-102.
⑧ COSTA C. An emerging tourism planning paradigm? An comparative analysis between town and tourism planning [J].International journal of tourism research, 2001（3）:425-441.
⑨ BELLANDI M, TOMMASO M R D. The case of specialized towns in Guangdong, China [J].European planning studies, 2005, 13（5）:707-729.

促进当地经济发展^①。Melanie Kay Smith（2004）通过对英国沿海小镇复兴的研究，发现通过旅游业与文化、销售、媒体等多角度的融合，可以促进当地私营资本的投资，拉动当地消费水平，为经济复苏提供动力^②。因此，注重文化资源的保护与创新对特色小镇的发展有推动作用。

为更好地指导国内特色小镇建设，许多学者通过对国外特色市镇的建设经验进行总结评析（万博^③，2011；彼得·施密特^④，2013；宋瑞^⑤，2018），希望在国内特色小镇理论与实践发展上获得借鉴或启示。在国际经验的借鉴上主要有两种方式：一是对欧美代表性特色小镇进行案例介绍，二是对特色市镇发展经验的综合分析，学者们普遍关注国外特色小镇的不同形成路径，以及在区位、产业、空间、功能等方面的特色所在，基于对欧美城市化与产业化成功融合经验的分析，学者认为国内特色小镇的培育发展应处理好长期与短期、产业与政策、市场与政府、个性与共性的关系^⑥。

2. 国内特色小镇发展

自 20 世纪 80 年代费孝通先生提出"小城镇、大战略"以来，其都是学界研究的热点，一些学者从小城镇特色发展的角度讨论产业的集聚与城镇化，如广东的专业镇（石忆邵^⑦，2003；普军等^⑧，2004），江苏和浙江的"块状经济"小城镇（葛立成^⑨，2004；钱衍强^⑩，2006）。自 2015 年浙江提出特色小镇战略并得到国家政策支持，2016 年开始在全国范围内推广后形成建设热潮。特色小镇之所以得到国家、地方和社会的重视，一方面是希望特色小镇在经济新常态下推动区域产业转型升级，优化区域产业结构体系，通过体制机制创新在特色小镇集聚各类优质发展要素，形成基于特色产业的新兴产业空间组织形式；另一方面是通过发展特色小镇疏解大城市非核心功能，引导先进要素向广大乡村腹

① MURPHY C, BOYLE E. Testing a conceptual model of cultural tourism development in the post-industrial city: a case study of Glasgow [J]. Tourism and hospitality research, 2006, 6（2）:32-35.
② SMITH M K. Seeing a new side to seasides: culturally regenerating the English seaside town [J]. International journal of tourism research, 2004（6）.
③ 万博 . 中、德小城镇空间形态比较研究 [D]. 重庆：重庆大学，2011.
④ 彼得·施密特，许俊萍 . 欧盟的中小城镇发展策略 [J]. 国际城市规划，2013，28（5）：3-9.
⑤ 宋瑞 . 欧洲特色小镇的发展与启示 [J]. 旅游学刊，2018，33（6）：1-3.
⑥ 张银银，丁元 . 国外特色小镇对浙江特色小镇建设的借鉴 [J]. 小城镇建设，2016（11）：29-36.
⑦ 石忆邵 . 专业镇：中国小城镇发展的特色之路 [J]. 城市规划，2003（7）：27-31, 50.
⑧ 普军，阎小培 . 专业镇经济模式的形成机制、特征与发展策略研究：以佛山市为例 [J]. 人文地理，2004（3）：26-30.
⑨ 葛立成 . 产业集聚与城市化的地域模式：以浙江省为例 [J]. 中国工业经济，2004（1）：56-62.
⑩ 钱衍强，冯健，陈优芳 . 发挥块状经济优势 加快浙江省小城镇建设 [J]. 经济研究参考，2006（66）：31-36.

地转移，优化城乡空间布局和结构。

特色小镇建设实践过程中，理论研究也在不断推进，学术界对于特色小镇的研究方向主要包括以下方面：

1）特色小镇的功能作用

（1）特色小镇与产业空间组织

特色小镇是非镇非区的新型产业布局形态和微型产业聚集区，是融合产业、文化、旅游和社区功能的空间平台，是块状经济、产业集群演进发展的必然结果，也是区域经济从投资驱动向创新驱动转变的内在要求[①]。白小虎（2016）借助中心地模型，结合产业的区位选择，解释了浙江从块状经济到特色小镇空间布局的演变路径，认为特色小镇是都市圈优势区位上的综合发展平台[②]。马斌（2016）认为特色小镇是一种可持续创新的产业组织形态，是高端产业、新兴业态、优秀人才集聚的重要平台[③]。庄晋财等（2018）认为产业链空间分置降低了特色小镇产业培育的"门槛"，这种"门槛"降低效应源于专业化分工带来的比较优势效应、产业迁移效应和产业集聚效应，通过案例分析验证了产业链空间分置下，特色小镇只需要培育产业链环节，吸引大量相似环节上的企业集聚，融入产业链分工网络中，就能实现产业的从无到有，从有到特，从特到强[④]。白小虎等（2020）认为特色小镇是一个复杂适应系统，产业发展和空间结构是其关键性因素，产业发展和空间均会不断演化形成不同层级之间的相互作用，形成协同的复合体，构成产城人文融合的城市产业社区[⑤]。

（2）特色小镇与创新创业平台

特色小镇是促进创新创业、实现创新驱动的重要途径。创新也是引领特色小镇培育建设的核心和关键，特色小镇既是创新的结果，又是创新的开始，特色小镇的培育建设必须牢固树立和创造性地贯彻落实创新发展理念，把创新作为特色小镇培育建设的基点，着力实践培育目标的创新、产业产品的创新、运作模式的创新、制度供给的创新、考核机制的创新[⑥]。徐梦周等（2016）将特色小镇的发展问题纳入创新生态系统观的视阈之中，认为

① 盛世豪，张伟明.特色小镇：一种产业空间组织形式[J].浙江社会科学，2016（3）：36-38.
② 白小虎，陈海盛，王松.特色小镇与生产力空间布局[J].中共浙江省委党校学报，2016，32（5）：21-27.
③ 马斌.特色小镇：浙江经济转型升级的大战略[J].浙江社会科学，2016（3）：39-42.
④ 庄晋财，卢文秀，华贤宇.产业链空间分置与特色小镇产业培育[J].学习与实践，2018（8）：36-43.
⑤ 白小虎，张日波.特色小镇：城市产业社区的未来图景[M].北京：社会科学文献出版社，2020.
⑥ 顾利民.以"五大发展理念"引领特色小镇的培育建设[J].城市发展研究，2017，24（6）：18-22.

梦想小镇的建设体现了以创新生态系统建构为核心的发展理念，通过紧紧围绕互联网创业特征、创业人才需求以及创业企业成长所需关键资源布局空间环境、设计系统结构以及制度体系，实现了价值导向、空间环境、系统结构以及支撑制度等四大要素的内在契合[①]。张鸿雁（2017）通过总结国外发展经验，认为特色小镇更像是一个新的地域生产力结构创新空间，在有限的空间内优化生产力布局，破解高端要素聚集不充分的结构性局限，探索创业创新生态进化规律，从"循环社会型城市"的发展理念出发，特色小镇应具备城市科学技术研发和创新能力，在创新的意义上形成新动力和特色竞争力[②]。张日波等（2018）认为特色小镇是促进产业集聚、创新和升级的新型经济组织形式[③]。朱俊晨等（2020）提出在粤港澳大湾区创新型城市建设和深圳产业总体布局下，将特色小镇作为城市创新功能单元，可以通过科技创新和金融创新重点培育战略性新兴产业，与深圳创业文化、国际时尚元素及社区功能叠加融合，形成产城融合、功能多元、集约立体的单元开发模式，分层分类推进创新型特色小镇建设管理[④]。于业芹（2022）指出，作为创新创业基本载体的特色小镇，核心任务在于营造新型服务平台，一方面为小镇企业提供创新孵化平台，延长小镇开发产业链条；另一方面为小镇参与主体提供综合性、多功能服务平台，强化小镇创新创业的功效[⑤]。

（3）特色小镇与城乡融合发展

特色小镇所要解决的问题不仅是面向城市的，同时也是面向乡村的，不可孤立而言，它所倡导的城市，是一个兼容了城乡优点且设置了明确的城市增长边界的城市[⑥]。特色小镇既是承载人才、资本等高端发展要素的有效载体，也是我国城乡空间布局中一项重要的"节点"创新；不仅可以布局于城市和郊区，更可以灵活地布局于农村地区，发挥对农村的辐射带动作用，从而成为打通新型城镇化和乡村振兴两大战略的空间支撑节点，是城乡融合发展的重要载体和政策工具[⑦]。王景新（2018）认为特色小镇是中国农村改革以来"小

① 徐梦周，王祖强.创新生态系统视角下特色小镇的培育策略：基于梦想小镇的案例探索 [J].中共浙江省委党校学报，2016，32（5）：33-38.
② 张鸿雁.论特色小镇建设的理论与实践创新 [J].中国名城，2017（1）：4-10.
③ 张日波，白小虎.专业化、多元化与特色小镇的经济组织 [J].浙江学刊，2018（3）：147-152.
④ 朱俊晨，戴湘，冯金军.城市创新功能单元视角下的特色小镇建设管理路径优化：基于深圳创新型特色小镇的实证分析 [J].现代城市研究，2020（9）：124-129.
⑤ 于业芹.创新驱动发展背景下特色小镇的功能定位与实现路径 [J].上海城市管理，2022，31（2）：63-71.
⑥ 杨振之，蔡寅春，谢辉基.特色小镇：思想流变及本质特征 [J].四川大学学报（哲学社会科学版），2018（6）：141-150.
⑦ 王博雅，张车伟，蔡翼飞.特色小镇的定位与功能再认识：城乡融合发展的重要载体 [J].北京师范大学学报（社会科学版），2020（1）：140-147.

城镇"建设的延续和新形式，建设特色小镇是"城乡一体化"的重要节点，更是乡村振兴、农村城镇化和农民市民化的重要载体和平台，农村一、二、三产业融合发展，以及特色小镇和美丽乡村建设推动农民就近、就地城镇化，将进一步打破农村单一依靠农业的格局[①]。刘晓萍（2019）认为在乡村振兴战略视角下，特色小镇是完善城乡空间布局结构的重要载体，是推动农村产业深度融合发展的重要平台，是构建城乡融合发展体制机制的先行区[②]。戴逸君等（2020）认为生产要素城乡分布不均是工业逆城镇化初期的必然结果，而培育特色小镇可以在有限的空间中打破高端要素聚集不充分带来的局限，促进城乡的均衡发展，并且特色小镇是一个发展的载体，而不是行政等级，不具有具体的区域限制，故而在发展的过程中可以实现乡村振兴与特色小镇的有机结合[③]。

（4）特色小镇与文化传承再造

文化是特色小镇的"内核"，每个特色小镇都要有文化标识，能够给人留下难忘的文化印象，要把文化基因植入产业发展全过程，培育创新文化、历史文化、农耕文化、山水文化，汇聚人文资源，形成"人无我有"的区域特色文化[④]。建设特色小镇必须发挥文化的先导性和引领性作用，需要重视新文化凝聚力的培育、维系成员的共同精神纽带的重构，发挥文化的引领、渗透、感召、辐射和凝聚作用；需要把强化文化特色、彰显独特文化魅力贯穿于特色小镇建设全过程，提升特色小镇的文化形象、文化品位；需要通过培育和发展创业创新文化，强化"镇民"创业创新动机、热情和意志，增强特色小镇对创业创新者的吸引力、向心力[⑤]。特色小镇的文化创新与再造被置于前所未有的重要地位，包括了各式各样的令人流连忘返的物质表现形式，但同样甚至更应包括以创业创新为核心的价值观、生活态度和行为方式[⑥]。华芳等（2017）梳理了杭州市特色小镇与文化资源的关系，发现各小镇对文化资源的利用差异显著，部分小镇充分结合文化资源进行改造利用，为新型产业的发展提供空间；一些小镇强化文化基因的传承与延伸，将传统文化与新型产业相结合；另有部分小镇仅将文化资源纳入小镇范围，未做到充分挖掘[⑦]。

---

① 王景新，支晓娟.中国乡村振兴及其地域空间重构：特色小镇与美丽乡村同建振兴乡村的案例、经验及未来[J].南京农业大学学报（社会科学版），2018，18（2）：17-26，157-158.
② 刘晓萍.科学把握新时代特色小镇的功能定位[J].宏观经济研究，2019（4）：153-161.
③ 戴逸君，周武忠.城乡关系视角下的乡村振兴战略与特色小镇发展模式略论[J].中国名城，2020（9）：29-34.
④ 李强.特色小镇是浙江创新发展的战略选择[J].中国经贸导刊，2016（4）：10-13.
⑤ 陈立旭.论特色小镇建设的文化支撑[J].中共浙江省委党校学报，2016，32（5）：14-20.
⑥ 周晓虹.产业转型与文化再造：特色小镇的创建路径[J].南京社会科学，2017（4）：12-19.
⑦ 华芳，陆建城.杭州特色小镇群体特征研究[J].城市规划学刊，2017（3）：78-84.

（5）特色小镇与旅游功能拓展

李君轶（2018）认为旅游化的特色小镇和特色小镇的旅游化是两种不同的发展模式，特色小镇是城乡经济文化空间的重构，是未来的一种生活方式，特色小镇可能会成为旅游吸引物，但更多的是面向居民设计的惯常环境，而旅游化的特色小镇是以游客服务为前提发展的[①]。徐虹（2018）认为旅游特色小镇在满足人民日益增长的"不变"旅游需求的同时，更重要的是为人们多层次、多样化"变"的美好生活需要提供优质环境，让所有人安心、放心、舒心地生活在特色小镇[②]。旅游特色小镇孵化是一个培育过程，并非一个建设结果，这一过程受到多重因素的影响，解决好旅游特色小镇的生长问题与环境问题，才能获得有生命力的旅游特色小镇[③]。

2）特色小镇的规划建设

（1）特色小镇的发展要素

要素构成方面：张车伟等（2018）将特色小镇的构成要素归结为人、产业、环境、文化、创新和政策六个方面，认为人和产业是核心构成要素，环境、文化、创新和政策是特色小镇形成的支撑要素[④]。住建部政策研究中心等（2018）将特色小镇的成功要素归纳为产业有特色、区位有优势、文化有底蕴、创新有人才、风貌易识别、基础可承载、体制机制活、各方均得益[⑤]。张登国（2019）认为人力、财力和物力是特色小镇的构成要素，要重视高质量人才的引进、充足的资金保证和完善的物质支撑[⑥]。张敏（2019）认为在创新生态系统视角下，特色小镇演化的外源性动力因素主要是经济、政策和环境资源因素，内生性动力因素主要是资金、人才和技术等因素[⑦]。

要素作用方面：席广亮等（2018）认为互联网、信息技术对特色小镇的要素流动与集聚具有积极的促进作用，互联网与交通、能源等基础设施网络的结合，在改善基础设施要素流动性的同时，促进了特色小镇与其他区域之间资本、市场、技术、人才及创新等要素的互动和空间匹配，以实现高端要素向特色小镇的流动和汇聚，为本地流动性社会关系

① 李君轶，李振亭. 集中到弥散：网络化下的特色小镇建设 [J]. 旅游学刊，2018，33（6）：9-11.
② 徐虹，王彩彩. 旅游特色小镇建设的取势、明道和优术 [J]. 旅游学刊，2018，33（6）：5-7.
③ 杨朝睿. 特色小镇 COD 模式与旅游特色小镇孵化 [J]. 旅游学刊，2018，33（5）：6-8.
④ 张车伟，王博雅，蔡翼飞. 中国特色小镇研究：理论、实践与政策 [M]. 北京：中国社会科学出版社，2018.
⑤ 住房和城乡建设部政策研究中心，平安银行地产金融事业部. 新时期特色小镇：成功要素、典型案例及投融资模式 [M]. 北京：中国建筑工业出版社，2018.
⑥ 张登国. 中国特色小镇建设的理论与实践研究 [M]. 北京：人民出版社，2019.
⑦ 张敏. 创新生态系统视角下的特色小镇建设：演化过程与路径选择 [M]. 北京：中国农业出版社，2019.

构建、创新空间拓展等提供支撑 ①。金梦薇（2018）认为土地是特色小镇建设面临的关键要素，在对浙江省特色小镇现有土地政策进行梳理以及土地利用的典型案例进行剖析的基础上，提出特色小镇土地保障政策和土地监管政策的建议 ②。陈育钦（2018）认为劳动力是特色小镇产业发展的核心要素，其创新创业活动能够激发特色小镇发展活力和加快特色小镇城市化进程，针对我国特色小镇的劳动力供给还存在一些不足和问题，需要通过加大劳动力资源开发力度、降低雇佣制度性交易成本、优化高层次人才引进机制、培养产业需要的本土人才和完善公共设施及休闲配套等措施加以解决 ③。

（2）特色小镇的发展模式

李鹏举等（2017）通过运用空间交易费用和产权配置相关理论，构建特色小镇多元协同空间组织模式，并以杭州市"互联网 +"特色小镇为例，应用多元协同空间组织模式来分析特色小镇，得出特色小镇在降低空间交易费用等方面较传统的城镇化发展模式有着显著的效果，提高了资源配置效率 ④。付晓东等（2017）从根植性的角度探讨建立了"特色"形成的理论体系，特色小镇的特色形成可以概括为自然禀赋模式、社会资本模式、市场需求模式三种 ⑤。易开刚等（2017）以价值网络理论为指导，构建了包含逻辑起点、作用过程、空间效果在内的旅游空间开发机理，提出了三类旅游空间开发模式即存量空间提升模式、增量空间挖潜模式以及智慧旅游发展模式 ⑥。余杨等（2018）基于产业空间重塑视角，分析探索浙江特色小镇发展动力和建设成效，提出"城镇化 + 创新要素"双驱动、"创新要素"主导驱动和"创新要素 +"驱动三类典型模式 ⑦。谯薇等（2018）根据我国特色小镇发展的实践情况，分析认为我国特色小镇的发展模式主要有自然资源导向型、政府主导型、大企业主导型、产学研结合型与社会中介组织自发型五类，并归纳不同发展模式的发展机理、特征及各自的优势 ⑧。王峥（2019）认为特色小镇的"特色"形成的关键很大程度上是由其发展模式决定的，不同特色小镇的环境特征、资源禀赋、发展阶段存

① 席广亮，甄峰，罗桑扎西，等．互联网时代特色小镇要素流动与产业功能优化 [J].规划师，2018，34（1）：30-35.
② 金梦薇．特色小镇土地政策研究 [D].杭州：浙江大学，2018.
③ 陈育钦．特色小镇的劳动力供给问题思考 [J].福建论坛（人文社会科学版），2018（2）：154-159.
④ 李鹏举，崔大树．空间交易费用、产权配置与特色小镇空间组织模式构建：基于浙江特色小镇的案例分析 [J].城市发展研究，2017，24（6）：10-17.
⑤ 付晓东，蒋雅伟．基于根植性视角的我国特色小镇发展模式探讨 [J].中国软科学，2017（8）：102-111.
⑥ 易开刚，厉飞芹．基于价值网络理论的旅游空间开发机理与模式研究：以浙江省特色小镇为例 [J].商业经济与管理，2017（2）：80-87.
⑦ 余杨，申绘芳，卢学法．浙江特色小镇建设研究：基于产业空间重塑的实证分析 [J].中共杭州市委党校学报，2018（2）：25-31.
⑧ 谯薇，邬维唯．我国特色小镇的发展模式与效率提升路径 [J].社会科学动态，2018（2）：94-99.

在较大差异，导致特色小镇的发展模式也不尽相同，从多个角度剖析典型特色小镇的发展模式，产业发展模式包括第一产业主导、第二产业主导及第三产业主导模式，空间组织模式包括"独立复合"模式、"半独立共生"模式及"多元融合"模式，开发运营模式包括政府主导模式、企业主体模式及政企合作模式[1]。戴垠澍等（2017）基于融合发展视角从土地综合开发模式角度探索特色小镇的土地政策耦合创新，将南京江北新区主要街镇耦合为三种土地综合开发模式，分别是城乡融合型、产城融合型和乡村融合型，并提出城乡融合型应建立城乡一体化统筹规划，优化城乡土地利用结构；产城融合型应实行产业园区与城市发展一张图，探索拓展城市产城空间；乡村融合型应将土地入股与农民福利相结合，实现利益共享[2]。李明超等（2018）总结浙江特色小镇的发展模式主要有三种类型，一是企业主体规划、政府提供服务模式，这需要龙头企业的参与带动，充分发挥企业市场容量大、资金实力雄厚、产品服务范围广泛的特点；二是政企合作规划、项目组合联动建设模式，每个小镇均需明确一个主要投资主体，企业独立运行项目，以"大项目支撑，小项目扩张"的方式来落实特色小镇建设，政府重点做好特色小镇的规划引导、资源整合、服务优化、政策完善等工作；三是政府规划建设、市场招商模式，政府可以直接参与投资，撬动社会资本进入，可以通过产业等各种政策，鼓励社会资本进入，也可以搭建小镇产业发展和创新融资平台[3]。

（3）特色小镇的创建路径

余波等（2017）根据浙江省第一批特色小镇的创建主体和创建路径特征将其分为产业园型、都市型和郊镇型三类，分析其各自实践的优劣势，针对产业园型特色小镇提出产业由"特"到"强"转变、空间由"物"到"人"转变，功能由"产城融合"到"文化培育"转变，管理由"传统开发区模式"到"创新体制机制"转变[4]。闵学勤（2016）以精准治理为视角，从小镇治理主体多元化和智库化、小镇运行机制平台化和网络化、小镇创新体系常态化和本土化以及小镇绩效评估精细化和全球化等方面提出创建路径[5]。商文芳（2017）在分析特色小镇推动城市发展方式转型升级的动力机制的基础上，提出特色小

① 王峥. 西安·草堂特色小镇发展模式及规划策略研究 [D]. 西安：西安建筑科技大学，2019.
② 戴垠澍，黄贤金. 主城发展与特色小镇建设的土地政策耦合机制创新 [J]. 现代城市研究，2017（10）：30-37，43.
③ 李明超，钱冲. 特色小镇发展模式何以成功：浙江经验解读 [J]. 中共杭州市委党校学报，2018（1）：31-37.
④ 余波，潘晓栋，赵新宇. 产业园区型特色小镇创建分析及对义乌云驿小镇的思考 [J]. 城市规划学刊，2017（S2）：235-239.
⑤ 闵学勤. 精准治理视角下的特色小镇及其创建路径 [J]. 同济大学学报（社会科学版），2016，27（5）：55-60.

镇推动城市发展方式转型升级的路径，包括树立以人为本的社会、环境、文化协调发展理念，构建具有创新能力的产业生态系统，探索由增量扩张向存量盘活转变的土地开发模式，完善多元共治的运行模式[①]。

（4）特色小镇的规划策略

赵佩佩等（2016）认为特色小镇规划设计的要求是产业的创新融合、功能的多元聚合、空间的精致美丽，规划的重点研究内容包括产业功能研究、空间模式研究、文旅空间构建、小镇特色塑造、政策创新设计和近期项目实施六大部分，还要注重规划模式创新[②]。程国辉（2018）认为特色小镇产业规划中的主导产业选择应基于区域经济发展引领和具有典型示范价值，需要搭建有机联系、健康发展的产业生态圈，需要充分考虑市场因素和可实施性，还要充分考虑生产、生活、生态三位一体[③]。王沈玉等（2018）针对历史经典产业发展中的诸多问题，以杭州笕桥丝尚小镇的规划实践为例，从产业升级、文化彰显、空间构筑和人才服务等方面出发，总结提出构建多产共荣的新生态圈和新布局、彰显活态传承的文化特色、塑造"三生"融合的"城、镇、乡"空间、完善人才需求导向的配套服务与政策的四大应对策略[④]。王吉勇等（2018）以全流程规划为切入点，结合杭州梦想小镇的规划实践，提出三个阶段的特色小镇规划及实施建议，一是在特色小镇的选择与策划阶段，顺应区域发展转型需求，因地制宜地确定小镇规划主题、范围及时序等；二是在特色小镇的规划编制与开发阶段，紧紧围绕人的使用需求，创造不同群体的日常生活和创业场所，处理好自然生态、历史保护与小镇开发的关系；三是在特色小镇的功能外溢与区域拉动阶段，将小镇融入城市整体发展格局中，与区域发展转型"捆绑"，逐步建立起一种更加稳定和可持续的发展模式[⑤]。刘晓欢等（2019）从产业定位与目标、主导产业遴选、产业体系构建、产业项目策划、产业空间布局五个部分探讨特色小镇的产业规划策略[⑥]。王峥（2019）以西安草堂特色小镇规划实践为例，提出产业融合发展、空间特色营造、历史文化传承、生态环境保护、基础设施配套和开发运营管理六大规划策略[⑦]。

---

① 商文芳.论浙江省特色小镇推动城市发展方式转变的动力机制与路径选择[J].中国名城，2017（11）：24-30.
② 赵佩佩，丁元.浙江省特色小镇创建及其规划设计特点剖析[J].规划师，2016，32（12）：57-62.
③ 程国辉，徐晨.特色小镇产业生态圈构建策略与实践[J].规划师，2018，34（5）：90-95.
④ 王沈玉，张海滨.历史经典产业特色小镇规划策略：以杭州笕桥丝尚小镇为例[J].规划师，2018，34（6）：74-79.
⑤ 王吉勇，朱骏，张晖.特色小镇的全流程规划与实施探索：以杭州梦想小镇为例[J].规划师，2018，34（1）：24-29.
⑥ 刘晓欢，倪天一，赵瑞泽.特色小镇产业规划策略研究[J].中国经贸导刊（中），2019（9）：126-127，168.
⑦ 王峥.西安·草堂特色小镇发展模式及规划策略研究[D].西安：西安建筑科技大学，2019.

3）特色小镇的发展机制

（1）特色小镇的形成机制

余构雄等（2020）采用扎根理论研究方法，通过开放性编码、主轴编码和选择性编码，建构了中国特色小镇创建机制模型，研究发现中国特色小镇创建机制，由科学可实施的规划机制、价值链提升的竞争机制、复合动力的保障机制和多重目标的平衡机制四个维度所组成，并认为规划机制在特色小镇创建中扮演战略引领的角色，竞争机制确保特色小镇在激烈创建竞争中脱颖而出，保障机制能够实现特色小镇的可持续发展，平衡机制使得特色小镇各方主体利益最大化[1]。曹康等（2019）基于空间生产理论，认为特色小镇的培育和建设是当前中国空间生产的新形式，是以空间实践的创新形成贴合区域经济发展和产业背景的空间发展模式，其形成是一个复杂空间的构建过程，涉及空间资源重组、要素组织形式、产业成长机制等内容，是浙江空间生产的重新定义和组织利益网络的创新实践[2]。成海燕（2018）分析了特色小镇发展的理论支撑，从建设机制、产业发展机制、科技支撑机制和融资机制上探讨了中国特色小镇发展机制相比发达国家的特点，并提出建立健全我国特色小镇发展机制的建议[3]。武前波等（2018）认为特色小镇会凭借具有竞争优势的地方专业化经济，通过便捷的交通网络或相对发达的交通设施与全球生产体系的联网，推动自身成为全球生产或消费网络的重要功能节点，还拥有相对优越的生活环境，其形成机制包括参与全球生产与消费网络、具备专业化的地域经济形态、利用高速运转的交通网络、打造"三生"融合的健康社区[4]。

（2）特色小镇的动力机制

商文芳（2017）探讨了特色小镇推动城市发展方式转变的动力机制，包括推动城市产业从"低端粗放"向"高端集约"转变，推动城市功能从"产城分离"向"产城融合"转变，推动城市形态从"千城一面"向"凸显特色"转变，推动城市管理方式从"政府主导"向"市场驱动"转变[5]。张敏（2019）将创新生态系统下特色小镇的演化机制按照形成、正向发展、自我演进的动力系统和作用原则分为生存机制、逻辑性机制和动力机制，生存

① 余构雄，曾国军．中国特色小镇创建机制研究：基于扎根理论分析 [J]．现代城市研究，2020（1）：74-80.
② 曹康，刘梦琳．空间生产视角下特色小镇发展机制研究：以杭州梦想小镇为例 [J]．现代城市研究，2019（5）：25-29，48.
③ 成海燕．特色小镇发展机制探讨：基于中国国情的理论与实践分析 [J]．学术论坛，2018，41（1）：122-127.
④ 武前波，徐伟．新时期传统小城镇向特色小镇转型的理论逻辑 [J]．经济地理，2018，38（2）：82-89.
⑤ 商文芳．论浙江省特色小镇推动城市发展方式转变的动力机制与路径选择 [J]．中国名城，2017（11）：24-30.

机制包括经济动力机制、规划导向机制、市场动力机制、经营管理机制，逻辑性机制包括遗传机制、变异机制、衍生机制和选择机制，动力机制包括企业衍生机制、竞争与合作机制、协同与创新机制、更新与迭代机制[1]。郑浩宇（2017）将浙江省特色小镇产生的主要动力总结为产业技术创新拉动生产力水平提升，消费结构变化促使供给结构转变，政府统筹决策新型集聚空间的发展[2]。陈光义（2018）将特色小镇的发展动力概括为国情的政策意见推动、实效的财政土地支持、浙江的成功示范效应、特色的文化传承需求、现实的创业选择需求[3]。

（3）特色小镇的治理机制

特色小镇的治理，主要包括政府各层级、各部门，规划建设主体、运营主体、企业、就业人员及社区主体等都需要对特定的特色小镇的发展战略、发展规划、治理结构、运营管理等建立共识，需要在治理观念、治理结构和模式上进行创新，要充分挖掘"利益相关者"的资源和潜力，提升各方参与的积极性[4]。周鲁耀（2017）认为特色小镇的治理模式的成熟完善还需要应对发展理念转换、政府能力提升、优质化公共服务和特色优势产业营造等方面的挑战[5]。张蔚文等（2018）认为特色小镇的治理存在多元治理主体未到位、治理手段行政化趋势明显、社会价值目标导向不足等问题，借鉴城市经理制的理念内核及部分制度设计，在决策层面依据"大部制"原则设立小镇管委会及其职能部门，在行政层面设立小镇经理办公室，进行专业化、科学化管理，尝试重塑特色小镇的治理架构[6]。徐梦周等（2016）通过梦想小镇实践案例的探索，提出价值导向、空间环境、系统结构及支撑制度等关键培育要素的内在契合以及相应形成的价值主张机制、协同整合机制以及创新激励机制是小镇良好运行的重要保障[7]。张雪娜（2017）认为浙江省特色小镇在建设过程中大体上有三大创新，即规划机制创新、企业运营机制创新、政府管理机制创新，其中规划机制创新包括编制方法、编制内容、编制机制创新，企业运营机制创新包括投资、建设创新，政府管理机制创新包括申报、审核、监督机制创新[8]。

① 张敏. 创新生态系统视角下的特色小镇建设：演化过程与路径选择[M]. 北京：中国农业出版社，2019.
② 郑浩宇. 后工业视角下浙江省特色小镇的特征分析与产生机制研究[D]. 杭州：浙江大学，2017.
③ 陈光义. 大国小镇：中国特色小镇顶层设计与行动路径[M]. 北京：中国财富出版社，2018.
④ 胡小武. 特色小镇的发展理念与治理逻辑再思考[J]. 国家治理，2017（14）：28-34.
⑤ 周鲁耀，周功满. 从开发区到特色小镇：区域开发模式的新变化[J]. 城市发展研究，2017，24（1）：51-55.
⑥ 张蔚文，麻玉琦. 社会治理导向下的特色小镇治理机制创新[J]. 治理研究，2018，34（5）：113-119.
⑦ 徐梦周，王祖强. 创新生态系统视角下特色小镇的培育策略：基于梦想小镇的案例探索[J]. 中共浙江省委党校学报，2016，32（5）：33-38.
⑧ 张雪娜. 浙江省特色小镇建设的机制创新研究[D]. 金华：浙江师范大学，2017.

1.3.4　都市圈特色小镇发展研究

在区域经济转型升级和协调发展的背景下，随着都市圈上升为国家战略及特色小镇实践的深入推进，都市圈与特色小镇协同发展也得到学者关注。特色小镇是新经济与城镇化的抓手，但不应是趋于平衡、四处开花，核心城市及其周边的中小城市与特色小镇，多类主体共同构建的都市圈模式，非常有利于中小城市、特色小镇分享核心大城市的资源力量、要素转移 [①]。白小虎等（2016）认为特色小镇作为都市圈优势区位上的综合发展平台，是都市圈产业关系的扭结点，特色产业与区位空间相匹配，内部叠加多元化功能，能集聚、锁定高端要素，发挥出特色小镇的生产力优势 [②]。张凯娟（2016）认为特色小镇可以依托都市圈现有资源、结合各地产业特色来引领区域经济发展，都市圈一部分城市功能和产业集聚可以由此分散到近郊、远郊以及周边城市，特色小镇可以借此发挥中心城市近郊、远郊或卫星城市的作用，承担一部分都市圈的集聚功能，并以此作为其自身发展的原动力，特色小镇可以借助都市圈发展出新高度 [③]。朱伯伦（2018）以浙江典型特色小镇企业员工及管理层为研究对象，以"大城小镇"协同发展为视角，基于小镇内在的"资源禀赋"和外在的"外部激励"以及考察"大城"与"小镇"之间协同效应的"城'镇'协作"三个切入点，构建特色小镇协同发展水平评价指标体系，形成包括服务协同、运营协同、特色与优势协同在内的三大关键因子，并从特色定位、政企联动、功能聚合等方面提出相关建议 [④]。李国英（2019）认为"核心城市 + 特色小镇"的新型城乡融合发展框架将是未来区域发展的方向，构建核心城市和特色小镇优势互补的发展格局，要以产业为核心、以特色产业集聚为发展模式，依托都市圈的现有资源，结合自身产业特色，以其特有的属性，带动周边经济发展，特色小镇作为高端产业发展、高级人才聚集的重要空间载体，其所形成的产业链延伸将带动生产要素在区域间流动，与核心城市形成协作互补的产业链，并指出都市圈重塑了城市空间布局和产业格局，也使得核心城市与小镇协同发展、和谐共生成为可能 [⑤]。叶志东（2020）认为特色小镇项目是一种吸引有效投资的制度性安排和区域合作

① 张学良，陆铭，潘英丽.空间的集聚：中国的城市群与都市圈发展 [M].上海：上海人民出版社，2020.
② 白小虎，陈海盛，王松.特色小镇与生产力空间布局 [J].中共浙江省委党校学报，2016，32（5）：21-27.
③ 张凯娟.杭州都市经济圈里的特色小镇 [J].浙江经济，2016（2）：58-59.
④ 朱伯伦."大城小镇"协同发展影响因素与路径：基于浙江特色小镇建设的实证研究 [J].学术论坛，2018，41（1）：116-121.
⑤ 李国英.构建都市圈时代"核心城市 + 特色小镇"的发展新格局 [J].区域经济评论，2019（6）：117-125.

形成的要素外溢聚集点，并以非中心城市的特色小镇发展为视角，聚焦对比区域内外的特色小镇发展路径，从理论上分析特色小镇如何通过制度构建来吸引都市圈要素的内在机理，研究促其形成投资热点来改善区域要素格局的驱动因素，提出基于特色小镇的特色产业发展的对策[①]。孟庆莲（2021）认为城乡接合部的特色小镇在都市圈具有优势区位发展条件，可以有效利用核心城市外溢要素和农村地区优势资源，成为促进都市圈产业协同发展、城乡融合发展和乡村振兴的重要平台，对于形成疏密有致、分工协作、功能完善的都市圈发挥着重要作用，并指出特色小镇应该发挥要素成本低、生态环境好、体制机制活等优势，从促进都市圈协同发展角度出发，充分发挥"承"中心城市"启"农村腹地功能作用，既要有效承接中心城市外溢资源要素，与中心城市形成产业结构、功能结构互补的协作关系，又能带动外围乡村地区的发展，成为促进城乡融合、以城带乡的重要载体，推动都市圈协同高质量发展[②]。赓金洲等（2021）以产业集聚与区域集聚为特色小镇研究的关键内容，从理论上剖析了特色小镇产业集聚与都市圈区域集聚的耦合机理，并运用区位熵、区域集聚度和耦合协调评价模型，计算了浙江省特色小镇的产业集聚度，四大都市圈的区域集聚度，进而对比不同都市圈和不同产业类型下，浙江省都市圈与特色小镇的耦合协调演化特征及主要影响因素[③]。

1.3.5 研究述评

从上述国内外文献梳理可以看到，国内外对大都市圈、特色小（市）镇等的研究已经取得了大量研究成果，尤其在我国近几年已经成为学界研究热点。国外学者对大都市圈外围市镇的研究一般是从人文、社会角度展开的，在经济一元化已经实现的基础上将适应气候变化和宜居性等可持续发展问题作为研究重点，而国内由于发展阶段及研究起步较晚的原因，研究重点仍在都市圈、特色小镇等概念的理论研究和规划实践，针对其发展的研究深度和广度都还不够，且学界对于都市圈与特色小镇分别展开研究较多，但从都市圈中心

① 叶志东.非中心城市特色小镇融入都市圈发展的对策研究：基于制度重塑与要素流动视角 [J].哈尔滨市委党校学报，2020（1）：40-46.
② 孟庆莲.都市圈协同发展视角下特色小镇的规范健康发展：功能、挑战及其发展路径 [J].行政管理改革，2021（11）：74-80.
③ 赓金洲，赵迎军，宣晓，等.特色小镇产业集聚与都市圈区域集聚的耦合机制研究：以浙江省为例 [J].软科学，2021，35（4）：68-75.

城市与特色小镇相结合的角度来呈现其互动关系、影响机制的研究尚不多见，中心城市及其周边特色小镇等多主体共同构建都市圈的机制和模式还未厘清。在区域经济转型发展的背景下，一方面培育发展现代化都市圈的政策体系仍未建立，国内都市圈规划建设才刚起步，都市圈在区域经济中发挥什么样的作用以及未来发展趋势还不明朗，仍需探索本土化都市圈的发展演化规律和区域协同机制；另一方面特色小镇作为新生事物不是独立存在的，需要将其纳入到都市圈的区域系统中进行思考，特色小镇如何与都市圈协同发展、如何与中心城市互动融合、如何提高对高端要素的吸引力等都值得深入研究。总体来看，都市圈特色小镇的综合研究还比较薄弱，现有研究观点较为分散，针对都市圈与特色小镇耦合发展研究的系统性有待加强。

特色小镇不仅需要政策支持和实践操作，更需要加强理论研究以指导实践。考虑到特色小镇的多样性和复杂性，研究应从区域经济理论、产业发展理论、城乡规划理论、社会学理论开展研究，借鉴一些先发国家和地区在特色小（市）镇建设上的经验和做法，针对国内都市圈特色小镇建立评价指标体系，为都市圈与特色小镇的系统发展提供理论指导。在研究深度上，要在厘清现象的基础上对其高质量发展的因果关联、内在机制、规律模式进行深层次研究，提出规划策略，并通过案例进行实证研究来对理论进行检验和不断修正，为都市圈和特色小镇建设提供模式借鉴和参考依据。

1.4　研究思路与技术路线

1.4.1　研究思路

本书针对都市圈特色小镇这一复合系统，创建"基础理论支撑—典型案例借鉴—现实问题诊断—发展模式构建—规划策略导引"的适宜性研究理论，在全面梳理都市圈特色小镇的基础理论、归纳总结国内外典型案例经验教训的基础上，识别都市圈特色小镇发展的要素体系，搭建不同发展阶段核心动力机制的理论模型，继而构建都市圈特色小镇发展绩效评价体系，对国内典型对象进行绩效水平测度，并通过勾勒都市圈特色小镇发展的理想图景，探索不同类型不同阶段的关键路径和适宜模式，最后以南京都市圈和西安都市圈特色小镇规划实践为例进行实证研究，拓展和丰富都市圈和特色小镇的理论与方法体系。通过研究都市圈中心城市与特色小镇的共生与协同关系，并以现状发展问题为导向对典型对象提出规划策略导引，将理论探索与实践策略形成有机的分析整体，体现了研究的新目标、新框架、新机制、新思路和新策略。

1.4.2　技术路线

本书开展的主要技术路线如图 1-4 所示。

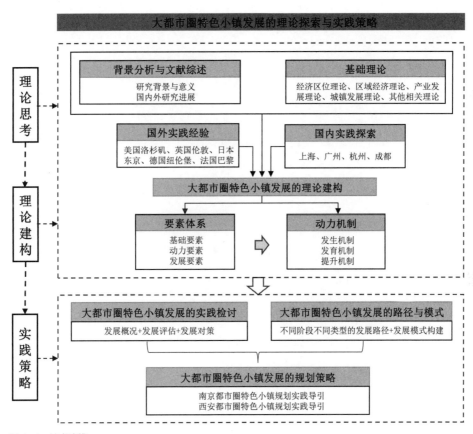

图 1-4　技术路线

资料来源：作者自绘

经济区位理论

区域经济理论

产业发展理论

城镇发展理论

其他相关理论

大都市圈特色小镇发展的基础理论

都市圈和特色小镇都源于相关西方城市发展理念的本土化发展，为了更好地支撑都市圈特色小镇的可持续发展，深入了解其基础理论知识显得尤为重要。因此，本章节梳理了经济区位理论、区域经济理论、产业发展理论、城镇发展理论等基础理论的内涵以及对都市圈特色小镇发展的作用关系。

2.1 经济区位理论

区位理论是有关人类社会经济活动的区域经济增长的基础性思想，也是地区平衡发展、区域产业布局与集聚、地区性资源开发与利用的基础理论，已成为经济地理学、区域科学和空间经济学不可或缺的组成部分。经济区位理论是研究区位主体对经济活动空间的选择和优化行为的理论，该理论构建的核心概念包括距离、运输成本、集聚与分散、城市化经济与地方化经济、区位外部性、区位关联、区位指向和区位决策[①]。

按照区位主体类型在空间上的表现可分为农业区位论、工业区位论、中心地理论、商业区位论、服务业区位论、交通区位论等，对于都市圈特色小镇的选址、产业布局、交通网络、公共服务设施等区位选择具有指导意义。

2.1.1 农业区位理论

1. 农业区位理论的内涵

区位论的开创以德国经济地理学家约翰·海因里希·冯·杜能（J. H. Von Thunen）于 1826 年发表的著作《孤立国同农业和国民经济的关系》为标志，他在书中提出了第一个实践性较强的区域经济理论——孤立国理论，该理论探索如何能够带来利润最大化的农业生产方式和农业空间的地域配置原理。杜能通过研究发现，在距离城市最近的地方，

① 张文忠 . 经济区位论 [M]. 北京：商务印书馆，2022.

运输便利，宜实行集约经营，而在距离市场较远的地方宜实行粗放经营，以中心城市为核心出现有规律的农业组织形态，形成由近及远的圈层分布。因此，杜能构建了同心圆状分布的农业产业区圈层模式，由内向外依次是自由农作区—林业区—轮作农业区—谷草农业区—三圃式农业区—畜牧业区六个农业地带，又被称为"杜能环"或"杜能圈"。杜能认为农业土地利用类型和农业土地经营集约化程度不仅取决于土地的天然特性，更重要的是依赖于当时的经济状况和生产力发展水平，其中特别取决于农业生产用地到农产品消费地（市场）的距离，可以简单归纳为农业生产活动主要受到运输成本的作用，而运输成本与中心城市的距离有关，进而影响农业产业区的空间格局。杜能的农业区位理论解释了农业区空间分异的形成机制，提出了农业圈层空间结构，其意义不仅在于研究农业土地利用方式和规律性问题，更重要的是其抽象的空间分析方法和对城市问题的相关思考，理论研究模式影响和促进了后来中心地理论和工业区位理论的建立。

由于杜能学说只考虑市场距离对农业布局的影响，将众多自然因素和社会经济因素设定为常数，得出经济地租与市场距离的函数关系，存在着较大的局限性，理论模型与现实存在的农业区位之间并不相符。现代农业区位理论的发展除考虑市场距离因素外，还考虑自然条件、交通条件、技术进步、市场竞争、政策支持等因素，正是这些自然因素和社会经济因素的多样性引起了极为复杂的农业生产地域分异。同时，研究农业区位更多注重农业区域的优化组合，以便为农业决策提供科学依据。总之，现代农业区位理论认为任何生产模式都是多个因素综合作用的产物，要求重视农业区生产专业化方向的决策，即综合多种因素的影响来实现生产上的最优组合，并且作出市场变化的预测。

2. 农业区位理论与大都市圈特色小镇

杜能圈的同心圆结构为后来大城市圈层发展的空间结构研究奠定了基础，真正意义上的杜能圈结构是以大城市（市场）为中心的土地利用的分圈层形态，这也是都市圈空间发展的理论支撑。

尽管特色小镇与农业区的性质和需求有所不同，但作为一定区域内的经济活动，都离不开对自然禀赋差异、区域时空距离和追求集聚经济等客观因素的考量。都市圈特色小镇的选址也要将自身的主导产业类型以及距离中心城市的远近作为首要考虑因素，离中心城市近的特色小镇便于依托先进要素集聚来发展金融服务、科技创新等产业，塑造人工与自然相结合的景观空间形态，通过集约紧凑的土地利用和较高的投入强度提升质效水平；离中心城市远的特色小镇则以优势的自然和农业景观为主导来增强区位竞争力，发展文化旅游和三产融合的产业，实现差异化发展。同时，交通设施条件的改善和革新会带来时间距离的缩短，多个中心城市（市场）的空间重叠会造成土地利用模式的复杂化，技术进步带来的经济利益差异会影响产业的转型升级，上述因素都会对特色小镇在都市圈内的选址产生影响，通过寻求都市圈最优市场区位和社会经济基础来获得最佳生产生活条件。

2.1.2　工业区位理论

1. 工业区位理论的内涵

工业区位论的提出是基于德国在产业革命之后，近代工业的较快发展带动大规模人口的地域间移动，产业与人口向大城市集中的现象极为显著。1909 年，德国经济学家阿尔弗雷德·韦伯（Alfred Weber）出版了《工业区位理论：区位的纯粹理论》一书，首次系统地论述了工业区位理论，他认为运输成本和工资是决定工业区位的主要因素。他又于1914 年发表《工业区位理论：区位的一般理论及资本主义的理论》，对工业区位问题和资本主义国家人口集聚进行了综合分析。

工业区位理论是研究工业企业的区位选择和空间优化的理论，其中心思想就是区位因子决定生产场所，将企业吸引到生产费用最小、节约费用最大的地点。韦伯经过反复推导，确定了三个一般区位因子：运费、劳动费、集聚（分散）。他将这一过程分为三个阶段：第一阶段主要是运输成本指向阶段，假定工业生产引向最有利的运费地点，就是由运费的第一个地方区位因子勾划出各地区基础工业的区位网络（基本格局）；第二阶段是劳动成本指向阶段，第二个地方区位因子劳动费对这一网络首先产生修改作用，使工业有可能由运费最低点引向劳动费最低点；第三阶段是集聚（分散）阶段，单一的力（凝集力或分散力）形成的集聚或分散因子修改基本网络，有可能使工业从运费最低点趋向集中（分散）于其他地点，引起工业区位的第二次变形。这种分阶段的理论构建思维是韦伯工业区位论的一大特色，在第一阶段韦伯仅仅提出运输成本指向问题，其理由是寻找区位空间配置的规律性，而决定这种规律性的主要因子则是克服空间距离所需要的运输成本[1]。

韦伯首次建立了有关集聚的一套规则和概念，详细分析了集聚在生产不同阶段的作用，

---

① 　张文忠. 经济区位论 [M]. 北京：商务印书馆，2022.

并将集聚分为两个阶段：第一阶段是由企业经营规模的扩大而产生的生产集聚，大规模经营相对于明显分散的小规模经营可以说是一种集聚，这种集聚一般是由大规模经营或大规模生产的利益所产生；第二阶段是各个企业借助相互联系的组织而地方集中化，通过企业间的协作、分工和基础设施的共同利用等带来集聚利益。集聚又可分为纯粹集聚和偶然集聚两种类型：纯粹集聚是集聚因素的必然归属的结果，即由技术性和经济性的集聚利益产生的集聚，也称为技术性集聚；偶然集聚是纯粹集聚之外的集聚，如运费指向和劳动费指向的结果带来的工业集中[①]。

以韦伯区位论为代表的古典工业区位论在方法上逐渐从对单个企业的相对静态、动态区位分析过渡到考虑整个市场因素的一般均衡分析，韦伯区位论至今仍为区域科学和工业布局的基本理论，并且对其他产业布局也有指导意义。

2. 工业区位理论与大都市圈特色小镇

随着高新技术的进步，韦伯区位论中一些主要区位因素（运费）降为次要因素，但一些传统区位因素（劳动力）被赋予新的内涵，高质量劳动力的地理布局影响科技创新类、数字经济类、创意设计类、金融服务类等智力密集型特色小镇的选址。此外，集聚因素是韦伯工业区位论的重要内容，企业在区位上集中可以使企业间的协作加强、分工有序、规模扩大，进而产生规模经济以获得外部经济效益。大都市圈特色小镇可以从产业集聚的角度借鉴韦伯的工业区位理论，分析优化特色小镇的选址和内部产业布局，以及如何降低生产成本产生的影响。在一定的地理空间内，产业链的上下游企业、相关企业实现集聚，才能形成灵活的专业化生产组织。特色小镇是特色产业集聚区，同时为高技能的专门化人才提供良好的工作生活环境，政府、企业、组织和个人等密切互动激发创新活力，促进产业链、创新链、人才链等高端要素的耦合，都市圈中心城市周边的优势区位是特色小镇布局的最佳选择。

2.1.3　中心地理论

1. 中心地理论的内涵

中心地理论由德国地理学家克里斯塔勒（W. Christaller）提出。1933 年克里斯塔勒

---

① 王晓远. 新生产力条件下工业区位论述评及探讨 [D]. 武汉：武汉大学，2005.

通过对德国南部城镇的调查，出版了《德国南部的中心地》一书，系统地阐明了中心地的数量、规模和分布模式，建立起了中心地理论，该理论认为中心地为周边提供的货物越多、服务范围越广，其等级越高，反之等级越低。在此基础上，1940年德国经济学家廖什（August Losch）在《经济区位论》一书中，从理论上论证了六边形补充区的合理性，更重要的是，他发展了克里斯塔勒的中心地等级体系，把生产区位和市场结合起来，认为企业的选址应尽可能接近市场，获取最大利润是企业布局的原则，也是对韦伯工业区位论的新探索。

中心地理论是研究城市空间组织和布局时，探索最优化城镇体系的一种城市区位理论，它从市场、交通和行政三个原则分析中心地的空间分布形态，探讨一定区域内城镇等级、规模、数量、职能间关系及其空间结构的规律性，论证了城市居民点及其地域体系，深刻揭示了城市、中心居民点发展的区域基础及等级—规模的空间关系。中心地域与周围地域具有相互依赖和相互服务的关系，中心地体系具有等级性和一定的空间秩序与结构。从空间分布上看，中心地和外围地区是有区别的，中心地是指为向居住在其周围地区的居民提供商品和服务的地方，城镇是中心地的主要部分，中心地的外围还包括农村地区的一些具有中心职能的村庄。中心地职能是指在中心地内能够生产商品与提供服务，中心性可以将其理解为关系到其周邻区域的一个中心地的相对重要性，或看作其发挥中心职能的程度，并带动外围区形成次级中心。中心地服务范围是指消费者愿意去一个中心地得到货物或服务的最远距离，决定各级中心地商品和服务供给范围大小的重要因子是经济距离，由费用、时间、劳动力三个要素决定，同时消费者的行为也影响到经济距离的大小（图2-1）。

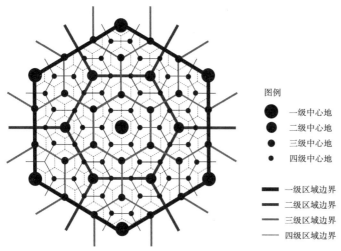

图例

● 一级中心地

● 二级中心地

● 三级中心地

· 四级中心地

━━ 一级区域边界

━ 二级区域边界

— 三级区域边界

— 四级区域边界

图2-1　中心地理论示意

资料来源：作者根据相关资料改绘

克里斯塔勒的中心地理论是地理学由传统的区域个性描述走向对空间规律和法则探讨的直接推动原因，是现代地理学发展的基础。此外，中心地理论有关城市等级划分、都市与农村区域的相互作用、城市之间的社会经济关系、零售服务业的区位布局等研究推动了城市地理学和商业地理学的形成，中心地与市场区域之间的关系研究对区域结构和区域规划有重要意义，也是区域经济学研究的理论基础之一[①]。

2. 中心地理论与大都市圈特色小镇

中心地理论提出后，地理学者对城市体系作了大量研究，试图从城市的职能结构、规模结构和空间结构等方面解释城市体系分布和演变规律。从中心地理论来看，都市圈是一个具有圈层结构的城镇体系，其圈层结构是由都市圈中城市的中心等级决定的，它对于大都市圈发展研究的意义在于突出中心城市的地位和作用。中心城市是人力、知识、金融、科技、信息等要素的集聚与扩散中心，在中心地理论中等级最高，是城市体系中的首位城市，在都市圈中处于主导地位；而次中心城市在都市圈中等级低，往往处于被动地接受核心城市辐射和扩散的地位。因此，中心地理论被公认为都市圈研究的重要理论基石之一[②]。

中心地理论也为都市圈特色小镇的空间分布提供指导。城镇体系是具有一定的时空地域结构的城镇网络，都市圈内的中心城市作为最高级的中心地具有核心引领的地位，外围中小城镇根据规模和职能在空间上是符合中心地体系的，特色小镇是城镇体系网络的有效补充，可以称为城镇体系中的次中心，其发展将是连接城乡均衡发展的重要节点。在都市圈进行特色小镇选址时可以结合城乡的优点，发挥城市、乡村各自的吸引力，以相对较小的用地规模，集中所有的土地进行充分利用，合理分配社会生产力和安排人口，以特色的产业、优美的环境，为各阶层人民打造健康、舒适的生活。如果特色小镇现有的产业发展中心是依托原有产业基础发展而来，就要为之提供一定的政策及经济支持，加快其产业技术创新，提高产业发展效率；如果现有产业发展中心是新兴的，那么应该完善其周围基础设施建设，为商业的发展提供便利。此外，在进行特色小镇规划时应注意配套功能的完善，建立小镇的商业空间等级体系，例如饮食、住宿、娱乐、交通等基础设施满足小镇居民食、住、行、乐的生活要求，同时应提供高效、快速的互联网等配套公共服务设施，便于特色小镇与周边区域的联系。

① 　许学强，周一星，宁越敏 . 城市地理学 [M]. 北京：高等教育出版社，2009.
② 　南京市规划局，南京市城市规划编制研究中心 . 转型与协同：南京都市圈城乡空间协同规划的实践探索 [M]. 北京：中国建筑工业出版社，2016.

2.2　区域经济理论

2.2.1　增长极理论

1. 增长极理论的内涵

增长极理论是 1950 年代初，由法国经济学家弗朗索瓦·佩鲁 (Francois Perroux) 提出，是非均衡发展理论的代表。佩鲁在《经济空间：理论的应用》(1950 年) 和《略论发展极的概念》（1955 年）等著述中指出现实当中经济要素的作用是在一种非均衡条件下发生的，认为"增长并非同时出现在所有地方，它以不同的强度首先出现在一些增长点或者增长极上，然后通过不同的渠道向外扩散，并对整个经济产生不同的最终影响"，增长极是围绕推进性的主导工业部门而组织的有活力且高度联合的一组产业，它不仅能迅速增长，而且能通过乘数效应推动其他部门的增长。1960 年代以来，许多区域经济学者将这种理论引入地理空间，用它来解释和预测区域经济的结构和布局。法国经济学家布代维尔（J. B. Boudeville）将增长极理论引入区域经济理论中，指出经济空间是经济变量在地理空间之中或之上的运用，认为增长极在拥有推进型产业的复合体城镇中出现，具有较强的创新和增长能力，通过扩散效应以自身发展带动其他产业和周围腹地的发展，并正式提出"区域增长极"的空间概念。布代维尔将极化空间与城镇联系起来，使增长极既包含经济空间上的某种推动型产业，又有地理空间上产生集聚的城镇作为增长中心，即部门增长极（推动型产业）和空间增长中心（集聚空间）。在此之后，瑞典经济学家缪尔达尔（Gunnar Myrdal）的循环累积因果理论、美国经济学家赫希曼(A. O. Hischman)的极化—涓滴理论、美国经济学家弗里德曼（John Friedman）的核心—边缘理论分别在不同程度上进一步丰富和发展了这一理论，使区域增长极理论的发展成为区域开发工作中的流行观点。经过近几十年的演变，增长极得到了逐步完善和发展，如今已成为西方发展经济学中关于制定区域经济发展政策的一个重要理论依据。

区域经济学者发现，经济增长率先发生在增长极上，然后通过极化与扩散效应对区域经济活动产生影响，增长极在自身不断扩大的同时，也通过各种方式不断向外扩散，从而带动整个区域经济的发展[①]。增长极具有极化效应和扩散效应两个相辅相成的基本功能：

---

① 肖金成.增长极是区域经济发展的最有效战略 [J]. 经济，2021（3）：36-39.

①极化效应就是在增长极的吸引下，生产要素由外围向极点聚集，即腹地区域的资源、人力、技术和资金等财富不断流向增长极的核心区域，在极化效应的作用下，增长极所在地享有并保持聚集经济的优势，只要聚集经济优势尚存，集中了众多经济活动的少数地点仍然可以保持繁荣的局面。当然，极化效应不是无限的，如果工业企业的发展因过度拥挤导致工资、地租和公共服务费用等成本超过聚集经济带来的利益，就会受到直接影响，严重时则会导致繁荣现象和增长极消失。②扩散效应表现为增长极不断释放自身能量，把生产要素由增长极所在地转移到外围地区，对周围地区产生辐射作用。扩散效应的强弱和大小取决于增长极的能量积累状况，也就是取决于增长极所在地的自然、人文环境、经济体制和区域政策，取决于主导产业与龙头企业的创新能力、规模和素质。就经济发展的一般规律来说，增长极形成的初期极化效应占主导地位，以吸引外部投入为主，待增长极发展壮大以后，开始转向对外释放能量，这一方面是因其拥有了足够释放的能量，另一方面也因为过度聚集导致规模不经济，这时增长极的扩散效应会相应地得到加强，并逐步占据主导地位。

增长极形成的条件包括：①在一个地区内存在具有创新能力的企业群体和企业家群体，这实际上是熊彼特关于创新学说的反映，即创意与创新是经济发展的原动力而非简单的投资或消费拉动；②必须具有规模经济效应，即发育成为增长极的地区需具备相当规模的资本、技术和人才存量，通过不断投资扩大经济规模，提高技术水平和经济效率，形成规模经济；③要有适宜经济与人才创新发展的外部环境，它既要有便捷的交通、良好的基础设施等"硬环境"，还要有政府高效率运作、恰当的经济政策、保证市场公平竞争的法律制度以及人才引进与培养等"软环境"。

2. 增长极理论与大都市圈特色小镇

增长极理论是建立在非均衡发展基础之上的，其应用于区域经济发展的机理是指，某些主导产业或具有创新能力的大企业在核心区或大城市集聚，导致资本与技术高度集中，容易形成规模经济和相关的外部经济，从而通过自身快速增长对临近地区产生强大的扩散作用，带动相邻地区共同发展。都市圈的中心城市对周边地区的作用是极化和扩散并存的复合过程，中心城市通过极化作用提升自身经济能级、获得优先增长，同时也在要素向周边地区扩散和转移的过程中培育新的增长极，带动区域经济发展。

增长极理论在特色小镇规划中的应用，也可以分为两个层面，在经济层面用于指导小镇主导产业的转型升级，促进特色小镇核心主导产业对相关产业链条环节的推动作用，精细化产业分工，多领域融合互动，建立完善的小镇产业发展网络；在地理层面，立足特色小镇所处宏观区位，通过自身极化发展，推动与周边乡村融合一体化发展过程。此外，针对拥有旅游资源类的特色小镇，可通过与区域周边地区多方面的联系，针对多样化需求的市场，完善小镇核心增长极内部的制度创新，推进旅游体验环境的质量建设，围绕增长极加快周边腹地旅游基础设施建设和配套设施建设，从而形成由增长极到点轴布局的小镇区域旅游资源配置模式。特色小镇在发展过程中，要通过主导产业打造成都市圈内的增长极，并形成一定影响的经济空间，进而对周边区域形成正向影响。特色小镇要积极承接中心城市辐射的产业、人才、资本等要素，通过技术与制度创新发挥吸引和扩散作用，最终推动区域社会经济发展。

2.2.2　核心—边缘理论

1. 核心—边缘理论的内涵

核心—边缘理论是一种关于城市空间相互作用和扩散的理论，由多位学者针对区域发展问题的研究而兴起。1958 年赫希曼（A. O. Hirschman）在《经济发展战略》一书中提出区域非均衡增长的"核心区与边缘区"理论，认为经济发展不会同时出现在所有地方，而一旦出现在某处，巨大的集聚经济效应会使要素向经济增长快速的地区集聚，出现收入水平高的核心区和周边落后的边缘区。美国地理学家弗里德曼（John Friedmann）于1966 年在其著作《区域发展政策》中系统性地完善了核心—边缘理论模式，这一理论的提出充分借鉴了缪尔达尔、赫希曼等学者有关区域经济增长理论及其相互传递机制的理论，试图解释一个区域如何由互不关联、孤立发展，变成彼此联系、发展不平衡，以及又由极不平衡发展成为相互关联、平衡发展的区域系统。核心—边缘理论认为，任何区域都是由一个或若干个核心区域和边缘区域组成，共同构成区域经济的整体空间结构。核心区域是由一个城市或城市集群及其周围地区所组成，主要是人才、资本、科技等创新要素集聚的结果。边缘的界限由核心与外围的关系来确定，边缘区域的科技创新能力低下、人才稀少、资本缺乏，它又可分为过渡区域和资源前沿区域两类，过渡区域又可以分为上过渡区域和下过渡区域：上过渡区域是连接两个或多个核心区域的开发走廊，一般处在核心区域外围，与核心区域之间已建立一定程度的经济联系，经济发展呈上升趋势，就业机会增加，具有资源集约利用和经济持续增长等特征，该区域有新城市、附属的或次级中心形成的可能；下过渡区域的社会经济特征处于停滞或衰落的向下发展状态，其衰落向下的原因，可能由于初级资源的消耗，产业部门的老化以及缺乏某些成长机制的传递，放弃原有的工业部门，与核心区域的联系不紧密。资源前沿区域又称资源边疆区，虽然地处边远但拥有丰富的资源，具有经济发展的潜力和新城镇形成的可能，其可能出现新的增长势头并发展成为次一级的核心区域[①]。

　　根据核心—边缘理论，在区域经济增长过程中核心与边缘之间存在着不平等的发展关系。总体上，核心居于统治地位，边缘在发展上依赖于核心。由于核心与边缘之间的贸易不平等，经济权力因素集中在核心区，技术进步、高效的生产活动以及生产的创新等也都集中在核心区。核心区依赖这些优势从边缘区获取剩余价值，使边缘区的资金、人口和劳动力向核心区流动的趋势得以强化，构成核心区与边缘区的不平等发展格局。核心区发展与创新有密切关系，核心区存在着对创新的潜在需求，创新增强了核心区的发展能力和活力，在向边缘区扩散中进一步加强了核心区的统治地位。但核心区与边缘区的空间结构地位不是一成不变的，二者之间的边界会发生变化，区域的空间关系也会不断调整，引发经济的区域空间结构不断变化，最终达到区域空间一体化[②]。按照核心—边缘理论的表述，区域经济发展在空间上的表现一般经历四个阶段（表 2-1）。

核心—边缘理论与区域经济的空间类型与表现　　　　　表 2-1

阶段	空间类型	空间表现	空间组织阶段变化图示
工业化前阶段	离散型	经济不发达，各地基本自给自足，地区之间互不关联，彼此孤立，不成系统	
工业化初期阶段	聚集型	随着社会分工的深化、生产进步、商品交换日益频繁，位置优越、资源丰富或交通方便的地点发展成为核心，城市出现。相对于中心城市，周边地区就是它的边缘，边缘的资源、人力、资金等向核心流动，核心不断向边缘扩展，即城市化过程，核心与边缘存在发展不平衡	

①　包卿，陈雄，朱华友，等 . 基于核心—边缘理论的地方产业群升级发展探讨 [J]. 国土与自然资源研究, 2005（3）: 3-5.
②　汪宇明 . 核心—边缘理论在区域旅游规划中的运用 [J]. 经济地理，2002（3）: 372-375.

续表

阶段	空间类型	空间表现	空间组织阶段变化图示
工业化成熟阶段	扩散型	核心快速发展的同时，与边缘之间存在不平衡的关系，并存在权利分配、资金流动、技术创新、人口流动等问题，从要素的流动和经济增长来看，核心对边缘起着支配和控制的作用，边缘与核心之间效益的矛盾结果将造成边缘地区内出现新的规模较小的核心，边缘地区逐渐并入一个或几个核心地区	
大量消费阶段	均衡型	边缘地区产生的次中心逐步发展，终于发展到与原来的中心相似的规模，达到相互平衡，整个区域变成一个功能上相互依赖的城市体系，开始有关联地平衡发展	

资料来源：作者根据相关资料整理

2. 核心—边缘理论与大都市圈特色小镇

核心—边缘理论是以城市为核心的都市圈区域经济发展的理论基础，都市圈的空间结构组织本质上是核心—边缘理论的体现。都市圈由中心城市与周边区域构成，二者之间也是一种核心区域与边缘区域的关系，按照互动联系的紧密程度和时空距离呈现圈层分布态势，核心圈层与其他圈层之间存在协作分工，通过区域协调机制推动协同发展。从都市圈发展过程来看，城市依靠地理位置、资源禀赋及科技水平等优势扩大规模成为大都市，都市圈开始形成，周边的要素在这个过程中向中心城市不断汇聚，区域经济的发展呈现不平衡性。当中心城市的规模足够大时，要素和产业向外围区域辐射转移，都市圈核心区域与边缘区域通过区域分工合作实现共同发展。在培育创建特色小镇过程中，要认识到都市圈内区域经济发展的不均衡性，充分利用核心区域和边缘区域的优势要素进行发展，凭借土地、环境等优质生产力要素，可以吸引核心区域的知识外溢和经济扩散，促进边缘区域次中心的产生。

核心—边缘理论重视技术进步和科技创新的作用，核心区的发展与创新关系密切。现代化都市圈发展的内生动力有赖于中心城市与周边中小城镇形成互动的创新机制。因此，特色小镇要坚持以人为本、以特色产业为主导，随经济全球化和信息化的浪潮，引导产业与科技创新相结合，积极引进科技创新人才，培育具有区域自主知识产权的科技产品，提升小镇的整体创新能力利创新活力，营造创新文化和氛围，进而推动产业转型升级和生产效率提升[①]。

2.3　产业发展理论

2.3.1　产业集群理论

1. 产业集群理论的内涵

产业集群最早作为一种企业地区性集聚的现象出现，新古典经济学家曾经对这种现象进行阐释。英国经济学家阿尔弗雷德·马歇尔（Alfred Marshall）从 1890 年就开始关注英国工业生产在地理上的集聚这一经济现象，他在《经济学原理》一书中描述和分析大量专业化的中小企业在地理上的集聚现象，把企业在空间集聚而成的区域称为"产业区"，认为集聚能够降低成本、产生专业化利益及培养企业家精神，并提出了"外部经济"的概念，即由产业环境或者众多企业活动能够产生的经济利益，科技扩散和专业化聚集能够产生外部经济，而外部经济是产生经济集聚的原因[②]。马歇尔外部经济的含义包括三个方面，即劳动力市场的共享、中间投入品的规模效益和厂商之间的技术外溢[③]。马歇尔除强调产业区由集聚所产生的外部经济的好处外，也强调产业与社会的不可分割性，地方社会形成的社会规范和精神价值对产业创新和产业氛围营造有重要影响。继马歇尔从经济学角度对产业集聚现象作出解释后，韦伯又从工业区位论角度进行了深入研究，提出了集聚经济概念，并分析了集聚经济的形成、分类及其生产优势。1950 年代以来，随着高技术迅猛发展、分工细化和市场发展，区位要素以更加综合的方式影响产业的空间布局，古典经济学对影响因素的线性假设无法解释集聚过程的非线性特征，因此，引入规模报酬递增是后来西方主流经济学理论的革命性突破，典型代表是主流经济学的贸易和分工理论、经济地理学有关新产业区的研究和工商管理学的集群理论[④]。

1979 年，意大利经济学家乔科莫·贝卡蒂尼（Giacomo Becattni）用马歇尔产业区

---

① 　张登国 . 中国特色小镇建设的理论与实践研究 [M]. 北京：人民出版社，2019.
② 　阿尔弗雷德·马歇尔 . 经济学原理 [M]. 廉运杰，译 . 北京：华夏出版社，2012.
③ 　克鲁格曼 . 发展、地理学与经济理论 [M]. 蔡荣，译 . 北京：中国人民大学出版社，2000.
④ 　王缉慈，等 . 创新的空间：产业集群与区域发展 [M]. 北京：科学出版社，2001.

的理论来解释意大利中部托斯卡纳地区工业发展过程中企业专业化集中生产的现象，这种区域发展模式也叫"第三意大利"，他认为"产业区是一种社会—地域复合体，它指在一个具有自然和历史意义的区域内，社区居民和企业之间呈现的有机融合的状态"①。贝卡蒂尼认为这种新产业区突出了马歇尔产业区关于社会结构的特点，企业的空间接近、在同一部门的专业化、生产阶段的分工以及产品的多样化与定制化等构成了产业区鲜明的经济结构特征，而当地共同的价值体系、社区的归属感以及当地存在的有利于价值体系扩散与传播的制度网络等，则构成了产业区鲜明的社会结构特征②。贝卡蒂尼对马歇尔产业区的新发展更加注重社会、文化和创新因素的作用，例如根植性、创新性和制度厚度等。1990年，迈克尔·波特（Michael E. Porter）在《论国家的竞争优势》一书中，正式提出"产业集群"（Industrial Cluster）的概念，认为各国竞争优势形态都是以产业集群的形式出现的。产业集群内部的产业之间会形成互助关系，并帮助产业克服内在的惯性与僵化、破解竞争过去后沉寂的危机，完整的产业集群会加大或者加速国内市场竞争对生产要素的创造力，其体现出来的竞争力也会大于各个部分加起来的总和，吸引优质资源流入、汇聚③。

从产业集群理论的演化过程可以看到，产业集群是指在特定地理区域中，基于专业化分工而存在竞争与合作关系的企业及其他相关机构等组成的群体。产业集群的特征包括地域上的集中性、聚集产业间的关联性、文化背景上的相似性、资源要素上的共享性、竞合关系上的有效性和相关企业间的结网性④。产业集群的空间集聚优势可以从三个不同角度加以分析：首先是从纯经济学角度，主要着力于外部规模经济和外部范围经济，认为不同企业分享公共基础设施并伴随垂直一体化与水平一体化利润，大大降低了生产成本，形成产业集群价格竞争的基础；其次是从社会学角度，主要从降低交易费用角度，认为建立在共同产业文化背景下的人与人之间信任基础上的经济网络关系，可以维持老顾客、吸引新顾客和生产者前来；最后是从技术经济学角度，研究集群如何促进知识和技术的创新和扩散，实现产业和产品创新等⑤。

① BECATTINI G. Sectors and/or districts: some remarks on the conceptual foundations of industrial economics[J]. Small firms and industrial districts in Italy, 1989: 123-135.
② 苗长虹. 马歇尔产业区理论的复兴及其理论意义[J]. 地域研究与开发，2004（1）: 1-6.
③ 迈克尔·波特，波特，李明轩，等. 国家竞争优势[J]. 北京: 中信出版社，2012.
④ 王雷. 产业集群与区域经济发展[D]. 成都: 四川大学，2005.
⑤ 魏守华，王缉慈，赵雅沁. 产业集群: 新型区域经济发展理论[J]. 经济经纬，2002（2）: 18-21.

2. 产业集群理论与大都市圈特色小镇

都市圈的竞争力在很大程度上依赖产业集群的竞争力，产业集群以柔性专业化为特征集聚大量中小企业群体，通过深度分工协作和协同创新而形成紧密网络组织，扩大和强化集聚效应，吸引先进要素和创新资源汇聚从而形成良性循环，呈现很强的区域竞争力。产业集群的发展动力包括生产要素驱动、投资驱动和创新驱动三种类型，创新驱动能够使产业集群获得自我强化、可持续发展的能力[①]。

以特色小镇为代表的特色产业发展平台，是在原有传统产业集群模式基础上的创新和升级，是区域产业集聚的升级与优化。传统的产业集群发展都是以传统的劳动密集型产业为主体，它不仅是特色产业的生产基地，也是特色产业的专业市场，即同类产品"生产＋市场"的集合体，产业集群内部既有产业内分工，也有产业间分工，融产业有序整合和空间集聚于一体，是传统经济增长模式下重要的产业空间组织形式。特色小镇则是集特色产业的生产、销售、服务、创新于一体的新兴产业空间组织形式，将创新、绿色、开放、人文等理念嵌入其中，通过集聚高端要素提升创新能力孕育特色产业，通过集聚相关企业提升产品竞争力增强有效供给能力，通过整合历史人文因素提升产业内涵优化区域发展动能，通过产业链、创新链、服务链、要素链有机融合优化产业生态位、完善产业创新、提升内外环境[②]。

2.3.2　创新体系理论

1. 创新体系理论的内涵

1912 年，美籍奥地利经济学家约瑟夫·熊彼特（Joseph Alois Schumpeter）在《经济发展理论》中首次提出了"创新"概念及其在经济发展中的作用，他将创新定义为建立一种新的生产函数，即企业家实行对生产要素的新结合。熊彼特认为，资本主义经济打破旧的均衡而又实现新的均衡主要来自内部力量，其中最重要的就是创新，正是创新引起了经济增长和发展，创新主要有新产品、新技术、新市场、新原材料、新组织形式等五种形式，强调企业家在经济创新中的重要作用，比如企业家的本质是创新、创新的主动力来自于企

①　吴勇. 基于产业集群理论的创新系统研究 [M]. 南京：东南大学出版社，2017.
②　盛世豪，张伟明. 特色小镇：一种产业空间组织形式 [J]. 浙江社会科学，2016（3）：36-38.

业家精神、成功的创新取决于企业家的素质等，还有资本是经济创新的关键，为企业家的创新提供必要的条件。根据熊彼特的理论，技术创新的整个过程包括发明、创新和扩散三个关键过程，仅有发明和创新是不够的，还需要市场过程使创新可以被复制和推广，通过创新的扩散全面提高整个生产系统的效率和生产率[①]。

在熊彼特创新理论开创性研究的基础上，后人不断进行深化和扩展，将创新研究的焦点从企业内部转移到外部环境。1956 年，美国经济学家罗伯特·默顿·索洛（Robert Merton Solow）是新古典增长理论的代表，他在《对经济增长理论的一个贡献》一书中提出了索洛模型，强调资本、劳动这两大要素对经济增长的作用，而将技术进步视为经济增长的外部因素，因此又被称为外生增长理论。1986 年，美国经济学家保罗·罗默（Paul M. Romer）建立了内生经济增长模型，把知识完整纳入经济和技术体系之内，即在新古典经济学中的资本和劳动（非技术劳动）外，又加上了人力资本（以受教育的年限衡量）和新思想（用专利来衡量，强调创新），认为知识作为内生独立因素可以产生递增收益，并在其后来的《内生的技术变化》一文中，进一步将"知识"要素微观化和具象化，提出了"专业化投入"（即 R&D）这一概念。两位经济学家均因在创新和新经济增长等方面的研究贡献分别获得诺贝尔经济学奖。

20 世纪 80 年代后期至 90 年代初期，经济学界出现了用系统学的观点和方法考察和研究技术创新与其带来的经济发展成效之间的关系，并由此演化形成了国家创新体系理论。1987 年，英国经济学家克里斯托弗·弗里曼（C. Freeman）在其《技术政策与经济绩效：日本的经验》中首次使用了"国家创新体系"（National Innovation System，NIS）的概念。区域创新系统（Regional Innovation System，RIS）的概念最早是由英国学者库克（Philip Nicholas Cook）于 1992 年在《区域创新体系》中提出。从具体实践看，RIS 毫无疑问是 NIS 在一个国家不同区域空间的延伸和体现；从学术研究看，RIS 理论的基础和来源则相对宽泛，仅从经济学的角度看，就包括了区域经济学、创新经济学、创新系统学等[②]。区域创新体系都是由主体要素、功能要素和环境要素构成：主体要素即创新活动的行为主体，主要为企业、高等院校、科研机构、各类中介组织和地方政府五大主体；功能要素即行为主体之间的关联与运行机制，包括制度创新、技术创新、管理创新的机制和能力；环

① 王缉慈，等. 创新的空间：产业集群与区域发展 [M]. 北京：科学出版社，2001.
② 薛光明. 创新理论的发展与反思：一个理论综述 [J]. 经济论坛，2017（12）：145-151.

境要素，即维系和促进创新的外部保障因素，包括体制环境、市场环境、社会文化环境、基础设施和有关资源保障条件等。同时，区域创新体系具有区域邻近性、主体多元性、文化根植性、系统集成性、网络开放性和创新集群性等典型特征[1]。

区域创新体系的构建是提高区域技术创新能力、提高区域整体竞争力、促进区域发展的重要基础和根本保障。区域创新体系的结构模式是指地方行为主体即企业、大学、科研机构和地方政府等之间在长期正式或非正式的合作与交流关系的基础上所形成的相对稳定的系统。通过这种结构关系的构筑，区域内企业获得重要的协同作用和技术产品的更新迭代。在区域创新网络中，创新的效率不仅取决于各个行为主体的高效运转，更取决于各个行为主体间的相互联系和合作，而且通过技术和产品的辐射、企业组织的扩张、节点的对外延伸，区域创新体系必将会成为国家创新网络乃至全球创新网络的一个重要的组成部分[2]。

2. 创新体系理论与大都市圈特色小镇

新型城镇化的核心驱动力是创新驱动，都市圈是新型城镇化的重要载体，现代化都市圈的形成和发展需要通过完善创新体系建设，促使都市圈内聚集的资本、人才、技术等要素能够自由流动并形成正反馈机制，为都市圈内企业在创新活动的过程中与外部机构合作创造条件，从而促进区域内的产业分工和转移。大都市圈创新体系建立与发展的目标是促进大都市圈的创新能力提高，构建在全球经济中的核心竞争力以及增进大都市圈内民众的福祉，只有大都市圈才具备参与全球经济分工交流所需要的完善的基础设施，也只有大都市圈才拥有足够的集聚产业和经济规模参与全球性的创新竞争[3]。从都市圈的演化进程来看，所有要素，特别是创新要素集聚和扩散运动在都市圈中心城市—外围中小城市之间会发生空间分异，创新驱动型都市圈的健康发展应该与创新要素的集聚运动相匹配，而且需要有效的空间协调机制来适应[4]。都市圈强调中心城市与周边城镇的同城化发展，打破行政边界的桎梏和束缚，有利于创新活动的产生和知识要素的溢出。

创新活动在空间上的分布具有不平衡性，更容易发生在具有良好创新环境的地方。在

①　陈广胜，许小忠，徐燕椿. 区域创新体系的内涵特征与主要类型：文献综述 [J]. 浙江社会科学，2006（3）：23-29.
②　周柏翔，丁永波，任春梅. 区域创新体系的结构模式及运行机制研究 [J]. 中国软科学，2007（3）：135-138.
③　于晓宇，谢富纪，徐恒敏. 大都市圈创新体系理论框架与前沿问题研究 [J]. 科学管理研究，2009，27（3）：6-11.
④　许泱. 都市圈视角下创新要素集聚的演化机理与空间效应研究 [M]. 长春：吉林大学出版社，2021.

城乡融合发展的背景下，城镇的发展战略开始从原来的"强县"战略向"都市圈"战略转移，特色小镇则是该背景下优化空间布局、吸引城市要素扩散的重要举措[①]。特色小镇是我国经济转型期和创新发展阶段出现的新型产业平台，旨在建构以创新要素为核心，融合研发创新、成果转换、体验应用及区域文化于一体的创新生态系统[②]。特色小镇的发展过程就是其生产力与创新力提升的过程，既通过内部主体协作创造价值来获得生产力，又通过不断适应外部环境变化，从环境中获取收益赢取市场竞争的胜利，获得创新能力[③]。特色小镇还是新机制、新模式的试验场，十分注重突出企业作为创新主体的地位，通过推进特色小镇市场化运作，以企业投入为主、以政府有效精准投资为辅，依法合规建立多元主体参与的特色小镇投资运营模式，鼓励有条件、有经验的大中型企业独立或牵头发展特色小镇，实行全生命周期的投资、建设、运营、管理，探索可持续的投融资模式和盈利模式，带动中小微企业联动发展。

2.4 城镇发展理论

2.4.1 田园城市理论

1. 田园城市理论的内涵

田园城市理论也称为花园城市或田园都市理论，是埃比尼泽·霍华德（Ebenezer Howard）提出的一种将人类社区包围于田地或花园的区域之中，平衡住宅、工业和农业区域的比例的一种城市规划理念。田园城市理论最早是由英国城市规划师埃比尼泽·霍华德于 1898 年在《明日：一条通往真正改革的和平道路》（又名《明日的田园城市》）一书中提出，倡导建设一种兼有城市和乡村优点的理想城市，他称之为"田园城市"。1919 年，英国"田园城市和城市规划协会"经与霍华德商议后，明确提出田园城市的含义：田园城市是为健康、生活以及产业而设计的城市，它的规模能足以提供丰富的社会生活，但不应超过这一程度；四周要有永久性农业地带围绕，城市的土地归公众所有，由专业委员会受托掌管。

① 于业芹.创新驱动发展背景下特色小镇的功能定位与实现路径 [J].上海城市管理，2022，31（2）：63-71.
② 盛世豪，张伟明.特色小镇：一种产业空间组织形式 [J].浙江社会科学，2016（3）：36-38.
③ 张敏.创新生态系统视角下的特色小镇建设：演化过程与路径选择 [M].北京：中国农业出版社，2019.

田园城市实质上是城和乡的结合体，城市四周为农业用地所围绕；城市居民经常就近得到新鲜农产品的供应；农产品有最近的市场，但市场不只限于当地。田园城市的居民生活于此、工作于此，所有的土地归全体居民集体所有，使用土地必须缴付租金，城市的收入全部来自租金；在土地上进行建设、聚居而获得的增值仍归集体所有。城市的规模必须加以限制，使每户居民都能极为方便地接近乡村自然空间。田园城市理论还设想了城市和田园融合发展的各级功能区，以城市为中心，绿化带和道路贯穿整个区域，周边分布公园、图书馆、医院等公共场所，其次是商业区和住宅区，再次是学校、医疗养老院等，最外围是森林、农田、耕地等农业生态生活区。此外，田园城市理论还提出了由六个小型田园城市围绕中心城市、通过快速交通系统而连接形成的大型田园城市，以此来提供大型城市所拥有的经济与社会机会。

霍华德建设田园城市的初衷是为解决英国城市在工业化快速发展背景下所产生的环境污染、交通拥堵和人口过多流入等问题。他认为城市环境的恶化是由城市膨胀引起的，城市无限扩展和土地投机是引起城市灾难的根源。他建议限制城市的自发膨胀，并使城市土地属于城市的统一机构；城市人口过于集中是由于城市具有吸引人口聚集的"磁性"，如果能控制和有意识地移植城市的"磁性"，城市便不会盲目膨胀。他提出关于三种"磁力"的图解，列出了城市和农村生活的有利条件与不利条件，并论证了一种"城市—乡村"结合的形式，即田园城市，它兼有城、乡的有利条件而没有两者的不利条件，这既是缩小城乡差距、保障居民健康生活的有效方式，又是完善工业生产区位的指导策略。在《明日的田园城市》中，霍华德提出解决城市问题的方案主要包括以下内容：一是疏散过分拥挤的城市人口，使居民返回乡村，他认为此举是一把万能钥匙，可以解决城市的各种社会问题；二是建设新型城市，即建设一种把城市生活的便利同乡村的美好环境和谐地结合起来的田园城市；三是改革土地制度，使地价的增值归开发者集体所有[①]（图 2-2）。

2. 田园城市理论与大都市圈特色小镇

田园城市的设计思想已经在英国等西方国家指导新城镇的建设实践，田园城市理论也可为大都市圈特色小镇的建设提供有益的理论借鉴。都市圈是由中心城市和周边地区共同构成的区域，我国的中心城市在城市化的过程中也出现了"大城市病"等问题，而城乡二

---

① 　埃比尼泽·霍华德. 明日的田园城市 [M]. 金经元，译. 北京：商务印书馆，2009.

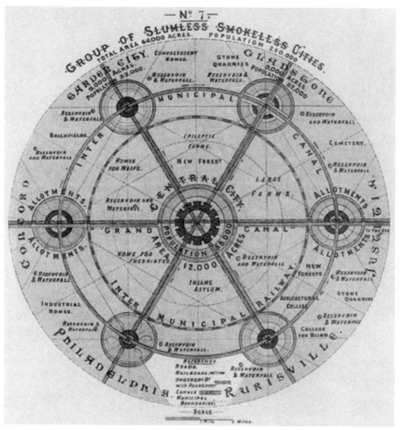

图 2-2 霍华德田园城市模型示意

资料来源：埃比尼泽·霍华德. 明日的田园城市 [M]. 金经元，译. 北京：商务印书馆，2017

元结构也在一定程度上制约大城市周边乡村的发展。田园城市理论的精髓是吸取城市和乡村的各自吸引力，加以融合并形成一种具有新的特点的生活方式，特色小镇大多位于城乡接合部，强调生产、生活、生态融合发展和产城人文融合，既能承接城市要素下乡，又能发挥乡村的自然资源优势，作为连接城乡的载体接受中心城市的经济辐射力，进而推动城市发展的田园化、乡村发展的城镇化。

田园城市理论也为特色小镇的空间结构和功能布局提供指导。田园城市理论认为，城市规模、人口密度、商业布局、工业布局都要遵循一定的规律，特色小镇的规模、人口密度等也都要遵循特定的规律。第一，特色小镇要合理控制小镇规模、人口密度以及各城镇的间距，不断缓解由于城市规模扩大和人口密度增加所带来的交通拥挤、公共资源配置不足、财政负担加重、就业困难等社会问题；第二，要明确特色小镇布局的紧凑性和合理性，在有限的规模范围内提高土地的集约利用程度，合理布局医院、学校、居民区、商业区和工业区等功能区；第三，特色小镇要合理处理城镇与郊区以及同一布局范围内不同城镇之间的关系，推动经济一体化和特色小镇的协调发展①。

田园城市理论为特色小镇可持续发展提供推动力量。建设田园城市是集城市、乡村、人文、自然和传统于一体的绿色发展理念。特色小镇的建设要以提高人们的生活质量为根本，不断开发功能齐全的现代化社区；以传承和保护乡村特色文化为基础，充分发挥传统文化的多样性；以绿色、可持续发展为主线，引导环保、健康的生活方式；以城乡一体化发展为目标，营造乡村舒适与城市朝气的城乡融合发展氛围②。

2.4.2　城乡融合理论

1. 城乡融合理论的内涵

马克思、恩格斯应用历史唯物主义方法论，批判性吸收了亚当·斯密等理论家们关于城乡关系的观点，从生产力和生产关系矛盾运动的角度，将城乡关系的产生及其运动变化过程视为历史的范畴，辩证地分析了城乡分离与对立的根源以及城乡的运动过程，揭示了城乡关系在生产力的进一步发展中趋于融合的历史趋势。他们还辩证地指出，正如当初生产力和社会分工导致城乡分离与对立一样，城乡分离是生产力发展的必然结果，而城乡对立也将会伴随生产力的进一步发展消失，未来的城乡关系一定会在新的基础上实现协调和平衡发展，最终走向融合。关于如何实现城乡融合，马克思、恩格斯也有相关论述，如基于城乡对立所造成的不合理的社会分工使人不得不屈从于其所被迫从事的某种社会活动，提出要消除旧的社会分工；重视农业的基础性地位，通过考察英法等西方国家农业发展和农业现代化道路，提出要以土地的社会所有制为基础，开展农业合作社的社会化生产，发展现代化农业；高度评价城市作为经济中心的积极作用，城市聚集着大量的人口和资本，认为城市的中心功能的发挥能够带动农村人口的流动，帮助农村摆脱愚昧落后状态；提出在全国均衡布局大工业，把工业与农业有机结合起来，突破地域限制，推动生产力的发展，

---

① 　张登国. 中国特色小镇建设的理论与实践研究 [M]. 北京：人民出版社，2019.
② 　李小兰."田园城市理论"视域下浙江特色小镇发展探究 [J]. 山西农业大学学报（社会科学版），2017，16（6）：22-26.

促进城乡融合。马克思、恩格斯的城乡融合理论深刻揭示了城乡社会发展的本质及其内在的运动规律，实现中国城乡的和谐发展就必须始终坚持以马克思、恩格斯城乡融合理论为指导[①]。

我国城乡关系从城乡不平等到城乡统筹发展，从城乡发展一体化再到城乡融合发展的演进路径，从根本上讲，是由中华人民共和国成立以来生产力和生产关系矛盾运动的内在逻辑所决定的，证明了马克思、恩格斯所揭示的城乡社会发展规律的科学性。不同阶段城乡关系的伟大实践以及城乡统筹发展、城乡一体化和城乡融合发展等政策战略的提出，都是中国共产党人立足中国现实情况在马克思、恩格斯城乡融合理论的指导下创造性地提出来的，反映了党和政府对我国城乡经济社会发展规律的认知和把握，是对马克思主义理论中国化理论成果的丰富和发展。城乡融合发展是马克思、恩格斯城乡融合理论中国化过程中的重大理论创新和实践探索，是解决我国城乡二元结构问题的顶层设计，是党中央着眼于全面建成小康社会、建设社会主义现代化国家作出的重大战略决策和工作部署。伴随着中国特色社会主义进入新时代，需要在总结和把握我国城乡关系变迁的实践逻辑的基础上，继续坚持以马克思主义城乡融合理论为指导，立足于当下的生产力水平和生产关系状况，探索城乡融合发展的实施路径。

2. 城乡融合理论与大都市圈特色小镇

特色小镇是"具有明确且独特产业和文化定位，拥有良好生活和生态环境，具备完整城市功能的最基本的空间单元"，这一表述更为直接地表明了特色小镇的本质属性，体现了特色小镇内涵的基本要求，也更为清晰地点明了特色小镇在城乡空间布局中的"节点"创新的定位和功能。特色小镇不仅是产业转型升级的新平台、实现新型城镇化的新路径，同时也是促进城乡融合发展的新载体。因此，在推动特色小镇发展的过程中，要加强特色小镇建设的分类指导与合理布局，充分利用特色小镇的"节点"功能，充分发挥特色小镇"推进器"的作用。在特色小镇的规划布局上，要从区域均衡发展的角度统筹考虑，既要在城市外围、都市圈内部等条件好的地方因势利导地建设一批有实力的小镇，又要在城乡发展的断裂带和乡村振兴的重点地区打造一批具有较强带动能力的小镇。同时，还要注重小镇内部功能的完善和提升，为各类要素聚集和流动打造良好的环境：科学谋划、加大投

---

① 陈燕妮. 马克思恩格斯城乡融合思想与我国城乡一体化发展研究 [M]. 北京：中国社会科学出版社，2017.

入，完善城市功能和基础设施；创新体制机制，营造聚集高端要素和产业的良好商业氛围；加强生态环境保护和公共服务供给，打造优质的人居环境。

2.5　其他相关理论

2.5.1　空间生产理论

1. 空间生产理论的内涵

随着 20 世纪 60 年代西方资本主义国家普遍出现城市问题和城市危机，一些学者开始借助马克思主义的理论和方法探讨有关城市和空间的问题。法国哲学家亨利·列斐伏尔是空间生产理论的首创者，1974 年他在《空间的生产》一书中充分阐述了"空间的生产"概念，并将其作为城市研究的新起点。列斐伏尔先对空间概念进行了较为全面的哲学考察，并深刻地批判了将空间仅仅视为容器和载体的传统观点；在此基础上，他将其理论聚焦于城市空间生产，提出了"（社会的）空间是（社会的）产物"的核心观点；最后建构了一个展现这个空间生产过程的三元一体理论框架：①空间实践（Spatial Practice）：城市的社会生产与再生产以及日常生活，是可感知的空间；②空间的表征（Representations of Space）：概念化的空间，科学家、规划者、社会工程师等的知识和意识形态所支配的空间，是构想的空间；③表征的空间（Spaces of Representation）："居民"和"使用者"的空间，它处于被支配和消极地体验的地位，是生活的空间[①]。需要注意的是，空间的实践不能仅仅理解为物质空间或静止的物理空间，还需要认识到空间的历史性，站在历史的角度去看其变迁过程，也才能更好地理解空间中的社会关系的生产这一含义。此外，这三个层面的空间生产不是相互对立的，而是相辅相成形成一个循环。列斐伏尔从资本主义城市发展的实际出发，借助马克思主义的分析工具，通过对空间概念的系统梳理和历史批判，建构了以城市空间是（资本主义生产和消费活动的）产物和生产过程为核心观点的"空间的生产"理论[②]。"空间的生产"理论作为一种新的理论视角，引起了马克思主义地理学家的高度关注和积极响应，哈维、卡斯特尔等学者从不同视角阐述了对抽象空间的认识，

---

① 亨利·列斐伏尔. 空间与政治 [M]. 李春，译. 上海：上海人民出版社，2008.
② 叶超，柴彦威，张小林. "空间的生产"理论、研究进展及其对中国城市研究的启示 [J]. 经济地理，2011，31（3）：409-413.

卡斯特尔认为劳动力和资本以及工人和资本家之间的斗争使得城市空间成为劳动力再生的空间，哈维则阐述了社会正义与城市之间的关系。

从城镇化的"空间生产"逻辑来看，资本、权力等在推动现代城市空间生产的同时，以自己的逻辑改造了旧的生产关系，形成了具有资本特性的"中心—边缘"空间关系，空间生产决定着利益空间及其分享格局。现代城镇化空间生产的发生机制其实是资本主义社会关系差异化再生产的过程，是基于社会生产关系之上的再生产，是资本、权力和利益等政治经济要素和力量对空间重新塑造，并以其作为底板、介质或产物，形成空间的社会化结构和社会的空间性关系的过程。"资本"是空间生产加速推进的根本原因，"权力"起到了推动和调节作用，"资本与权力的结合"在生产上述空间的同时，通过运用"长期投资式"的时间转移，完成了"社会公共空间的生产"。在我国的城镇化空间实践过程中，空间要素与资本、行政权力、劳动力等要素一样是推动空间生产和再生产的重要力量和载体，城镇化过程带来空间重塑的同时也出现空间权益挤压、侵占和区隔等非正义现象，新型城镇化则从空间正义的角度关注"人"与"资本"的关系。新型城镇化的空间实践不仅仅是城市物理空间环境的变化，人口结构的转变和机械转移，还应该是包括城乡关系重组、城市文明辐射、人的思想观念、价值追求、权能实现、注重协调利益分配等核心要素在内的人的全面现代化过程，在发展价值上更多地考虑"发展为了谁"的本源问题①。

2. 空间生产理论与大都市圈特色小镇

空间生产实践要促进和发展空间生产力，实现空间资源的最佳配置，以提高空间生产效率为目标；同时，空间生产从根本上应有利于人的幸福与自由全面发展，必须强调价值问题，力求使空间生产与社会发展、生态发展相协调②。都市圈的空间创造是资本和权力共同作用的过程，都市圈特色小镇的培育和创建是以空间实践创新来重塑区域内经济和空间格局的发展模式。特色小镇作为微型产业聚集区，是高端要素聚集的产业空间组织形式，利用其高效的空间布局、灵活的体制机制等优势吸引资本和权力的介入，从而推动新兴产业集聚发展，而且特色小镇的选址多位于都市圈内的城乡接合部，能够整合城市和乡村的有利要素，构筑起新型的空间生产关系，促进区域空间转型。

①   郭文."空间的生产"内涵、逻辑体系及对中国新型城镇化实践的思考 [J]. 经济地理，2014，34（6）：32-39.
②   段进军，翟令鑫. 关于特色小镇空间生产实践的思考 [J]. 苏州大学学报（哲学社会科学版），2018，39（5）：112-119.

面对都市圈内部因制度不均衡、区域不连通等造成的割裂和矛盾，特色小镇为都市圈内的空间正义提供了新的实践路径，适应了新常态下社会经济的发展要求，有利于都市圈区域空间协调、均衡发展以及空间资源的优化配置。

2.5.2　根植性理论

1. 根植性理论的内涵

根植性（Embeddedness）一词来源于经济社会学，其含义是指经济行为深深嵌入于社会关系之中。匈牙利政治经济学家卡尔·波兰尼 (Karl Polanyi) 在 20 世纪中期最先提出"根植性"的概念，他首次将根植性用于经济理论和经济现象的分析，指出了经济与非经济制度对经济活动的重要意义，同时也强调了"根植"的必要性[①]。1985 年，美国新经济社会学家格兰诺维特（Mark Granovetter) 在《经济行动与社会结构：根植性问题》一文中，探讨了现代工业社会中经济行为在社会关系结构中的嵌入程度，对经济行为的复杂描述必须考虑其在这些结构中的根植性[②]，并将根植性分为关系根植性（Relational Embeddedness）和结构根植性（Structure Embeddedness），前者指经济行动根植在其所处的关系网络中，后者指关系网络根植在更大的社会结构中，并受到所在地文化习俗、价值观，以及其他行为主体的影响和制约。总体来说，格兰诺维特对根植性进行了重新阐述：一是人类的经济活动受社会网络关系和社会结构等方面的影响，不能将人类的经济活动作为独立的个体进行分析，根植性通过社会关系来体现；二是经济活动、社会网络关系和社会结构，以及文化、信任和声誉等之间存在一定的作用机制；三是在对经济活动的信任和秩序问题进行研究时，可将根植性观点作为新的方法[③]。

20 世纪 90 年代末，一些经济地理学者继承并扩展了根植性的概念，研究视角从经济社会学领域延伸到区域经济、产业集聚群方面，根植性理论成为重要的理论分析工具。根植性是指一个地方的经济社会活动长期依赖于某些条件的表现和特质，是资源、文化、知识、制度、地理区位等要素的本地化，本地根植性一经形成，就有难以复制的特性，它实际上

① POLANYI K. The economy as instituted process[M]//POLANYI K,et al. Trade & market in the early empires economies in history & theory. New York: Free Press, 1957.
② GRANOVETTER M. Economic action and social structure：the problem of embeddedness[J]. American journal of sociology, 1985, 91（3）：481-510.
③ 付晓东，付俊帅. 主导产业根植性的理论渊源与启示 [J]. 区域经济评论，2017（1）：26-32.

解释了产业在特定地区集聚的原因，产业集聚首先是以具体的地域空间为基础，同时要能够根植于社会经济环境中，也就是根植于当地的文化基础、社会关系、制度结构当中[①]。根植性是产业领域内一个重要的方面，集中体现在产业集群。产业集群的根植性反映的是集群扎根本地的程度。近十几年来，伴随着"根植性"这个词汇开始渐渐出现在各个领域的研究中，再加上新经济社会学的发展，越来越多的人开始关注根植性与产业集群发展之间的关系。根植性在产业集群、主导产业的形成与发展的过程中起到了关键的作用，产业领域的根植性一般分为三个根植关系主体，分别是：社会、经济与社会网络；根植性的内容包括社会资本、认知、政策制度、历史文化等，产业集群不断发展的过程就是产业集群不断根植的过程[②]。产业集群中的企业、机构不仅仅在地理上接近，更重要的是它们之间具有很强的本地联系，这种联系不仅是经济上的，还包括社会的、文化的、政治的等各方面。在产业集群形成与发展阶段，企业家不断涌入当地创业，企业数量增加，并呈现出相对集中的趋势，产业关联度不断加强，创新创业环境不断改善，创新能力和核心竞争力逐渐凝聚，信任关系逐渐稳固，信息交流逐渐顺畅，中介服务机构开始建立并发挥其职能，产业集群的外部经济、规模经济、集体行动、减少交易成本等优势开始显现。在这个过程中，根植性对产业集群的形成与发展起到了关键性作用，因为产业集群能否真正形成并顺利发展，在很大程度上取决于集群的根植程度。可以说，产业集群形成与发展的过程，就是集群不断根植的过程，这种集群根植具体体现为对地域、产业、知识、技术的依赖[③]。

2. 根植性理论与大都市圈特色小镇

"特色"是特色小镇的立身之本。中央发布的政策文件中明确提出"培育特色小镇要坚持突出特色，防止千镇一面"。特色小镇特色的产生有其深刻的根源，对这种产生根源的追寻、解读有助于我们对于特色小镇的认识，有助于我们挖掘梳理特色小镇。

首先，根植性理论研究有助于特色小镇差别化定位发展，避免趋同、雷同、相似发展，使得那些合适的新兴产业得以扎根发展。目前部分小镇盲目模仿大城市兴建"CBD"，发展金融行业，而忽略了自身的优势条件，拆建行为不仅破坏了原本的城市结构，而且地方经济基础无法支撑这类产业，导致产业趋同、资源浪费。对根植性的深入探索能够避免

---

① 付晓东，蒋雅伟 . 基于根植性视角的我国特色小镇发展模式探讨 [J]. 中国软科学，2017（8）：102-111.
② 李悦 . 西安铁路家属区更新改造的根植性评估研究 [D]. 西安：西安建筑科技大学，2019.
③ 闫华飞，胡蓓 . 根植性悖论：产业集群生命周期诠释 [J]. 科技进步与对策，2013，30（16）：48-52.

这种情况，地方各自发展优势产业，有利于构建完善的产业环境；有利于理清产业与当地资源、经济的发展脉络与体系，避免在那些水土不服、不接地气的产业上耗费资源和财富，导致生产要素的错配，使那些合适产业在当地生根发芽、互联互通，形成产业网络、价值链体系，茁壮成长；有利于提供基础性、深厚的可持续发展支撑力量，避免短期行为，使得追风尝鲜作秀的做法失去土壤。

其次，根植性的提出为经济研究提供了一个全新的方向和思路，除了资本、劳动、科技这些因素之外，影响经济发展更为深入的是根植在当地的"基因"，自然禀赋和历史文化等是难以改变和移除的，利用好这些禀赋能使地区得到持续发展，有利于国家产业政策效力的针对性实行，发挥政策效力。政策虽然是外部因素，却可以直接影响地区经济的发展方向，但是如果政策制定者没有充分考虑根植性，一味追求"新"，导致政策与本地市场脱离、技术与产业不匹配，反而不利于当地的发展。

2.5.3　共生理论

1. 共生理论的内涵

"共生"（Symbiosis）作为一个生态学上的概念，首先是由德国真菌学家德贝里（Antonde Bary）于 1879 年提出的，他将共生定义为不同种属生物按某种物质联系共同生活在一起。共生理论认为，共生由共生单元、共生模式和共生环境三个要素构成。共生单元是指构成共生体或共生关系的基本能量生产和交换单位，它是形成共生体的基本物质条件。共生模式又称共生关系，是指共生单元相互作用的方式或相互结合的形式，它既反映共生单元之间作用的方式，也反映作用的强度；它既反映共生单元之间的物质信息交流关系，也反映共生单元之间的能量互换关系。共生单元以外的所有因素的总和构成共生环境[①]。共生的三个要素相互影响、相互作用，共同反映着共生系统的动态变化和规律。在共生关系的三个要素中，共生模式是关键，共生单元是基础，共生环境是重要外部条件。共生三要素相互作用的媒介称为共生界面，它是共生单元之间物质、信息和能量传导的媒介、通道或载体，是共生关系形成和发展的基础[②]。共生理论的基本特征包括：①合作是

---

① 袁纯清.共生理论及其对小型经济的应用研究：上 [J].改革，1998（2）：100-104.
② 冷志明，易夫.基于共生理论的城市圈经济一体化机理 [J].经济地理，2008（3）：433-436.

共生现象的本质特征之一，共生不排除竞争，这种竞争是通过共生单元内部结构和功能的创新促进其竞争能力的提高，它强调了从竞争中产生的新的、创造性的合作关系；②共生强调了存在竞争双方之间的相互理解和积极态度；③共生过程是共生单元的共同进化过程，也是特定时空条件下的必然进化，共同激活、共同适应、共同发展是共生的深刻本质；④共生进化过程中，共生单元具有充分的独立性和自主性，同时，共生进化过程可能产生新的共生形态，形成新的物质结构，进化是共生系统发展的总趋势和总方向[①]。

　　20世纪50年代以后，随着共生理论研究的逐渐深入及学科交叉研究的发展，共生的思想和概念逐步延伸到社会学、管理学、区域经济、城乡规划等学科领域。区域共生是指区域单元与要素间相互联系、相互影响、相互牵制、相互促进、相互嵌套的基本状态，区域关系是通过区域要素的关联链与流场联系在一起的区域发展模式，区域内部单元与要素间的联动与互动发展态势表现出来的。区域共生是实现要素整合与合理配置，实现效用最大化的重要路径，也是实现区域协同与持续发展的重要路径[②]。

2. 共生理论与大都市圈特色小镇

　　大都市圈特色小镇的共生单元。如果将都市圈看作是由中心城市、中小城市、特色小镇、乡村等共同构成的一个共生体，那么中心城市和特色小镇都是这个共生体中的共生单元，不同共生单元具有不同的性质和特征。中心城市具备很高的经济势能，处于城市分工的最高等级，凭借其市场范围广阔、服务功能齐全、信息交流频繁、辐射影响深远的优势，发挥增长极的作用。特色小镇着眼与中心城市之间形成良性互动关系，利用土地、劳动力、住房等成本较低的优势，吸引中心城市的先进要素聚集，疏解中心城区非核心功能，中心城市与特色小镇的共生度和关联度高低通过二者之间的协同和联系水平来衡量。不同特色小镇也得根据资源禀赋和区位条件做精做强一个细分产业，小镇之间是积极的竞争合作关系，特色小镇的共生密度应保持在一个均衡状态，秉持少而精、少而专的方向，不可贪多求全、重复建设。

　　大都市圈特色小镇的共生模式。共生理论认为，从共生单元之间的行为方式可分为对称互惠共生关系、非对称互惠共生关系、偏利共生关系和寄生关系，共生模式反映了共生

① 刘荣增 . 共生理论及其在我国区域协调发展中的运用 [J]. 工业技术经济，2006（3）：19-21.
② 朱俊成 . 基于共生理论的区域合作研究：以武汉城市圈为例 [J]. 华中科技大学学报（社会科学版），2010，24（3）：92-97.

单元之间的利益关系。中心城市与特色小镇应该形成互惠共生关系，中心城市为特色小镇提供资本、人才、技术等先进要素，特色小镇为中心城市提供产业转移的创新平台和城乡融合的新支点，有助于都市圈共生体的进化。

大都市圈特色小镇的共生环境。共生环境对共生的作用有正向、中性和反向三种，而正向中的"双向激励"会促进物种的优化繁荣。为促进都市圈内部共生单元的良性协调发展，需要建立双向激励的共生机制，例如激励与约束机制、利益共享与补偿机制、合作联动机制等，保障共生单元之间合作的健康持续运行。

大都市圈特色小镇的共生界面。畅通的共生界面为共生单元之间的物质、能量及信息的流通和交换提供顺畅的通道，促进共生系统的发展。中心城市与特色小镇的共生界面，在物理空间上是一体化的基础设施建设、共建共享的公共服务设施、共保共治的生态环境，在非物理空间上则是统一开放的市场、行业联盟及技术交流平台、产学研合作平台、信息服务平台等。政府和企业等主体共同维护共生界面的有效运行。

2.5.4　协同理论

1. 协同理论的内涵

协同理论亦称"协同学"或"协和学"，是 20 世纪 70 年代以来在多学科研究基础上逐渐形成和发展起来的一门新兴学科，其含义是"研究共同协作或合作的科学"，是系统科学的重要分支理论。1969 年，德国物理学家赫尔曼·哈肯（Hermann Haken）提出协同的概念，1973 年其专著《协同学》的出版标志着协同学这门学科的建立。协同理论是研究各种由大量子系统组成的系统在一定条件下，通过子系统间的协同作用，在宏观上呈有序状态，形成具有一定功能的自组织结构机理的学科。它以信息论、控制论、突变论等一些现代科学理论为基础，是耗散结构理论的发展，通过对不同学科领域中的同类现象的类比，进一步揭示了各种系统和现象中从无序到有序转变的共同规律。协同理论的主要内容可以概括为三个方面：①协同效应，是指由于协同作用而产生的结果，是指复杂开放系统中大量子系统相互作用而产生的整体效应或集体效应，协同作用是任何复杂系统本身固有的自组织能力。②序参量与支配原理，序参量是描述系统宏观有序度及其变化模式的参量，支配原理是快变量服从慢变量支配、序参量支配子系统行为的原理，它从系统内部稳定因素和不稳定因素间的相互作用方面描述了系统自组织的过程。③自组织原理，是协同理论的核心，它反映了复杂系统在演化过程中，如何通过内部各种要素的自主协同来达到稳定有序的规律，解释了在一定的外部能量流、信息流和物质流输入的条件下，系统会通过大量子系统之间的协同作用而形成新的时间、空间或功能有序结构。

协同理论认为，系统能否发挥协同效应是由系统内部各子系统或组分的协同作用决定的，协同得好，系统的整体性功能就好。如果一个管理系统内部的人、组织、环境等各子系统内部以及他们之间相互协调配合，共同围绕目标齐心协力地运作，那么就能产生1+1>2 的协同效应；反之，就会造成整个管理系统内耗增加，系统内各子系统难以发挥其应有的功能，致使整个系统陷于一种混乱无序的状态。协同理论虽然是一门年轻的学科，但在社会经济、现代管理、城乡规划等领域已经得到大量应用，城乡规划领域的相关研究主要集中在区域协同方面，如空间协同、产业协同、创新协同等。

2. 协同理论与大都市圈特色小镇

在区域协调发展战略的指引下，都市圈协同发展是协同理论在城乡规划领域的重要应用。协同学主要研究的是客观世界存在的各种系统内部和系统之间的多主体耦合和自组织规律，都市圈作为人类社会中一个涵盖自然、经济、社会、科技乃至政治等内容的开放的复合巨系统，其内部各地域板块及各空间组分之间要达成功能优化、高效运行的和谐发展境界，形成要素流通畅达、城镇体系统一、经济联系紧密和地域分工明确的有序化状态，协同发展是其必由路径①。都市圈在空间上是由中心城市与周边大量中小城镇等众多子系统组成的复杂系统，是一个多层次、多主体共同构成的区域网络系统，都市圈协同发展是系统内部子系统相互协调、密切配合，推动整个都市圈系统由无序的旧结构状态转变为有序的新结构状态，其特征包括主体多元、过程协作、系统开放和自组织性四个方面②。都市圈的发展是子系统之间通过竞争与合作的相互作用演化为自组织结构的过程，子系统之间从初期发展要素极化时的竞争关系，转变到后期发展要素扩散时的协作分工关系，在这个过程中需要通过序参量即外部影响因素进行引导，需要构建区域协调机制、利益共享与分配机制、对话协商机制等，不断提升都市圈的空间、产业、创新、要素等方面的协同水平。

① 阎欣，尹秋怡，王慧，等.基于协同学理论的厦漳泉都市圈发展策略[J].规划师，2013，29（12）：34-40.
② 陆军，等.中国都市圈协同发展水平测度[M].北京：北京大学出版社，2020.

　　大都市圈特色小镇正是都市圈协同发展的重要载体。中国的城镇化已到中后期阶段，中心城市的发展开始出现扩散效益，特色小镇灵活的布局方式和发展模式成为都市圈内城镇体系的点状补充。在空间协同上，特色小镇围绕中心城市在紧密圈层和辐射圈层布局，形成中心城市—中小城镇—特色小镇的网络化空间组织形式，成为连接城乡空间的新节点。在产业协同上，特色小镇利用自身优势成为特色产业集群和创新发展平台，承接中心城市产业转移，与中心城市形成产业耦合关系，成为中心城市产业链条的延伸和补充。在创新协同上，特色小镇是以企业为创新主体，与高校、科研院所、中介机构等具有密切的联动关系，设置创新孵化器和众创空间等创新场所，提供一站式的政务审批服务，通过产学研合作、共建园区、产业创新技术联盟等协同创新模式，形成稳定的区域共享互惠机制，有利于构建都市圈创新协同网络，促进知识溢出和技术扩散。在要素协同上，特色小镇受益于中心城市外溢的资本、人才、技术等高端要素，享受到都市圈协同发展之下要素自由流动带来的便利，同时，特色小镇为都市圈发展提供土地和农村人口等生产要素，有利于都市圈创新要素在更大的范围内流动，通过要素协同实现资源的优化配置。

国外大都市圈特色市镇发展的实践经验

3.1　美国洛杉矶都市圈

3.1.1　都市圈发展历程与特征

1. 都市圈概况

都市圈是在美国"都市区"概念基础上发展而来。1910 年美国开始提出都市区（Metropolitan District）的概念，开始进行人口统计和区域协调的相关实践和探索，至 1990 年正式将都市区定名为都市圈（Metropolitan Area）。洛杉矶都市圈通常指洛杉矶—长滩—安纳海姆都会区（Los Angeles–Long Beach–Anaheim Metropolitan Statistical Area），位于美国西部太平洋沿岸，是美国第二大都市圈，中心城市是美国第二大城市洛杉矶市。洛杉矶市借助美国西部"阳光带"高科技产业带兴起的优势，成为美国石油化工、海洋、航天工业和电子业的主要基地之一；依托港口优势，成为美国最大的海港城市，也是美国重要的工商业、国际贸易、科教、娱乐和体育中心之一；凭借加利福尼亚大学洛杉矶分校、南加利福尼亚大学、佩珀代因大学等高等教育机构，汇聚了全美第一的科学家和工程技术人员，享有"科技之城"之称。近年来，洛杉矶都市圈的金融业和商业迅速发展，数百家银行和国际财团纷纷成立办事处，洛杉矶市成为仅次于纽约市的金融中心。同时，洛杉矶市拥有享誉全球的好莱坞，其多元的文化和艺术使城市充满活力，成为世界知名的娱乐中心。

1）区域范围

洛杉矶都市圈包括洛杉矶县（Los Angeles County）和奥兰治县（Orange County）（又称"橙县"），总面积约为 1.48 万 km^2，总人口约为 1320 万人（2020 年），共计 120 个城市（洛杉矶县 88 个，奥兰治县 32 个），其中有 16 个 10 万人口以上的城市，29 个 5 万～10 万人的城市，形成了非常特殊的多中心、高分散、低密度的区域城市发展格局，包括洛杉矶、长滩、安纳海姆、尔湾等著名城市。

2）经济产业

洛杉矶都市圈是以高科技产业和服务业为主导的全球性经济中心，地区生产总值约 8920 亿美元，其中洛杉矶县约占 73.8%，奥兰治县约占 26.2%。洛杉矶都市圈建立了以航空和电子行业、计算机系统设计及服务业、生物技术产业、都市服装产业、娱乐制作产业、服务业和贸易运输产业为核心的产业发展格局，以及核心区域发展服务业、外围城市发展制造业的产业空间分布格局。洛杉矶都市圈汽车工业、电子工业、金融业及旅游业在其经济中占有重要地位，其中以制造业为主的工业经济约占总产值的 60%，服务业为主的经济产值约占总产值的 30%。此外，洛杉矶都市圈的高科技产品约占美国的 60%，聚集了电子、娱乐、航天等领域的顶尖人才和创新资源，形成强大的创新发展势能。

3）交通发展

洛杉矶都市圈通过陆路、海运和航空三种交通运输方式的高效衔接，形成陆海空一体化的交通发展格局，区域内部交通以高速公路和轨道交通为主，以洛杉矶市为核心的贯穿全境的高速公路与城市道路纵横交错，使得都市圈形成"网格状"的空间形态，且洛杉矶市的道路面积达到全市土地面积的 30% 以上，成为美国高速公路最发达的城市。以洛杉矶联合车站为核心建立的洛杉矶大众捷运系统（Los Angeles County Metro Rail）是一个由轨道交通和快速交通系统组成的服务于洛杉矶都市圈的大众交通系统，高速公路与轨道交通组成的陆路交通网络促使区域内中心城市与周边市镇形成了紧密衔接的交通联系。同时，洛杉矶都市圈的洛杉矶港和长滩港分别是美国第一和第二的集装箱港口，2021 年的集装箱吞吐量达到 2008 万标箱，是美国西海岸最大的国际贸易港口，促使形成了以港口为核心的交通运输网络。此外，洛杉矶都市圈范围内拥有 20 多座机场，其中 5 座国际机场，使得区域形成极强的对外运输交流能力，提升区域参与国际贸易的能力。

4）空间结构

洛杉矶都市圈是自发发展、蔓延发展与连绵发展的产物，跨界发展的现象也同样十分突出（主要是跨市、跨县）。由于其内部的行政体制与管理模式等极其复杂多样，洛杉矶都市圈在其发展过程中，始终没有很好地解决整体规划与统一管理等问题，尽管对城市土地开发等实行了较为严格的管理，但仍无法改变整体的无序、蔓延发展状况。洛杉矶都市圈中心城市的发展与郊区的拓展几乎是同时进行的，都市圈是区内城镇共同发展的结果，不完全是洛杉矶市不断扩张的产物，其强势引领和主导作用并不突出，这种发展模式和演化路径使得洛杉矶都市圈空间结构始终缺乏一个强大的中心区，催生出一种"多中心"的空间结构形态。

2. 都市圈发展历程

洛杉矶都市圈是美国成长最快的大都市区域，仅用半个多世纪便从西海岸的边疆地区发展成为人口规模超千万的城市化地区。相较于纽约、芝加哥等传统都市圈的缓慢历程，洛杉矶都市圈的发展过程相对清晰，大致可以分为自发分散化发展时期、倡导多中心发展时期、区域连绵化发展时期三个阶段。

1）自发分散化发展阶段

洛杉矶都市圈自发分散化发展阶段（建城初期—1920 年），移民人口、农业主导、铁路建设是影响区域发展的主要因素，洛杉矶地区的城市空间初步形成了分散化的村镇空间结构和沿铁路线路布局的城镇网络结构，处于都市圈发展的发育阶段。洛杉矶地区的人口增加主要来自美国中西部农场和小镇的本土移民，在城市建设中倾向于建立由多个中等规模的城镇组成的城镇网络，为大规模的农业生产提供便捷的生产服务，反对强势中心的城市形态，初步形成了多个服务农业生产、总体规模偏小、分布较为散乱、相互联系较弱的村镇，处于自发选址阶段。随着南太平洋铁路、圣达菲铁路和联合太平洋铁路的相继建成，借助有轨电车通勤方式，洛杉矶市中心的中产阶级为寻求更为舒适的生活环境开始向外迁移，产生了沿铁路线集聚的住宅郊区化发展，催生出一大批铁路沿线城镇，形成了东至圣贝纳迪奥、西至圣莫妮卡、南至长滩、橙县的东西向长达 160km 的铁路支撑下的分散型区域城镇网络，奠定了洛杉矶都市圈多中心结构的雏形。

2）倡导多中心发展阶段

洛杉矶都市圈倡导多中心发展阶段（1920—1970 年），人口规模快速增长，产业类型逐步丰富，城市化进程不断加快，洛杉矶市从一个地方小城市迅速成长为区域中心城市，周边郊区快速发展，积极倡导多中心发展模式，加速形成稳定的多中心城镇网络结构，处于都市圈发展的发展阶段。1920—1940 年间洛杉矶都市圈内相继建成洛杉矶港和长滩港，组合形成美国西海岸最大的港口，并集聚形成港口城市，以中心城市和港口城市为轴线，形成了集中连片的工业区，加速了洛杉矶县内的人口增长；凭借汽车快速、便捷的交通联系方式，郊区化进程加快，洛杉矶市内的商业及商务服务逐步外溢，外围中心功能进一步增强，区域发展呈现显著的居住分散化和商业多中心化。1940—1970 年间美国联邦政府推动的高速公路建设和住房建设加快了郊区化进程，洛杉矶都市圈内的各个城镇间的土地得到了完全开发，区域基本形成连绵的建成区。此外，高速公路网络的建设和辐射也推动洛杉矶地区的多中心进程跨越行政区域扩展到洛杉矶县范围之外，航空—防务—电子产业等产业集群大量布局在沿海地带并延伸至奥兰治县，形成连绵状的高技术产业带，至此洛杉矶都市圈进入多中心格局稳定发展阶段。

3）区域连绵化发展阶段

洛杉矶都市圈区域连绵化发展阶段（1970 年至今）：经过再工业化建立电影、服装、家具等劳动密集型产业和航空、电子、房屋等高科技产业发展道路，洛杉矶市在 1980 年超越芝加哥成为美国第二大城市。这一时期城市规划方面更加注重洛杉矶都市圈的多中心发展，1970 年编制的《洛杉矶总体规划》（General Plan of Los Angeles）明确提出建立高密度的城市中心和保护低密度的城市郊区，并将超过 1/2 的人口增量和 2/3 的新增就业安排在大都市区域的 48 个活动中心，进一步强化多中心的商业布局和产业布局。随着经济与产业的爆发式发展，一个以洛杉矶市为中心、地域广阔、规模巨大的大都市圈在美国西海岸迅速崛起，城市化空间不断向其周边区域扩展、蔓延，基本形成连绵一体的发展格局，成为美国第二大都市圈。

洛杉矶都市圈的空间多中心化是长期历史发展过程中逐步形成的，社会、产业、交通、政策、规划等因素共同促进了洛杉矶的多中心化，洛杉矶的城市演变几乎是一个多中心城市的演化样板。

3.1.2 中心城市与周边市镇的互动机制

1. 多元移民涌入奠定区域城镇格局

移民对美国太平洋西岸城市发展发挥了独特的、不可忽视的作用，洛杉矶都市圈是美国移民带来多元文化的典型代表。洛杉矶都市圈的人口快速增长的过程主要源于移民的不断进入，奠定了城市形成和发展的人口规模。大量移民的进入加速了洛杉矶都市圈积累城市和产业发展所需的人力资源，降低了劳动力成本，提高了劳动生产率，促进了洛杉矶地区的产业发展。移民的涌入形成了以移民群体为主的早期城镇聚落，他们开始兴办农场、企业和商业社团，这活跃了洛杉矶地区的产业发展和经济繁荣，连带着移民自身的社会网络也带动洛杉矶地区的城镇不断吸引更多的移民定居，形成了多个以移民团体为核心的小城镇。这些城镇结合洛杉矶地区早期的铁路、公路等交通方式，不断与洛杉矶中心城市进行产业、经济、社会和文化的交流，奠定了早期的多中心城镇格局。

2. 区域经济发展拉大城市产业格局

洛杉矶都市圈的产业发展和转型升级是依托整个太平洋经济圈的崛起和美国西部地区的发展，随着区域经济的发展，洛杉矶地区的产业门类不断丰富，产业发展速度远远高于其他区域。基于洛杉矶雄厚的飞机制造业基础和国防工业体系，洛杉矶地区的通信设备、计算机、电子仪器等产业发展迅速，电子产品和宇航业在亚太地区找到了广阔市场，带动了区域的产业发展和就业。随后，依托高科技产业和生产服务业，洛杉矶都市圈不断整合周围中小城市，城市化规模和城镇紧密度不断增强，人力、资本、技术和信息不断在洛杉矶中心城市和周边市镇进行互动流通，形成了多个以产业新城和居住新城为代表的专门化城镇，共同支撑洛杉矶都市圈的产业不断发展。

3. 技术外溢带动区域产业整体转型

洛杉矶都市圈的产业经历多次转型发展，最终形成了以高科技产业和服务业为主导的全球经济中心，这一过程是产业技术的不断革新和外溢促成的。洛杉矶都市圈中心城市经历了市中心区衰落和产业外迁过程，在周边城镇产生了以电子技术、保险公司、航空产业等为核心的产业新区，形成了高新技术外溢带动产业转型的区域产业发展格局。同时，洛杉矶都市圈对高科技产业投资不断加大，加强科技投入和扶持，高新技术企业不断集聚，中心城市开始以服务业为导向调整产业结构，逐渐形成了一个从市中心区到太平洋沿岸，由政府机构、企业总部、商业和工业核心、军事—工业综合体以及国内外金融资本控制的管理中心汇聚区域，造就了洛杉矶都市圈经济活动的非中心化趋势，但地区产业空间通过"中心区的复兴"和"外围城市的兴起"两种形式得以重构。

4. 快速交通网络促进城市功能扩散

洛杉矶都市圈的快速发展和多中心发展格局离不开港口、铁路、机场、高速公路等基础设施起的重要作用。快速便捷的交通网络能够有效保障都市圈内不同城市之间人流、物流、资金流、信息流等生产生活要素的高效流通，不断提升经济发展和产业发展的黏性，城镇之间形成分工协作、紧密结合的共同体。洛杉矶都市圈的多中心格局和大规模郊区化是在多年的高速公路建设基础上实现的，高速公路的建设使得城市空间和城市功能不断向外扩张，有效地连通了中心城区和周边市镇，使得都市圈内部的沟通协作更加高效和畅通。

3.1.3　都市圈特色市镇案例分析

综观美国洛杉矶都市圈的发展历程，分析洛杉矶都市圈中心城市和周边市镇的互动关系和作用机制，本次研究选取洛杉矶都市圈周边地区的尔湾（Irvine）和卡尔弗城（Culver City）两个特色市镇进行典型案例解析（图 3-1），总结洛杉矶都市圈特色市镇的发展成效和经验，获得特色小镇的发展启示。

1. 尔湾

1）发展概况

尔湾是 1971 年建市的新城，位于橙县中部，总面积约 170km²，总人口约 25 万人（2015年），其中亚太裔（其中多为华裔、韩裔）接近四成，主要居住的是中产阶级家庭，家庭平均年收入较高。尔湾四季如春，风景优美，植被丰富，有着"全美最安全城市""旅游度假天堂""科技海岸""南加州硅谷"等诸多美誉，著名的电子游戏开发商暴雪公司总部、半导体巨头美国博通总部等都坐落于尔湾，成为美国新兴的创业中心。

2）发展历程

尔湾是经过规划形成的新兴城市，由尔湾公司（尔湾家族成立的私人公司）投资兴建，其城市发展主要经历了三个阶段：尔湾农场阶段、大学社区阶段和都市圈功能区阶段。

（1）尔湾农场阶段（1860—1959 年）。这一阶段以尔湾家族建设农场为主，整个地

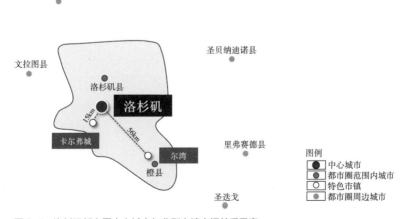

图 3-1　洛杉矶都市圈中心城市与典型市镇空间关系示意
资料来源：作者自绘

区拥有广阔的橘子林、胡桃、鳄梨、利马豆和绵羊等物产，主要依靠尔湾公司进行地区建设，发展较为缓慢，尚不具备城市功能。1950 年，洛杉矶地区开始向南部发展，尔湾地区迎来发展契机，1959 年应加利福尼亚大学（即加州大学）请求，尔湾公司捐出 $4.05km^2$ 的土地作为加州大学尔湾校区，尔湾的开发建设开始加速。

（2）大学社区阶段（1960—1970 年）。大学社区阶段主要是以加州大学尔湾校区为核心，周边建设紧密结合的居住社区。1960 年聘请著名建筑师威廉·佩德拉对尔湾校区进行整体规划，践行"精明增长原则"和"完整功能理念"，即土地混合利用、建筑设计紧凑布局、各社区适合步行、提供多样化的交通选择和保护公共空间、农业用地、自然景观以及引导现有社区的发展。围绕加州大学尔湾分校规划设计了一个容纳 10 万居民，沿海岸覆盖 $121.5km^2$ 土地的"大学社区"。这个社区拥有工业区、商业区、休闲区和绿地，是一个完整的新城。尔湾的初步规划中充分考虑了城市整体、不同区域尺度、不同村落类型的尺度关系并保留大规模的开发空间和保护区。1964 年橙县政府批准规划，加州大学尔湾校区正式启用，尔湾地区迎来快速发展。从 1970 年开始，尔湾地区对外开放，龟岩、大学公寓、牧场、核桃等住宅区陆续在校区周围建成。

（3）都市圈功能区阶段（1977 年至今）。20 世纪 80 年代晚期，尔湾的开发受到环保主义理念指导，城市的发展主要围绕自然栖息地和开放空间进行布局。经历 30 年的发展，尔湾依托加州大学优异的人力资源，吸引众多高科技公司入驻，形成了涵盖生物医药、制药、无线通信、电脑软件、汽车设计等的多个技术产业集群，被誉为"加州的科技海岸"。优美的自然生态、安全的生活环境、良好的商业氛围、完善的教育服务，使得尔湾成为洛杉矶都市圈最为宜居的科技创新城市。

3）经验启示

（1）政策支持与市场化的运作机制

尔湾是在市场经济环境中由私人企业投资、规划、建设而来的新兴城市。尔湾建设中没有行政指令，一切由市场来检验，市场导向是城市发展的政策起点，政府的决策来自于市场并回归于市场。市场化的运作机制使得尔湾的城市规划建设一直朝着市场接受的方向发展，良性竞争的市场机制不断吸引人口、投资、产业的"自主性集聚"，保障了城市发展的持续活力。

（2）高科技主导的多元化产业结构

尔湾围绕加州大学尔湾分校建设研究园区为初创企业提供创意研发和科学研究的场

所，形成了以高科技为主导的多元化产业结构，集聚了大量著名公司的总部，如福特汽车集团、爱德华生命科学等，创造了数千个高薪的工作岗位，吸引并留住了创新人才。高科技主导的多元化产业结构具有较强的抗风险能力，产业结构体系相对稳定，保障了地区的产业可持续发展并提供具有竞争力的就业岗位，城市约 20 万的就业岗位中 2/3 由本地居民消化，形成了产城融合的经典发展案例。

（3）规划引领的均衡式发展模式

尔湾是由规划引导的新城建设。建市以来，尔湾的扩充、扩建、边界合并等建设行为都始终以创造和维持一个适宜人居住、工作、游憩的社区，同时又是一个安全、充满活力并具有审美价值的地方作为城市发展目标，并不断强化城市规划对城市发展的引领作用。尔湾市的规划结构受南北丘陵地带所限，北部因山体陡峭成为城市永久保留绿地，而城市的母体加州大学尔湾分校则设在城市南部靠海较近的丘陵地带，沿着两条平行的主要街道呈"串珠状"布置。尔湾城市总体规划分为自然保护区和开放空间、居住区、商业区、商务综合区、学校教育及公共机构五个功能区域，划定永久自然保留地及多层级的城市绿地系统，保障城市拥有良好的自然生态环境。根据土地面积和人口增加的趋势，尔湾市每年都对各项设施的使用需要进行评估、修复和提高，制定详细、周密的规划，严格遵循规划并动态调整，保障城市发展与人口增长、产业集聚、环境保护相协调，并始终维系 1/3 公园和开放空间、1/3 居民生活区、1/3 城市商业区的动态良好的平衡关系。尔湾城市总体规划中不断提高居住的舒适度与产业发展活力，推进尔湾可持续的均衡发展。

2. 卡尔弗城

1）发展概况

卡尔弗城是加利福尼亚州洛杉矶县的一座城市，位于洛杉矶县的西区，以其创始人哈里·卡尔弗（Harry Culver）的名字命名，总面积约为 13.2km^2，总人口约 3.8 万人（2010 年）。卡尔弗城是连接洛杉矶市中心以及洛杉矶海岸的一块狭长地带，作为加州电影产业传统的制造中心，因电影和电视制作而闻名，拥有数不胜数的影视制作公司，包括米高梅工作室、索尼影业等公司，并完成了《公民凯恩》《绿野仙踪》和《乱世佳人》等经典影视作品的拍摄、制作。传统影视制作公司及新媒体企业的聚集促使卡尔弗城成为百年来著名的造星圣地，进而依托电影电视制作背景，大力发展文化产业、创意艺术产业，集聚了大批创新型中小公司及大批活跃于电影、文化、艺术产业的创新型人才。

2）发展特征

（1）产业发展

基于深厚的影视制作基础及企业平台，有力地融合传统影视制作与新媒体技术，卡尔弗城形成了全美最大的互联网造星平台及完整的造星服务体系，拥有索尼公司在内的 400 多家媒体，涵盖艺术、设计、媒体、娱乐等领域，文化产业、创意艺术产业和旅游业发展成效突出。例如，米高梅影视、索尼影业、全国公共广播电台、Maker Studios、 Beats Music、Smash Box、休斯电子等企业，结合时代潮流建立了包括游戏、体育、生活、潮流、美妆、娱乐等多方面、垂直化的网红孵化中心，形成了内容创作、商业运作、艺人培养、受众培养等全链条的造星服务体系，成为网红的完美孵化地。

（2）人才培养

卡尔弗城培养出了众多网络红人，让普通人实现了明星梦，建设有专业的艺术院校，为新媒体产业输送大批专业人才。针对新媒体产业对专业人才的大量需求，设立安提亚克大学洛杉矶分校(Antioch University – Los Angeles)，学校课程涉及媒体、艺术、互联网等。

（3）空间特色

卡尔弗城以演艺秀场为导向，激发灵感创意，强化小镇特色。小镇空间处处彰显活力气质，奔放自由的建筑、炫丽跳跃的色调、充满艺术气质的街道以及激发表演欲的公共空间，都在充分展示这座艺术"秀场"。生活空间充满创意和时尚调性，时刻激发从业人员灵感，让生活变得有趣。公共空间注重公园、街边广场等节点的打造，不仅提前留出足够的活动空间，同时还会举办主题活动，设置互动小品及景观小品等，激发人们的参与度和表演欲。休闲艺术街区聚集着众多以艺术画廊为主的创意产业，提供充足的餐饮、咖啡、集市等商业配套，利用各种各样的雕塑、壁画和其他装置艺术吸引艺术爱好者。卡尔弗城拥有众多剧院，提供多样、专业的艺术演出，满足新媒体人群对文艺生活的追求与向往，同时还有丰富的夜生活，满足居住及工作在这里的人们的休闲交往需求，激发人们的创造力。此外，街道是卡尔弗城十分注重的小镇空间，在城市规划文件 The 2016–2021 Strategic Plan 中明确打造成自行车友好城市，并在每年举办的庆典活动中将城市街道仅向行人和非机动车开放，禁止汽车通行，设计专门的自行车骑线，使得街道成为大家标榜自己个性的舞台。

（4）休闲旅游

卡尔弗城旅游通过节庆活动、主题公园、主题博物馆吸引众多粉丝前来朝圣、体验。例如，来到小镇观看索尼影业作品制作过程，进入摄影棚、拍摄场地体验当明星的生活，追忆喜爱的作品。卡尔弗城每年都会举办相关主题的节庆，例如举办新媒体电影节、Street Food Cinema 电影小吃节，将美食与当下最热门的电影结合，在公园进行野餐展播，邀请乐队演出，营造娱乐动感的小镇氛围，不间断举办节庆使得这里已经成为新媒体企业成长的沃土。

3）经验启示

（1）链接区域产业，定位自身特色

卡尔弗城的产业发展链接洛杉矶都市圈丰富完整的影视娱乐产业，围绕传统影视制作的产业基础，充分利用区域产业资源及自身产业优势，形成了独特的产业体系。卡尔弗城利用传统影视制作产业基础迎合时代发展潮流，结合新媒体、新技术，促使传统产业与新生产业有效融合，充分挖掘传统影视的品牌价值及影响效益，形成了面向新受众的产业类型，进而在洛杉矶都市圈影视娱乐产业集群中实现特色化发展。

（2）完整的产业链，完善的人才链

卡尔弗城基于影视传媒行业特征，从内容、制作、运营、人才、场景等多维度、全链条建构地区的新媒体产业链，形成了完整的互联网造星平台和造星服务体系，集聚大量的中小型新媒体企业，并不断吸引传统影视制作企业与互联网科技公司的入驻，开发和应用新技术，产业链不断地横纵延展。同时，专业化的行业人才培养机制保障了卡尔弗城始终拥有基础庞大、分工明确的行业人才，保障了新媒体产业的人才需求，促进地区互联网造星的快速迭代和高速发展。

（3）主题化的风貌感知及旅游体验

卡尔弗城的城镇空间格局、街巷风貌、建筑形态及景观小品形态各异、特色鲜明，充分展现了互联网语境下文化艺术的新奇感，成为空间感知的重要特征。卡尔弗城深度挖掘经典影视作品的品牌价值和体验效益，利用主题化的场景再现、情景化的旅游体验和多元化的旅游产品，极大地丰富了旅游者的感知体验。同时，又借助新媒体的互动形式，举办各类活动，始终维系并强化城市品牌和城市氛围。

3.1.4　经验与启示

本节分析了美国洛杉矶都市圈的发展历程和特色市镇典型案例的发展经验，洛杉矶都市圈特色市镇的发展在区域协同、地方特色、科技创新和产业培育方面具有突出的经验，值得在发展特色小镇时借鉴。

1. 挖掘资源，突出特色

洛杉矶都市圈特色市镇充分挖掘地方特色资源，形成了围绕先进制造产业集群，建设以航天制造为核心的产业特色市镇；依托影视传媒产业集群，建设以影视制作、新媒体产业等衍生产业和扩展产业为核心的影视特色市镇；基于加州大学分校区，建设以科技创新为主体的产学研一体化的科技特色市镇。洛杉矶都市圈的特色市镇建设中，充分挖掘当地的物质资源、文化资源和产业基础，结合当地的产业发展格局，形成市场化、差异化的产业发展态势，使得特色市镇成为洛杉矶都市圈产业体系和产业格局的重要支撑，增强了特色市镇的独特魅力，并不断集聚相关产业，带动区域经济发展。

2. 产业引领，功能融合

洛杉矶都市圈特色市镇发展是在城市化驱动的效应下，以特色市镇为经济发展的核心点形成的产业格局和城镇格局。受"大城市病"影响，洛杉矶都市圈的人口转移出现逆城市化现象，大量人口从大都市向周边城镇扩散，周边的小城镇土地便宜、环境宜居、交通便利，相应的企业也把部分核心功能外迁，出现了人口和产业的外移，开始形成新的产业经济增长极。洛杉矶都市圈特色市镇以产业发展为核心，在产业集聚的基础上融合多种功能，形成集生产、生活、生态于一体的特色市镇模式。同时，在主导产业发展的基础上，融合相关产业，延伸产业链，壮大特色产业经济，注重小镇内部文化传承、居民生活、镇容镇貌和休闲旅游等方面的改善，促进产镇融合发展。

3. 完善配套，补足短板

洛杉矶都市圈特色市镇在发展中注重与都市圈核心城市的联动发展，通过完善道路交通网络体系，实现高度协同的地区发展格局。根据洛杉矶都市圈特色市镇的发展经验，应当采取优先基础设施、适度商业开发、合理公共服务的方法，提前实施交通物流等基础设施的开发，为企业生产提供适度的技术和资金帮助。同时，在城镇居民的生活配套服务上，以完整社区和产业发展来布局教育、医疗、卫生、养老、文化、健身等服务设施，提升镇内生活的品质，使得特色市镇能够持续发展。

4. 规划先行，创新机制

洛杉矶都市圈特色市镇在发展建设中较好地平衡了长期与短期的关系，制定长期战略规划。特色市镇在建设中，鼓励企业及社会组织自发性建设，政府有效、有限地干预与引导的方式，给予市场主体充分的发展自由和条件支持，实现多元合作的特色市镇建设模式，发挥经济产业集聚规模的最大效应，形成功能各异的特色市镇。洛杉矶都市圈特色市镇在发展中，较好地处理了特色市镇自身发展与都市圈的联动协同，运用市场经济规律来自发引导产业集聚、人口集中与城市建设，利用契合自身发展的高标准规划来指导并管控城镇建设，在此过程中，投资主体和使用主体对于规划过程、规划成果、规划实施等环节有充分的了解和参与，使得特色市镇规划成为有效沟通发展问题和群策群力的重要手段，构建多主体、多形式的沟通协作机制，实现了自发集聚与有效引导的动态平衡，保障了特色市镇发展的自主性、灵活性和特色性。

3.2　英国伦敦都市圈

3.2.1　都市圈发展历程与特征

1. 都市圈概况

伦敦都市圈成形于 20 世纪 70 年代，以英国首都伦敦为中心，是英国最重要的政治、经济和文化核心，也是产业革命后英国主要的生产基地和经济区域，约占英国总面积的18.4%，GDP 约占英国的 80%，人口总数达到 3650 万。作为城市集群发展到成熟阶段的最高空间组织形式，伦敦都市圈已然成为世界经济、金融、贸易中心，同时也是高科技中心、国际文化艺术交流中心、国际创意中心和国际信息传播中心，是现代西方文明的代表。

伦敦都市圈的发展与形成，源自于工业革命后中心城市伦敦市人口过速集聚，出现了城市交通运能、供水、医疗等供需错配的"大城市病"，推动工业产能扩展与城市向外蔓延，以及数次规划中以"卫星城"为主的新城建设的快速发展，奠定了单中心圈层式的都市圈发展基础。

1）区域范围

伦敦都市圈的空间范围主要分为广义范围和狭义范围。广义指以伦敦—利物浦为轴线，包括大伦敦（Greater London）、伯明翰、谢菲尔德、曼彻斯特、利物浦等大城市和区域内的众多中小城镇，面积约 4.5 万 km^2；狭义上讲的伦敦都市圈只包括大伦敦地区（Greater London），即由伦敦市（City of London）和其他 32 个行政区共同组成，占地面积约1580km^2。

2）经济产业

伦敦都市圈在经济结构上高度服务化，第一梯度的伦敦城的常住人口不足 1 万人，但每天有 30 万人涌入城中工作，金融业和商务服务业占据主导地位，二者产值合计占总产值的 40% 以上；第二梯度的 11 个郡的经济结构以服务行业为主。伦敦市经历了由工业到金融业，再到创意文化产业的突破、创新、迭代、升级的产业发展历程，构建了特色化和专类化的产业发展格局，使得伦敦市成为世界一流大都市，伦敦都市圈成为中小城市和市镇协同发展的产业联系网络和空间组织结构，实现了区内经济和跨界经济的协调持续发展。

3）交通发展

伦敦都市圈交通发展是轨道交通和高速公路交通并重的发展模式，高速公路主要是环形路和放射性道路组成的"一环九射"的道路网络。随着交通运能需求的不断增长，伦敦都市圈不断强化道路交通网络建设，增强轨道交通与高速路网的衔接，推进城际交通设施建设，形成了"圈层结构＋放射结构"为主的区域性交通网络体系，支撑都市圈的快速联系和整体发展。

4）空间结构

伦敦都市圈空间结构的形成和发展离不开先进规划理念的探索和引导，经过《大伦敦规划》奠定"四个同心圈"规划结构、数次卫星城规划、"反磁力吸引中心"和放射性交通廊道建设等一系列的规划实践，逐渐形成了单中心、圈层式、放射状的开放性都市圈空间形态，形成了以伦敦市为核心，以多个产业集群形成的多个副中心城市和产业新城为支撑，以放射性交通廊道为支撑的都市圈空间结构（表 3-1）。

伦敦都市圈空间结构   表 3-1

空间划分		空间范围
大伦敦地区	伦敦市	伦敦金融城，占地 2.6km^2
	内伦敦	包括伦敦金融城及内城区 12 个区，占地 310km^2
	外伦敦	内伦敦外 20 个市辖区，占地 1279km^2
伦敦都市圈内圈		包括大伦敦地区附近 11 个郡，总面积 11427km^2
伦敦都市圈外圈		包括伯明翰、利物浦、曼彻斯特等相邻大都市在内的大都市圈

资料来源：作者整理

2. 都市圈发展历程

1) 新城建设发展时期

工业革命后伦敦地区人口快速增长，20 世纪初达到 660 万人。人口的快速增长和工业生产规模扩张的影响，使得伦敦市出现城市拥挤、用地紧张和环境污染等城市问题，因此提出了疏散伦敦中心工业和人口的建议，进而于 1944 年编制完成《大伦敦规划》，开启新城建设。《大伦敦规划》提出在距离伦敦中心半径约 48km 的范围内建设卫星城来疏解拥挤的伦敦市，并划定内圈、近郊圈、绿带圈与外圈 4 个同心圆圈层，设置 8 个卫星城，初步奠定了伦敦都市圈单中心同心圆封闭式的空间结构，并依托放射路与同心环路直交的交通网络进行有效衔接。其中，内圈包括伦敦郡和部分邻近地区，主要是疏散人口和工作岗位，使居住人口净密度降至每公顷 190 ~ 250 人；近郊圈不再增加人口，人口净密度控制在每公顷 125 人；第三圈是绿带圈，宽约 16km，主要用来阻止伦敦向外无止境扩散；第四圈是乡村外圈，规划设置 8 个卫星城，每个卫星城的人口规模为 6 万 ~ 8 万人，主要用以接纳来自伦敦内环疏散出来的人口。

依托霍华德田园城市理论（ Garden City ），以韦林（ Welwyn ）和莱奇沃思（ Letchworth ）为代表的新城建设运动，是伦敦都市圈形成和发展的开端。20 世纪 60 年代中期编制的《大伦敦发展规划》提出建设三条快速交通干线，形成城市扩张长廊地带，并在长廊终端建设具有"反磁力吸引中心"作用的新城，旨在疏解伦敦地区的过度集中，促进区域城市均衡发展。历经三代新城建设，有效地疏解并扩展了区域发展边界，但同时也出现了内城衰落现象，因此在 1980 年英国政府宣布停止建设新城。

2) 旧城更新保护时期

新城建设运动在促进外围地区发展的同时，使得伦敦市内城发展产生衰落现象，因此，英国政府提出内城复兴计划并通过《内城法》（ 1978 年 ），用以保障旧城改建和集中保护。伦敦市的旧城改建是以吸引城市外流人口返流为目的促进城市的再发展，核心是产业置换与人口内流。20 世纪 70 年代末至 80 年代初，伦敦开始实施以银行业、服务业等产业替代传统工业的产业结构调整战略，就业岗位数量呈下降趋势，直接导致制造业就业人数大幅下降，城市活力缺失。经过旧城保护和更新发展，逐渐形成以金融、贸易、旅游为主导的服务业占据主要发展地位，城市就业率逐渐上升，商业、金融服务和高科技产业创造了全市 1/3 的就业机会。伦敦内城产业的成功转型驱动伦敦都市圈经济和人口的格局进一步稳定，区域产业分工和功能定位得以明晰，都市圈的发展稳步提升。

3）产业转型发展时期

伦敦都市圈在新城建设和旧城更新后，区域产业发展格局得以重构。20 世纪末以来，金融服务、商业服务业成为伦敦都市圈核心区域的核心支柱产业，伦敦金融区的 GDP 占伦敦 GDP 的 14%，占整个英国 GDP 的 2%，对大伦敦地区和英国经济发展产生重要的牵引作用。经过近 20 年的发展，伦敦的金融服务、商业服务业出现疲态发展趋势，因而借助创意产业兴起对城市产业结构进行又一次优化和升级，城市产业类型快速迭代，就业人口迅速增长。随着伦敦都市圈发展空间的不断拓展，以及地区产业金融化和信息化的发展趋势，伦敦市与周边区域的重要城市伯明翰、利物浦等城市的交流日益频繁，区域工业经济迅速实现了向现代服务业的成功转型，伦敦都市圈范围进一步扩大，凭借着创意产业的兴起，也正在进行着又一次的产业升级，以保持经济活力。

3.2.2　中心城市与周边市镇的互动机制

1. 中心城市与周边市镇空间协同化

伦敦都市圈经济结构变化和人口快速增长，给中心城市发展带来了环境污染和生活质量的问题。为了确保市民拥有良好的生活环境，充分享受高品质住宅和社区服务，大伦敦地区在空间上划分为北伦敦、西伦敦、东北伦敦、西南伦敦和东南伦敦等五个区域，并运用绿带和交通走廊的方式有效地衔接中心城市与周边市镇，较好地处理了中心城市的功能定位、空间发展与周边市镇的协调问题，形成了差异明晰、紧密协同的发展格局和经济、社会、空间的互动机制。

2. 中心城市与周边市镇功能差异化

伦敦都市圈分区相对具有较为明显的功能分工，其内部的区域发展水平及发展特点具有很大差异。根据伦敦都市圈历次发展规划指引，早期划分为：伦敦城 (City of London)是金融资本和贸易中心；东部是传统的工业区和工人住宅区；西部是行政中心，主要是英国王宫、首相府邸、议会和政府各部所在地及大量的高档住宅区；南部是工商业和住宅混合区；北伦敦是居住区；港口区（伦敦塔桥至泰晤士河河口之间）以港口经济为核心，兼顾部分商务和居住功能等六个区域进行差异化发展。2004 年《大伦敦规划》提出"区域发展开发框架"，整合并引导伦敦都市圈区域发展格局，形成中央活动区 (Central Activity

Zone, CAZ)、住宅生活区、机会发展区和集约化发展区四种功能区域，优化区域发展格局。2011 年强化了伦敦都市圈各个城镇的功能定位，提出国际中心、大都会中心、主要中心、区域中心、邻里中心五种功能类型，形成功能互补的发展格局。同时，围绕伦敦泰晤士河域和伦敦斯坦斯特德—剑桥—彼得伯勒一带提出建设国家重点成长区域，确保运输及基础设施资源配置，保障整个成长区域及伦敦内部区域的发展均衡。经过数次规划与实践的引导，伦敦都市圈中心城市与周边市镇建立了"一心多星"的差异化区域发展格局及紧密型的互动关系，有效地促进区域协同发展。

3. 中心城市与周边市镇交通一体化

伦敦都市圈的发展历程中，交通方式、交通技术和交通系统的演进及革新推动着都市圈区域的快速扩展与紧密衔接。伦敦都市圈的交通发展得益于完善的铁路网络与公路系统。19 世纪中期到第一次世界大战前，随着伦敦工业的发展，都市圈的人口暴增，都市圈发展进入铁路时代，铁路网线路不但密度高，且分布均匀，形成了近 20 条主要通道。为增强伦敦都市圈交通系统运能，2011 年交通发展战略规划提出伦敦都市圈中心城市与周边市镇交通协调发展，包括交通和土地利用开发的协同配合，积极发展公共交通促进都市圈内协同发展；鼓励主要交通基础设施规划建设与公共领域相结合，提出在泰晤士河、中央活动区、机会发展区等区域优先发展公共交通系统；完善运输网络和增强运输能力，允许长途铁路和公路货运经过伦敦中心区域，扩大伦敦的国际和国内货运衔接，提升伦敦都市圈内的交通效率。经过发展，城际铁路系统现在工作日平均每天运送 34 万通勤乘客进入伦敦中心，几乎所有的大城市都设有直接进入都市圈核心区域的铁路干线和公路网络。伦敦都市圈区域经济发展，得益于经济和服务分布体系使得货运服务合理分配，铁路、公路、水运等方式有效地增强了都市圈内部的交通运输效率和资源配置效果，各类交通设施发展支撑着中心城市与周边市镇的经济、社会、人口和空间等要素的快速交流，提升了伦敦都市圈的区域综合发展潜力。

4. 中心城市与周边市镇人口交往紧密化

伦敦都市圈的人口发展经历了集中—疏散—集中的历程。20 世纪初，伦敦人口的空间格局以中心集聚为主，特别是以伦敦金融城为主的中心城区最为显著。从 1940 年开始，伦敦政府开始开发新城，以疏散大城市尤其是伦敦的人口压力，伦敦都市圈人口的空间格局已呈现出中心城区整体向外扩散的趋势。由于这一疏散战略的实施以及工业转移和居住郊区化的发展，大伦敦地区人口开始持续下降。20世纪末伦敦作为世界级城市的地位逐步得到强化，创意产业、服务业快速发展，经济结构、交通设施和环境改善等方面不断提升，伦敦中心城市的吸引力不断提高，都市圈人口开始回升，进入再集中阶段[①]。随着伦敦都市圈推行交通设施、产业布局和功能差异化的发展战略，都市圈人口分布逐步趋向均衡化。同时，得益于快速便捷的都市圈交通网络系统，伦敦都市圈形成了日益频繁的城际人口交往现象，据统计工作日每天约40万人通过铁路往返于伦敦市中心与周边市镇。

3.2.3 都市圈特色市镇的案例分析

综合英国伦敦都市圈的发展历程，分析伦敦都市圈中心城市和周边市镇的互动关系和作用机制，本次研究选取伦敦都市圈周边地区的温莎小镇（Windsor Town）、剑桥小镇（Cambridge Town）、米尔顿·凯恩斯（Milton Keynes）和金丝雀码头（Canary Wharf）四个特色市镇进行典型案例解析（图3-2），总结伦敦都市圈特色市镇发展的经验和启示。

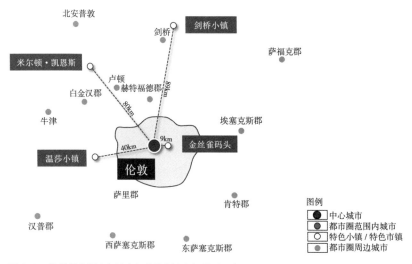

图3-2 伦敦都市圈中心城市与典型市镇空间关系示意
资料来源：作者自绘

---

① 冯奎，郑明媚.中外都市圈与中小城市发展[M].北京：中国发展出版社，2013.

1. 温莎小镇

1）发展概况

温莎小镇位于英国伦敦西部伯克郡，距伦敦大约 40km，约 40min 车程，是英国最著名的王室小镇，标志性建筑温莎城堡始建于 1070 年，是英国王室温莎王朝的家族城堡，经过历代改造，19 世纪初成为拥有近千个房间的奢华王堡，也是现今世界上有人居住的城堡中最大的一个。小镇于 1440 年创办的伊顿公学，以"精英摇篮""绅士文化"闻名于世，曾造就诗人雪莱、经济学家凯恩斯以及多位英国首相。小镇自然环境优越，泰晤士河从中穿过，景色优美；历史文化底蕴深厚，温莎城堡作为王室的重要活动场所之一，承担着颁发爵位和封号的重要功能，是英国王室文化的重要展示地；艺术文化氛围浓厚，收藏着达·芬奇、鲁本斯、伦勃朗等大师的作品，建筑街景充满典型的英格兰特色风格。

温莎小镇通过挖掘稀缺的自然、历史、文化、艺术等资源要素，打造独特的旅游产业链，发展成为以文化旅游体验为主的特色小镇，代表性的文化旅游景点有温莎城堡、伊顿公学等，加之小镇安逸娴静的度假风情，助推了小镇旅游业的发展。

2）经验启示

（1）聚焦文化产业发展，升级文化展示形式

文化是温莎小镇发展的核心资源，而古城、城堡及文物是文化旅游的内核。温莎小镇对外开放大部分的古城和文物，通过开发文旅体验产品，使人身临其境地感知悠久的历史、艺术和文化特色，将皇室文化资源变成文化产品、文化表演和娱乐产品，有效地提升文化旅游的深度与广度。依托自身发展优势，聚焦优势资源发展是温莎小镇发展的基础和诀窍，利用创新的文化表达形式与方法来传播文化内涵是温莎小镇发展的核心。

（2）注重宜人环境塑造，配套相应旅游设施

温莎小镇注重文化旅游区的生态环境设计和旅游服务配套设施建设。通过立体花卉装饰、花坛、草地等绿色环境和公共艺术的一体化规划设计，建设舒适美观的环境，提升旅游体验的同时巧妙地展示地方文化特色和艺术特色。结合人的需求，围绕旅游体验者的观赏、休闲需求和活动特征，进行滨水旅游区、购物区、餐饮娱乐区和运动休闲区的系统规划和业态组织，形成多元融合的特色文化旅游休闲度假区，有效地促进地方资源开发和产业升级。

（3）加强周边市镇互动，实现资源链条发展

温莎小镇的发展不仅为自身镇区的居民提供就业机会，同时带动周边市镇的产业发展。例如，斯劳小镇为来温莎旅游的游客提供住宿、休闲等活动空间，形成了区域一体化的休

闲度假产业格局。同时，注重小镇教育资源与文化旅游区域的结合，对具备条件的区域，安排大学与小镇深度结合，结合小镇特色文化教育与大学特色资源优势，形成联动的游学、研学发展模式，较好地链接区域资源优势，形成产业、经济、教育、空间的多元协同发展格局。

2. 剑桥小镇

1）发展概况

剑桥小镇位于伦敦东北部的剑桥郡，是伦敦东北部的重要交通枢纽，往返于英国各地的火车车次频繁，可直达伊普斯威奇、伯明翰等地区，距伦敦 89km，约 50min 的快速列车即可从国王十字火车站到达小镇。剑桥小镇是剑桥大学所在地，是英国教育和科技创新中心。20 世纪 70 年代剑桥大学建成第一个科学园区，环剑桥大学形成了高科技产业群，被称为"剑桥现象"。科教产业是剑桥小镇的一大特色，剑桥大学目前有 35 个学院，其中最为知名的是女王学院、国王学院、三一学院、圣约翰学院。高科技产业是剑桥小镇的主导产业，包含计算机软件与硬件、电子、生物技术、仪器制造、研发与培训等产业，实现了剑桥大学产学研一体化的创新格局和产业形式。剑桥大学 1967 年建立推动科技成果和产业界联系的委员会，推进共同发展科技产业，至 1984 年，剑桥大学科技园区已达300 多家科技企业，成为世界上重要的科研中心。

旅游业是剑桥小镇重要的衍生产业，随着剑桥大学的知名度不断提高，高科技产业不断创新，围绕产学研为核心的游学、研学等旅游体验快速发展，游客络绎不绝。此外，剑桥小镇悠久的历史文化、浓厚的艺术氛围、优美的自然风光和独特的建筑风格，衍生出诸多的历史典故与文化轶事，是剑桥小镇的独特魅力所在。

2）经验启示

（1）与周边市镇互动，推动区域经济发展

剑桥小镇的规划和建设充分考虑区域联动发展，将周边市镇的发展与小镇本身的发展相融合，充分结合区域的资源禀赋和发展特色，实现区域经济特色化和区域市镇联动化发展。首先，小镇规划以剑桥大学为核心，周边市镇的功能定位以服务剑桥大学及大学科技园区的发展为目标，充分考虑科技创新所需的服务设施及配套建设，形成了差异化的功能布局。其次，结合科技园区成果转化的类型，建立小镇居民进修学习机制及平台，充分带动小镇的居民就业并提升综合素质。最后，积极开展区域合作和跨区建设，剑桥小镇加入东南米德兰茨地方合作联盟 (SEMLEP)，与牛津小镇等科技创新基地展开合作，并计划打

造剑桥—米尔顿·凯恩斯—牛津区域一体化创新发展格局，建设知识密集型产业集群，推动区域经济持续发展。

（2）加强文化科教结合，推动科研产业发展

剑桥大学雄厚的科研实力直接促成了"剑桥现象"的产生，以及围绕剑桥大学集聚形成的大学科技创新园区，形成科学教育、科技创新、文化旅游的深度协同发展，有效地发挥大学校园、科技园区和小镇镇区的各自优势，形成了协同发展的新局面。因此，一流的学校可以作为科技孵化器、产业集聚核和旅游目的地，通过教育、创新和旅游的深度结合，共同推动区域的发展与进步。

（3）给予合理的政策支持，实现小镇合理规划

剑桥小镇的快速发展得到了合理并持续的政策支持。剑桥小镇的产业规划与落地，建立在剑桥大学主体与小镇建设主体深度沟通和协作机制的基础上，有效地保障科学技术成果高效地转化为生产力，推动大中小企业的健康发展，形成科技创新产业集群，促进地方发展与创新集体的良性发展。

3. 米尔顿·凯恩斯

1）发展概况

米尔顿·凯恩斯位于英格兰中部白金汉郡，距伦敦 80km，是英国第三代新城建设的典型代表。1967 年，英国政府将白金汉郡北部一片村镇和农场划定为米尔顿·凯恩斯的建设地，主要包括 3 个合计共 4 万人口的小镇和数十个村落及农场，占地面积 88.4km²。在 2017 年的人口普查中，其城市地区的人口接近 27 万人。米尔顿·凯恩斯新城建立的同年成立米尔顿·凯恩斯开发公司（Milton Keynes Development Corporation，MKDC）来负责制定城市规划，目标是制定一个以创新城市发展理念为核心、以可持续发展为目的，具有弹性和灵活性的新城。米尔顿·凯恩斯的诞生之初也是由开发公司作为规划和建设主导，市场化主导在一开始就被注入到了城市的成长基因中。

2）发展历程

（1）新城建设阶段

米尔顿·凯恩斯建设之初采用的是以"反磁力吸引中心"为目标的新城建设理念。新城建设阶段（1967—1992 年）以 1992 年为时间节点可以分为两个阶段：

第一阶段以初次新城规划为起点，初次新城规划设立了六大目标，即职住平衡、交通

便捷、社会公正、多元发展、有吸引力的城市和资源的高效配置，开启新城建设，并使之成为伦敦都市圈反磁力吸引中心和放射性交通廊道空间结构的重要组成。

第二阶段以新城规划和控制权的转移为标志，1992年米尔顿·凯恩斯开发公司（MKDC）解散，将城市的规划权和经营权交还给地方政府，将开发和控制权利上交给当时的新城委员会，政府机构成为城市发展的主导者，城市进入稳定成长期，新城已经形成规模化发展。新城建设时期，米尔顿·凯恩斯充分发挥"反磁力吸引中心"城市的作用，谋求与伦敦的深度互动，积极融入伦敦大都市圈建设，通过承接伦敦外溢的人口和部分产业，实现从农牧业向现代生产性服务业的成功转型。

（2）转型发展阶段

米尔顿·凯恩斯政府基于城市发展现状和成长态势，提出扩张发展和转型发展的诉求。这一阶段以2013年城市规划和开发控制权的再次易主为标志，可以分为前后两个阶段：

第一阶段，米尔顿·凯恩斯政府计划在未来20年内使人口增加一倍，以促进产业及城市快速发展。基于快速发展需要，英国政府机构重新成立了一家新的开发公司，即米尔顿·凯恩斯合伙公司（MKP），赋予其规划和开发权限，其规划方案由过往的网格式结构向高密度、功能混合方向转变。这一时期，米尔顿·凯恩斯产业结构发生重要改变，以生产性服务业为代表的第三产业就业的高增长逐步放缓，知识密集型产业加速集聚，促进了总部经济的崛起。2008年主动加入东南米德兰茨地方合作联盟，依托牛津、剑桥优质的科研教育资源和"赛车谷"高性能汽车产业资源，展开深度合作，转变经济发展思路，积极打造知识密集型产业集群，成为具有全球影响力的高性能发动机引擎产业链及赛车产业链的一部分。

第二个阶段从2013年至今，城市规划和开发控制权重新交还给地方政府，MKP公司改组成为一家土地开发公司（MKDP），负责将规划内容落地，并负责商业运营和协调多方相关利益群体。至此，米尔顿·凯恩斯实施城市规划和运营的分离，依托经济快速增长、产业基础雄厚、人居环境完善、生态环境优美、营商环境优越等优势，持续吸引大量企业搬迁至这里，进一步促进总部经济发展。例如，集聚了英国铁路网公司、亚马逊英国物流中心、西门子、梅赛德斯奔驰、大众汽车、可口可乐英国工厂等400多家世界知名跨国企业总部。及至今日，米尔顿·凯恩斯已经发展成为伦敦都市圈重要的区域性中心城市，实现了理想化的职住平衡。

3）经验启示

（1）把握产业发展机遇，联动周边市镇协同发展

米尔顿·凯恩斯邻近伦敦、伯明翰等城市，并处于放射性交通廊道节点，利用区位优

势和交通便利与周边市镇联动发展。依托中心城市强大的经济、人口和社会发展基础，结合牛津、剑桥等区域科研教育资源，米尔顿·凯恩斯作为"反磁力吸引中心"积极承接了伦敦都市圈中心城市的外溢产业和人口，并利用区域发展的交通区位优势，与周边市镇形成紧密发展的互动关系，并形成规模化、专类化的产业集群，带动区域联动发展。

（2）紧密结合区域特色，科学规划产业发展方向

米尔顿·凯恩斯注重产业创新驱动发展，依靠东侧牛津和西侧剑桥两个知识型资源，打造创新走廊，成为创新廊道重要节点和转化基地，汇集着多个创新机构和创新企业，为高科技人才提供技术岗位，支撑科技创新发展。

（3）顺应不同阶段发展需求，弹性调整发展计划

米尔顿·凯恩斯的成功不仅在于其因地制宜的发展理念，更在于针对新城的阶段性需求，不断调整城市开发建设和运营管理的组织领导方式，积极调动地方政府资源与市场组织力量，使得新城在建设和转型时期的政策制度能够精准供给，有效引导和控制新城发展。

4. 金丝雀码头

1）发展概况

金丝雀码头位于英国伦敦市中心往东 9km 处的道格斯岛（Isle of Dogs）北部，隶属陶尔哈姆莱茨区，为英国继伦敦金融城后新兴的中央商务区，现已发展成为欧洲乃至全球著名的商贸中心。第二次世界大战之后，随着船坞业衰落，这片土地也因此被荒废，码头关闭后，英国政府采取了区域再生计划，成立伦敦港区发展公司，在道格斯岛地区开展城市更新工作。1995 年成立金丝雀码头有限公司，进行该区域的规划建设。金丝雀码头由于优越的地理位置，成为伦敦的交通枢纽，主要交通线路有湾区轻轨（DLR）和地铁线路，可在 10 ~ 15min 内到达伦敦市中心区和伦敦西区。金丝雀码头是一个高强度开发的商务区，整个金丝雀码头主要分为五大开发区域，分别为西渡口广场区、卡波特广场区、朱比利地铁站公园区、加拿大广场区、丘吉尔广场区，数栋英国最高的建筑物坐落于此，成为国际著名金融、商务集中区域。

金丝雀码头区域内的办公楼以公司总部为主，大型金融机构总部是金丝雀码头的核心客户，区内的商业主要服务于区内的工作人群，业态包含零售、餐饮、便利店和休闲娱乐等类型。小镇形成了以金融、商业、出版行业、教育为主的产业体系。金融方面，金丝雀码头是众多大型银行的全球或欧洲总部所在地，包括巴克莱银行、花旗集团、汇丰银行、

毕马威、加拿大皇家银行、经济学人集团等著名企业，集聚大量的商务人群。商业方面，四季酒店、万豪酒店等国际知名品牌酒店，数量众多的酒吧和小餐馆以及前卫现代的建筑群落共同营造出了一个购物的天堂，并通过定期举办丰富多彩的商业活动、艺术展览等活动，成为著名的商业艺术区域。教育方面，伦敦大学学院的管理学院坐落在此，支撑区域金融商务的交流活动和人才供给。

2）经验启示

（1）顺应需求找准定位

金丝雀码头在规划前期就找准了正确的功能定位，当时伦敦内城传统的金融中心为防止历史特质被破坏实行严格的开发控制，难以提供最先进的、适合现代商务办公需要的开放式大面积建筑空间，而伦敦作为全球金融中心，迫切需要可适应城市发展的功能空间，金丝雀码头正是在更新复兴中得到产业落地和集聚发展，奠定了金融商业的发展格局。

（2）合理整合发展要素

金丝雀码头的城市设计对复杂、多变的城市各要素充分利用。例如，轨道交通、自然、历史等要素成为创造区域高质量城市环境的重要资源，运用独具特色的空间环境对资本和人流产生强烈的吸引力，加速产业集聚和人口流动，成为城市更新和片区开发的成功示范。

（3）特色化的政策支持

金丝雀码头的成功发展离不开强有力和特色化的政策支持。政府推行"企业特区"发展方式，通过限定区域范围，围绕重点产业提供一系列商业优惠政策，用以提升已有商业投资水平、吸引新的投资，促进地区发展。金丝雀码头就是伦敦第一批企业特区之一，依靠企业特区的优惠政策，在有限的优惠期内形成自身的优势点和增长点，进而耦合自身发展基础与外来推动力量，形成可持续发展的经济增长区域。金丝雀码头的再生过程无疑是企业特区的成功案例之一。

3.2.4 经验与启示

1. 城镇功能差异引导

伦敦都市圈的发展是建立在疏解与分散的基础上，依托田园城市理论与反磁力中心理论结合实践探索而来，是自上而下与自下而上互动形成的。通过梳理伦敦都市圈的发展历程及周边市镇的典型案例，可知都市圈中心城市和周边市镇在产业发展、空间联系和社会交往方面的互动机制具有极强的紧密性和差异性，形成了一体化协同发展局面。首先，伦敦都市圈周边小镇的发展得益于中心城市的职能、产业、人口等要素的向外疏解，奠定了都市圈产业空间结构和城镇职能结构的初始格局；其次，伦敦都市圈的发展中，周边市镇具有较强的自主性，充分利用自身基础，发挥各种优势并联动周边城镇协同发展，使得都市圈范围内形成了多个产业小镇集聚区和产业廊道，有效地形成了产业网络体系，强化了都市圈差异化发展的格局；最后，随着都市圈人口的持续增加和交通设施的不断完善，都市圈中心城市和周边市镇的分工愈发清晰，处于重要节点的城镇人口不断增加，逐渐形成综合性发展趋势，都市圈区域的城镇等级结构、职能结构、产业网络、空间结构等发展格局基本成熟。因此，合理的、差异化的城镇发展方式能够有效地建构都市圈区域的生产格局和空间格局，对于形成高度协同、特色各异的发展态势极为重要。

2. 区域产业联动发展

伦敦都市圈通过数次新城建设，有效地疏解并建立了区域产业发展格局，围绕重要的资源要素及发展基础，都市圈各个市镇加强区域合作，实现资源共享，强化产业联系和分工协作，形成了城市之间紧密联系、各具特色的产业合理分工，构建了都市圈产业网络体系和产业空间格局。伦敦都市圈地方政府通过纵向集聚优势资源带动发展、横向合理分工互补协作的区域产业发展导向，促进产业在都市圈范围内合理分布，引导中心城市与周边市镇结合自身优势承载区域产业发展，建立区域产业发展联盟和分工协作引导机制，避免城镇产业结构趋同并恶性竞争，促进都市圈各城镇产业发展的多样性、协调性和特色化。

3. 规划制定因势调整

伦敦都市圈的形成和发展是英国政府根据不同发展阶段和发展诉求，通过制定科学、合理、渐进的城市规划得以实现的。都市圈发展初期，以疏解中心城市扩张压力、促进周边城镇快速发展为目标，通过区域人口引导、绿带建设、交通设施建设等方式，旨在协调城市发展规模，解决中心城市发展问题；都市圈发展中期，本着以提高核心城市综合实力和辐射带动周边城镇发展为核心的发展规划，通过区域产业布局、交通设施建设、城镇基础设施建设等方式，旨在建设反磁力吸引中心和放射性交通廊道，在都市圈范围内进行产业布局和城镇建设；都市圈发展成熟期，围绕产业优化、持续发展、区域协同等目标，通过经济、社会、环境、产业、交通等方面制定区域一体化发展的协作机制和组织管理模式，旨在提升都市圈综合发展实力，增强都市圈可持续发展水平。伦敦都市圈的不断发展是英国政府遵循客观实际和发展规律，科学制定发展规划，并通过建立规范化、制度化的区域协调机制和组织监督机构，统筹运用政策调控手段、市场建设模式等方式，平衡多方利益，协调化解区域发展的总体性、结构性和突发性问题的结果。

4. 基础设施强力支撑

伦敦都市圈的快速发展和高效联系离不开基础设施的强力支撑，人流、物流、资金流、信息流等要素的高速流动使得区域发展紧密相连。伦敦都市圈的交通设施系统是以"环形＋放射形"道路组成的空间布局模式，通过交通设施建设有效地将中心城市的剩余功能和大量人口向外部转移的同时保持着紧密联系，形成有机联系、均衡协调的城镇网络关系。高效的交通网络是都市圈发展的重要支撑，夯实的基础设施是外围城镇发展的重要保障，都市圈基础设施的建设能够打破中心城市与周边市镇之间、周边市镇与市镇之间的空间发展隔阂，不仅增强自身发展实力，同时也扩大自身发展潜力，形成互联互通的协同发展体系。因此，都市圈发展应当构建畅通、便捷、安全的多维立体化区域交通网络，建立互联、互通、共享的基础设施网络，为实现区域内城市合理布局、资源优化配置、城镇高效交往提供有力支撑。

3.3　日本东京都市圈

3.3.1　都市圈发展历程与特征

1. 都市圈概况

自第二次世界大战结束起，日本全国人口不断向中心城市集聚，1951 年日本城市地理学家木内信藏在"三地带学说"和"都市区"的基础上提出"都市圈"概念，随后日本学术界对"都市圈"概念不断实践和完善，最终形成了首都圈（以东京为核心）、近畿圈（以大阪为核心）和中京圈（以名古屋为核心）三大都市圈，对日本区域经济的发展起到了重要带动作用。东京都市圈是以首都东京都为中心的巨型都市圈，作为日本三大都市圈之首，是日本人口、政治、经济最集中的区域。经过五轮首都圈规划，东京都市圈空间结构从"东京一极集中"向"多核多圈层网络型"的城市网络转变，不仅推动东京都成为世界超级大都市，也带动区域内的中小城镇共同发展，并使首都圈迈入世界级城市圈之列。东京都市圈具备亚洲国家都市圈的典型特征，也是亚洲规模较大的世界级都市圈，其规划思路、发展经验对中国具备较强的借鉴意义，研究东京都市圈各阶段中心城市与周边市镇的互动关系对我国都市圈特色小镇的发展有所裨益。

1）区域范围

日本东京都市圈有狭义和广义之分，狭义上东京都市圈也称"东京圈"（Greater Tokyo Area），包括 1 都 3 县即东京都和周边的埼玉县、神奈川县和千叶县，总面积约为 13565km²，占日本总国土面积的 3.6%，基本上包括从东京都心到周边半径 50 ~ 70km 的范围。广义上东京都市圈也称"首都圈"（National Capital），根据 1956 年《首都圈整备法（修正）》的规定，东京都与近邻 3 县（埼玉县、千叶县、神奈川县）、周边 4 县（茨城县、栃木县、群马县、山梨县）构成首都圈，大致以东京为中心辐射周边 100km 范围的地区，区域总面积达 36898km²，占日本总国土面积的 9.8%。总体来看，东京都市圈形成三个层级：中心圈层是东京都 23 区；中间圈层是神奈川县、千叶县和埼玉县；外围圈层是茨城县、山梨县、栃木县、群马县 4 县。本文中东京都市圈所指代的区域为广义的范围，即首都圈。

2）人口状况

东京都市圈的总人口数量从 1975 年开始一直增加，截至 2021 年 10 月 1 日为 4437 万人，占全国人口的 35.4%。从圈域人口增长情况来看，东京都市圈（1 都 3 县）人口持续增长，周边 4 县的人口在 2001 年达到峰值后，逐渐减少。人口年龄结构方面，《首都圈 2021 年度整备报告》显示，东京都市圈与全国人口相比，15 ~ 64 岁人口比例较高，65 岁以上老年人口比例较低。圈域人口分布方面，根据日本 2020 年全国人口普查结果，中心圈层的东京都人口为 1406.5 万人，中间圈层的近邻 3 县总人口为 2287.4 万人，外围圈层的周边 4 县总人口为 1484.3 万人，其中东京圈（东京都、埼玉县、千叶县、神奈川县）为 3693.9 万人，占全国人口的 29.3%，总人口比 2015 年增加了约 80.8 万人，人口密度为 2723 人 /km²。整体来看，日本国内少数能保持人口正增长的城市基本都位于东京都市圈范围内。

3）经济产业

根据《首都圈 2021 年度整备报告》数据显示，东京都市圈占日本国内生产总值的 39.4%，其中东京都占总额的一半。日本国内大企业分布方面，注册资金在 10 亿日元以上的企业有 64.9% 选址在东京都市圈，其中 56.1% 在东京都，近邻 3 县占比 6.8%，周边 4 县占比 2%；外资企业的总部有 89% 选址在东京都市圈，其中绝大部分企业位于东京都。鉴于国内大企业和外资企业在东京都过度集中的状况，自 2015 年起政府颁布相关政策，推动从东京都 23 区向地方迁移企业总部。产业结构方面，东京都市圈第二产业的生产总值占日本国内生产总值的 26.1%，第三产业占比 76.2%，茨城县和千叶县由于具有临近都市圈大规模消费地的优势，其农业产值位列日本国内的前几位，向东京都等中心城市提供新鲜安全的农产品。

4）交通发展

东京都市圈拥有高铁、普铁、JR 市郊铁路（原国铁系统）、民营市郊轨道、城市地铁等多层次轨道交通网络系统。在网络和运力规模方面，民营市郊轨道和 JR 市郊铁路是东京都市圈市郊铁路的主体，日均客运量均分别达 1500 万人次。在城际交通方面，目前东京都市圈的客运交通圈内共拥有轨道交通近万公里，其中郊区铁路 2000 多千米。同时，在各条铁路沿线的站点都建设了相当数量的停车场，停车换乘系统得到了大规模的发展。轨道交通构成了城市公共交通的骨架体系，特别是在连接市区、郊区及远郊区的放射线方向上，更是占据主导地位，超过 90% 的通勤者借助轨道线网每天从郊区涌向东京都中心，公共交通在都市圈的交通出行方式中占绝对比重。在空间格局方面，东京都市圈虽然有横滨市、浦和市、柏市、千叶市、町田市等多个副中心，但东京都中心的地位远远高于这几个副中心，东京都市圈仍表现为单中心形式。

2. 都市圈规划演变

东京都市圈规划分为两类，一类是《首都圈基本计划》，另一类是于 2009 年替代《首都圈基本计划》的《首都圈广域地方规划》。自 1958 年起，先后编撰了 1958 年版、1968 年版、1976 年版、1986 年版、1999 年版等多版本规划，经历了从 "1 都 +3 县" 到 "1 都 +7 县" 范围的转变。2009 年《首都圈基本计划》升级为《首都圈广域地方规划》之后，东京都市圈的规划范围从 "1 都 +7 县" 转为 "1 都 +11 县"，增加静冈县、长野县、新潟县、福岛县共 4 县，寻求依托更大范围的区域发展空间参与国际竞争。根据不同时期东京都市圈规划的侧重点和实施效果，可以将东京都市圈的发展分为：单中心圈层式发展阶段、单中心多极点发展阶段、分散型网络化发展阶段等三个阶段。

1）单中心圈层式发展阶段

东京都市圈单中心圈层式发展阶段起始于 1958 年的第一次《首都圈基本规划》提出的以 "产业卫星城" 和 "近郊绿化带" 为核心的规划实践，经过 1958 年和 1968 年两次《首都圈基本规划》的实践发展初步奠定以东京都为中心，以外围产业新城为支撑，以近郊绿化带为分界的单中心圈层式空间结构。第二次世界大战之后，日本经济快速恢复，产业和人口大量涌入东京，且伴随城市产业和人口的快速集聚，东京城市服务能力几近饱和，城市向外扩张和疏解的需求极为迫切。日本政府对标英国伦敦发展思路，借鉴田园城市理论，提出"产业卫星城"和"近郊绿化带"的规划建设目标，开启以东京都为核心的首都圈建设。

（1）产业卫星城。东京都市圈外围区域建设的产业卫星城旨在疏解东京都过剩的人口，解决核心城市的"大城市病"。1958 年规划的产业卫星城以国家开发机构为建设主体，缺乏对区域发展的全面统筹，卫星城镇建设在土地成本、劳动力成本等方面缺乏显著优势，产业基础和交通联系极为薄弱，在建设初期卫星城发展缓慢。1968 年的规划中加强了卫星城镇的产业特色、城镇功能和交通联系等方面的建设，通过国家力量加大基础设施建设，设置科研机构，设立特色功能，运用"技术立国""生态立国"的战略强化产业新城的发展，持续解决城市人口过度集聚问题。产业卫星城发展的典型代表是筑波科学城，集聚了日本全国 30% 的科研机构、40% 的科研人员、50% 的政府科研投入，旨在建设成为全球典型的以科研机构和高校为主体的世界级国家科研中心。

（2）近郊绿化带。东京都市圈的规划借鉴伦敦都市圈的绿带模式，提出距离东京都中心 50km 外设置约 5 ~ 10km 宽的近郊整备绿带，阻滞东京都的无序扩张并实现田园城市理念，改善城市居住环境。近郊绿化带建设前期成效较好，但受制于土地私有化的历史制度背景和东京城市土地飞速升值的现实情境，近郊绿化带的开发和维护遭到相关利益集团的强烈反对，最终在 1970 年前后基本消失殆尽，仅剩零星区域开始发展小型农庄，成为日本东京都市农业的前身。

2）单中心多极点发展阶段

东京都市圈单中心多极点发展阶段是建立在"广域城市复合体"和"自立型都市圈"发展设想的基础上的，以推进外围城市副中心和商务核心城市发展为主，构建单中心多极点协同发展的都市圈发展格局。广场协议前后，日本处于经济增长高峰期，规划思路开放、大胆。1976 年第三次《首都圈基本规划》提出打造区域多中心城市的广域城市复合体设想，推动外围地区港口、国际机场、大型公园、学园城市（如筑波）等更多元功能的开发；1986 年第四次《首都圈基本规划》提出构建外围自立型都市圈的设想，旨在按照圈层进行功能分工，推动政务管理、企业管理及生活服务等功能的外溢与承接，促进东京都市圈中心城市与外围地区的联动发展。由于受到日本经济泡沫破灭影响，东京都市圈外围城市副中心、商务核心城市建设与目标存在较大差距。

东京都市圈单中心多极点发展阶段产生了未来城市、智慧城市的规划理念和近郊特色产业集聚区的空间实践。其中，近郊特色产业集聚区的形成是市场行为主体自发形成的产业聚集单元，伴随着前期都市圈城市"整备"基础、轨道交通网络建设、互联网信息技术发展等条件的改善，部分受区位因素影响较小的产业类型逐渐远离东京23区，自发集聚在东京都市圈轨道交通线路周边，形成了像神奈川县相模机器人产业特区之类的特色产业集聚区，承担了都市圈的多个特色化产业及功能。

3）分散型网络化发展阶段

东京都市圈分散型网络化发展阶段主要是1999年第五次《首都圈基本规划》在功能"一极集中"、自然灾害威胁、老龄化严重、"空心化"现象等多元问题背景下，提出"分散型网络结构"的均衡化空间布局模式后逐步发展。分散型网络结构，即在50km内构建以都中心、业务核都市为主的环状节点都市群，50～100km范围构建整合区域的"环状大都市轴"，打造30个左右的业务核都市作为广域合作据点，并形成东京都市圈、关东北部地区、关东东部地区、内陆西部地区、岛屿地区五大自立型次区域，促进区域均衡发展。在此阶段，传统四大新城（多摩新城、港北新城、千叶新城、筑波科学城）得以深度开发，东京都市圈"大城市病"有所缓解，竞争力与吸引力持续增加。东京都市圈的新城建立了大量区域型特色产业节点，商业物业、产业物业、住宅、公共服务设施等城市功能不断完善，产城深度融合发展，促进了区域产业集聚与创新升级。

2009年及2016年的《首都圈广域地方规划》中，真正聚焦环境问题、社会问题及城市发展问题，提出政府应当在城市内涵发展、精细化运营、产业要素资源流动、城市文化等方面着重发展。此阶段基本以政府倡导，市场化变革的模式推进，而随着城镇化率的上升与日本经济的持续不景气，东京都市圈城市面貌变化速度大幅度放缓，精品化的产品、城市再改造、城市运营成为发展的主要机会（表3-2）。

日本东京都市圈规划历程

表3-2

规划类型	规划版次	空间结构规划目标
首都圈基本计划	第一次（1958年）	中心城—绿化隔离带—卫星城
	第二次（1968年）	单核环状圈层
	第三次（1976年）	多极分散的联合城市圈
	第四次（1986年）	多核多圈
	第五次（1999年）	分散型网络结构
首都圈广域地方规划	第六次（2009年）	分散型网络结构
	第七次（2016年）	紧凑型功能区＋网络

资料来源：作者整理

3. 都市圈发展特征

东京周边有 8 个副都心城市（池袋、新宿、涩谷等）和 9 个外围特色新城（横滨、千叶、筑波、幕张等），通过多个卫星城协同发展，疏解中心城市的功能、人口、产业，整个圈域形成了多中心多圈层的城市体系。

1）交通发展特征

东京都市圈轨道交通网以东京站、秋叶原和新桥为辐射中心，呈环形放射走廊布局，每条放射廊道由 2 ~ 4 条线路支撑，形成四通八达的交通网络，将人口、产业和信息高度集中的中心城市与周边市镇紧密联系，提供高效率、高质量的通勤服务。东京都市圈内，地铁和城铁沿线的居住行为使得周边区域房价不断攀升，同时也带动东京都心周边区域快速发展，都市圈一体化发展格局愈发成熟。

2）产业发展特征

20 世纪 70 年代起，以东京都为中心日本开始从大量生产、大量消费为主的工业型社会向少量生产、多样消费的服务型社会转变，并在 90 年代转向信息数字化社会，在此期间东京都市圈的产业格局和城市功能发生重大调整。东京都市圈内，东京都的产业以金融业、计算机行业和服务业经济为主；神奈川县的横滨市逐渐承担地区中心职能；武藏野市承担住宅区功能；三鹰市和川口市成为近郊轻工业区；川崎市成为重工业区；千叶县则分担了首都机场和大型游乐园的城市服务功能。东京都市圈的产业结构演进中低端产业转向周边县市，再由周边县市进而转向外围县市，呈现出垂直产业分工和产业更新的发展历程。产业分工体系的形成整合了东京都市圈区域发展要素的重要支撑，并成为推进东京都市圈技术创新和产业更新的重要动力。

3）人口发展特征

20 世纪 50 ~ 70 年代是日本战后经济高速增长期和"婴儿潮"（Baby Boom）时期。由于经济的发展和人口的增长，东京都心（也称东京 23 区）的人口迅速增加，城市功能和设施建设也向都心地区集中。东京都心的人口聚集引发了交通拥堵、垃圾围城、噪声以及大气污染等诸多社会问题，使得东京都心不再是人们向往的居住之地，东京都心的人口增长基本停滞并逐步流向东京郊外。

3.3.2　中心城市与周边市镇的互动机制

1. 中心城市是都市圈形成、发展的基础

东京都作为日本的首都，因政治、金融、文化和交通中心的地位获得先天发展优势，使得企业、资本和人口更倾向于向东京聚集，具有强大的综合城市实力。同时，东京都依靠港口群和空港优势，通过海运和空运带动国际贸易，充分利用世界资源促进自身区域经济发展，并不断向周围区域扩散与辐射，由核心向外围形成合理的产业布局，促进都市圈发展的深入和完善。

2. 产业发展是带动都市圈建设的动力

技术进步带动下的产业集聚与升级是东京都市圈建设的重要驱动力，东京都在一次次的产业升级中从工业发展为主转变为以金融、信息、科研等生产性服务业为主，通过产业集群形成规模经济效应，吸引劳动力等要素的不断流入集聚，不仅自身成为一个规模庞大、功能齐全的国际金融中心，也带动周边区域产业升级与经济发展。产业的不断扩张和产业集群的形成，产生了巨大的集聚效应，促进农业人口向非农产业部门转移，推动人口城市化的进程。此外，产业向周边中小城市转移也在一定程度上缓解了东京过度集中的问题，促进产业结构调整升级和产业空间布局的优化。

3. 快速交通网络是城市要素扩散的条件

都市圈的形成在于城市间各种生产资料及要素在地理空间上产生的移动效率，需要通过缩短时间成本服务高效生产，便利、快速的交通网络设施便是支撑都市圈发展要素快速流动的重要支撑。东京都市圈作为区域交通中心，由新干线和城市轨道交通网打造的快速交通网络可以方便到达所有重要地区，不但支撑起了东京都市圈的繁荣发展，更是在一定程度上决定了城市空间形态。东京有着全球最复杂、最密集且运输流量最高的铁道运输系统和通勤车站群，市民公共交通出行率高达 70%，由环形轨道向外放射的郊区轨道沿线建设有许多典型的 TOD 社区，以车站为中心进行发展。

4. 人口高度集聚是城市向外扩张的诱因

城市功能的形成和发展有赖于人口和经济要素的高度聚集。人口的聚集是城市功能形

成的资本，产生集聚经济，而过度集中的人口则会导致聚集不经济现象。当城市人口过度
集中导致拥挤、污染等问题时说明城市功能应当进行分化或调整，促使人口分布外溢，从
而进入新一轮的城市发展。都市圈的形成和发展伴随着中心城市人口的快速集聚产生的聚
集不经济现象的出现，通过圈内广阔的腹地，人口的外溢一方面疏解中心城市扩张的压力，
另一方面促进广大腹地的发展，使得都市圈走向集聚—均衡的发展格局。

3.3.3　都市圈特色市镇的案例分析

根据日本东京都市圈的发展历程、中心城市和周边市镇的互动关系和作用机制，本次
研究选取东京都市圈周边地区的多摩新城、筑波科学城、埼玉县埼玉市、千叶县和佐学术
公园、神奈川县相模机器人产业特区以及部分町村等特色市镇进行典型案例解析（图3-3），
总结东京都市圈特色市镇发展的经验和启示。

1. 卫星新城

20 世纪 50 年代开始，东京都市圈开始建设大量新城，以满足国家经济发展和住宅的
需求。但由于各个新城的区域地理因素、功能分配策略、发展方式不同，其发展效果也大
相径庭。

图 3-3　东京都市圈中心城市与典型市镇空间关系示意
资料来源：作者自绘

1）多摩新城

1960 年左右，东京人口激增，土地价格急剧上涨和高住房需求导致城市向外扩张需求旺盛，为防止郊区产生随机发展和计划外的城市化，以提供大量住房、优化居住环境为目的，东京都政府于 1965 年设立多摩新市镇项目。多摩新城的住宅开发计划区域分为 21个社区单元。每个单元 100hm²，包含 3000 ~ 5000 栋住宅，容纳 12000 ~ 20000 人，2所小学和 1 所中学，设立包含商店和相关设施的社区中心。这一阶段以多样化的多层住宅为主。1980 年代末期，资产膨胀型泡沫经济背景下，东京都住宅供应公司和住房与城市发展公司开始建造高密度的住宅区。最终，在 1990 年代的泡沫经济之后，东京都城市中心的土地价格下降和重建项目导致人口重返东京市区，而远离市区的多摩城镇的旧住房不再受到欢迎，房屋价格一直下跌到现在。人口大规模萎缩使得资本信心不足、城市税基减少、大量人口老龄化和流离失所、邻里混乱、建筑物空置、景观退化、城市生活受到侵蚀等现象和问题是多数卧城的现实困境。

多摩新城的发展中产生了如下问题：①规划存在巨大缺陷。新城最初规划对人口规模预计过大，住宅配比过大而缺乏产业配套建设，使得新城只能通过价格差来吸引人口，在泡沫破灭拉平价差之后，丧失了城市的竞争力。②规划设计缺乏长久考虑。新城的公共住宅更多的是满足基本需求，在城市环境、建筑结构和户型设计上都缺乏足够的重视，难以满足不断变化的新生需求，导致城市吸引力大幅下降，人口可持续性不足。③城市缺乏内生发展动力。新城缺乏自给自足的产业环境和产业稳定性，就业岗位多位于都市圈中心城市，区域内部并未形成产业腹地，人口和产业在新城周边的集聚性较差，且城市最初的行业多为与住宅相关的服务行业，在人口衰退压力之下更难以为继。面对诸多发展问题，新城政府提出了以鼓励生育、宜居社区、养老社区、康养地产等方式重构社区关系，增强住宅的社区属性的发展策略，但效果仍不明显。

2）筑波科学城

筑波科学城是日本在面对基础科研不够、国际技术竞争加剧和欧美科技知识壁垒的发展背景下，日本政府推出科技发展战略，兴起大量研究机构，以促进高新技术的发展后应运而生的。筑波科学城吸取了大量卧城新城的经验，以教育、产业作为新城建设核心，成为新时期新城开发的重要方式。即便如此，筑波新城也面临着大量的问题。例如，建设前期在交通发展上的薄弱和滞后，导致出行困难，缺乏与东京都的深度联系，制约新城的持续发展；较高比例的国家科研机构入驻，缺乏私营企业发展空间；较少的商业和娱乐休闲功能配比，难以满足居民日益增长的需求。此外，筑波科学城在新城开发和人才导入方面多为政府主导，使得新城后续开发具有浓厚的官方色彩。部门之间互相独立缺乏沟通、过于依赖政府拨款、较为封闭的人才培养管理方式等问题，导致城市官僚气息严重，学术和产业氛围过于封闭，缺少较为宽松的创业环境和民间投资，城市活力不足。

面对发展问题，地方政府希望通过筑波快线及其沿线的 TOD 走廊，加深筑波与东京都的联系，并在沿线区域开发更多的地产、商业和服务设施，促使周边地区共同振兴。例如，在《住房和铁路发展法》中划定 16 个密集的 TOD 项目区，用来提供高质量的商业、公共配套服务以及工作岗位。截至 2018 年，筑波科学城地区约有 120 万居民。

2. 产业集聚区

1) 埼玉县埼玉市

埼玉县位于东京都北侧，历史上作为服务东京的内陆农业大县。东京都市圈规划中埼玉县利用区位交通和环境优势，承接东京都板桥区光学产业外溢，实现了农业县向工业县的转变。日本光学产业的发源地是在东京都的城北与城南地区，其中城北地区较早转向民用领域光学产品制造，形成了以板桥区为代表的町工厂群精密机械制造集聚区。随着技术升级和市场需求变化，板桥区受制于东京快速都市化进程带来的人口、土地、政策等一系列因素的影响，光学产业大量外迁进入临近的埼玉市、川口市和户田市等交通连接度好、通勤较为便捷、土地资源廉价的外围区域。与此同时，东京都市圈城北地区在经历光学产业向外围扩散及升级转型后，逐步向总部、研发、设计、维修等高附加值低劳动密集型工作的方向转型，而近郊的埼玉县则迈入了高端技术化的光学科技产业。埼玉县光学产业经过高速发展后，在 2004 年提出了"埼玉光电村"（Saitama Optvillage）构想[①]，整合包括光学机器、光学部品、光学设计、医疗器械、材料加工等关联企业，支持光学前沿领域的研发和商业化，力图使光学产业成为埼玉县的地域工业品牌，发展成为全国光学产业集聚区。

面对日本社会老龄化急剧发展，医疗相关产业市场不断扩大，埼玉市基于自身光学测量技术、可视化技术及医疗诊断等领域的产业特色，以及光学、精密机械等领域的大量企

---

① "埼玉光电村"构想的主要措施包括：一，创业企业与大型企业间的协作；二，信息通信、半导体、娱乐业、医疗生物领域等跨领域合作；三，与其他地区产业集群间的协作；四，举办国际性的光学相关技术展览活动；五，与大学、科研机构合作，调查最新技术动向和研究成果；六，通过获得竞争性研究资金开展合作研究。

业，提出"埼玉医疗制造城市构想"，试图"打造融合先进基础技术与临床实践的广域协同，以闪耀科技迈向医疗未来"，支持区域内的研发型制造企业进入医疗器械相关领域和业务拓展，成为城市经济增长的新引擎。埼玉市和埼玉县联合组建"医疗创新埼玉网络"平台，整合大学、研究机构、医疗机构等科研机构和生产企业。通过研讨会、现场观摩会、联谊交流会等提供医疗器械等的最新动向、研究开发的需求信息、会员之间的交流场所，结合"埼玉医疗制造城市概念"和"埼玉县前沿产业创造项目"，带动医疗相关产业的提升和集聚。

埼玉市能够成为光学产业聚集区并向医疗制造产业转型，医疗器械制造业生产额居日本前列的主要因素有以下几点。

（1）强化产业集聚，形成地域品牌

埼玉市的发展中主要通过整合多方资源成立"埼玉光电村"，由政府牵头，产业振兴组织和财团提供技术资金支持，协调大型企业与中小企业、企业与科研机构之间的研发生产，共同推进光学产业集群建设发展，充分发挥埼玉县深厚的光学产业基础，建立光电产业地域品牌，形成产业集群特色。

（2）注重产业升级，开发前沿技术

埼玉县提出《前沿产业创造计划》为区域市镇的产业发展提供战略指引。埼玉市以研究光学前沿技术为契机推动自身产业升级，推进光学产业与医疗生物、信息通信等领域的深度合作，充分发挥自身光学产业基础优势，紧抓未来市场需求，打造医疗制造的产业合作平台和创新网络平台，带动医疗相关产业的提升和集聚。

（3）重视产学研合作体系，实现快速商业化

无论是"埼玉光电村"还是"埼玉医疗制造城市"构想，都离不开强有力的"产学政"合作体系。在企业与当地大学、研究机构合作的基础上，项目开展的前期由行业技术专家委员会提供建议和评估，产品试验开发阶段由当地财团和基金会提供发展基金，金融机构发放贷款，通过多机构共同努力促进现有技术在较短时间内实现商业化和产品的宣传销售。

2）千叶县和佐学术公园

千叶县位于东京湾的东翼，原本凭借区位条件和农业资源发展食品业、纺织业等轻工业，受益于东京都的产业外迁和港口优势，承接了大量钢铁、石油化工和金属加工等产业。随着 1978 年成田国际机场开通和 1989 年幕张国际会展中心建成投入使用，千叶县逐步分担东京都商务交流活动职能，逐渐改变农业为主的产业格局，并于 1983 年提出以"学术／教育""研发""国际物流"三大功能为主引进先进技术产业，形成研发、商务和高端制

造的"产业三角构想"来发挥强势特色产业资源优势驱动内陆地区发展。为解决东京地区的住房问题和通勤问题等大城市问题，1999 年第五次《首都圈基本计划》中将木更津市与千叶市、成田市、柏市一起定位为千叶县的商业核心城市。千叶县根据《多极分布式国家空间战略法》确定了界定商业设施聚集区和核心设施的"木更津商业核心城市基本概念"（1993 年和 2005 年部分变更），这个概念中将和佐学术园（Kazusa Academia Park）等区域设置为商业设施聚集区，开发和设置和佐 DNA 研究所与和佐学术中心等机构和设施，发挥交通枢纽的优势，集中研发、运营、物流等功能。

　　和佐学术园区域总面积约 278hm^2，土地利用主要为研究所和工厂，用地主要规划控制指标为建筑密度 60%、容积率 2.0。学术园区位优势明显，交通极为便利，距离 JR 东京站约 60min、东京市中心约 50min、羽田空港约 30min。和佐学术园充分利用得天独厚的自然环境、创新要素和交通条件，形成具有国际水准的新型研发基地，具备学术功能、生产功能等更高阶的会议功能和复合功能，有助于分散东京都的功能。

　　和佐学术园是以公立研究机构为核心设施的科学园区发展而来，学术园区集聚了和佐 DNA 研究所、NITE 生物技术中心（Biological Resource Center，NITE）、和佐孵化中心、和佐方舟等创新研发、技术支持、产品孵化和会议交流等多种类型的研究机构、企业和配套设施，拥有生物技术、电子、精密机械等多个领域的企业总部和研究部门，形成了高效的研发创新基地。和佐学术园成立"和佐学术园对策经济委员会"和"和佐学术园研究所选址推进协会"，全面介绍学术园的分区规划和企业空间布局，并建立"驻地企业补贴制度"和驻地企业再投资支持体系，针对性地服务入驻企业。此外，得益于价格低廉的土地、便捷高效的交通，和佐学术园积极对接千叶县和神奈川县的生物产业开展广域合作项目，联合大学、研究机构和知名企业，促进新产业创造、创造就业机会、人力资源开发、产业集聚和地方经济振兴。

　　千叶县和佐学术园作为旨在整合世界一流新技术研发功能的科学园区，主要有如下成因。

　　（1）高效率的交通联系

　　和佐学术园拥有铁路、高速公路、国道、县道的复合交通体系，一小时内可以到达东京都中心、成田机场和羽田机场等城市核心区和重要交通枢纽，压缩交通耗时，保障了和佐学术园与东京都市圈的商务交流、近郊旅游等活动的高效开展。

　　（2）强有力的政策支持

　　和佐学术园的发展中地方政府在土地价格、企业培育、金融优惠等方面给予强有力的政策支持。其中，土地价格方面，除工厂和研究设施土地价格具有竞争力外，租赁区域的土地施行对中小企业免除前两年租金的优惠制度。企业培育方面，和佐学术园对策经济委员会等机构支持入驻企业与当地企业之间的交易配对，通过举办商业配对交流会和参观考察等方式，促进企业之间的合作交流和协作创新。金融优惠方面，地方政府在财产税和固定资产税收取、企业融资额度及税率等方面给予优惠。

（3）完善的配套设施和优美的自然环境

和佐学术园拥有水源丰沛、绿意盎然的自然环境和功能齐备、设施友好的服务配套机构、孵化机构、生活设施配套等多种设施及服务，为国际会议、学术研讨、技术交流等活动提供研究交流场所和地方文化活动场所。

3）神奈川县相模机器人产业特区

神奈川县位于东京都市圈南部，依托东京都发展沿海重工业，受益于东京工业分散战略所引发的制造业外迁，神奈川县承接了大量机械与电器制造产业，迎来快速发展。1978年《新神奈川计划》中提出从资源消费型产业向知识密集型产业转型，吸引知名企业和研发机构入驻县内中西部内陆地区，出现了包括神奈川 Science Park、KSP 等创新研发的科技园区。1998 年神奈川县中央部与东京都西部多摩地区、埼玉县西南部联合成立"技术先进首都圈地域组织"（Technology Advanced Metropolitan Area，TAMA），联合东京都众多外迁高校形成产学合作平台，推动企业产业集聚升级、技术研发和产学研转化。2005年提出"神奈川 R&D 网络构想"，设立神奈川 R&D 推进协会，推动全县产业研发的网络构建。目前，神奈川县的科研人数、科研人员密度都居日本顶尖行列。

相模机器人产业特区是日本指定的地区振兴综合特区，包括相模原市、平冢市等 10市 2 町，致力于机器人开发与示范实验的推进、传播与启蒙，促进相关产业的集聚。相模机器人产业特区政府联合相关机构、团体，推进实现"与机器人共生的社会"产业发展计划，第一阶段（2013—2017 年）围绕灾害应对机器人、介护医疗机器人和高龄者生活支援机器人的实际应用，以应对超老龄化社会到来的安全保障挑战（表 3-3）。第二阶段（2018—2022 年）机器人研发与应用扩展至农业、林业、渔业、基础设施、交通、物流、旅游以及打击犯罪等领域，将产业发展优势与人类社会需求充分结合，强化机器人产业的应用性。

促进生命维持机器人的实际应用和普及的实施策略 表3-3

策略一	促进研发和示范实验	放宽药事法未批准的医疗器械用于临床研究的规定； 解除对频段和可以使用无线电法的地方的管制； 中小企业机器人相关研发补助制度优先申请
策略二	促进相关产业集聚，提升示范环境	转用耕地和取消国家参与的权力转移； 放宽城镇化控制区工厂选址等相关开发许可标准； 扩大土地调整项目补助； 扩大资本投资减税
策略三	推进实用型生命维持机器人的普及	机器人体验设施的安装运营； 生命维持机器人监控系统的实现； 生命维持机器人介绍支援； 实施"神奈川机器人小镇"活动

资料来源：作者整理

相模机器人产业特区建设运营中，通过建立神奈川机器人小镇，融合研发、应用、展示和传播等多个功能板块，形成全链条的产业发展格局。同时，机器人产业特区积极发展会展及旅游产业，通过机器人产品的展示、应用场景示范、民众产品体验等方式，不断优化产品服务，扩大产品影响力，使得机器人更好地融入社会，增强产业发展的持久性。此外，相模机器人产业特区为鼓励科技研发的商业化运营，建立"神奈川版开放式创新体系"，制定综合发展计划与政策。通过整合企业、大学和研究机构的优势资源，结合不同阶段企业的实际需求，采取开发前、开发中、演示实验和商业化推广四个步骤进行系统实施，旨在提供高度专业化的协调支持、全面科学的生产评估和精细化的商业运营，使得科研成果能够高效转化，推动产业不断升级。

神奈川县相模机器人产业特区能够成为世界知名生命支持机器人的产业聚集区，主要有以下几方面原因。

（1）强大的制造业基础与研发机构聚集

神奈川县通过制造业向内迁移，完成了内陆地区的工业化进程，并聚集了大量世界级企业及众多高质量的中小企业，形成了世界级精密机械产业集群。相模机器人产业特区的产业发展，充分借助神奈川县中西部内陆地区雄厚的精密机械产业、医疗产业基础和研发实力，成为带动全县整体产业走向高精尖化发展的催化剂。

（2）高效的创业孵化及商业推广机制

神奈川县通过"神奈川版开放式创新体系"帮助企业在创业之初、创业过程、示范推广等方面，提供政策指引、知识服务、产品评估、商业运营、资金支持和人才引进等内容的支持，增强企业发展的稳定性。同时，利用"神奈川机器人小镇"展示窗口，开设机器人研讨会、培训班、科普班等培训交流形式，鼓励儿童参与机器人设计编程，邀请成年人体验机器人设施设备，增进特区民众对机器人产业的认同，并利用阿童木卡通形象和知名艺人形象大使向外界推广宣传，扩大产品受众，推进商业化发展。

（3）特区政府议会的领导和协调作用

神奈川县相模机器人产业特区内的公司、大学、经济组织、市和县组成的"相模机器人产业特区委员会"在促进特区倡议方面发挥核心作用。委员会下设"实证实验推进部"和"产业集聚促进部"，分别对应"神奈川 R&D 推进协会"和"神奈川企业招商促进协会"，共同推进全县技术合作和企业招商，并于每年 7 月召开地区议会，总结年度工作进展，讨论未来发展前景，设定"神奈川版开放式创新体系"生命支持机器人的研发主题，引导特区产业发展方向。

3. 町村振兴

当前，日本已经进入全面人口减少社会，2020 年开始每年约减少 50 万人，青年人口下降和老年人口增加，导致劳动年龄人口减少、经济规模萎缩、社会保障压力增大等问题。日本政府将区域振兴工作和克服人口减少作为指导方针，制定《创建城镇、人、工作的综合战略》，提出各地方政府应依据自身发展状况，通过创新政策和措施努力促进町村可持续发展。自 "首都圈"规划理念付诸实践以来，东京都市圈在高速发展中逐渐成形，新干线与高速公路高效连通中小城镇和核心城市的同时也产生了乡村年轻人流失、劳动力缺乏的困局。都市圈内农村地区面临着少子化、老龄化带来的人口数量减少和地方政府公共财政紧张的现实问题，使得各地町村以区域振兴为目标，通过吸引年轻人定居来激发地区经济活力，进行了多样化的实践。本书对东京都市圈"1 都 7 县"的町村振兴典型做法进行归纳总结。

1）多元协作开发型

多元协作开发型的町村振兴主要是依托自身资源要素禀赋，通过政府、专家、商会、企业和财团等组织和团体组建联合开发委员会，统筹推进町村的开发建设工作。这类振兴模式能够充分调动町村自身资源与社会各界资源，使得创业者能够得到相关组织的支持，形成新技术、新服务和新功能的不断置入，为町村发展提供源源不断的新生血液。例如，埼玉县横濑町和茨城县境町。

（1）埼玉县横濑町

埼玉县横濑町位于埼玉县西部，总面积约 49.5km²，距东京市中心约 70km，总人口约 8200 人，预计到 2060 年将下降为 2600 人。横濑町全域以农林、原野为主，拥有丰富的森林资源和壮丽的自然景观，以草莓和葡萄等果树为中心的旅游观光农业发展较好。横濑町通过建立研究所"Yokorabo"，利用闲置土地和资源建立公私合作平台，以创意和互联网企业为主要目标创建创新创业社区，并建立由政府、专家、商会、财团等组织组成的评审委员会对町内发展的提案项目进行审议，统筹负责区域发展建设。横濑町的协作式发展模式通过提案主题审议，决议对町村居民发展的重大事务，保障了决策流程的公开性和公正性，并且提案主题不设限制，极大地增加了居民的自主性，有效地调动了居民参与发展的意愿。

横濑町通过实施"横濑创意课堂"计划，开展面向中学生的职业教育、专业人士在线分享工作和生活方式、典型新技术和新服务的示范测试活动，吸引年轻人和创业者访问小镇，为小镇的建设贡献自己的想法和创意。横濑町希望成为"挑战者聚集的小镇"，在实现新技术、项目和想法的同时，应对小镇人口减少的问题。横濑町邻近东京都心，创业者易于与地方政府进行协作建设，共同开发新技术和新服务，实现双赢目的。

（2）茨城县境町

茨城县境町位于茨城县西南部，是一个水源丰富、绿意盎然、春天开满油菜花等自然环境优美的宜居小镇，总面积约 46.6km²，距东京市中心约 50km，开车约 1h 可以到达东京市中心和成田机场，总人口约 24000 人，预计到 2060 年将下降为 12000 人。

境町以农业为基础，以旅游发展和育儿服务为核心促进人口增加，通过与流行动漫《飚速宅男》出品方签订合作推广协议，建设主题公园和自行车小镇，成为粉丝经济和旅游胜地，有效地带动区域发展。首先，境町以利根川河床为依托建设滨河公园，结合河床堤岸打造一条 27km 的自行车道，配套游船、自行车站、自主烧烤等旅游项目和设施，吸引骑行爱好者；其次，境町与流行动漫《飚速宅男》出品方签订合作推广协议，通过制作原创标志打造一款面向骑行者的饮料制造爆品，进而增加衍生商品品类，并邀请活跃的职业和前职业自行车选手与初学者互动交流，举办骑行比赛和动漫模仿活动，增加骑行体验的专业性并赋予趣味性。最后，联合周边小镇优势资源，建设职业赛道设施及环境，吸引职业选手和普通骑手高效使用，力图打造关东地区最好的自行车道。

2）特色产业集聚型

特色产业集聚型町村振兴模式是基于优势资源禀赋和产业发展基础，通过地方产业特色化发展和引进适宜产业形成优势产业集聚发展格局，促进产业和人口的持续发展。这类模式的町村通常自身产业基础较好，资源特色在区域中具有唯一性，临近主要交通网络，能够有效发挥自身优势并积极承接特色化的功能，形成发展合力，促进区域振兴。例如，千叶县神崎町和栃木县壬生町。

（1）千叶县神崎町

千叶县神崎町位于千叶县东北部，地势平坦，土壤肥沃，水源丰富，总面积约20km²，距东京市中心约80km，开车约20min到达成田机场，1h到达东京市中心，总人口约5800人，是千叶县人口最少的町村，预计到2060年将下降为2700人。神崎町以水稻种植为重点产业，清酒、味增、酱油等酿造产业较为出名，是有名的"酿造之乡"。神崎町居民成立了"酿造村议会"，通过举办"清酒节"，打造以发酵食品和有机农业为主题的"酿造村"，进而吸引游客来改善城镇形象和振兴城镇。

千叶县神崎町在产业发展过程中，首先，围绕优质的农产、水源以及悠久的酿造文化，以两家具有300年历史的酒厂为核心，举办"清酒节""全国酿造食品峰会"，注册"酿造之乡"商标，塑造和宣传品牌形象，吸引游客参与品尝清酒、酿造食品和农产品，推动小镇旅游发展；其次，建立生产者和消费者之间的信任关系，邀请消费者体验农产品生产及酒品酿造过程，吸引年轻人参与并定居，增强小镇发展活力；最后，通过网络媒体及交通系统，拓展酿造产业链，丰富产品类型，拓宽本地市场，形成区域性特色旅游目的地和体验地。

（2）栃木县壬生町

栃木县壬生町位于栃木县中南部，三条河流穿镇而过，地势平坦，总面积约61km²，距东京市中心约100km、90min车程，总人口约38000人，预计到2060年将下降为31000人。栃木县壬生町第三产业从业人数占到62%，主要从事旅游、医疗等服务业。壬生町的发展经历了"玩具之乡"向"医疗小镇"的转变，1965年独协医科大学和大学医院相继成立，负责医务人员培养和地区医疗服务，奠定了壬生町现代医学的发展基础，玩具制造企业陆续退出，医疗企业及服务不断增强，成为以健康为首的医疗小镇和育儿小镇。

栃木县壬生町的振兴发展中，首先，创造"米布品牌"（Mibu Brand），对区域内具有地域特色的商品、特产进行认证，形成统一的地域品牌；其次，利用玩具制造的历史促进地区产业和开发旅游资源，建成以"成人怀旧与儿童梦想的桥梁"为概念的玩具博物馆，举办主题展览活动，并根据游客意见进行改造扩建和设施更新，优化主题旅游服务；最后，小镇与独协医科大学签署合作协议，旨在创建一个让市民安心生活的最先进的医疗小镇，并建设日常疾病预防与健康促进等方面知识传播和交流的场所，倾力改善医疗环境，促进居民安居乐业，长久保持地区发展活力。

3）乡村旅游驱动型

乡村旅游驱动型町村振兴模式是基于独特的自然地理资源和悠久的历史文化资源，结合交通区位优势、区域旅游市场等有利条件，以特色化的旅游体验和度假休闲为主的产业振兴发展模式。这类模式的町村不仅自身发展条件优越，且能够准确把握市场需求，主动对接东京都市圈的功能需求，实现自身资源的创新性发展和创造性转化，形成产业发展特色，驱动地区振兴。例如，山梨县道志村和群马县水上町。

（1）山梨县道志村

山梨县道志村位于山梨县东南部，处于东京都与富士山之间的山地区域，总面积约79.6km²，距东京市中心约80km，交通条件便捷，总人口约1605人，预计到2060年将下降为962人。道志村内93.7%为森林，拥有瀑布、溪流等自然风光，其中村东与村西的季节相差一个月，景观气候特征较为独特。道志村以观光、民宿、露营、温泉等第三产业为主，第三产业就业人口约53%，每年有100万游客来访，是日本露营地最多的村落。

道志村的发展历程中，充分保留良好的古老传统文化，积极融入新的时代情感，建立和推进均衡化的移民和定居支持体系，为移民和育儿家庭提供住房、教育、医疗等方面的服务，形成特色化、宜人型的度假休闲服务。首先，道志村成立移民支援中心，为移民家庭提供住房、育儿、教育、工作等方面的信息传播和协助办理，出台相应的资金补贴、人才支撑和政策保障，吸引年轻群体和育儿家庭迁入；其次，鼓励生育并全面保障育儿费用，搭建儿科专家团队定期进行健康检查、育儿指导和咨询服务，改善育儿环境；再次，运用丰富的自然环境和历史文化，开展特色化、细致化和趣味性的教育，开设村庄发展关联课程，了解村庄发展特色和弱点，传承并展示传统艺术，使得教育发展与村庄发展深度融合；最后，建立空间共享机制，充分结合自然风光，创建多元化的工作和生活环境，并采用租赁的方式灵活运作，极大地丰富了区域生活的便捷性和舒适性，充分发挥自身资源优势，并成为东京都市圈著名的度假村落。

（2）群马县水上町

群马县水上町位于群马县最北端，是利根川的源头，总面积约781km²，占群马县面积的1/8，距东京市中心约150km，境内5座水坝是维持东京都市区与其他都市区经济生活的重要水源地，2017年6月被评为"联合国教科文组织生态公园"，总人口约18000人，预计到 2065 年将下降为 4700 人。水上町以住宿业、餐饮服务业为主要产业，零售业、制造业、农林业发展较好，产业的集聚化程度在日本具有明显优势。

水上町的发展以《生态旅游推进法原则》的基本方针为基础，探索历史文化旅游的可持续性，努力创建一个人与自然共存的可持续社区。首先，充分保护森林资源，建立区域循环经济。通过制作和销售木制产品实现良好森林开发和经济效益的可持续森林经营模式。其次，建设"农村公园"，发展乡村生态旅游，推动农林业与旅游业的融合发展。利用特殊的山地、丘陵、峡谷等地理条件打造独具魅力的滑雪、漂流、蹦极、露营等户外运动产品和露天主题温泉等养生休闲产品，形成特色的资源开发和利用模式，以最低程度的开发实现资源价值利用的最大化。最后，建设"工匠之乡"，展示小镇当地的传统手工艺文化。通过工坊技师的培训指导、创作体验、演绎展示等方式，实现地方文化资源向游客体验和文化传承的高效转化。水上町的人与自然共生的可持续小镇发展，实现了生物多样性保护、学术科研支持、自然经济社会协调发展等方面的有机统一。

3.3.4　经验与启示

1. 发展经验

1）围绕区域协同发展进行整体规划

东京都市圈规划以法制保障为基础、以区域整体利益为核心、以区域协同发展为重点进行整体规划。历经多轮次规划不断修正发展目标，形成较为完备的法律支撑体系，指导都市圈内的大中小城市及市镇依据自身特点制定发展规划，确保都市圈各城镇形成规模集聚优势和比较优势。通过建立区域协商沟通机制和创新政策体系，东京都市圈形成错位发展格局，中心城市与周边城镇建立既竞争又合作的关系，充分利用市场机制推动要素流动与合理分工，逐步构成"都中心—副中心—周边新城/特色市镇"的多中心多圈层的区域空间格局和差异化互补型的城市功能格局，促进了都市圈迈向更高层次发展。

2）依托"政产学研"合作推动产业升级

东京都市圈"政产学研"协同创新生态建设是日本国家层面对产业集群和知识集群计划的典型代表。东京都市圈以大学、企业、研究机构为核心要素，以政府、金融机构、创新平台、非营利组织等为辅助要素构建多元主体协同互动的网络创新模式，推动重大创新成果的规模示范和产业化。通过建设高精尖领域的"政产学研"协同创新平台，有效聚集创新资源和创新要素，提高创新效率，形成资源优势、产业优势、特色优势的有机结合，促进区域产业集群发展和技术创新升级。

3）强化快速交通体系支撑区域发展

东京都市圈是以市域轨道交通和快速干道相结合的交通运输体系。轨道交通具有线网密、运量大、服务质量高、车次安排合理等特点，实现不同制式轨道交通间的共线共轨、互联互通，形成"多网融合"的快速交通网络体系，保障都市圈城市之间的人口流动和经济联系。同时，围绕轨道沿线和站点采用 TOD 模式进行土地综合开发，最大化地提升土地价值，带动近远郊中小城市和特色市镇的基础设施建设和景观风貌改善，进而促进发展要素的快速集聚和高效流动，驱动当地经济发展。

4）立足环境保护与地方文化促进町村振兴

东京都市圈基本实现了城乡一体化发展和人口均衡分布，但都市圈腹地的町村多数面临人口结构转变所导致的人口减少和产业衰退问题，造成地区财税不足和降低地区社会经济活力。通过制定产业振兴计划等一系列政策手段来打造特色市镇，通过都市圈外围良好的自然景观资源发展观光产业，创办传统技艺研习学校来推广当地农产品和提供特色旅游体验，并且充分挖掘乡土文化特质打造民俗价值链，借助打造 IP、举办艺术节等方式来扩大城乡交流和搞活地方经济，推动地域资源的六次产业化，建立城市和乡村之间的共生和对流，形成较好的町村振兴模式。

2. 发展启示

1）充分利用中心城市的扩散效益，推进区域协同发展

东京都市圈空间结构由"单中心"向"多核多圈层网络化"转变过程中，中心城市既引领都市圈内中小城市和市镇发展方向，也为周边地区提供各类资源要素，推动区域一体化建设。当前，我国大多数都市圈正处于单中心发展阶段，面临中心城市向外扩张的问题。可借鉴东京都市圈发展模式，通过完善交通网络体系，建设和加密城际轨道交通线网，并进行站点综合开发，将中心城市的人才、技术、资金等发展要素辐射到近远郊地区，强化都市圈内部的交流衔接，实现区域协同发展。

2）强化产业规划前瞻引导作用，构建产业生态系统

日本新城运动初期以住宅为主的卧城建设，缺乏产业导入，难以提供足量就业岗位和持续人口流入，影响新城竞争力。后期建设导入大量高新技术产业，引入创新研究机构，形成多元化的产业基础和人口结构，使得新城真正具有独立的城市功能。但仍存在政府主导色彩浓厚、社会资本参与不够、创业环境不够宽松等问题。这些问题启示我国特色小镇开发过程中应重视企业发展需求、社会资本引入、人居环境建设，构建宜居宜业的产业新城，提供良好的产业服务和营商环境，构建产业创新生态系统。

3）明确城镇单元职能分工，创建协同互补发展格局

东京都市圈外围新城与中心城市、新城与新城之间具有明确的职能分工。中心城市保留传统经济活动聚集地区的城市功能，积极引导疏散生产制造、商贸服务等其他城市功能在外围新城集聚发展，使得各个新城之间的功能相互区别又互为补充，实现区域协调发展，极大地提升整个东京地区的经济活力和国际影响。因此，我国都市圈特色小镇的发展中，中心城市应当结合自身发展诉求，在圈域范围内布局和引导新兴产业集聚与城镇功能建设，促进区域内部形成差异化和互补型的发展格局。

3.4 德国纽伦堡都市圈

3.4.1 都市圈发展历程与特征

1. 都市圈概况

纽伦堡都市圈（Metropolregion Nürnberg）位于欧洲经济增长区内部，处于由伦敦、汉堡、慕尼黑、米兰和巴黎围合的"五边形"区域以内，是欧洲经济社会高度发达的地区。纽伦堡都市圈隶属于德国巴伐利亚州，是德国 11 个都市圈之一，由 350 万人口组成，总面积约为 21800km²，其中涵盖中弗兰肯尼亚州、上弗兰肯尼亚州、下弗兰肯尼亚州的两个领土当局和上普法尔茨一半的面积。区域经济发展势头强劲，是德国经济最强大的地区之一。2020 年纽伦堡都市圈区域 GDP 约为 1340 亿欧元，拥有西门子、阿迪达斯、彪马、舍弗勒等众多体育企业巨头和制造业巨头以及国际市场上活跃的中型家族企业。

纽伦堡都市圈是德国典型的多中心特征都市圈，除核心城市纽伦堡外，还有部分中等规模的城市，如埃尔朗根（Erlangen）、菲尔特（Furth）、班贝格（Bamberg）、拜罗伊特（Bayreuth）和科堡（Coburg）等。纽伦堡都市圈是在 2005 年由区域内部跨行政区的利益相关者组成的自愿性联盟的基础上发展而来，涵盖了 11 个城市和 22 个县，表现出这些地区致力于共同应对全球化。位于城市和乡村地区的各个地方政府通过相互之间的密切合作，积极地促进了整个区域的经济发展，被认为是欧洲多中心城市区域治理的典范，并依靠创新性的城乡合作关系受到全世界关注。这种合作为区域经济发展奠定了重要基础，同时也为区域内部的居民提供平等的生活^①。与德国的其他都市圈相比，纽伦堡都市圈的组织模式是在参与的地方当局自愿的基础上，借助州法律或州条例的详尽规章制度保障并约束区域内部的协作发展。

2. 都市圈发展历程

纽伦堡都市圈是德国重要的高科技地区，2005 年联邦和州政府空间规划部长级会议（MKRO）会同市政、商业、文化和行政等多部门共同签署《纽伦堡都市圈宪章》，正式承认纽伦堡都市圈，并建立合作场所。2014 年纽伦堡欧洲都市会理事会根据《欧洲纽伦堡都市会决议》（2004 年）和《纽伦堡都市会宪章》（2005 年）的核心内容通过《纽伦堡欧洲都市区议事规则》决议，聚焦大都市网络构建以及区域管理组织的各项具体内容作出较详细的说明。通过对纽伦堡都市圈不同阶段的研究分析可将纽伦堡都市圈空间演化历程分为以下三个阶段。

1）纽伦堡—菲尔特双城协同发展阶段

2005 年以前纽伦堡都市圈主要是以纽伦堡—菲尔特双城协同发展，周边城镇在该阶段暂未出现明显的增长节点，区域联系较弱。该时期德国暂未出台针对都市圈发展的计划，各城市依托自身资源禀赋、区域交通优势、上位规划条件等自行发展，尚未产生较为强劲的关联关系。

2）纽伦堡都市圈雏形阶段

2005—2010 年间是纽伦堡都市圈形成初期。2005 年国家发展计划中明确提及"都市圈"一词，指定纽伦堡—菲尔特—埃尔朗根和慕尼黑一并被划为都市圈，目的在于推动巴伐利亚北部地区的经济发展，构筑片区文化中心，使其发挥与中欧和东欧国家交流的桥梁功能。因此，伴随区域层面政策的陆续实施，纽伦堡—菲尔特—埃尔朗根形成较为强劲的城市集群片区，区域间关联关系愈发紧密。

此外，依托《弗兰肯中西部区域规划（2000，2010 年修订）》《雷根斯堡区域规划（2003年）》《上弗兰肯西部区域规划（2006 年）》以及《中弗兰肯产业区规划（2007 年）》

---

① 　纽伦堡都市圈官方门户网站 https://www.metropolregionnuernberg.de/.

等区域规划的影响，纽伦堡都市圈逐步形成以纽伦堡—菲尔特—埃尔朗根为核心，以安斯巴赫、施瓦巴赫等城市为次级增长极，联动周边中小城镇初步形成多中心都市圈雏形[①]。

3）纽伦堡都市圈多中心发展阶段

从整体空间发展层面来看，纽伦堡都市圈主要是以纽伦堡—菲尔特—埃尔朗根为核心区域，上弗兰肯、中弗兰肯和上普法尔茨北部存在明显交织关系，形成多中心结构的都市圈。但在靠近维尔茨堡和雷根斯堡的都市圈周边地区联系相对较弱。

从产业空间发展层面来看，随着纽伦堡医疗谷技术集群的不断完善，区域内的 80 多所大学研究院和高等应用科学学院与地区龙头企业和中等家族企业协同合作，为区域提供了大量的医生、技术和临床工程师，提升了纽伦堡都市圈医疗谷的竞争力。例如，医疗技术中央研究所（ZiMT）成为连接研究、教育和产业之间的纽带，促进区域创新性发展。纽伦堡都市圈的研究机构和企业联合构筑医疗产业科研联盟与医疗产业研发联盟，推动区域医疗产业链网络化发展，成为区域空间发展的新增长极，形成多中心区域产业空间格局，例如拜罗伊特、班贝格、科堡等中小城镇。

3. 都市圈特征解析

1）多中心、均衡化的空间发展模式

纽伦堡都市圈主要围绕核心城市纽伦堡发展，借助埃尔朗根与菲尔特的区域优势、经济发展条件逐步构建区域多中心增长片区。同时，注重区域间平等发展的区域发展理念，进而不断涌现出班贝格、拜罗伊特、科堡、安斯巴赫等多类型区域增长极，实现都市圈发展的多中心、均衡化空间格局。

2）重视中小城镇在区域间的协同作用

纽伦堡都市圈核心区域的中小城镇依托核心城市和乡村腹地的区域优势，充分利用中心城市的扩散效益，成为区域增长极；位于都市圈边缘区域的中小城镇凭借快速有效的城铁设施或者高速公路系统与核心城市连接，能够有效弥补时空距离导致的发展的差异性和局限性。纽伦堡都市圈通过区域等值化发展理念处理区域治理问题，研判区域间不同中小城镇自身优势和发展定位，从区域一体角度思考并发挥不同类型城镇的协同作用，推动区域平等合作关系的建立。

---

① 　罗志刚，本·西格斯.德国纽伦堡 G 级中心地体系的变迁研究 [J]. 国际城市规划，2013，28（3）：78-89.

3）完善的区域协作与治理的政策体系推动一体化发展

纽伦堡都市圈提出依据"作为平等伙伴相互合作"和"城乡合作关系"两项原则建立区域协作治理的政策体系，在欧洲范围内获得了广泛知名度。城市与乡村地区的各个机构之间作为平等的伙伴进行合作，各个地区在都市圈委员会中都享有发言权。选择发展项目时，所有参与方都坚持辅助性原则，选择能够提升整个大都市圈价值的项目，通过凝聚区域内部的各方力量，保证项目实现的可行性，从而使整个都市圈实现了区域协作与区域治理的一体化发展。

3.4.2　中心城市与周边市镇的互动机制

联邦建筑、城市与空间研究所（BBSR）作为德国联邦政府的规划研究机构，明确指出将城市和市镇类型划分为大、中、小城市和农村市镇，其中，农村市镇居民少于 5000 人，小型城镇人口数量控制在 0.5 万 ~ 2 万之间，中型城镇则在 2 万 ~ 10 万之间。同时，德国城镇体系注重区域协同关系，尤其是中小城镇的兴衰与生存问题同所处都市圈的区位关系有着密切联系和差异化的作用机制。纽伦堡都市圈被视为"欧洲多中心城市区域治理和经济可持续发展的典范"，其所辖范围内的中心城市与中小城镇的互动机制具有一定的可借鉴作用。

1. 注重"平等对话"的区域联合体协作

纽伦堡都市圈注重促进城市和国家伙伴关系，目的在于所有城市和农村地区依托各自的优势，创造一个具有创新性、平等性的纽伦堡都市圈家园，并通过多中心结构减轻基础设施和生态环境压力，增加地区多样性。2017 年纽伦堡都市圈发布《巴特温德斯海姆宣言》（Bad Windsheimer Erklärung），明确表述都市圈区域协作的中心指导原则是确保整个都市圈生活条件的平等性，将都市圈定义为"合作区"，要求改善参与者的区位条件，加强区域产品和区域经济循环效应，特别是周边市镇及乡村地区要与中心城市在经济、社会、文化等方面紧密联系。纽伦堡都市圈高度重视村镇改造和建设，颁布了一系列保护农业用地、保护农产品价格的法规，加强管理机构、管理队伍的建设，完善村镇建设的投资机制，加大政府的支持力度，形成了比较均衡的城镇结构体系。通过改善村镇生活环境和产业环境，促进都市圈范围内的大中小城镇均能够具有平等、自由的发展机会[①]。

---

① 王宝刚 . 国外小城镇建设经验探讨 [J]. 规划师，2003（11）：96-99.

2. 坚持多中心平等发展的城镇空间组织

纽伦堡都市圈坚持多中心主义，以城市、郊区以及乡村地区各个政府之间的共存为基础，重视城乡合作，加强城乡联系，进而形成城市区域可持续的经济社会发展模式。与世界范围内大量涌现的巨型都市圈相比，纽伦堡都市圈始终认为自身模式是一个更可靠的发展替代选项。这种平等发展理念，严格控制城市扩张，平衡城乡合作关系，成为区域整体发展追求的构想。纽伦堡都市圈这种中小城镇组成的多中心区域发展模式，充分认可并尊重城镇自身发展优势，并通过合作方式为当地居民和区域的经济发展提供动力。正如纽伦堡都市圈的发展宗旨所说的，"依靠我们颇具远见的联盟，我们能够创造出国际化大都市所具备的条件，但不会遇到那些国际化大都市存在的典型不足，我们是那种由许多颇具实力的节点所构成的网络。我们就是纽伦堡都市圈"。

3. 重视地方产业发展的多类型产业联盟协作

纽伦堡都市圈内的企业更多是以家族企业为主，区域产业集聚和创新空间的联系并不明晰。为解决产业协同合作的问题，通过多样化的活动，建立都市圈区域发展平台，帮助本地的生产厂商展示商品和服务，缩短运输距离，降低能源等资源消耗，支持本土企业并帮助维护当地农业的多样性，同时也把工作机会和购买力留给本地居民。纽伦堡都市圈医疗谷是该地区产业发展的成功案例。纽伦堡都市圈聚集了众多的医药生产商、医学科研教育机构以及诊所和其他医疗服务机构，建立了产业发展联盟和协作机制，重视支持中小企业，带动医疗产品的研发、生产和相关服务的全链条发展，形成了区域产业发展集聚区的典型代表。

4. 依托一体化交通网络格局的区域城镇互动

纽伦堡都市圈因地处欧洲中部位置，作为区域的交通枢纽，其中心城市纽伦堡位于布拉格—巴黎、维也纳—布鲁塞尔—伦敦、米兰—苏伊士—斯德哥尔摩、罗马—柏林等高速公路的交会处，并且是 ICE、EC 和 IC 等多条铁路的交叉点，交通条件极为优越。在都市圈内部，中心城市纽伦堡作为通往各个中等城镇的交通枢纽点，通过飞机、高速轨道、铁路、高速公路以及运河等多元方式构建区域水—陆—空立体化的交通网络体系，实现区域间资源、资本、信息要素等互联互通。

3.4.3　都市圈特色市镇的案例分析

　　根据德国纽伦堡都市圈的发展历程、中心城市和周边市镇的互动关系和作用机制，本次研究选取纽伦堡都市圈周边地区的埃尔朗根（Erlangen）、班贝格（Bamberg）、赫尔佐根赫若拉赫（Herzogenaurach）三个特色市镇进行典型案例解析（图 3-4），总结纽伦堡都市圈特色市镇发展的经验和启示。

1. 埃尔朗根

1）发展概况

　　埃尔朗根位于巴伐利亚州北部的纽伦堡都市圈，是其第二大城市，隶属于中弗兰肯尼亚行政区，始建于 1002 年，总面积约为 76.95km²，总人口约 11.2 万人（2020 年），距离中心城市纽伦堡仅 20km，交通极为便利。埃尔朗根境内拥有埃尔朗根—纽伦堡大学（FAU）、弗劳恩霍夫应用研究促进协会、马克斯普朗克光学研究所和西门子公司等多个大型研究机构及企业。这些大型研究机构、知识相关产业和生产企业提供了约 2/3 的就业岗位，使得埃尔朗根成为巴伐利亚州北部的高科技中心、生产制造中心，成为纽伦堡都市圈独特的知识、技术聚集地。

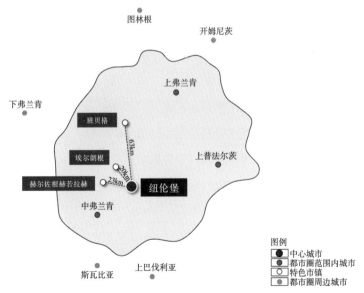

图 3-4　纽伦堡都市圈中心城市与典型市镇空间关系示意
资料来源：作者自绘

2）发展优势

（1）主导产业联动铸造科研网络

埃尔朗根以医疗产业、光电子产业以及可再生能源产业三大产业为主，实现区域产业链、创新链的循环发展，构建城市科技硬核实力。医疗产业方面，依托医疗谷、西门子医疗公司总部，在埃尔朗根形成区域医疗产业集群，联合 20 多家医疗机构、180 多家医疗技术公司、40 多家医院以及 60 多位权威性的医疗技术相关的教授，共同推动区域医疗产业联盟的发展；光电子产业方面，伴随着埃尔朗根—纽伦堡大学的研究基础及重要成果，埃尔朗根成立激光中心，铸就小镇在区域的光电子产业地位，成为该领域在德国的中心；可持续能源技术方面，埃尔朗根和纽伦堡周边地区已发展成为可持续能源技术的重要片区。通过多个研究机构、大学及龙头企业的联动发展，组成了埃尔朗根的产业研发网络。

（2）大学城推动区域科创协同发展

埃尔朗根—纽伦堡大学有着杰出的工程学院，高度重视国际交流与合作，与全球 70 多个国家的 500 多所大学建立了合作关系。在纽伦堡都市圈，该大学与知名企业建立了长期的伙伴关系。这种科学研究协作关系，使得埃尔朗根在医疗产业、光电子产业及可持续能源技术等方面发展成为纽伦堡都市圈乃至德国全域的重要产业集聚区及创新网络中枢，并不断补充城市发展动力。同时，埃尔朗根—纽伦堡大学重视跨学科合作，例如建立跨学科中心、与许多政府机构（德国研究基金会、巴伐利亚研究协会、欧盟等）建立良好的合作关系，增强当地产业在区域中的竞争能力和合作能力，实现区域协同一体化发展。

（3）产学研深度协同推进产业集聚

埃尔朗根作为一个中型城镇却拥有异常强大的科技实力，一方面是历史的产业积淀，另一方面来源于自身强有力的产业研究网络和科技创新体系。埃尔朗根依托埃尔朗根—纽伦堡大学的强劲科研力量，积极对接西门子等知名企业的产业化实力，联动形成一系列研发、孵化、应用的研究机构，织就埃尔朗根的科研巨网和产业体系，不断迸发出新的科研创新力量，推动区域产业不断集聚与升级。

2. 班贝格

1）发展概况

班贝格位于巴伐利亚州北部，隶属于上弗兰肯尼亚行政区，是一座大学城和行政城，是上弗兰肯尼亚地区的重要中心，其老城是德国最大的一座未受战争毁坏的历史城区，1993 年入选联合国教科文组织的世界文化遗产名录。班贝格总面积约 54.62km^2，总人口 7.6 万人（2020 年），北距纽伦堡 63km。班贝格一度是神圣罗马帝国的中心，拥有两所高等教育机构，其中班贝格大学成立于 1647 年。班贝格的发展离不开其科学且超前的规划意识，以班贝格老城为中心，呈放射状的空间布局，既有自身的发展规律，又适合如今的发展需求，保持原有的建筑风貌，对改建和新建的建筑的体量、尺度、风格、装修、色彩均有严格的要求，实现了旧区和新区的有机融合。长期以来，班贝格已注重有计划、有步骤地进行建设，形成了科学的、严格的规划管理制度和各个历史时期各级政府的职能部门自觉维护规划的意识。

2）发展优势

（1）水陆空运输体系完备，南北城际交通便捷

班贝格地区有城际快车 28 号线、18 号线、17 号线、61 号线等多条线路经过，能够快速到达慕尼黑、柏林、纽伦堡等城市。同时，依靠班贝格—布莱特瑙机场的航空运输和莱茵—美因—多瑙河运河的水上运输，班贝格实现了与外界频繁的交流和忙碌的水上运输。班贝格内部主要依靠公共汽车交通方式连接各个村庄，通过 20 多条公共交通线路，构建全域的公共交通网络，城乡联系更为紧密。依托市镇便捷的水陆空交通网络体系，为班贝格当地居民、企业的生产、生活提供了相当便利的出行，极大地缩短了与中心城市和周边其他中小市镇的时空距离，同时多样化的交通方式也为当地居民提供了多元化的选择，满足不同群体的差异性需求。

（2）传统文化产业与高校、科研机构融合发展

班贝格老城是联合国教科文组织公布的世界遗产，它保留了大量 11 世纪至 18 世纪的历史建筑，彰显了中世纪教堂、巴洛克居民住房和宫殿等建筑风貌的完美结合，生动地展现了整个欧洲建筑艺术的发展历史和中世纪欧洲城市的风貌。班贝格市镇依托老城的历史文化资源禀赋和独特的中欧城市风貌，构筑以中欧风情文化为主的城镇休闲观光旅游产业，高度融合了老城与新城。同时，班贝格探索传统文化产业与高校、科研机构协同发展，联合班贝格大学人文学院和社会与经济学院挖掘地区历史文化底蕴，提升区域人文环境品质，推动城市创新发展，成为纽伦堡地区新旧城镇融合发展的典型案例。

3. 赫尔佐根赫若拉赫

1）发展概况

赫尔佐根赫若拉赫是巴伐利亚州埃尔朗根—赫西施塔特县的一座古老城市，距离纽伦堡 23km，由 13 个区组成，拥有约 24000 人口，是埃尔朗根—赫西施塔特县最大的城镇，也是纽伦堡都市圈的重要制造基地。雷尼茨河（Regnitz River）的支流奥拉赫河（Aurach River）穿过赫尔佐根赫若拉赫，3 号高速公路经过小镇，驱车约半小时可以到达纽伦堡等大城市。赫尔佐根赫若拉赫拥有完善的公共交通网络系统，公共线路覆盖整个小镇，交通极为便利。此外，小镇还拥有一个机场，可供小型飞机起降，也为一些飞行训练学校提供培训场地。赫尔佐根赫若拉赫以先进制造为主，境内拥有阿迪达斯、彪马、舍弗勒 3 家全球企业总部，能够为当地带来约 1.7 万个就业岗位和大量税收。小镇悠久的历史城区的中欧风情、传统手工业的特色文化以及就业市场吸引力等因素，使得这座小镇有着高品质的生活，成为纽伦堡地区著名的产业发展基地和休闲旅游目的地。赫尔佐根赫若拉赫作为纽伦堡都市圈中特色市镇与企业高度融合、互利共生、协同发展的典范，从人才吸引的角度来看，其依托优越的区域条件和强劲的企业类型，引导区域创新型人才涌入，为其提供舒适的办公空间、办公设施和工作环境，同时又可毗邻中心城市生活，极大地增强了出行、工作、游憩的便利性；从企业发展的角度来看，其创造了富有活力和创造力的办公环境，吸引更多人才、激发更多灵感、创造更多收益，推动企业进一步发展；从城市建设的角度上看，企业和人才的存在是赫尔佐根赫若拉赫市镇持续保持活力和快速发展的重要增长极，促进城市的可持续发展。

2）发展优势

（1）龙头企业带动经济发展，多元产业协同共生

赫尔佐根赫若拉赫小镇既是阿迪达斯和彪马两个体育用品巨头的总部所在地，也是著名的轴承生产巨头舍弗勒的总部和生产、研发及培训基地。围绕龙头企业发展的体育用品和金属机械制造两个产业，集聚形成了机械工程、自动化、运输物流和服务企业等多个产业链条，实现了产业协同发展。此外，通过成立由企业自发组建的市场与商业发展协会，统筹协调工业、商业、手工业和服务业等产业类型，使得传统工艺企业与高度竞争企业形成互相协作的多元发展模式，推动地区经济飞速发展。特别是阿迪达斯依托当地广阔的土地空间和临近中心城市优越的区位条件选址布局了总部园区，正是由于三大龙头企业，推动赫尔佐根赫若拉赫市镇内部生产、生活、生态空间的融合，打破城市与企业在空间上的

屏障，为市镇营造了富有吸引力的生产、生活环境。再加上三大龙头企业都是以科技研发为主，成为区域性人才引进的磁极，为企业自身和市镇持续吸引并留住高端科技人才。

（2）生活性配套设施完备，营造区域生活气息

赫尔佐根赫若拉赫小镇生活配套设施主要沿着奥拉赫河两岸展开，拥有良好的公共设施、休闲娱乐设施、体育运动设施以及特色商品服务设施，为小镇内部的主要企业及居民提供专业化和大众性的商业服务与生活配套服务，营造区域宜居宜业宜游的生活气息。

（3）明晰特色化发展路径，积极开展区域协作

赫尔佐根赫若拉赫距离纽伦堡仅 20min 车程，地理区位十分优越。围绕龙头企业的发展优势及发展诉求，因借优美的环境、舒适的办公条件和成熟的产业体系，为企业及居民提供富有创造性、生活性和活力的工作生活环境，发展成为产业集聚和人口集聚的重要区域。同时，小镇积极开展区域协作，加强与中心城市的联系，及与周边城镇的协作，围绕产业体系及企业类型，采取特色化的发展路径，形成互利共生的区域发展格局。

3.4.4　经验与启示

综合纽伦堡都市圈特色市镇的发展概况、特征、动因及经验启示来看，该区域特色市镇发展依托都市圈完善的区域协同和治理体系，结合自身自然、文化、经济等特色资源禀赋，进行差异化发展。纽伦堡都市圈的利益相关者通过组建协作治理机制，建立公民、政府、企业深度合作的多个领域的沟通平台，形成健康且可持续的机制，促进和维持区域协作。

1. 强化特色市镇的地位与作用

从德国纽伦堡都市圈特色市镇的发展经验来看，能够得以生存且发展壮大的特色市镇，首先是其独特的文化内涵被认可并被接受，以此凸显小镇的品牌效应；其次是市镇逐渐形成特色化的产业链分工，与周边城市或区域进行协作配置，实现城乡融合、"三生"融合发展；最后是市镇需要建立市场化为主导，政府、社会强力支持的运作体系，这些都离不开都市圈的支撑。同时，特色市镇会对城市群、都市圈起反馈作用，成为"闪光点"和"增长点"，在城乡联结中，特色市镇将发挥"纽扣"的作用。正如，那些寻求区域协同发展机制以及追求"精、专、特"主导产业的小城镇表现出良好的发展态势，充分发挥自然与人文资源优势，依靠科技创新和区域协作，促进产业转型升级，持续引导城镇可持续发展。

2. 注重规划引导与市场参与

纽伦堡都市圈发展经验反映出特色市镇应当是市场引导、自然发展的过程，在每个环节建立有效的公众参与机制，鼓励城镇中的各类人群积极建言献策，使得规划更具有针对性与现实意义。反观国内特色小镇普遍存在概念和内涵理解不清、定位不准、偏离方向目标等问题。建议应找准小镇定位，注重机制创新，遵循市场规律，坚持政府引导、企业主体、市场化运作基本路径，要"引导"，不要"主导"。同时，中小市镇规划编制应树立起权威性与严肃性，保留一定的前瞻性，处理好城镇建设与环境保护、现代化建设与历史遗迹保护等各方面关系，立足当下，面向未来，统筹兼顾[1]。

3. 强化基础设施和公共服务设施建设

小镇产业发展，需要各项设施为其提供良好的产业发展的基础支撑、高品质的城镇人居环境和便捷宜人的城镇服务，从而吸引人才、资金、企业的不断涌入，促进当地产业经济发展，形成良性循环。纽伦堡都市圈特色市镇凭借高效的水陆空交通网络和完善的公共服务设施体系，在极大地缩短市镇与外界的时空距离的同时，吸引大量产业、人才、资本进入，为市镇带来新的发展机遇。便捷完善的基础设施是小镇集聚产业的基础条件，国内特色小镇建设要先补齐基础设施和公共服务设施的短板，为周边乡村提供生产生活服务，因地制宜，有序、有效推进特色小镇建设。

3.5　法国巴黎都市圈

3.5.1　都市圈发展历程与特征

1. 都市圈概况

巴黎都市圈又称大巴黎地区，由巴黎市和上塞纳省、瓦勒德马恩省、塞纳—圣丹尼省、塞纳—马恩省、伊芙琳省、埃松省以及瓦勒德瓦兹省组成，总面积约为 1.2 万 km²，人口约为 1100 万。位于巴黎盆地中心，具有独特的地形、地貌和气候特征。巴黎都市圈是法国的政治、经济、文化中心，是政府、立宪机构、重要行政机关和一些国际组织的所在地，

① 陈前虎，王岱霞，武前波. 特色之谜：改革开放以来浙江小城镇发展转型研究 [M]. 北京：中国建筑工业出版社，2020.

例如经合组织（OECD）和联合国教科文组织（UNESCO），同时也是欧洲集聚度最高和最有竞争力的地区。巴黎都市圈的经济和城市化高度发展，产业结构高度服务化。第三产业就业比重超过 80%，远高于全国 70% 的平均水平，旅游、文化、教育和生活艺术业高度集聚，也被誉为世界著名的文化艺术之都。尽管工业已不再是巴黎经济的主要支柱，但巴黎仍是法国乃至欧洲最重要的工业基地，工业产值占全国工业总产值的 1/4，具有种类繁多的工业部门，包括汽车、飞机、化学、印刷、电器、机器制造等。除此之外，巴黎还是欧洲第一研发中心，具有欧洲最优越的人力资源，集聚了全国 45% 的研发人员、40% 的大学生和 42% 的工程师，聚集了众多的国际和国内知名企业、高级研究机构。巴黎都市圈也是欧洲最重要的总部基地和拥有国际组织最多的地区，集聚了法国 96% 的银行总部、70% 的保险公司总部和 400 多家国际组织。此外，巴黎逐渐取代伦敦成为欧洲吸引外资最多的城市。巴黎都市圈的奢侈品产业占到法国工业生产第 2 位。从产业结构与布局来看，巴黎都市圈在经过 20 世纪 60 年代工业分散的政策后产业结构趋于高级化，第三产业占据绝对优势，从产业分布特征来看，都市圈核心区域为金融保险业及都市型产业，如服装制造、时尚艺术、出版印刷等。此外值得注意的是，巴黎都市圈的商业中心并不在巴黎核心区，而是位于北面的近郊和远郊，反映巴黎市的就业功能大于居住功能。[①] 巴黎都市圈的最初形成是法国政府为扭转巴黎无限制扩张的局面，平衡巴黎与周边地区的发展，因此成立巴黎大区政府，目的在于更好地制定整个都市圈的发展战略并对其实施过程进行监督。大区政府可通过战略决定大区的总体发展方向，而地方的市镇一级政府则负责地方规划的制定，且须符合大区战略规划的原则。但由于大区内市镇数量众多，因此实施层面长期存在困难。为解决此难题，20 世纪 80 年代产生了全新的地方政府模式——自治市镇联盟，自治市镇联盟的出现一定程度上改变了巴黎大区权力分散的局面，为后期巴黎都市圈的统筹发展提供了极大的便利。

1）经济产业

巴黎都市圈 8 个城市中经济最发达的地方为巴黎市和上塞纳省，占整个都市圈 57% 的生产总值，是法国的经济中心，也是欧洲最具实力的五大经济实体之一，具有非常重要的战略地位。法国 38% 的公司总部、50% 的研究机构、70% 的保险公司总部和 96% 的银行总部都设在巴黎都市圈，并且集中了全法国 2300 家跨国公司、22% 的工业就业岗位

---

① 张强 . 全球五大都市圈的特点、做法及经验 [J]. 城市观察，2009（1）：15.

和 26% 的投资总额，巴黎都市圈核心城市巴黎市是世界著名的国际会议中心和多个国际
组织的驻地，政府、国际组织驻地、商务、工业中心及时尚中心，使得巴黎都市圈有着十
分频繁的国际活动，具有极其重要的区域主导地位。

2）人口发展

巴黎都市圈的人口分布呈现圈层式特征，约 75% 的人口居住在郊区。其中，巴黎都
市圈内巴黎市区人口最多，而巴黎市内的面积却是最小的，人口密度极大；近郊三省上塞
纳省、塞纳—圣丹尼省、瓦勒德马恩省的面积和人口大致相同，人口密度适中；远郊四省
塞纳—马恩省、伊芙琳省、埃松省、瓦勒德瓦兹省面积最大但人口相对较少，人口密度较小。

3）交通发展

巴黎都市圈通过高密度的轨道交通建设来满足市区公共交通出行的需求。无论是巴黎
市区内的通勤，还是巴黎都市圈中心城市与中小城市之间的联系，均主要是通过快速大容
量的轨道交通来解决的。巴黎中心城区的交通主要由地铁系统负责，城际轨道交通则服务
于巴黎都市圈。此外，区域建设有北郊区的戴高乐机场和南郊区的奥里机场两个国际机场，
承担了国际航线和法国境内的航空运输。巴黎都市圈公共交通发展较好，轨道交通和高速
公路相互协调，构建了区域交通网络系统，承载了中心城市与周边中小城市各项要素的高
效交流，其中轨道交通承担了约 70% 的交通运量。

4）空间结构

巴黎都市圈的空间结构经历了单中心向多中心演化的发展历程。巴黎都市圈的核心城
市巴黎市是法国的政治、经济和文化中心，城市人口和经济产业不断集聚，产生向外扩
张的发展需求。为了满足巴黎日益增长的商务空间需求，保护巴黎古都风貌，1965 年的
《巴黎地区整治规划管理纲要》明确提出在巴黎外围设立城市"副中心"，以平衡城市布
局，分散居住人口，标志着巴黎郊区新城建设的全面开始。巴黎的新城集中在巴黎市周边
30 ~ 50km 的圈层范围内，例如，埃弗列、马恩·拉伐莱等。为进一步疏解巴黎市的空间
压力，在新城与巴黎市之间，距巴黎市 10km 左右的圈层规划建设了凡尔赛、费力斯、罗
吉等 9 个副中心，打破了原有单中心的城市布局，减轻了巴黎城市中心区的压力，形成了
多中心的发展格局。巴黎都市圈在空间上分为两个圈层。第一圈层是巴黎市，以不足巴黎
都市圈面积的 1%，集聚了巴黎都市圈约 20% 的人口。第二圈层是巴黎都市圈，是欧洲集
聚度最高和最有竞争力的地区。

2. 都市圈发展历程

1）战后重建及规划初探阶段

第二次世界大战之后，法国同其他欧洲各国一样受到重创，这一时期城市规划建设工作的重点在于战后重建。但由于该阶段正处于战后过渡转折时期，社会发展的各方面均呈波动状态，行政干预力量非常微弱，导致这一时期巴黎地区的发展明显呈松散式管理状态，尤其是巴黎塞纳区以外区域，同时整个地区的发展也缺乏系统性配合建设，城市的建设发展主要集中在巴黎周边内外郊区，巴黎都市圈出现住房危机、交通设施落后、缺乏公共设施等问题。[①]

2）单中心格局发展阶段

工业革命开始，巴黎城市经过了急剧扩张的阶段，和其他工业革命的重要城市一样，同样面临着许多的城市问题，人口急剧增长、城市中心拥堵不堪、居住环境恶化、卫生问题严重。1956 年《巴黎地区国土开发计划》提出积极疏散中心区的人口和工业企业，在城市外围建设卫星城来缓解中心城市的压力，利用交通规划加强中小城市与卫星城的联系。同时，提出降低巴黎市心区密度、提高郊区密度、促进区域均衡发展的新观点。1960 年，《巴黎地区国土开发与空间组织总体计划》提出在城郊划定 4 个近郊城市极核，建成"多中心巴黎"，重新整合无序蔓延的城市化空间。这一阶段的巴黎都市圈相关规划，主要围绕"限制扩张"这一主旨，整理和疏散城市内部，建设和促进外围发展。此外，在空间重构过程中，主要采取的是中心放射状的规划布局，传统的社会和经济结构反而得到增强，巴黎市东西部之间仍然存在极化现象。

3）单中心向多中心转变

为改变中心放射状的规划布局，以抑制城市化蔓延的加快，摒弃巴黎单一中心的建设规划，1965 年的《巴黎地区城市规划与整治纲要 (SAURP)》提出在巴黎都市圈南北两侧的交通通道上设立两条发展轴线，发展轴线上新建 8 座大都市，用于平衡巴黎城市的集聚，加强巴黎乃至整个法国与西欧的交通联系。此次规划成为巴黎地区发展的转折点，实现了从之前单一的"以限制为主"到多元的"以发展为主"的规划策略的转变，此时巴黎都市圈形成轴线—多中心格局。1994 年的《法兰西之岛地区发展指导纲要 (SDRIF)》提出城市综合规模的概念，强调把"多中心的巴黎地区"作为区域发展的基本原则，规划打破行政

① 曲凌雁. 大巴黎地区的形成与其整体规划发展 [J]. 世界地理研究，2000，9（4）：7.

边界束缚，将整个都市圈与周边城市联系起来，促进多层次均衡发展。

4）多中心城市蓬勃发展

巴黎都市圈的 6 次规划前后历经 75 年。2014 年的《巴黎大区战略规划 2030》强调区域团结，提出"极化与平衡"的区域发展战略。"极化"即延续之前培育城市中心的概念，更多的城市副中心可以有效地缓解城市中心区人口、就业、住房以及交通压力；"平衡"，除了整个区域多层次的平衡发展之外，还包括单个多中心城市的各个次级中心、三级中心的居民的平等生活与公平发展。

3.5.2 中心城市与周边市镇的互动机制

1. 共生型的市镇联合发展机制

巴黎都市圈中心城市人口迅速膨胀带来的交通拥挤、环境恶化、社会安全和住房紧张等问题日益严重，大量人口和经济转向环境优美、交通便利的外围中小城市、小城镇或城郊区域。由此推动了周边市镇的快速发展，这些外围市镇依托某类产业或功能，同中心城市的互动关系愈发紧密，形成了联系紧密的功能发展联合体。法国对中心城市和周边地区的发展规划中，将单个市镇的发展与推进区域发展的城镇体系结合起来，不仅对于微观领域的单个市镇进行规划管理，更关注宏观方面对区域体系空间布局的规划。通过发起"市镇联合模式"，组建巴黎都市圈"市镇联合体"，围绕居住、就业、公共交通、经济、环境等方面建立合作，强化市镇之间共享自主发展特性，营造地区互利共生的发展环境，形成独具特色的区域管理机制。具体来看，巴黎都市圈共计 515 个城镇（2018 年），组建了 31 个联合体，包含 11 个市镇联合公共机构（EPCI）、20 个联合体公共机构（由 1 个城市联合，15 个聚集区联合和 4 个市镇联合组成），涉及住房、公共设施、经济园区、公共交通等多方面内容，实现了地区间的紧密合作[①]。

2. 协同化的区域空间均衡发展

巴黎都市圈多中心发展模式，通过建立远郊新城和近郊副中心，促使巴黎人口向部分远郊地区和近郊地区扩散，以及乡村人口向城市集聚区和城市化周边市镇转移，形成大中

---

① 孙婷. 基于市镇联合体的法国小城镇发展实践及对我国的启示 [J]. 小城镇建设，2019，37（3）：26-31.

小城市及乡村协同发展的空间关系。巴黎都市圈新城与副中心的空间布局有意识地与现状中心城市形成空间的连贯，以保持区域城市化发展的延续性，形成一体化区域空间格局。新城的区位选择靠近中心城市，而且与巴黎市保持便捷的交通联系；副中心位于中心城市和新城中间，作为支点有效地衔接中心城市与外围新城，减轻中心城市发展压力并带动外围新城发展，形成了大中小等级明确、空间协同的多中心区域发展格局[①]。

3. 一体化的区域交通网络联系

巴黎都市圈中心城市和周边市镇的交通模式以高等级高速公路和快速铁路为主。这些高等级的快速交通网络为居民提供便利的出行环境，使得区域经济、人口、产业和信息等要素能够快速集聚并高效流动。巴黎都市圈的快速铁路模式是解决中心城市和周边市镇交通联系的关键。快速铁路模式是地铁、市郊铁路组建的交通运输结合体，能够联系巴黎市中心和周边的 9 个副中心、5 个新城，将都市圈内部的各级城镇纳入区域交通网络体系，形成一体化的交通网络格局。一体化的交通网络体系能够形成快速交通流，疏解中心城市的密集人口，缓解城市交通拥挤，并促进外围地区的发展。

4. 差异化的区域产业分工体系

巴黎都市圈的产业空间布局受到"工业分散"政策的影响，严格限制中心城市工业过度集中，迫使工业企业向周边地区扩散，使得中心城市形成了以金融业、制造业和服务业为主的产业格局，外围城市承接了传统的资本、劳动密集型工业部门，并进行商务、服务及相关配套产业的布局。巴黎都市圈的差异化产业格局不仅促使中心城市产业转型升级，还为周边城镇的发展导入核心产业，进而使得人口集聚和流动，促进整个都市圈地区均衡发展。

3.5.3　都市圈特色市镇的案例分析

根据法国巴黎都市圈的发展历程、中心城市和周边市镇的互动关系和作用机制，本次研究选取巴黎都市圈周边地区的吉维尼（Giverny）、巴比松（Barbizon）、莫雷—卢万

---

① 冯奎. 中外都市圈与中小城市发展 [M]. 北京：中国发展出版社，2013.

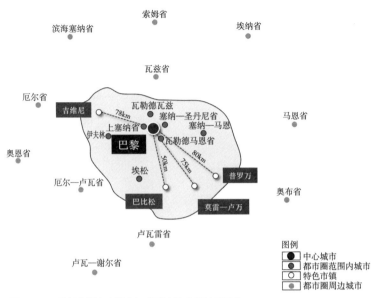

图 3-5　巴黎都市圈中心城市与典型市镇空间关系示意
资料来源：作者自绘

（Moret-sur-Loing）、普罗万（Provins）四个特色市镇进行典型案例解析（图 3-5），
总结巴黎都市圈特色市镇发展的经验和启示。

1. 吉维尼

1）发展概况

　　吉维尼小镇坐落在巴黎都市圈上的诺曼底省，位于巴黎和鲁昂之间，距巴黎 76km、
鲁昂 66km，总面积 6.46km²，居民约千人，是法国西海岸诺曼底地区的典型村庄代表。
吉维尼是世界闻名的小镇，每年前往游览的人有 60 余万。小镇之所以远近闻名，除淳美
的自然风光外，艺术底蕴亦十分丰厚。法国最著名画家、印象派创始人之一的克劳德·莫
奈曾在这里居住了 43 年之久，在此进行艺术创作。莫奈偶然路过吉维尼，被宁静的田园
美景吸引，后迅速决定举家搬迁至吉维尼居住，此后许多现在知名的印象派画件诞生，莫
奈从默默无闻的画者成为举足轻重的绘画大师。吉维尼小镇平缓的山坡和宽阔的塞纳河是
其标志性景观，历史上众多著名中外画家在这里生活及创作，包括莫奈的世界级名画《睡莲》
系列和《日本桥》系列。吉维尼小镇小而精美，步行半小时可走遍小镇，小镇街道干净整洁，
散布着咖啡馆和餐厅。小镇每年的夏秋时节，道路上及每户民居门前鲜花簇拥，搭配整齐

排列的法式乡村风格的房子，整个小镇宛如一座大花园，因此吉维尼又被称为鲜花小镇。吉维尼小镇交通较为方便，通过巴士和铁路可以往返于巴黎、鲁昂等城市。小镇内著名的景点有莫奈花园、水花园、莫奈故居及吉维尼印象派美术馆，因其独特的小镇田园风光、浓厚的文化氛围使得吉维尼小镇文化旅游产业发展较好。

2）发展经验

吉维尼小镇的发展依托著名画家莫奈发展文化旅游，以创新手法充分演绎文化艺术名人的生活及创作过程，形成了较好的旅游体验及旅游产业。①生活场景复原。通过使用特定的建筑材料和设计手法修复并还原莫奈故居，复原莫奈的生活场景，打造整个沉浸式名人生活场景展示及体验活动，使得游客们在身临其境，仿佛在与莫奈跨时空对话，沉浸式的手法更利于增强小镇的历史底蕴和艺术文化气息。②艺术主题建设。依托名人主题进行全息化打造，建设印象派小火车、以莫奈命名的主街、莫奈特色餐厅、特色纪念品商店等相关设施，形成完整的产业链，实现全域化消费延展，将无形的艺术文化包装成为有形的商品，文化融合艺术发展与商业运营。③挖掘地方特色。充分利用本地景色和田野风光，展现原乡风貌。针对不同人群策划差异化活动，针对普通游客制定游田园风光、享艺术文化旅游路线活动，针对艺术爱好者及画家粉丝开设绘画体验、培训课程，通过聆听大师作品讲解并动手临摹，提供与大师们同地点同环境的实地绘画创作的体验，从而感知绘画的乐趣。

2. 巴比松

1）发展概况

巴比松小镇是塞纳—马恩省的一个市镇，距离巴黎南郊约 50km，紧挨枫丹白露森林，因巴比松画派诞生于此，被誉为世界知名艺术小镇之一。巴比松画派活跃于 19 世纪 30—40 年代，主张描绘具有民族特色的法国农村风景，其中包括著名诗人、风景画家柯罗，科学风景画家卢梭以及农民画家米勒。巴比松因小镇迷人的风景和淳朴的民风吸引柯罗、卢梭、米勒等巴比松画派著名的代表人来此写生，创作法国农村风景画作，因此也被称为"画家村"。世界名作《播种者》《拾穗》《晚钟》等一大批杰作都是米勒在 19 世纪 50—60 年代在巴比松小镇创作的，这些画作也真实地反映了小镇当时农民的日常生活和艰苦劳动。现如今巴比松仍保留之前的小镇风貌，画家聚居的"GANNE"旅馆已成为市镇博物馆，200m 的老街和许多建筑成为画廊，展览着当今流行的各种风格流派的绘画，其中米勒故居现已成为著名的景点。小镇目前以发展文化旅游为主要方向，巴比松庄园提供 500 多套客房、地中海特色美食及其他休闲娱乐设施和商务会议、体育运动等特色服务。同时，依托巴比松画派的艺术底蕴，打造巴比松艺术原创基地，为年轻画家提供学习、交流、创作的平台，延续历史文化，传扬画家精神。

2）发展经验

巴比松小镇围绕"巴比松画派"文化艺术资源，打造以艺术带动旅游，旅游带动当地产业发展的地方模式，实现可持续发展。巴比松小镇具有宜人的居住和游玩环境，迷人的风光和淳朴的民风吸引世界各地知名画家来此写生。因此，小镇在发展初期加快完善基础设施，为艺术产业的发展提供基础支撑；打造建设巴比松庄园等旅游服务设施，提供餐饮及住宿服务。在此基础上，小镇借助艺术氛围和宜人环境两个关键的基本发展要素，设置多样化的旅游项目和游玩活动以及度假式商务会议、宴会等商务休闲活动，拓展小镇的产业业态。小镇积极打造巴比松艺术原创基地，为艺术工作者创造一个国际化的、前瞻性的艺术创作与生活环境，向艺术家提供免费的创作空间，艺术家能够在此专心进行艺术创作，以及开展广泛的艺术交流活动，使得传统艺术文化底蕴与现代艺术创作相融合，激活小镇发展活力。

3. 莫雷一卢万

1）发展概况

莫雷一卢万小镇位于法兰西岛塞纳一马恩省，距离枫丹白露森林 20km，是莫雷塞纳卢万地区的首府，面积 4.94km^2。从巴黎到小镇需大约一个半小时的火车车程，小镇是法国小镇与乡村别具特色的结合，印象派风景画家阿尔弗莱德·西斯莱 (Alfred Sisley) 在此居住多年，创造出了不少杰出的画作。著名的《莫雷桥》和几幅《莫雷教堂》，就是莫雷小镇的缩影。小镇是沿着卢万河畔的中世纪古城，拥有长达 1200m 的古城墙、20 座城楼以及 3 座城门，独具特色的自然风光和形式各异的建筑，具有最纯正的法国乡村风光。莫雷一卢万小镇独特的优美风景，曾吸引许多画家来此创作，包括印象派风景画家阿尔弗莱德·西斯莱在此创作的《莫雷桥》《雨》《午后的卢万河畔莫雷教堂》等大量画作。莫雷一卢万小镇拥有中世纪的堡垒、哥特式教堂及一些文艺复兴风格的建筑，街道朴素而密集，教堂宏伟庄严，著名的旅游景点莫雷圣母教堂是建造于 12 世纪的哥特式风格的教堂。莫雷一卢万小镇注重文化发展，夏季平均每两个星期举办一次灯光音乐会，周围 30 多个市镇的人们都会来参加，并邀请各种流派的画家在展览馆举办画展，还有沿着卢万河边的远足比赛、漂流比赛和飞机模型比赛，形成区域的可持续发展活力。

2）发展经验

莫雷—卢万小镇最大的资源优势就是如画般的自然景观，依靠塞纳河支流鲁恩河的水景、邻近枫丹白露宫，交通非常便捷，是巴黎近郊"一日游"的理想目的地。因此，小镇依托自然景观和地理区位这两大发展优势，以文化旅游为主要发展方向进行保护利用。其中，保护方面，完整保存并修复历史建筑、街道等小镇风貌，使得小镇长久以来呈现法国特色乡村风格，被誉为历史文化保持延续的范例。在利用方面，以文化旅游为主要的发展方向，举办多种多样的文化活动，提高小镇的吸引力，并与全球各地城市建立友好交流关系，达成文化共赢；在旅游、文化、商贸等多领域务实交流合作，通过战略合作，宣传小镇文化，提升知名度。

4. 普罗万

1）发展概况

普罗万小镇是法国中北部塞纳—马恩省的一个建于中世纪的防御古镇，位于巴黎东南部，距离巴黎市 80km，2001 年普罗万城被联合国教科文组织世界遗产委员会批准作为文化遗产列入《世界遗产名录》。小镇坐落在山丘之间，古镇沿山而筑，山丘上的部分为上城，主要建筑有教堂、谷仓、钟楼等；山丘下的部分为下城，分布着民宅、商铺等。普罗万小镇的突出价值体现在，普罗万印证了 11—13 世纪欧洲的经济、贸易、文化和城市规划建设，至今保持着城市的原始结构和真实风貌。其入选价值不仅在于小镇内多处保存完好的中世纪建筑遗址，其城市肌理、规划方式也被整体延续至今，完整再现了中世纪商业小镇的风貌。为发挥小镇的遗产旅游价值，当地政府在普罗万探索了一系列提升遗产价值、活化遗产资源的发展模式。例如，围绕中世纪文化背景展开的"丰收节""中世纪节"和"骑士传说""城墙之鹰"等节日庆典，这些均是普罗万文化遗产活化的典型代表活动，吸引大量游客参与，推动小镇产业成功转型，带动当地服务业的发展，有一半以上的人口从事服务业。普罗万小镇中环绕整座城市的城墙最具特色，城墙长达 1200m，由 22 个形状不一的塔组成，其建造时间从 1226 年直至 1314 年，经历了多次修复，是整个古城保存最好的部分，成为最有吸引力的小镇标志物之一。此外，葡萄酒、香槟酿造也是当地特色产业和当地居民重要收入来源。

2）发展经验

（1）提升旅游辐射力，增强小镇外向度。普罗万小镇展现了中世纪古镇文化特色，小镇居民团体将小镇视为一种"品牌"，共计营销活动就有24个不同主题，活动涵盖范围广，包括举办"中世纪节"等旅游观光和特色节事活动、中世纪场景体验等大型表演及艺术体验音乐会等，将特色小镇的共性文化传承和旅游功能紧密结合，调动游客的积极性，吸引更大的消费力，促使特色小镇更具生命力。通过设计"沉浸式体验"使得游客身临其境感受普罗万的文化与活力。此外，得益于地处东、西欧必经之路的位置优势，以及交易商品的多样化特点，当地政府通过发展文化旅游和服务业，并结合当地农业资源，推动发展具有高附加价值的葡萄酒种植业，树立香槟酒品牌，打造欧洲香槟酒交易中心。

（2）重视历史风貌保护，打造精品旅游线路。普罗万对于历史街道、历史建筑的保护十分重视，在城镇发展过程中，通过对每一栋文物建筑限定一个适合其自身特征的保护范围，以保护其独特个性及其所在场所的形象，避免统一规划的刻板与不适用。经过多轮次规划方案修编，细分为自然景观保护区、缓冲区、旧城保护区等用地类型，并对保护区内的建设进行严格控制和有效引导，保障历史建筑和遗迹的完整保护和灵活使用。普罗万作为历史文化名镇和世界遗产地，当地政府不仅推出极具特色的文化项目，还联合周边市镇组织历史文化遗产线路，推动小镇文化旅游经济发展。普罗万的成功还得益于法国特色小城镇协会组织，基于发展初期得到的协会提供的资金支持及专业指导等，才使得小镇逐渐走向成熟发展之路[①]。

3.5.4　经验与启示

1. 强化中心城市与周边市镇的交通联系

巴黎都市圈建立了区域高质量的公共交通网络体系，满足都市圈不同圈层居民多元化、高频率的日常出行需求，使中心城市与周边市镇建立紧密联系，从而产生更大的集群效应。同时，提升郊区的生活质量，缩小城郊"距离感"，同时巩固巴黎各个新生产业集群在郊区的发展。巴黎都市圈中心城市与周边特色小镇在功能上存在一定的互补性，在商品、服务、资金、信息和通勤等方面形成密切的双向联系、往返式流动的特点，快捷、大容量的

---

① 刘星 . 法国名镇普罗万发展和保护启示 [J]. 城乡建设，2019（22）：70-72.

交通干线满足了相互之间快速、高密度的客货运输需求，提高了中心城市和周边小镇沟通交流的效率，使得周边市镇能够更好地发挥自身潜质，融入区域发展格局中，促进均衡发展[①]。

2. 挖掘地方特色资源，发展特色产业

巴黎都市圈外围市镇大多自身资源禀赋较好，拥有秀美景色、宜人气候等得天独厚的优势，利用旅游业及相关产业，得以保持人口活力和经济活力。当前，人们对于生活品质的提高越来越有要求，度假产业成为巴黎都市圈内周边市镇的经济支柱，小镇的生活环境和迷人景色吸引着人们度假、置业甚至移居。旅游业的发展促使人口流入，也促进了当地建筑业、商业和酒店服务业日渐繁荣，从而推动了地方经济的发展，又进一步吸引了更多就业人口，形成人口和经济的良性互动。此外，这些外围市镇充分依托独有的历史文化遗产、艺术文化底蕴和自然景观特色，进行特色资源挖掘，突出地域特征，形成完善的旅游产业链条和旅游服务体系，充分将地方特色资源活化为产业发展特色。

3. 注重区域政策引导，支撑小镇发展

法国推行"均衡化"政策，相继创立了众多特色小镇协会，协助小镇挖掘自身特色，引导产业发展，使它们充满活力和魅力，成为深受大众喜欢的旅游目的地。例如，"法国绿色度假地联盟""传统工艺之城协会""法国特色小城镇协会"等。协会主要从四个方面推动小城镇特色化发展。①给予资金支持。协会管理人员协助小镇申请各级公共财政支持。②给予专业指导。各地"特色小城镇协会"都向成员小镇提供全方位技术援助。例如，对于有文化遗产的小镇，协会充分结合遗产建筑的修缮、维护、利用等方面的技术要求提供专业指导，确保建筑物的外部色彩、店铺的门面和招牌的形制与周边环境高度协调，所使用的材料和工艺吻合每幢建筑自身的历史情况，确保建筑风貌完整和修复过程专业。③扩大品牌营销。各协会设计专属标志，制作精美的称号和标志指示牌，设置于获得相应称号的小镇入口及重要建筑物，彰显当地的独特魅力。称号和标志同样也是协会评选标准，是特色小镇发展获得的专业认可。④促进旅游升级。通过一系列标准的制定，促进入会小镇的旅游配套升级，协助小镇围绕遗产开发参观路线，提供旅游讲解培训和向导服务，优

---

① 严涵，聂梦遥，沈璐. 大巴黎区域规划和空间治理研究 [J]. 上海城市规划，2014（6）：65-69.

化小镇的旅游体验。这些专业协会有效地引导了特色小镇发展的方向性，提供了完备的发展指引和过程支撑，同时还形成了对特色市镇发展过程的把控和监督管理，发挥了积极的组织管理作用。

3.6　实践经验总结

本章在全面认知都市圈与特色市镇的概念内涵、发展现状的基础上，深度解析国外典型的五大都市圈，即美国洛杉矶都市圈、英国伦敦都市圈、日本东京都市圈、德国纽伦堡都市圈和法国巴黎都市圈，全面认知其基本概况、发展历程与空间演化，重点解读都市圈与周边特色市镇的内在联系与互动机制，为进一步探究都市圈特色市镇发展特征、要素结构及动力机制提供有力的理论基础与实践经验。

国外案例主要针对都市圈周边特色市镇进行考察，虽然不同国家、不同地区政策背景和制度环境存在差异性，但对我国都市圈特色小镇规划建设具有一定的启示。

1. 健全区域层面协同发展机制

都市圈作为城镇化发展中后期的重要空间形态，应注重区域内部各组成部分的协同化发展，在交通联系、产业协作、空间协同等层面推动区域逐步构建"中心区—次中心区—新城／特色市镇"的多中心多圈层区域空间格局。例如，纽伦堡都市圈构建大都市圈行政体系，通过自上而下的政策调节，区域形成了由高校联盟、用户俱乐部及产业集群体系等组成的创新科技环境；东京都市圈形成较为完备的法律支撑体系，指导区域内大中小城市及特色市镇制定自身的发展规划，充分发挥不同城镇的比较优势。因此，都市圈特色小镇的发展需要健全区域层面的协同发展机制，充分利用中心城市产业外溢与特色小镇自身基础，紧密协调两者发展的差异性和互补性，形成区域协同发展格局，促进均衡化发展。

2. 找准区域层面自身发展定位

都市圈层面规划应以区域协同发展为重点，注重综合交通网络的构建，完善区域配套服务设施，健全特色市镇制度机构及政策体系。在此基础上，指导都市圈内的特色市镇根据本土的、特色的资源与产业找准自身发展定位，使其融入都市圈发展规划。例如，卡尔弗城就是链接洛杉矶都市圈优越的影视娱乐产业，围绕自身传统影视制作的产业基础，结合新媒体、新技术，建构地区新媒体产业链，在都市圈影视娱乐文化产业集群中实现特色化发展；金丝雀码头在规划前期找准伦敦都市圈中心城区传统金融中心发展空间受限的现实问题，依托地区地理区域发展现代商务办公产业体系。因此，都市圈特色小镇的发展需要积极契合都市圈中心城市的发展方向及区域产业格局的变化，将自身发展融入区域产业网络体系中，形成重要的产业聚集区，培育自身发展的内在动力。

3. 挖掘特色市镇特色产业资源

特色市镇层面应依托独具特色的产业基础，充分利用地方自然资源、文化传统，突出地域特色，形成完善的产业链条和产品链条。例如，法国的吉维尼和巴比松、德国的班贝格等城镇，深度挖掘丹麦移民文化资源、莫奈名人资源、"巴比松画派"艺术资源、古城文化资源，全面认知当地文化资源，构建全产业链体系，建立特色市镇在区域间的产业功能定位。又如，德国的埃尔朗根、英国伦敦的剑桥小镇依托埃尔朗根 – 纽伦堡大学、剑桥大学等高校资源，与区域间知名企业、研究协会等进行密切协作，形成区域内创新技术的重要片区。因此，都市圈特色小镇的发展一方面需要深入挖掘自身资源禀赋，建立特色产业；另一方面需要积极开展区域协作，联动周边市镇、科研机构、知名企业等发展要素，整合区域优势资源，实现共生发展效应，推动区域整体发展。

国内大都市圈特色小镇
发展的实践探索

第 4 章

4.1　上海都市圈

4.1.1　都市圈发展历程

1. 发展概况

上海都市圈为"1+8"的区域范围，包括了上海市、江苏省的 4 个市（苏州、无锡、常州、南通）、浙江省的 4 个市（嘉兴、宁波、舟山、湖州），共 9 个城市，陆域面积约为 5.4 万 km^2。上海都市圈各城市的经济和社会长期联系紧密，在长三角以及中国东部经济区域的发展格局中发挥重要的经济、社会、文化、创新和生态功能。上海都市圈的空间范围是综合考虑多项因素，通过定量测度和定性校核的方式划定而成，其中，定量测度包括时空距离、通勤联系、企业关联以及人的活动与交通等关系分析，借助数据测度明确上海与周边城市的联系基础；定性校核包括区域联动的重大设施统筹、历史文化渊源以及规划实施的可操作性，初步识别出包括上海、苏州、无锡、南通、宁波、嘉兴、舟山在内的"1+6"城市群，综合考虑太湖等重要生态系统协同的需求与江浙两省意见，最终纳入常州、湖州 2 市，形成"1+8"的上海都市圈空间范围[①]。上海都市圈内部的城市分工非常明确，其中上海、苏州、南通主要是高端装备制造，湖州、常州主要发展医药产业，无锡、舟山则以绿色化工为主，嘉兴、宁波则以电子信息产业为主。

1）经济概况

上海都市圈基本保持稳定增长态势，2021 年年末生产总值约 12.61 万亿元，占全国 1/10 以上，中心城市上海市生产总值达到 4 万亿元以上。上海都市圈内 9 大城市都步入了工业化中后期阶段，先进制造业和现代服务业共同推进经济发展，同时创新产业发展迅猛，整体产业分工协同互补，产业结构完整。此外，上海都市圈经济结构呈现显著的梯度分布特征。

---

① 熊健，孙娟，屠启宇，等 . 都市圈国土空间规划编制研究：基于《上海大都市圈空间协同规划》的实践探索 [J]. 上海城市规划，2021（3）：1-7.

2）交通概况

上海都市圈范围内城镇密集，相互间产业、经济和社会联系紧密。航空运输方面，上海都市圈机场群密度达到 1.3 个 / 万 km²；水运方面，形成上海港及宁波舟山港以集装箱运输为核心，江苏以江海河联运为特色的运输格局；陆路运输方面，区域高速公路网络"环状 + 放射状"格局基本建成，路网密度达到 6.64km/100km²，铁路网络密度超过 300km/ 万 km²，综合交通优势明显，各个城市之间交往快捷、频繁。

3）城镇发展

上海都市圈城镇化水平较高，2019 年上海都市圈"1+8"城市平均城镇化率超过 73%，区域内常住人口人均 GDP 超过 14 万元；有 6 个城市的 GDP 和人均 GDP 居于长三角城市群的前 10 位，有 5 个城市的城镇化率和常住人口居于长三角城市群的前 10 位。总的来看，上海都市圈的总体发展阶段及发展水平位居长三角地区前列，经济基础较好，区域合作关系良好且紧密（表 4-1）。

上海都市圈主要统计数据一览表　　　　　　　表 4-1

城市	土地面积（km²）	年末人口（万人）	生产总值（亿元）	增幅（%）	第三产业占比（%）
上海市	6340.5	2489.4	43214.9	8.1	73.3
苏州市	8657.3	1284.8	22718.3	8.7	51.3
无锡市	4627.5	747.9	14003.2	8.8	51.2
常州市	4372	534.9	8807.6	9.1	50.4
南通市	8001	773.3	11026.9	8.9	47
嘉兴市	4223	551.6	6355.3	8.5	45.9
宁波市	9816	954.4	14594.9	8.2	49.6
舟山市	1458.8	116.5	1703.6	8.4	46.4
湖州市	5820	340.7	3644.9	9.5	44.7
合计	53316.1	7793.5	126069.6	8.7	51.1

资料来源：根据 2021 年上海都市圈各城市官方统计数据整理

2. 发展历程

上海都市圈建设起源于上海城镇规划体系，经过多年演变，上海城市空间结构实现由中心城区到郊区新城、周边市的发展，先后经历"单中心发展—同心圆式蔓延发展—多中心圈层发展"三个阶段，城市空间结构不断优化，最终形成了上海都市圈"1 + 8"空间结构。

1）单中心发展阶段

初期上海城市规划主要是为了改善生产和居民生活条件，规划重点在于工业布局和人口规模。1958年，江苏省的上海县、嘉定县、宝山县、川沙县、南汇县、奉贤县、松江县、金山县、青浦县、崇明县共十县划入上海市，上海市辖域面积增加10倍。为适应新形势发展的需要，1959年10月完成的《关于上海城市总体规划的初步意见》核心思想主要体现为"发展卫星城镇"。除已有的吴泾、闵行、安亭、嘉定、松江5个卫星城外，新规划北洋桥、青浦、塘口、南桥、周浦、川沙、枫泾、朱泾、奉城、南汇、崇明、堡镇12个卫星城，进一步优化城镇体系结构和空间结构。总体来看，这一时期上海的人口和产业还是集中于中心城区，中心城区呈现同心圆式向四周蔓延式扩张，郊区新城发展缓慢，城区和郊区之间依然存在较大的不平衡，是典型的以中心城区为核心的单中心发展阶段。

2）同心圆式蔓延发展阶段

改革开放之后，上海城市功能定位不断提升。1984年《上海市城市总体规划方案》（1986年国务院批复原则同意）指出，上海城市性质为"中国的经济、科技、文化中心，是重要的国际港口城市"，首次确立"中心城—卫星城—郊县城镇—农村集镇"的四层城镇体系。卫星城主导产业相对稳定，互有差别；郊县城镇和农村集镇主要承担产业人口生活和居住功能，为上海逐步改变单一中心的城市布局、建设中心城和卫星城提供指引。在此期间，上海对中心城区进行大规模改造，将人口大量导入中心城区边缘和城乡接合部，带动郊区的发展。上海市郊区产业布局依托城市快速交通道路形成轴向发展，靠近中心城区的闵行、宝山、嘉定等发展较快，远郊发展较慢，卫星城发展相对滞后。这一段时期，上海中心城区呈现向外扩张的发展趋势，浦东新区的开发使得中心城区空间结构得以重塑，上海城市空间结构形成了单中心为同心圆式向郊区蔓延发展态势结合局部扇形发展的空间结构特征。

3）多中心发展阶段

2001年国务院批复同意《上海市城市总体规划（1999—2020年）》，并指出"要从长江三角洲区域整体协调发展的角度对全市实行统筹规划""从长江三角洲地区城市群出发，进行上海城市总体布局"，体现出发展上海都市圈的初步想法。2010年5月，国务院批准的《长江三角洲地区区域规划》提出，长江三角洲地区发展要以上海为发展核心，发展沪宁和沪杭甬沿线发展带，形成国际化水平较高的城镇集聚带，服务长三角地区乃至全国发展。2019 年 12 月，中共中央、国务院印发《长江三角洲区域一体化发展规划纲要》实施方案，明确要求"加快都市圈一体化发展"，指出"推动上海与近沪区域及苏锡常都市圈联动发展，构建上海大都市圈"。2020 年"上海大都市圈规划研究中心"暨"上海大都市圈规划研究联盟"成立，上海大都市圈范围得到明确：包含上海、无锡、常州、苏州、南通、宁波、湖州、嘉兴、舟山等"1+8"共 9 个城市。至此，上海都市圈正式形成"一主多副"的多中心空间结构。

4.1.2　都市圈特色小镇的实践探索

1. 实践探索

上海都市圈内 9 个城市命名及创建的特色小镇数量较多，其中，上海市市级特色小镇 2021 年清单管理名单中公布了 27 个特色小镇；江苏省 2017、2018、2020 年先后公布的三批特色小镇创建名单中，苏州市 8 个、无锡市 7 个、常州市 10 个、南通市 5 个；浙江省省级特色小镇 2021 年清单管理名单中，嘉兴市 9 个命名类、5 个创建类，宁波市 5 个命名类、15 个创建类，湖州市 6 个命名类、5 个创建类，舟山市 2 个命名类、1 个创建类，共计 105 个（表 4-2）。

上海都市圈包含上海市和江苏省、浙江省部分城市，其特色小镇的创建、管理及发展的基础、思路、时间及模式存在较大差异。其中，上海市特色小镇发展较慢，主要利用试点城镇及特色镇的优势，探索城镇经济发展新定位；江苏省特色小镇发展以创建制为主要管理机制，通过培育特色小镇带动区域发展；浙江省开创全国特色小镇建设先河，是建立在长久"块状经济"发展基础上，以产业为核心进行特色小镇培育和建设的。纵观三地特色小镇培育发展的历程，上海都市圈充分发挥了不同管理体制机制的灵活性，紧密交流各自特色小镇培育建设的先进经验，形成了产业协作、功能各异的"区块经济 + 若干特色功能组团"的都市圈特色小镇发展格局，成为上海都市圈提升影响力和核心竞争力的重要支撑。

上海都市圈特色小镇清单一览表

表 4-2

城市		特色小镇	数量	公布名单
上海市		川沙文化旅游小镇、北洋人工智能小镇、罗店美兰湖小镇、高境科技金融小镇、长江口"泾"彩田园小镇、吴泾科技时尚小镇、虹桥基金小镇、安亭环同济氢能小镇、徐行智能传感小镇、嘉宝智慧小镇、嘉定联影健康小镇、朱泾芳香小镇、廊下蘑菇小镇、枫泾文旅小镇、车墩影视小镇、泗泾密码小镇、洞泾人工智能小镇、朱家角"文创＋基金"小镇、西岑科创小镇、赵巷 SAAS 小镇、东方美谷小镇、庄行网红经济小镇、东方金融小镇、陈家镇东滩自行车小镇、东平光明花博小镇、西沙·明珠湖旅居康养小镇、稻米文化小镇	27	上海市市级特色小镇2021年清单管理名单
苏州市		苏绣小镇、东沙湖基金小镇、昆山智谷小镇、金融小镇、常熟云裳小镇、生命健康小镇、昆曲小镇、浒墅关绿色技术小镇	8	江苏省第一批、第二批和第三批省级特色小镇创建名单
无锡市		鸿山物联网小镇、太湖影视小镇、新桥时裳小镇、官林超导新材小镇、广益家艺小镇、锡东车联网小镇、旺庄智能装备小镇	7	
常州市		石墨烯小镇、殷村职教小镇、智能传感小镇、别桥无人机小镇、西夏墅工具智造小镇、武进瑞声科技小镇、溧阳锂亨小镇、天目湖白茶小镇、直溪光采小镇、竹箦绿色制造小镇	10	
南通市		吕四仙渔小镇、海门足球小镇、海门叠石桥家纺小镇、如皋氢能小镇、正余机器人小镇	5	
宁波市	命名类	江北膜幻动力小镇、江北前洋 E 尚小镇、镇海新材料小镇、鄞州四明金融小镇、余姚智能光电小镇	5	浙江省省级特色小镇2021年清单管理名单
	创建类	桐庐健康小镇、桐庐智慧安防小镇、桐庐快递科技小镇、海曙月湖金汇小镇、北仑灵峰汽模小镇、北仑芯港小镇、奉化茗山智创小镇、余姚机器人智谷小镇、慈溪小家电智造小镇、慈溪息壤小镇、宁海智能汽车小镇、宁海森林温泉小镇、象山星光影视小镇、杭州湾新区滨海欢乐假期小镇、宁波杭州湾汽车智创小镇	15	
嘉兴市	命名类	海宁阳光科技小镇、嘉善归谷智造小镇、嘉兴马家浜健康食品小镇、秀洲光伏小镇、南湖基金小镇、嘉善巧克力甜蜜小镇、海盐核电小镇、海宁皮革时尚小镇、桐乡毛衫时尚小镇	9	
	创建类	南湖云创小镇、平湖国际游购小镇、平湖光机电小镇、海盐集成家居时尚小镇、海盐杭州湾文旅城小镇	5	
湖州市	命名类	湖州丝绸小镇、南浔善琏湖笔小镇、德清地理信息小镇、吴兴美妆小镇、长兴新能源小镇、德清通航智造小镇	6	
	创建类	吴兴世界乡村旅游小镇、吴兴原乡蝴蝶小镇、南浔智能电梯小镇、长兴乡村民宿小镇、安吉绿色家具小镇	5	
舟山市	命名类	定海远洋渔业小镇、普陀沈家门渔港小镇	2	
	创建类	普陀朱家尖禅意小镇	1	

资料来源：根据上海市、浙江省、江苏省相关文件整理

2. 发展成效

上海都市圈建设特色小镇，从国家战略层面是对接新型城镇化建设要求，提高城市发展的综合水平、寻求城市发展的新兴驱动力；从区域协同层面是促进新城和重点地区城乡一体化发展，有效配置公共服务资源，促进城镇圈内产城融合、职住平衡、资源互补、服务共享，以优化产业和就业空间布局。

1）特色小镇个性化建设

根据资源禀赋实施精准策划，依据区位条件、产业基础、特色资源等要素进行综合分析，找出自身特色、精准定位、联动区域发展，形成功能各异、格局特色的发展格局。上海都市圈特色小镇发展中，从特色小镇的特色挖掘、组织规划、实施建设、运营管理、融资模式、投资主体等内容进行明确策划和规定，依靠灵活的组织管理模式，注重产业的选择与培育，实现传统产业与新兴产业，本地产业与导入产业的融合发展，构筑特色小镇自身产业体系，强化特色小镇的个性化发展。

2）产业特色品牌优势明显

上海都市圈特色小镇在产业创新发展方面，围绕完整的产业链，表现为在原有产业基础空间上植入新的战略性经济，注重产业特色凝练和品牌塑造。例如，主打影视风情的车墩镇、长三角路演中心的枫泾镇、汽车产业文化的安亭镇等，都充分利用资源禀赋优势和产业特色形成了地域特色品牌。因此，对于产业特色突出的小镇，可以主打以产品为载体的"生产"和以"服务"为核心的功能提升，以地方空间特色和产业特色打造真正本土原创的特色品牌。

3）田园生态特色优势突出

上海都市圈处于长江三角洲平原，良田阡陌、河网密布的自然生态环境，是区域发展的重要生态基底和基础保障。上海都市圈特色小镇建设发展中，注重田园绿色的保护和利用，严守生态保护红线，保护并修复江南水乡原乡风貌，严禁高强度的城市开发建设，并通过适合的产业业态和适宜的城镇建设，平衡特色小镇开发建设和区域生态环境保护。例如，崇明区的陈家镇东滩自行车小镇、东平光明花博小镇、稻米小镇等，充分保护上海都市圈郊区的田园生态环境，形成轻量化和生态化的产业发展模式。

3. 经验总结

1）以特色产业为发展核心

上海都市圈重点推进特色化建设，防止区域同质化竞争。坚持围绕产业做文章，找准自身发展特色，推动产业集聚、产业创新和产业转型升级。通过引导特色小镇挖掘自身发展基础，积极融入都市圈产业发展网络，形成联动协同的产业发展格局，使得每一个特色小镇具有自身的发展路径和特色优势。同时，围绕中心城市及重点城市的产业布局状况，将特色小镇纳入重点产业链条的主要环节，加强以特色小镇为节点的产业链上下游关联产业的培育、引进和协作，进一步延长产业链、延伸价值链，形成以产业链条支撑的特色小镇发展链条，构建区域特色小镇发展的一体化格局。

2）以科技网络为发展支撑

上海都市圈依托数字科技搭建特色小镇共享平台，实现资源共享、信息互通、人才协作和产业融合，实现特色小镇管理的规范化和动态化。首先，利用互联网鼓励大众创业、万众创新的政策指引，集聚相关创业者、孵化器等高端要素，促进产业链、创新链、人才链的耦合。其次，联合高等院校、科研院所共建技术孵化基地，推动校企合作、产研、产教融合，保证特色产业可持续发展动力。最后，通过共享平台和协作机制的建设，构建上海都市圈特色小镇发展的网络化格局，最大限度地提升各类发展要素的流动效率和集聚效益。

3）以人才引进为发展保障

人才是产业持续发展的重要动力支撑和要素保障。上海都市圈特色小镇发展借助都市圈内众多优质的高等院校和科研院所，建立人才追踪机制，加强人才关联，创新多种人才引进方式和配套政策，提升制度吸引能力，建立相关人才引进及使用制度，确保人才持续不断地流入，为特色小镇长久发展提供动力。同时，依托自身的特色文化、多元的文化娱乐和便捷的生活设施，确保特色小镇能够留住人才，发挥人才优势。

4.1.3　都市圈特色小镇的案例分析

选取具有相对典型类型差异的五个特色小镇，从文化、产业、设施等方面进行详细分析并总结出小镇的创新举措。包括，吴泾科技时尚小镇、奉贤东方金融小镇、北杨人工智能小镇、东平光明花博小镇和陈家镇东滩自行车小镇（图4–1）。

1. 吴泾科技时尚小镇——先进制造及创意设计类

1）发展概况

吴泾科技时尚小镇位于上海市闵行区东南部，地处黄浦江畔，规划面积3.66km²，类

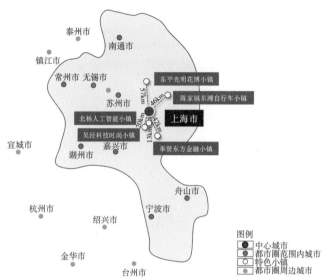

图 4-1 上海都市圈中心城市与典型特色小镇空间关系示意
资料来源：作者自绘

型定位为先进制造及创意设计。吴泾科技时尚小镇毗邻紫竹高科技园区及上海交通大学、华东师范大学两所高校，汇集生态、科技、人文、时尚等元素，依靠服饰、化妆品等领域的雄厚基础，形成以时尚、科技为特色的产业发展格局。吴泾科技时尚小镇规划提出"科技创新高地、文化时尚先锋、转型发展标杆、产城融合典范"的发展目标，聚焦"科技 + 时尚"两大产业集群，制定"一轴两带三区"的产业布局，重视重点园区发展，加快推动空间改造、功能升级、服务提升、配套完善，着力打造黄浦江畔产城融合的特色小镇。

吴泾科技时尚小镇以老工业区而闻名，现如今时尚服饰产业作为小镇的主导产业，已集聚了一批大型服装企业，包括森马、依恋、拉夏贝尔等服饰品牌，摆脱了传统劳动密集型的发展模式，向着服务制造企业转型，促进"制造"向"智造"升级、"制造"向"服务"延伸。通过加强新工艺、新材料、新款式的研发力度，引导相关企业跨界共享发展，打造制造服务融合、价值链向高端环节延伸的时尚产业集群。同时，积极开展生物医药产业发展，引进奥锐特项目、知逊生物项目、佰花深处项目、尧唐生物项目等知名生物医疗企业的产业研发中心和生产基地。此外，依托紫竹科技园区（国家级）大力发展科技产业，汇集优酷、土豆、百事通等多个世界 500 强企业和网络传媒企业；建设上海交通大学技术转移中心、新材料学院，莲谷、金领谷等科技产业园区，科技产业税收占全镇税收总额的 55%，使得吴泾科技时尚小镇成为科技产业与科技孵化的特色小镇。

2）创新举措

（1）优化营商环境，全面推动发展

吴泾科技时尚小镇发展过程中除发挥自身产业优势外，还不断优化营商环境，创造良好的产业发展机会，吸引人才入驻和企业落地。同时，强化政策扶持，通过完善相关产业发展和企业入驻的机制，充分利用小镇现有的资源条件，灵活处理产权问题和使用权问题，统筹近远期发展空间的合理调配，最大化发挥资源优势，从而达到"留住企业、发展产业"的目标，全面推动特色小镇发展。

（2）保留文化元素，打造创意空间

吴泾科技时尚小镇最初以工业区而闻名，保留有较多的工业厂房，见证了上海都市圈工业文明发展的历史，特色建筑氛围浓厚。小镇依托工业厂房进行改造升级，通过局部拆除、改建、装饰等方式，结合入驻企业的具体需求，将现有建筑进行办公场所、会展场所等功能的改造，形成多种风格的创意空间，使得工业遗存转变为创新创业基地。此外，小镇的建筑设计中，还融入了绿色理念，采用光伏发电板作为园区日常办公用电的重要来源。

2. 奉贤东方金融小镇——金融服务类

1）发展概况

东方金融小镇位于上海市奉贤区，规划面积 3.7km²，2016 年 12 月正式挂牌成立，类型定位为金融服务，与陆家嘴金融城、外滩金融带形成"一城一带一小镇"的金融中心发展布局。东方金融小镇周边拥有 G1502、S4、S3 等数条高速公路，30min 车程到达浦东机场和虹桥机场。东方金融小镇南侧有 31km 长的海岸线，是目前上海市最长、最优美的黄金海岸线；小镇拥有数万亩生态林地，风光秀美，被称为城市"绿肺"；小镇内有两千亩自然湖泊，湖中九座小岛掩映其中，是奉贤区唯一的自然生态湿地，具有得天独厚的生态环境基础和优势区位条件。东方金融小镇始终定位成为金融产品、技术、管理、品牌和人才的吸纳源、创新源和辐射源，成为国内金融业尤其是财富管理方面具有重大影响力的金融集聚地，并兼顾国际金融人士的居住休闲和公共活动功能。东方金融小镇倡导绿色、智慧、人文、乐活的人居环境建设理念，力图营造一个具有水岛野趣、幽雅文化、健康活力、低碳智慧的高品质国际社区，让社区居民安享自然、生态、健康、可持续的生活方式。

东方金融小镇截至目前已入驻 4000 余家企业，其中，金融类企业 500 余家。小镇以创新打造投融资大市场的服务宗旨，聚集国内外优质项目与投资机构，以丰富的活动形式助推

项目与资方的衔接，线下推出东方金融小镇"3·6·9 投资周"系列活动，线上积极整合资源，打造"线上＋线下"的多维运营模式，提升服务能级。此外，小镇在奉贤区内、淮海路、陆家嘴等区域分别设立路演中心，推动路演活动常态化，持续扩大金融业务的影响力。

2）创新举措

（1）注重产业"特色化"，找准发展定位

东方金融小镇率先提出"金融小镇"概念，以财富资产管理为核心业务，以金融产品创新研发等知识外包服务为支撑，以金融国际交流、金融人才培训为外延功能，提供国际化高端服务的金融机构群，目前已集聚超过 500 家金融机构及企业，资产管理规模 1000 亿元。同时，在人才、税收、企业扶持方面形成了一定的政策优势和特色理念。

（2）完善功能设施，提供高质量发展空间

东方金融小镇完善现有城市基础设施建设和服务，补齐城市功能短板。首先，提供优质均衡教育，建设"幼儿园—小学—初中—高中"四个学段一体化的全新教育集团。其次，解决住房问题，提供充足的保障性租赁房，满足年轻人住房需求，吸引更多年轻人创新创业。最后，提升医疗服务，引进多家三级甲等医院，推进知名医疗机构联合服务，着力改善社区医疗服务，提升小镇医疗设施的标准化、先进化水平和医疗服务的人性化和特色化。通过这些措施，有效地提升了小镇的基本生活服务水平，消解了产业发展和人口导入的后顾之忧，达成了宜居宜业的建设目标。

3. 北杨人工智能小镇——数字经济类

1）基本概况

北杨人工智能小镇位于徐汇区华泾镇，东至长华路，南至外环线，西至老沪闵路，北至淀浦河，规划面积 $0.59km^2$，类型定位为数字经济。北杨人工智能小镇是徐汇区政府携手漕河泾开发区总公司、汇成集团、华泾镇共同打造，在上海建设具有全球影响力的科技创新中心的背景下，承担着国家级人工智能的集聚地和发展极的重要使命。北杨人工智能小镇发展定位为具有全球影响力的人工智能产业簇群，聚焦前沿技术、夯实产业应用、定制精准配套，实现人工智能产业生态健康发展。产业发展以人工智能为核心，以新材料、生物产业和智能制造三大交互应用为重点，以科技服务为人工智能创新发展提供支撑，贯穿底层基础技术、场景应用、硬件设施、软件服务等人工智能全产业链，形成产业集聚、产业交互、产业培育的产业生态链。空间规划采用"小街区、密路网"的理念，以大数据为核心，实现在城市信息基础设施、公共基础设施、公共服务设施等多方面的全域应用，紧密联系产业需求，塑造多样化载体空间。同时，融合医疗、教育、文化、居住、生态、科创、服务等多维度功能，提供丰富多样的公共活动场所和一定规模的租赁住宅，将园区打造成一个"宜创、宜享、宜业、宜居"的人工智能科创小镇。

2）创新举措

（1）注重品质引领，打造舒适空间

小镇注重公共空间环境的建设，采取"小街区、密路网"的规划理念，通过步行空间、广场等串联形成公共空间网络，依托现有的淀浦河、北杨河和外环绿带等生态资源，打造生态活力带。小镇内部主要的"T"形街道布置商业休闲、科创服务等综合功能业态，展示门户节点形象。小镇内部沿路形成北部创意活力组团、南部共享创业空间的功能格局，功能各异，密切联系。

（2）激活文化基因，复合利用空间

小镇聚焦工业遗产进行再生利用，通过空间立体开发和智慧设施建设方式，探索工业遗产建筑多样化的利用方式，创新社区服务设施和基础教育设施等新用途。例如，淀浦河沿线以塔式起重机为主的构筑物，整体保留并作为地区开放空间中的重要景观要素，打造富有特色和场所记忆的公共活动空间；利用原斜穿基地的水管上部空间，结合开放空间和服务设施，形成以人工智能体验、展示交流为主题的体验走廊，充分利用地下空间的同时提高土地利用率和交通便捷度。

4. 东平光明花博小镇——文化旅游类

1）基本概况

东平光明花博小镇位于上海崇明岛北部地区的东平镇，规划面积 5km²，类型定位为文化旅游。东平光明花博小镇通过改造农垦发展而来，具有深厚的农垦文化积淀。小镇以"游居花海、享乐田间"为发展理念，开发集生态小镇、食景小镇、宜居小镇、智慧小镇等主题于一体的生活度假模式。2021 年崇明承办第十届中国花卉博览会，东平光明花博小镇围绕花卉全产业链，大力推动种源研发、花卉交易、教育培训、综合服务等产业，突出花卉产业特色，全面统筹地区开发建设，创建花博园区、东平特色小镇核心区、青年农场等。

针对小镇独有的农垦文化，依托生态环境，借势农场业态，突出农垦元素，升级发展成为现代化生态园区。现代化生态园区以世界农业创新科技为引领，以中国优秀品牌食品集成研发为支撑，聚焦绿色有机农产品和安全食品，主打鲜活品质的农业食品产业品牌；针对特色花卉产业，以国际花卉博览、国家森林公园、田园大地景观为背景，以休闲度假、旅游教育为功能叠加，展现花卉田园的风情风貌；对原东风农场的环境进行修缮更新改造，保留标志性建筑及进行彩绘、绿植、花卉等装点，打造成为游客和工作人员的公共休息区、咖啡馆。此外，依托生态田园风光，小镇大力发展休闲度假、商务会议和旅居生活，并建设高品质的服务配套设施，满足多样化和个性化的需求。

2）创新举措

（1）注重创新活动，推动产业转型

基于花卉博览契机，小镇与上海光明食品集团合力推出小镇特色品牌项目，打造全新"场景化＋体验式"的消费精品店，推出"稻田里的书店""潮玩快闪店""动漫手稿展"等体验式活动，满足游客多样化的购物娱乐需求。此外，契合花博主题，探索酒类文化与花博文化的跨界融合，联合冠生园、大白兔、梅林、正广和等众多老字号，形成多样化的创新产业形式和跨界发展模式。

（2）升级服务产业，促进全面发展

东平光明花博小镇作为花博会重要展示服务片区，提供会务、接待、贸易、展示等功能，设置东风会客厅、花博酒店、花博邮三个功能区域，分别承担展示、游客服务、工作人员生活服务功能。围绕优质住宿条件、上海味道、海鲜美食、中华名小吃等丰富特色功能，形成酒店民宿、餐饮商铺、稻田书店、文化艺术空间等多元活动空间，提供个性化、特色化的服务，促进特色小镇的服务和产业全面发展。

5. 陈家镇东滩自行车小镇——体育运动类

1）基本概况

陈家镇东滩自行车小镇位于上海崇明岛的最东部，是上海长江隧桥崇明岛登陆点，地处东海之滨，长江入海口，规划面积 4.28km²，类型定位为体育运动。同时，陈家镇东滩自行车小镇入选国家体育总局公布的首批 96 个运动休闲特色小镇，依托郊野公园、体育训练基地等户外运动基础，规划建设以自行车、马术、垂钓项目为核心，融合相关产业协调发展的体育特色小镇。小镇建有 60km 自行车专用绿道，国际一流的体育训练基地，上海体育产业示范基地，秉持"生态＋体育"的理念，已承办多项世界级品牌赛事，得到国际自行车赛事联盟和参赛队伍的认可与好评。2021 年 5 月陈家镇东滩自行车小镇举办了第 30 届中国国际

自行车展览会，是全球规模最大、最具影响力的自行车展之一，有效促进了上海都市圈体育事业发展。小镇围绕"激情赛事、美妙风景、健康社区、活力街道"四大主题，力图将东滩自行车小镇建成上海未来生活的目的地、全国体育小镇示范地和国际自行车运动高地。

2）创新举措

（1）发展主导产业，打造特色品牌

东滩自行车小镇构建"产学研"产业联合发展平台，围绕自行车特色主题，打造东滩自行车小镇品牌 IP，持续扩大影响力。自行车与培训结合，根据现有的体育资源打造体育教学基地，让自行车能够满足更多元化的定制需求，实现教育培训一体化；发展自行车公园，建设自行车研发中心和电商中心，开展产品材料、动力、机械等科学研究，开展与自行车相关的主题展览及制作并售卖自行车周边文创产品；推出多元的竞赛形式，扩大小镇的影响力，吸引更多的骑行爱好者前来，促进体育、文化、旅游等融合发展。围绕自行车产业核心，不断拓宽产业发展类型，进而强化特色品牌。

（2）系统整合资源，多元要素复合发展

东滩自行车小镇规划多条环岛骑行观光路线，将自行车与休闲旅游深度结合；引入国际知名品牌与本土品牌专卖店，打造以自行车为主题的酒店、民宿、餐厅；发展多种类型的自行车租赁、共享单车业务，积极引导专业俱乐部和车友俱乐部发展，拉动自行车商业消费；通过博物馆、展会、节庆活动等，促进自行车文化发展；开展培训，举办各类讲座及交流会，建设长三角青少年体育培训营地。这些产业类型有效地整合了小镇的自然生态、历史人文、产业基础和消费市场等诸多要素，形成了多元要素复合发展的产业发展格局。

4.1.4 都市圈特色小镇的发展方向

1. 创新机制，实行"私人定制"的分类施策

特色小镇的政策引导和策略制定，以特色小镇自身的产业基础和发展环境进行灵活设置，按照分类施策的原则，突出特色小镇发展的政策清单，实行"私人定制"。根据每个特色小镇的产业特征及发展基础，在融资便利、市场准入、高效审批、人才支持、用地保障、公建交通等方面分类施策，突出政策的针对性、实效性、精准性、灵活性。坚持市场化的开发运作模式，加快推进体制机制创新，释放特色小镇的内生动力，加强土地要素保障，积极盘活存量土地，建立低效用地再开发激励机制，多渠道完善交通和公建设施配套，

完善财税资金支持，重视人才引进扶持，推动体制机制创新。此外，秉持小镇文化资源、自然资源、产业资源最大化利用原则，制定专属发展策略，塑造特色小镇"唯一性"。

2. 聚焦产业，实行特色产业集聚引领发展

特色小镇集聚发展的关键在于"特"字，需要资源的高度集聚。特色资源的集聚需要围绕自身产业基础，契合都市圈产业发展方向，联动政府、市场、社会等多方面的组织力量，形成以市场主体为核心、政府积极参与的协作开发模式，保障特色产业资源的不断集聚。通过商业化理念引入社会资本，以实力型龙头企业作为投资建设主体，引导相关中小企业集聚，形成产业集群发展效果，引领特色产业不断发展。

3. 立足生态，实行因地制宜的特色小镇建设

特色小镇的建设应该突出生态环境特色、历史人文底蕴，形成宜居宜业宜游的特色空间单元。围绕"以人为本"理念，突出生态环境特色，完善基础设施和公共服务设施配套建设，提升特色小镇与中心城市的紧密关系，根据产业特色和人口规模，实行因地制宜的特色小镇建设。特色小镇开发运营中，应在不破坏原有自然环境的基础上，突出以人为本、因地制宜，从现代化、人性化的角度着手进行功能布局、能源利用和建筑设计，改善居民生活环境，提高生活品位，让人民在特色城镇建设中有获得感。

4.2　广州都市圈

4.2.1　都市圈发展历程

1. 发展概况

广州都市圈，是隶属于珠江三角洲城市群的五大都市圈之一，2021 年 4 月《广东省国民经济与社会发展第十四个五年规划和 2035 年远景目标纲要》中明确界定广州都市圈范围包括广州、佛山全域和肇庆、清远、云浮、韶关四市的都市区部分，同时指出以广州市为核心，充分发挥对周边地区的辐射带动作用，深入推动广佛全域同城化发展，支持广佛共建国际化都会区，联动肇庆、清远、云浮、韶关"内融外联"，打造具有全球影响力的现代化都

市圈建设典范区①。广州都市圈整体区域面积约为 7.1 万 km²，常住人口 4178.9 万人。广州都市圈属于强人口—强经济都市圈类型，内部社会与经济联系较为紧密（表 4-3）。

广州都市圈主要统计数据一览表　　　　　　　　表 4-3

城市	面积（km²）	常住人口（万人）	生产总值（亿元）	增幅（%）	第三产业占比（%）
广州市	7434.4	1881.1	28231.9	8.1	71.6
佛山市	3797.7	961.3	12156.5	8.3	42.3
肇庆市	14897.5	412.9	2649.9	10.5	30.2
清远市	19000	398.3	2007.4	8.1	45.3
云浮市	7786.6	239.3	1138.9	8.1	44.5
韶关市	18400	286	1553.9	8.6	49.3
合计	71316.2	4178.9	47738.8	8.6	47.2

资料来源：根据 2021 年广州都市圈各城市官方统计数据整理

2. 发展历程

广州都市圈是国内多中心都市圈类型的典型案例，伴随着工业化、城市化以及珠江三角洲一体化的不断推进由双核心大城市化阶段转向以广佛双核为主要核心的大都市圈，按照空间扩散规律发展形成三大阶段：一是广佛同城化阶段；二是广佛肇经济圈阶段；三是广州都市圈阶段（表 4-4）。

1）广佛同城化阶段

广州和佛山同处于珠江三角洲腹地且主城区相邻，其先天区位优势以及地缘相连、经济相融、文化同源的基础条件优势，为同城化发展奠定了先决条件。据此，两市政府积极从政治、经济、社会、文化等方面探索同城化的实现路径，出台并签订各项政策文件以及合作协议等，为广州都市圈塑造了发展雏形。

产业发展方面，广州和佛山两市在产业层面增强关联度。广州市的钢铁、石化的基础产业为佛山市的家电、塑料制品等轻型工业提供原材料，佛山市又以广州市作为其庞大轻工业制品的巨型消费市场，广州的汽车产业也在佛山市形成了整车生产和零配件制造的产业链条，产业发展网络关联紧密。社会生活层面，形成频繁互动的"广佛生活圈"。随着两市功能联系的日益密切，广佛之间地区成为功能扩散与承接的主要区域，城市空间增长

迅速，区域渐趋连片发展，呈现出区域一体化发展的显著特征与趋势[①]。与此同时，同城化发展也面临着区域分工不清、经济协同发展不足、产业结构与布局有待提升、设施网络衔接不够、环境压力持续加大的现实窘境，亟待探索进一步的规划引导与空间协调规划对策。

2) 广佛肇经济圈阶段

为解决广佛两市产生的强"虹吸"效应问题，强化中心城市的责任意识和使命意识，广东省在推动"广佛同城化"的基础上开始探索与周边协同发展的可能性。在此过程中，随着各项政策文件的出台，逐步形成了"广佛肇经济圈"，其主要以广州为核心、形成多中心梯度分布的空间发展格局。

"广佛肇经济圈"是广东省为推动区域经济一体化发展的重要举措，同时也是促进广佛同城化与周边经济均衡、协同发展的跃升阶段。广州、佛山和肇庆三市在推进"广佛肇经济圈"发展上进行了广泛的实践探索，为打造珠江三角洲最具活力的联合体，构建内外贯通、水陆一体的立体式交通网络体系，积极打造"一小时经济圈"。在产业方面，提出错位发展战略，广州市优先发展高端服务业，率先形成现代化产业体系，佛山市强化先进制造业的规模优势，打造高标准、高品质的产业、产品体系，肇庆市承接广州市、佛山市的产业外溢，形成区域产业一体化发展。但随着"广佛肇经济圈"的发展，存在产业协作市场机制滞后、区域协调发展主体地位缺位明显、有效的政府激励机制尚未理顺以及区域产业协作治理体系尚未形成等问题亟待解决。与此同时，"广佛肇经济圈"也在探索与周边更多城市、区域协同发展的可能性，为后续形成广州都市圈塑造了发展雏形。

3) 广州都市圈阶段

广州都市圈的形成也历经了不同阶段，关于都市圈空间范围学界、业界进行了多次探讨，且随着不同规划政策文件的发布，逐渐清晰。2021 年 4 月《广东省国民经济和社会发展第十四个五年规划和 2035 年远景目标纲要》中明确广州都市圈包括广州、佛山全域和肇庆、清远、云浮、韶关四市的都市区部分的空间范围。在广州都市圈中，广佛同城已经进入更高阶段，以广州为中心，20km 的广佛通勤圈基本形成，推动与珠江口东西两岸城市融合互动发展，广州市与周边城市的联系愈发紧密，形成多中心的都市圈发展格局，但广州都市圈内城市的发展水平不平衡和区域治理能力尚有待提升。

关于推动广州都市圈发展的政策文件一览表   表 4-4

发展阶段	时间（年）	重大事件
广佛同城 化阶段	2003	举办广佛区域合作与协作发展研讨会，探索研究"建设广佛都市圈"
	2008	国家发改委出台《珠江三角洲地区改革发展规划纲要（2008—2020 年）》，指出强化 广州佛山同城效应
广佛肇经 济圈阶段	2009	广东省委、省政府出台《广佛肇经济圈建设合作框架协议》，首次提出广佛肇经济圈 概念
	2009	广佛肇经济圈第二次市长联席会议审议并通过《广佛肇经济圈发展规划（2010—2020 年）》，指出到 2015 年全面实现广佛同城化，基本实现广佛肇一体化
	2015	广佛肇经济圈市长联席会议提出推动清远、云浮、韶关加快融入"广佛肇"经济圈， 开拓"3+3"经济圈合作发展
广州都市 圈阶段	2017	广东省发改委出台《广东省新型城镇化规划（2016—2020 年）》，明确指出构建"广 佛肇—清远、云浮、韶关"的新型都市区
	2020	广东省发改委出台《广东省开发区总体发展规划（2020—2035 年）》，初步指出广州 都市圈概念内涵与规划范围
	2021	《广东省国民经济和社会发展第十四个五年规划和 2035 年愿景目标纲要》明确提出广 州都市圈的内涵和规划范围

资料来源：作者整理

4.2.2　都市圈特色小镇的实践探索

1. 实践探索

2016 年 6 月，广东省公布了广州市天河区、深圳市南山区的 10 家首批"互联网 +"创建小镇，佛山市禅城区张槎街道、肇庆市端州区肇梦小镇等 8 家首批"互联网 +"培育小镇，率先以互联网为突破口，建设一批具有广东特色的互联网小镇。根据 2021 年《广东省发展改革委关于公布广东省特色小镇清单管理名单的通知》，广州都市圈范围内包含 68 个特色小镇（表 4-5）。

1）政策支撑——鼓励各区域先行先试

广东省建立特色小镇建设工作联席会议制度，协同推进特色小镇规划建设工作，明确各成员单位的职责分工，审议有关政策文件稿和重大政策措施，全面部署特色小镇规划建设工作。在充分调查研究基础上，制定出台了《关于加快特色小（城）镇建设的指导意见》《广东省特色小镇创建导则》，建立省级特色小镇培育库，出台相关优惠政策和体制机制改革举措，以更好地服务于各地的特色小镇发展。

2）联盟协同——推动多元主体参与建设

依托广东省组建特色小镇发展联盟，强化广州都市圈资源共享、信息互通，为特色小镇科学发展提供全方位支撑。依托特色小镇金融投资子联盟，加深金融机构合作，构建广东省特色小镇建设发展基金，为广州都市圈特色小镇及企业发展提供金融支撑。联合区域专业镇、众创空间以及重点实验室等，构建特色小镇科创子联盟。联合区域高等院校、科研机构、社会团体等，构建特色小镇智库子联盟[①]，充分发挥多元主体的特色优势，形成建设合力。

3）全面推动——组建特色小镇发展促进会

根据各地特色小镇发展需求，开展系统专题培训，组织召开特色小镇研讨会、现场会和交流对洽会，为广州都市圈各地各部门以及企业推进特色小镇工作搭建平台。

通过政府、市场以及社会各界的共同努力，广州都市圈内特色小镇建设已初见成效，小镇特色产业加快集聚，软硬环境持续改善，文化影响力得到提升。

广州都市圈省级特色小镇清单管理名单一览表　　　　　　　　　表 4-5

城市	省级特色小镇名单	数量
广州市	越秀花果山超高清视频产业特色小镇、花都狮岭皮革皮具跨境贸易小镇、花都新能源智能网联汽车小镇、花都梯面康旅小镇、花都岭南盆景小镇、番禺沙湾瑰宝小镇、番禺化龙汽车小镇、南沙智慧港小镇、南沙国际汽车小镇、从化生态设计小镇、从化西和万花风情小镇、从化西塘童话小镇、从化南平静修小镇、从化格塘南药小镇、从化莲麻小镇、从化古驿道小镇、从化赛莱拉干细胞科技小镇、增城派潭生命健康小镇、增城 1978 数字文创小镇	19
佛山市	禅城陶谷小镇（石湾片区）、禅城陶谷小镇（南庄片区）、禅城岭南文荟小镇、禅城绿能装备小镇、禅城三创小镇、南海千灯湖创投小镇、南海平洲玉器珠宝小镇、南海仙湖氢谷小镇、南海大沥智慧安全小镇、南海西樵岭南文旅小镇、三龙湾文翰湖国际科创小镇、南海现代智慧物流小镇、南海九江南国酒镇、北滘智造小镇、龙江智慧家居小镇、乐从乐商小镇、陈村花卉小镇、顺德杏坛智控小镇、顺德勒流五金创新小镇、大良寻味顺德小镇、顺德伦敦珠宝时尚小镇、顺德均安功夫小镇、高明东洲鹿鸣体育特色小镇、三水白坭文创小镇、三水乐平广府印象小镇、三水水都小镇、三水河口古渡小镇、三水云东海美湖科创小镇、高新区科创小镇	29
韶关市	乐昌誉马葡萄酒小镇、南雄珠玑文化小镇、仁化城口历史文化小镇、始兴文笔小镇、翁源江尾兰花小镇	5
肇庆市	高要金利五金智造小镇、四会玉器文化小镇、大旺科创小镇	3
清远市	清城国家音乐小镇、清新凤都小镇、英德锦潭小镇、英德东华红茶小镇、英德浈阳峡文旅小镇、英德英红科创小镇、连州摄影小镇	7
云浮市	云城氢能小镇、新兴六祖小镇、新兴温氏农科小镇、新兴金水台生态康养小镇、云浮新区云联小镇	5

资料来源：作者整理

---

① 广东省推进特色小镇高质量发展的典型做法 [J]. 中国经贸导刊，2019（9）：11-14.

2. 发展成效

特色小镇是推进经济转型升级和新型城镇化的重要抓手，近年来广州都市圈大力推进特色小镇发展建设，因地制宜地积极发挥特色小镇优势和特色，助力乡村振兴。2021年广东省发改委对2020年广东省级特色小镇创建（培育）对象进行"回头看"核查评价并公示了《广东省特色小镇清单管理名单》，共有142个特色小镇拟纳入清单管理，其中广州都市圈范围内共计创建68个省级特色小镇，以做优做好做强为发展目标，推广特色小镇的发展建设。

1）产业支撑水平增强

广州都市圈特色小镇发展势头良好，依托主导产业拓展延伸"旅游+""金融+""文化+"等新理念、新技术，成为传统特色产业转型发展、新型产业孵化发展的新平台，小镇集约化、规模化发展得到显著提升。特别是在区域层面形成了特色产业集聚区，如狮岭跨境贸易小镇致力打造"跨境电商+旅游"皮革皮具产业集聚区；增城派潭生命健康小镇打造"生态旅游+健康服务"项目，依托广州市、佛山市大力实施"IAB计划"，即在大力发展新一代生物医药、信息技术、人工智能等战略新兴产业背景下，按照"一心两翼五大功能组团"的空间布局，以建设国际生命健康特色小镇为定位，以现代医疗与健康养生相结合，致力于创建粤港澳大湾区生命科学创新核心极。

2）科技创新能力提升

广州都市圈特色小镇建设，一方面借鉴浙江省在建设规模控制、财税土地政策激励等方面的成功经验，另一方面结合自身实际，积极探索开展传统产业升级、房企转型、政企协作、存量土地利用等举措，促进区域经济转型升级，形成了具有一定特色的小镇建设模式。例如，以促进传统产业升级和培育新兴产业为导向，注重将特色小镇打造成为高端化功能节点和创新创业发展平台；依托房产企业转型，探索面向新型产业的特色小镇发展模式；政企协作打造高端要素聚集平台，探索促进传统产业转型升级的特色小镇发展模式。

同时，广州都市圈也面临着一些问题、风险和挑战。其一是新旧模式转换尚需时日。广州都市圈内专业镇经过长久发展，生产环节基础雄厚，目前以特色小镇建设为抓手，向科技研发和营销服务等高端环节拓展的方向明确，但受到传统模式、观念等各方面影响，专业镇的升级还处于过渡期和探索时期，全新商业模式走向成熟还需时日。其二是高端要素集聚能力较弱。传统专业镇在长期发展中注重服务于制造业发展，公共服务配套欠账较多，而存量用地改造建设成本高，用于公共服务和公共空间建设的难度较大。因此，虽然近年来政府加大投资，公共服务和空间品质有所改善，但相对于新兴产业和高端环节转型的需求，仍是未来发展的一个重要制约因素。

3. 经验总结

1）区域创新

广州都市圈特色小镇在区域尺度层面构建现代产业体系，培育特色小镇集群。采用"自上而下"和"自下而上"相结合的方式，根据广东省总体发展战略和区域产业布局，从构建区域产业链角度，培育创建特色小镇，打造高端产业、高端要素集聚平台[①]。重点突出"一镇一主业、一镇一风貌"，明确要求每个特色小镇确立自身主导产业，着重考量小镇及其主导产业在区域经济乃至全省现代产业体系中的定位，成为区域创新体系和全省现代产业体系的重要组成部分。例如，佛山市顺德区北滘以智能家电为主，龙江以家具设计、制造为主，乐从以家具销售、展贸为主等，围绕家具产业链形成特色小镇产业集群，在广州都市圈区域创新体系及现代产业体系中成为一大驱动核心。

2）机制创新

广州都市圈特色小镇在培育创建中，正确处理好政府与市场的关系。坚持市场运作、政府引导、企业推进，建立与特色小镇建设相适应的公共服务和行政管理机制，营造扶商、安商、惠商和有利于创新的良好环境。同时，加强特色小镇全生命周期服务。积极引导推动多元主体参与特色小镇发展建设，通过组建特色小镇发展联盟的方式，加强都市圈区域内资源、资本、信息互联互通，为特色小镇科学发展提供全方位支撑，建立投资、科创、智库、运营等多类型区域产业子联盟，保障特色小镇及其企业全生命周期发展。

4.2.3　都市圈特色小镇的案例分析

广州都市圈特色小镇建设秉承着产业链、创新链、服务链、资金链、政策链"五链"融合的建设理念，注重"产、城、人、文、旅"的有机结合，结合空间地域、交通区位、自然资源、历史文化等本土特点，着力构筑创新创业生态系统，为传统产业和新兴产业企业创新创业搭建新平台。广州都市圈内特色小镇建设重点集中在广州市和佛山市两大中心

---

① 曾国军，陈旭，余建雄. 中国特色小镇发展研究报告（2019）[M]. 北京：社会科学文献出版社，2019：135-142.

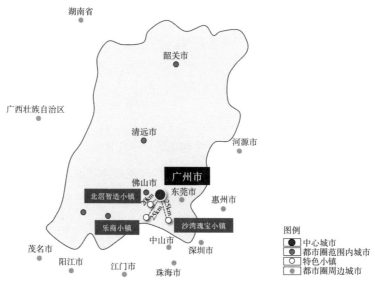

图 4-2　广州都市圈中心城市与典型特色小镇空间关系示意
资料来源：作者自绘

城市区域范围内，重点以先进制造类、文化旅游类两类特色小镇建设类型为主，同时涵盖
商贸流通类、数字经济类、创意设计类、三产融合类等共计六类特色小镇建设类型。肇庆、
清远、云浮、韶关四市依托优越的生态环境和自然、文化资源禀赋，重点以文化旅游类、
三产融合类两类特色小镇建设类型为主。

通过对区域特色小镇进行基本资料搜集、整理、分析，针对广州都市圈特色小镇发展
的偏重性选取广州市番禺区沙湾瑰宝小镇、佛山市顺德区乐从镇乐商小镇、佛山市顺德区
北滘智造小镇三个特色小镇作为典型性案例对象（图 4-2）。

1. 沙湾瑰宝小镇——创意设计类

1）基本概况

广州市番禺区沙湾瑰宝小镇位于珠江三角洲腹地和香港、澳门"一小时经济圈"，区
位优势明显，水陆交通便捷。沙湾瑰宝小镇总规划面积 7.6km²，以沙湾珠宝产业园和沙
湾古镇为核心，东至西环路、西至景观大道、南至市良路、北至市桥水道，核心区范围约
3.49km²。

沙湾瑰宝小镇的发展定位和目标是以全球珠宝玉石矿料和品牌产品交易为核心，以国
家级珠宝玉石交易所为龙头，加快国际珠宝玉器企业总部和玉石资源集聚，带动珠宝全产

业价值链发展。通过整合沙湾特色民俗文化遗产的保护和利用，推动沙湾珠宝和沙湾民间文化艺术"瑰宝"融合发展，着力建设全球珠宝矿料博览贸易平台，打造中国珠宝交易服务中心，建设华南高端珠宝会展博览中心，培育广东瑰宝文化创意体验基地，打造山环水抱、珠宝文化与民俗文化融合的活力小镇。

2）规划布局

沙湾瑰宝小镇的整体空间规划以圈层式为主。第一圈层以沙湾古镇历史建筑群为核心，重点保护、修复古镇建筑群，严控新建扩建，保护街巷风貌，建设历史风貌区；第二圈层顺应沙湾古镇历史建筑群向心式的街巷空间格局，新建普通村民住宅围绕核心区成半圆包裹形态，并由此发展民俗体验区；第三圈层依托原有城市居民区及部分低效工业厂房，改造作为小镇未来发展的产业用地，重点发展促进小镇的产业转型升级的旅游设施及珠宝产业园区等，建设国家会展中心、国际贸易总部基地、中欧珠宝设计中心、国际珠宝设计学院、珠宝博物馆等重点产业项目，形成产业发展区。此外，在沙湾古镇毗邻的交通干道沿线设置四个对外公共广场作为门户节点，设置相应的旅游活动路线，以内外圈层空间节点和统一空间风貌联系各圈层，由此形成"三圈层、四门户"的总体空间结构。

3）发展优势

（1）珠宝产业全过程产业链

依托珠宝产业园，构建珠宝玉石首饰特色产业基地。通过完善海关、监测、银行、物流、报关、保险等驻园服务，提供审批、合同备案、核销、查验、押运、鉴定等"一站式"服务。结合"旅游+"模式，实施"旅游+珠宝"产业发展战略，促进珠宝产业和文化生态旅游有机融合。依托沙湾珠宝产业园形成以全域旅游为引领，打造番禺西部岭南文化生态旅游片区；推动沙湾古镇景区、龙湾涌湿地公园、滴水岩森林公园等景点联动珠宝产业园协同发展；依托文化底蕴，打造出广东音乐、飘色、龙狮、鱼灯、饮食、兰花等特色文化品牌，推进珠宝产业的全链条发展和旅游联动式发展。

（2）产业联盟外延式发展

沙湾瑰宝小镇依托广东省珠宝玉石交易中心和广州钻石交易中心主导并联合 20 多家机构共同倡议成立了"粤港澳大湾区珠宝产业联盟"，开创"珠宝+互联网"的新零售先例，累计注册"两个中心"国内外会员总数 2623 家（名），开发交易服务产品 30 余项，产业联盟影响力日益彰显。

2. 乐商小镇——商贸流通类

1）基本概况

佛山市顺德区乐从镇乐商小镇地处珠江三角洲腹地和广州都市圈核心区域，人口密集，工商业发达，是全国知名的商贸强镇。乐商小镇以桑基鱼塘起步，现已形成家居、钢材、塑料三大专业市场，其发展历程是改革开放后广佛"岭南商都"的缩影。乐商小镇总规划面积为 8.6km²，常住人口约 5 万人，旨在打造"乐创、乐贸、乐游、乐享"的国际性大型家居研发和展贸基地、大健康制造和服务新高地。

乐从镇乐商小镇隶属顺德区"开放带动、创新驱动、分片区一体化"三大发展战略中的北部片区，是北部片区交通网络的枢纽中心。乐商小镇距离广州市区仅 30km，与佛山新城相连，与佛山城区仅隔 7.8km，位于中德工业服务区、中欧城镇化合作示范区两个国家级对外合作产业平台的核心区，区位优势突出，信息资源丰富，发展潜能巨大，拥有广阔的市场与巨大的发展空间。

2）规划布局

乐商小镇规划形成"一核两翼"的空间布局，其中"一核"指小镇核心区，突出云计算、生物研发、创新孵化、总部经济等高端功能；"两翼"包括综合家具产业片区和生命健康产业片区。乐商小镇重点推进核心区建设，布局标准化研究院、大数据服务中心、物联网应用研究中心等高端服务及产业创新功能，打造"小镇客厅"等文化地标；建设广东省创新转化生物产业园、广东云天生物创新产业中心、顺德生命科技产业园、红星家居特色小镇、罗浮宫乐活苑景区等重点项目，注重重大平台建设，加快产业创新转型发展。

3）发展优势

（1）依托交通网络体系，承接核心城市产业外溢

乐商小镇位于粤港澳大湾区、珠江三角洲经济圈腹地和广州都市圈核心区域，区内拥有佛山地铁、广佛环线等地铁线路及多条高 / 快速路，可实现 30min 到达广州白云国际机场、2h 内到达深圳及香港。高度便捷的交通优势，有利于与广州、香港、深圳等大湾区核心城市开展科技创新、智能制造等多项合作，并能充分吸收都市圈消费辐射，支撑现代服务业发展。此外，乐商小镇选址邻近中德工业服务区、中欧城镇化合作示范区核心区等国家级、省级重点平台，有利于接受产业发展政策辐射。

（2）依托传统产业优势，整合产业上下游体系

乐商小镇重点布局"信息服务"和"体验经济"，构建"行业标准制定—大数据服务—

跨境电商、大宗交易平台服务"的信息服务产业板块与"家居一站式服务（展示博览、体验消费、设计定制、旅游休闲、文化创意）—智慧物流—智慧家居"的国际大家居研发和展贸基地产业板块。同时，加强联系周边广州大学城、国际生物岛等科创源头，引导布局孵化、测试等创新转化平台，打造广州都市圈的创新转化节点。

（3）构建公共休憩空间体系，促进产城创融合

乐商小镇重视市民公园、慢行系统等民生项目建设，以公共空间、公共休憩体系的修复与构建实现城镇空间提质。通过建立"市区—片区—社区"三级公共中心，重点完善社区级公服设施，营造优质生活圈。明确公益性设施与非公益性设施，强调政府在养老、教育和创新孵化方面发挥主体作用。引导创新驿站、公共产品中试平台等众创空间建设，提升创新服务。

（4）依托区域商贸网络优势，推动产业提质增效

乐商小镇依托珠江三角洲辐射国内外的商贸网络优势，融合"互联网+"、物联网等信息技术推进传统产业提质增效和转型升级。乐商小镇利用粤港澳大湾区腹地的区位优势强化对接广深，重点布局生物医药、智能制造等新兴产业，加快发展文化旅游、康体休闲、健康养老等城市服务，支撑并服务广州都市圈的商贸发展。

（5）重视近远期发展核心，预留发展潜力空间

乐商小镇划定核心区作为近期建设重点区域，建设特色展示的"小镇客厅"，布局传统产业升级、生物医药和创新创业三类特色平台，促进资源聚焦投放、政策精准配套，在空间上打造带动效应显著的增长节点。预留发展潜力空间，针对具有发展潜力、但近期建设有政策等制约的空间，设定投资正面清单和负面清单，进行引导和空间预控。

3. 北滘智造小镇——先进制造类

1）基本概况

佛山市顺德区北滘智造小镇隶属于广东省佛山市顺德区，地处广州都市圈核心区域，区域内轨道交通设施和高速公路线网密布，区位优势明显。全镇总面积 92km²，常住人口 30 万人，其中户籍人口 13 万人。近年来，北滘镇荣获 "全国重点镇" "中国家电制造业重镇" "国家卫生镇" "国家级生态乡镇" "全国安全社区" 等称号。北滘镇确立了"主导产业特色鲜明、高端人才创新集聚、岭南文化韵味凸显"的特色小镇发展战略[①]。北滘

---

① 中国城市经济学会中小城市经济发展委员会.中国中小城市发展报告（2017）[M].北京：社会科学文献出版社，2017.

镇汇聚了美的、碧桂园两个世界 500 强的千亿元级企业以及惠而浦、日清食品等一大批中外知名的企业，顺德区 30% 的上市公司都在北滘，是广州都市圈特色产业强镇。

北滘智造小镇凭借特色鲜明的家电产业形态，着力构建国内领先的家电全产业链条。借助广东工业设计城、慧聪家电城以及美的全球创新中心等平台载体，积极推进产业升级与产业创新，着力打造家电产业聚集区，为小镇带来强劲的产业集聚效应，为广东省特色小镇发展探索新的路径。北滘智造小镇制定"以城市化发展来带动周边区域发展与产业转型升级"战略，并将"智造北滘、魅力小城"作为发展目标，着力打造"产、城、人、文"有机融合的广东省特色小镇样本。

2）规划布局

北滘智造小镇主要是以广东工业设计城为主体，规划建设一个集工业设计、教育培训、生活配套、服务推广于一体的综合性试验区，进而与南海金融高新区遥相呼应，成为珠江三角洲现代服务业的"双子星座"。核心区广东工业设计城是以工业设计振兴制造业、以服务外包扩大国际影响，为广东产业升级安装新发动引擎。广东工业设计城是规划面积 2.8km^2 的现代服务业集聚区，包括广东省工业设计服务外包基地、国家级创新成果产业化基地、国家知识产权保护与转化服务基地三个基地和交易服务平台、金融服务平台、成果转化服务平台、人才引进及培训服务平台、共性技术研发平台、品牌推介平台六个平台，以及顺德工业设计园、国家工业设计实验室、国际工业设计交流中心、设计广场、设计酒店、工业设计资讯中心、工业设计学院、设计博物馆、设计创新体验馆九个重点项目，形成"3+6+9"的空间发展格局。

3）发展优势

（1）毗邻科技研发核心区域，助推产业智能化转型

北滘智造小镇是广州珠江新城、佛山新城、顺德新城三大新城交汇地，区位优势明显。围绕传统产业的智能转型，实行与大城市产业错位发展的战略，巩固自身产业发展优势，积极承接核心城市创新元素、优质资源等要素溢出，助推产业升级。同时，北滘智造小镇邻近高等教育研发中心，建设大学城的卫星城核心，实现"北滘产业＋广州人才＋深圳创新"的创新格局，促进广州大学城等高校、科研机构成果在北滘转化，助力小镇产业智能化转型。

（2）企业总部优势显著，推动智能产业创新集聚发展

北滘智造小镇依托碧桂园、美的等企业总部优势，凭借全球规模最大、品类最齐全的小家电产品集群以及白色家电产业链，着力打造国际化智造小镇。当前，北滘智造小镇家电产

业创造的产值约占到全镇工业总产值的 70%、全国家电总产值的近 10%，被誉为"中国家电制造业重镇"和"广东省家电专业镇"。围绕全国智能产业创新集聚区，小镇以扩大开放合作、公平市场准入、创新制度供给为核心，依托区域科技创新廊道，提升先进材料的整体研发、生产制造和服务水平，推进智能成果转化和技术转移，打造智能产业研发中心。

（3）注重人居环境建设，彰显岭南水乡风貌特色

北滘智造小镇新城区拥有北滘门广场、北滘公园、北滘文化中心、市民活动中心、体育公园等地标式公共基础设施，旧城区绿树环绕、环境优美，保留了岭南水乡传统风貌，形成了特色化的人居环境。同时，小镇立足岭南特色水乡文化和现代城市文明，结合产业文化、创意创业文化，倡导多元共融、开放包容的文化体系，结合"一河两岸"、碧江金楼的古村修葺，彰显着岭南传统水乡风貌特色。

4.2.4　都市圈特色小镇的发展方向

广州都市圈特色小镇未来发展，应立足粤港澳大湾区发展背景，在智能、高效、可持续发展的多中心区域发展浪潮下，推动城镇创新，缓解中心城市资源、交通、土地等现实困境，为促进城市现代经济外延拓展提供探索性解决方案。未来广州都市圈特色小镇将尊重城市形态从外在更新到内在升级的多元需求，探索新一轮城乡发展的机遇和发展路径。

1. 以产业为先导的特色小镇

打造特色小镇应以资源禀赋、产业条件、历史文化等为重要抓手，以产业为先导，以资源优势为载体，构建一个集生产、城市、人文一体化的空间地域，促进小镇经济、社会的发展。各地依托原有产业优势、历史人文积累和独特自然禀赋积极推进特色小镇建设，是贯彻落实创新、协调、绿色、开放、共享发展理念的重要体现。特色小镇必须由产业植入、产业发展规划引领，基于传统产业衍生出多元化新兴复合产业发展机制的良性运行模式，包括产业发展的规划、功能定位、目标方向、产业项目的政策资源及社区运营和治理能力。同时，产业的转型升级，对国内特色小镇可持续发展具有重要的价值和作用，考虑产业链上下游产业之间的相互联系，各产业之间发挥自身的优势，按照产业定位、区域化布局、专业化生产的要求，形成产业聚集发展模式，增强产业发展动力，资源共享，提升产业发展规模效应。

2. 推进都市圈城乡均衡发展

广州都市圈特色小镇必须结合产业视角，就产业空间及城乡资源对称、城市创新及融资模式等问题进行前瞻性谋划，确保特色小镇创新与产业创新同步。同时，特色小镇在一定程度上遏制城市规模无节制地混乱扩张，避免城市近郊乡村不断被侵占乃至消逝以及城市特色消失并日趋雷同化。在强调存量创新的新形势下，探索适合广州都市圈特色小镇可持续发展的"规划建设＋融资运维"的有效模式，面临着不同层面的挑战。此外，特色小镇作为城市发展形态的创新形式，成为衔接城市与乡村协同发展的重要支撑，并将持续支撑城市形态未来的创新和发展。广州都市圈将在推动区域城乡均衡发展的浪潮中，不断探索内部特色小镇规划建设的关键路径与适宜模式。

3. 构建区域联动的多维度驱动力

广州都市圈特色小镇规划建设是以特色小镇为核心，以建制镇、产业园区和创新园区为支撑的特色小镇发展集群，形成区域创新发展的新引擎，进而推动区域发展动能转换和产业转型升级。

综上所述，广州都市圈特色小镇已成为势头强劲的产业发展平台，为地方经济建设发展带来新的机遇与挑战。面对区域特色小镇的共性特征与个性差异，未来建设需要明确各方的共同利益、共同规划、共同目标，强调主体之间的协同与协调，促进区域整体的经济发展，走出广州都市圈特色小镇自身规划建设的创新之路。

4.3 杭州都市圈

4.3.1 都市圈发展历程

1. 发展概况

杭州都市圈位于长江三角洲城市群的南翼，是以杭州为中心，联结湖州、嘉兴、绍兴、衢州、黄山五市，以规划共绘、交通共联、市场共构、产业共兴、品牌共推、环境共建、社会共享为重点，打造世界级大湾区核心增长极、具有较高国际知名度的大都市圈一体化发展空间区域。

1）人口概况

2021 年年末，杭州都市圈区域总面积约 5.4 万 km^2，常住人口约 2855.8 万人。

2）交通概况

在交通方面，在杭州都市圈内出行越来越畅通便捷。截至 2019 年年底，都市圈城市轨道交通运营里程 110km，杭诸、杭湖 2 列城际通勤列车运行，跨区域公交线路达 17 条。2020 年 12 月 22 日，杭州第二绕城高速公路的重要组成部分，杭州绕城高速公路西复线（即"二绕西线"）正式通车，让都市圈节点县市之间的联系更为紧密。杭州都市圈自 2007 年成立以来，推动建成跨区域交通重点项目累计 300 余项，其中杭黄高铁、商合杭高铁相继贯通，杭衢高铁加速建设，轨道上的都市圈雏形渐成。2021 年 6 月，杭海城际建成通车，与杭州地铁 1 号线同站换乘，未来杭州地铁 5 号线将与绍兴轨道交通 1 号线同站换乘，杭州地铁 10 号线将和杭德城际铁路实现同站换乘，轨道上的都市圈正在加快形成。通过打造轨道上的都市圈，建成杭州西站枢纽，建设钱塘站（江东站）、湖州东站、嘉兴南站、绍兴北站、衢州西站、黄山北站等枢纽，杭州都市圈六市市区之间将实现一小时快速直达。都市圈还将以地铁"一码通行"为先导，协调推进城市间票制资费标准、优惠政策逐步趋于一致，努力实现全出行链"一票制""一卡通"。此外，萧山机场三期扩建工程、杭州西站、衢州西站、杭绍甬智慧高速公路、杭州中环高速公路、杭淳开高速公路等项目也将加快建设，打造都市圈"三大环线"。

3）经济概况

杭州都市圈经济实力不断增强，经济增速保持平稳，2019 年杭州都市圈六城市实现地区生产总值 32038 亿元，增长 7.0%，人均 GDP12.06 万元。2020 年杭州都市圈经济实现 V 形回升后，呈稳定恢复、持续增长态势。2020 年杭州都市圈实现财政总收入 6643 亿元，增长 5.4%，实现生产总值 33307 亿元，增长 3.6%，增幅高于全国 1.3 个百分点，其中第一产业实现增加值 970 亿元，增长 0.9%；第二产业实现增加值 12935 亿元，增长 2.4%；第三产业实现增加值 19402 亿元，增长 4.8%，以服务业为主、三次产业协同发展的格局基本形成。杭州都市圈 2018 年全年财政用于科学技术的支出为 206 亿元，增长 25.4%，共有国家高新技术企业 4530 家，全年专利授权量达 14 万件，创新活力不断激发。杭州数字经济保持引领，湖州绿色发展提速增效，嘉兴招大引强成效显著，绍兴传统产业焕发新活力，衢州美丽经济增势良好，黄山旅游经济不断升温……在国内外经济下行压力持续加大的背景下，杭州都市圈的澎湃发展动力依旧源源不断（表 4-6）。

杭州都市圈主要统计数据一览表

表 4-6

城市	土地面积（km²）	常住人口（万人）	生产总值（亿元）	增幅（%）	第三产业占比（%）
杭州市	16850	1220.4	18109	8.5	67.9
湖州市	5820	340.7	3664.9	9.5	44.7
嘉兴市	4223	371.9	6355.3	8.5	43.6
绍兴市	8279	533.7	6795	8.7	49.2
衢州市	8884.6	255.9	1875.6	8.7	52.1
黄山市	9678	133.2	957.4	9.1	56.6
合计	53734.6	2855.8	37757.2	8.8	52.4

资料来源：根据 2021 年杭州都市圈各城市官方统计数据整理

2. 发展历程

2005 年 12 月召开的杭州市委九届十次全会首次提出了全面启动杭州都市圈建设，2007 年由杭州、湖州、嘉兴、绍兴四城市共同发起设立杭州都市圈，自此发展开始步入正式轨道，尤其是 2014 年经国家发改委批复为全国首个都市圈经济转型升级综合改革试点以来发展尤为迅速，形成便捷交通圈、经济先行圈、生活幸福圈、智慧信息圈、美丽生态圈等，不断加强区域合作，共同推进融合发展，走在全国都市圈发展的前列。经过 14 年发展，杭州都市圈的成员城市共同成立杭州都市圈合作发展协调会，建立完善以市长联席会议决策、秘书长工作会议协商、协调会办公室议事、专业委员会项目合作执行等四级机制为框架的杭州都市圈合作发展协调机制，形成 15 个专业委员会、8 个部门联席会议制度和专家咨询委员会作为制度支撑，合力推进杭州都市圈协同发展。杭州都市圈既是区域合作机制创新的"试验区"，也是打破行政区划坚冰的"先行区"，都市圈所倡导的包容机制和共享精神，为解决国内跨区域合作难题提供了宝贵的"杭州经验"，杭州都市圈已经成为世界第六大城市群——长三角城市群的有机组成部分和浙江创业创新核心区（表4-7）。

杭州都市圈发展过程中的主要事件

表 4-7

时间（年）	主要事件
2007	杭州、湖州、嘉兴、绍兴四市在杭州召开第一次市长联席会议，宣布启动杭州都市经济圈建设
2010	浙江省政府批复《杭州都市经济圈发展规划》，明晰都市圈发展蓝图

续表

时间（年）	主要事件
2012	杭州都市圈发布了首份《杭州都市圈蓝皮书》
2014	国家发改委批准杭州都市圈成为全国首个都市圈经济转型升级综合改革试点
2016	《长三角世界级城市群发展规划》从国家战略层面提出杭州都市圈作为"一核五圈四带"中的"五圈"之一
2018	扩容增加衢州市、黄山市，迈入更广领域、更深层次的跨省合作阶段
2019	杭州都市圈各城市间签订框架协议和合作协议，不断加强区域合作，共同推进融合发展
2020	杭州都市圈第十一次市长联席会议上，正式审议通过了《杭州都市圈发展规划（2020—2035 年）》；吸收宣城市为观察员城市
2021	成立杭州市区域协作发展促进会和杭州都市圈数字协作联盟

资料来源：作者整理

在 2020 年 11 月召开的杭州都市圈第十一次市长联席会议上，正式通过了《杭州都市圈发展规划（2020—2035 年）》，规划中明确了杭州都市圈全球数字经济创新高地、亚太国际门户重要枢纽和全国绿色智慧幸福样本三大战略定位，以及杭州都市圈未来十五年的发展蓝图，确定了杭州都市圈构建"一脉三区、一主五副、一环六带[①]"的网络空间格局，并提出未来杭州都市圈的发展要实现"三步走"和"七个圈"的目标。到 2022 年，都市圈一体化发展要取得明显进展，基本建成现代化都市圈；到 2025 年，在长三角区域中的竞争力要显著扩大，成为全国现代化都市圈典范，初步建成国际化大都市圈；到 2035 年，都市圈要实现全面融合，一小时通勤圈内实现同城化发展，建成具有全球影响力的国际化、现代化都市圈，高水平基本实现社会主义现代化。

[①]　"一脉"指以新安江—千岛湖—富春江—钱塘江以及衢江（兰江）、浦阳江、分水江、曹娥江等支流为脉络，"三区"指西部绿色发展功能区、中部综合城镇功能区和东部（沿湾）产业集聚功能区。"一主五副"指以杭州为主核，培育湖州、嘉兴、绍兴、衢州、黄山五个副中心城市。"一环六带"指杭州二绕同城化发展环和杭嘉、杭湖、拥江（钱塘江）、杭湖衢、滨湖（南太湖）、杭黄六条跨区域发展带。

4.3.2　都市圈特色小镇的实践探索

1. 实践探索

特色小镇在浙江出现有深厚的理论和实践基础，首先是"八八战略"中的浙江优势论，民营经济发达，创业创新勃发，山水资源充沛；其次是市场经济的"浙江实践"，积累了诸多民间资本、市场主体发展经验。杭州市面对城镇化与工业化的新局面，从小城镇特色发展出发出台多项政策推动"一镇一品""风情小镇""新型中心镇"等的建设评选，推动以新城镇化为主导来加强城乡区域统筹发展，为浙江省"特色小镇"的政策雏形提供试验田，"中心城市—小城市—特色镇—特色村"的城市乡村布局模式是杭州市均衡资源配置和促进要素流动的发展思路。党的十八大以来，面对正在孕育兴起的新一轮科技革命和产业变革，杭州主动适应经济发展新常态，坚持创新驱动发展不动摇，大力实施以发展信息经济、推进智慧应用为重点的"一号工程"，立足城市资源禀赋、产业基础和比较优势，创新理念、思路和方式。2014 年年底浙江省政府作出发展特色小镇的战略举措，依托杭州都市经济圈转型升级综合改革试点获批的政策机遇，创造性地提出了非镇非区的新型空间发展模式，并将特色小镇作为新型城镇化的发展路径与杭州都市圈的转型升级充分结合，探索城乡融合的"浙江模式"，杭州都市圈利用其产业集聚与资源共享优势，推动特色小镇的培育和创建。

在具体操作层面上，2015 年浙江省出台《浙江省特色小镇创建导则》，2017 年浙江省发展和改革委员会牵头组织多个单位共同起草，并于 2018 年正式发布实施我国首个"特色小镇"评定地方标准《特色小镇评定规范》DB33/T 2089—2017，该规范主要提出特色小镇"1+8"的评定指标体系，分为"共性指标"与"特色指标"两个关键部分，其中共性指标由功能"聚而合"、形态"小而美"、体制"新而活"三个一级指标来构成，总分为 400 分；特色指标则由产业"特而强"和开放性创新特色工作两个一级指标来构成，总分 600 分。特别是在明确特色小镇共性要求基础上，针对信息经济、环保、健康、时尚、旅游、金融、高端装备制造和历史经典八类特色小镇产业特点分别设置三级特色指标，充分尊重不同特色小镇的独特个性，使之形成具有相对普遍指导意义的特色小镇建设发展模式。《特色小镇评定规范》的发布实施，为浙江省特色小镇评定提供了科学、规范、可操作的指标要求，为特色小镇创建和验收提供了有效指引和主要依据，为形成标准化考核评价长效机制，持续提升特色小镇建设成效，优化新时代浙江生产力谋篇布局提供了有力支撑。同年，浙江省特色小镇规划建设工作联席会议办公室印发了《浙江省特色小镇创建规划指南（试行）》（浙特镇办〔2018〕7号），成为全国首个针对特色小镇创建规划工作出台的专项指导性文件。《指南》分总则、主要内容、组织与编制、附则等四章，指导性和实用性比较强，有效解决了特色小镇规划建设工作不规范、走偏路的问题，为高质量建设特色小镇提供了规划依据，在全国率先形成了"规划有指南、创建有导则、考核有办法、验收有标准"的特色小镇工作体系。《指南》将浙江特色小镇分成三大类，第一大类以提供技术和金融服务产品为主、第二大类以提供实物产品为主、第三大类以提供体验服务产品为主，对产业、功能、形态和体制均提出了规划要求，成果内容包括现状研判及战略目标、产业发展规划、小镇空间规划、城市设计引导和实施方案五部分，并从方法论创新、新理念植入和市场化运作模式方面提出要求，保证特色小镇从规划到验收命名的一致性、创建规划方案的可持续性以及产业规划与空间规划的良好衔接。自2015年起，浙江省特色小镇规划建设工作联席会议办公室组织考核，针对省级命名类、创建类特色小镇评选出优秀、良好、合格、警告、退出五个等级，每个年度的考核指标由联席会议办公室讨论通过，主要针对投资总额、设施建设、产业发展、功能融合、要素集聚等方面进行考核。

依据浙江省政府2015年4月出台的《浙江省人民政府关于加快特色小镇规划建设的指导意见》，杭州都市圈各区县市在政策指导下分别制定相应实施计划，推动区域内特色小镇的培育和创建，按照"创建一批、培育一批、验收命名一批"的发展思路，2017年依据省级特色小镇验收办法等规定，命名余杭梦想小镇、上城玉皇山南基金小镇为首批省级特色小镇。经过六年的发展，杭州都市圈特色小镇创建工作成效显著，具有明显的集聚优势。截至2021年12月，浙江省政府已命名五批60个省级特色小镇，杭州都市圈有37个在列（黄山市另有安徽省级特色小镇3个），其中杭州市16个、湖州市6个、嘉兴市9个、绍兴市4个、衢州市2个，此外在浙江省政府公布的七批特色小镇创建名单中杭州都市圈占据了约50%的数量（除去已命名和淘汰的小镇），涵盖了几乎所有特色小镇的类型，形成一批以西湖云栖小镇、滨江物联网小镇、临安云制造小镇、嘉兴南湖基金小镇等为代表的特色小镇，并催生出一系列的新经济业态、新商业模式、新就业机会，形成以数字经济、智慧制造为特色的创业创新生态系统，探索打通加快经济发展方式转变的新通道，为推进经济提质增效升级注入新的动力。在2021年11月公布的2020年度浙江省命名类特色小镇中获优秀等级13个、合格等级29个，创建类特色小镇中获优秀等级26个、良好等级49个、合格等级11个、警告等级9个、退出等级5个，其中杭州都市圈特色小镇在命名类评比中优秀等级占比 77%，创建类评比中优秀等级占比 46%，杭州都市圈特色小镇在数量和质量上均处于领跑地位（表 4-8、表 4-9）。

杭州都市圈已命名特色小镇一览表　　　　　　　　表 4-8

城市	名称	位置及面积（km²）		类型	批次
杭州市	玉皇山南基金小镇	上城区玉皇山风景区	3.2	金融服务类	省级第一批
	余杭梦想小镇	余杭区未来科技城	3	数字经济类	省级第一批
	西湖云栖小镇	之江国家旅游度假区	3.5	数字经济类	省级第二批
	余杭艺尚小镇	临平区临平新城	3	创意设计类	省级第二批
	西湖龙坞茶镇	龙坞镇葛衙庄社区	3.2	文化旅游类	省级第三批
	西湖艺创小镇	转塘街道	3.5	创意设计类	省级第三批
	萧山信息港小镇	经济开发区	3.1	数字经济类	省级第三批
	建德航空小镇	建德经济开发区	2.8	文化旅游类	省级第三批
	滨江物联网小镇	高新区	3.7	数字经济类	省级第四批
	余杭梦栖小镇	良渚新城	3	创意设计类	省级第四批
	富阳硅谷小镇	富阳经济开发区	3.1	数字经济类	省级第四批
	杭州医药港小镇	钱塘区	3.4	先进制造类	省级第五批
	西湖蚂蚁小镇	西湖区	3.1	金融服务类	省级第五批
	滨江互联网小镇	高新区	3.9	数字经济类	省级第五批
	余杭人工智能小镇	余杭区未来科技城	3.4	数字经济类	省级第五批
	临安云制造小镇	青山湖科技城	3.2	先进制造类	省级第五批
湖州市	德清地理信息小镇	莫干山高新区	5	数字经济类	省级第二批
	长兴新能源小镇	画溪街道	3.3	先进制造类	省级第三批
	吴兴美妆小镇	吴兴经济开发区	3.3	创意设计类	省级第四批
	湖州丝绸小镇	吴兴东部新城	5.3	文化旅游类	省级第四批
	南浔善琏湖笔小镇	南浔区善琏镇	3.6	文化旅游类	省级第四批
	德清通航智造小镇	莫干山高新区	3.5	先进制造类	省级第五批
嘉兴市	桐乡毛衫时尚小镇	桐乡市濮院镇	3.5	创意设计类	省级第二批
	秀洲光伏小镇	嘉兴市秀洲区	2.9	先进制造类	省级第三批
	嘉善巧克力甜蜜小镇	嘉善县大云镇	3.9	文化旅游类	省级第三批
	海宁皮革时尚小镇	市区西侧	3.5	创意设计类	省级第三批
	南湖基金小镇	嘉兴市南湖区	2	金融服务类	省级第四批
	海宁阳光科技小镇	海宁市袁花镇	3.4	先进制造类	省级第四批
	海盐核电小镇	海盐县秦山街道	3.3	先进制造类	省级第四批
	马家浜健康食品小镇	经济开发区	3.1	先进制造类	省级第五批
	嘉善归谷智造小镇	罗星街道	3	先进制造类	省级第五批

续表

城市	名称	位置及面积（km^2）		类型	批次
绍兴市	诸暨袜艺小镇	诸暨市大唐镇	2.9	创意设计类	省级第二批
	上虞 e 游小镇	曹娥街道	2.8	数字经济类	省级第三批
	新昌智能装备小镇	新昌高新园区	3.5	先进制造类	省级第三批
	绍兴黄酒小镇	湖塘街道	4.6	文化旅游类	省级第四批
衢州市	开化根缘小镇	开化县城乡接合部	3.8	文化旅游类	省级第三批
	龙游红木小镇	龙游县湖镇	3.5	文化旅游类	省级第四批
黄山市	均为省级创建类特色小镇				

资料来源：根据浙江省、安徽省政府办公厅相关文件整理

杭州都市圈特色小镇创建名单 表 4-9

城市	省级特色小镇创建名单	数量
杭州市	杭州大创小镇、桐庐健康小镇、拱墅智慧网谷小镇、拱墅运河财富小镇、余杭良渚生命科技小镇、浙大紫金科创小镇、萧山机器人小镇、滨江创意小镇、上城丁兰智慧小镇、萧山图灵小镇、上城南宋皇城小镇、富阳药谷小镇、桐庐智慧安防小镇、滨江数字健康小镇、桐庐快递科技小镇	15
湖州市	南浔智能电梯小镇、长兴太湖演艺小镇、吴兴世界乡村旅游小镇、吴兴原乡蝴蝶小镇、安吉绿色家居小镇	6
嘉兴市	南湖云创小镇、海盐集成家居时尚小镇、平湖国际游购小镇、平湖光机电小镇、海盐杭州湾文旅城小镇	5
绍兴市	上虞伞艺小镇、柯桥蓝印时尚小镇、柯桥酷玩小镇、诸暨珍珠小镇、诸暨环保小镇、嵊州领尚小镇、嵊州越剧小镇、杭州湾花田小镇	8
衢州市	常山云耕小镇、柯城新材料智造小镇、衢州锂电材料小镇、常山赏石小镇、柯城航埠低碳小镇	5
黄山市	西溪南创意小镇、齐云旅游小镇、太平湖运动休闲小镇、黟县宏村艺术小镇、歙县深渡山水画廊小镇、经开区徽艺小镇、屯溪区黎阳休闲小镇、黟县西递遗产小镇、徽州区潜口养生小镇、祁门县祁红小镇、黄山现代服务业产业园\黄山文创小镇	11

资料来源：根据浙江省、安徽省政府办公厅相关文件整理

　　发源于浙江的特色小镇通过培育创建的发展机制，已成为着眼供给侧培育小镇经济的新实践、加快产业优化升级的新载体，成为体制创新、产城融合发展的"浙江样板"。2017 年 12 月 4 日，国家发展改革委、国土资源部、环境保护部、住房和城乡建设部联合印发的《关于规范推进特色小镇和特色小城镇建设的若干意见》，要求特色小镇立足产业"特而强"、功能"聚而合"、形态"小而美"、机制"新而活"，打造创新创业发展平台和新型城镇化有效载体，将浙江特色小镇建设的理念方法、精神实质和创新经验纳入文件并

推广，在全国范围内掀起创建特色小镇的热潮。浙江省不断创新特色小镇发展机制，在国家政策的指导下出台《浙江省特色小镇产业金融联动发展基金组建运作方案》《浙江省级特色小镇亩均效益领跑者行动方案（2018—2022年）（试行）》《省特色小镇规划建设工作联席会议办公室关于加快推进特色小镇2.0建设的指导意见》等政策文件，要求加快推进特色小镇高质量发展，杭州都市圈各城市也依据国家和省级政策出台具体实施计划，引导特色小镇的梯度创建培育，例如杭州市印发《杭州市特色小镇创建导则》《杭州市促进特色小镇高质量发展实施方案（2021—2023年）》《杭州市金融业发展"十四五"规划》等，由于地区发展特点不同，各个城市的政策在发展目标、实施细则、扶持办法等方面有所差异。

2. 发展成效

杭州都市圈特色小镇作为供给侧改革的重要载体，成为探索经济转型和城乡融合的抓手，在特色产业挖掘、高端要素集聚、激发创新活力等方面成效显著。杭州数字经济保持引领、湖州绿色发展提速增效、嘉兴招大引强成效显著、绍兴传统产业焕发新活力、衢州美丽经济增势良好、黄山旅游经济不断升温，在国内外经济下行压力持续加大的背景下，杭州都市圈的发展势头依然强劲。

1）以科技创新驱动经济进步

杭州都市圈特色小镇利用杭州信息、金融和互联网产业的资源优势，加速"互联网＋"与各类新产业的融合，通过资源整合、项目带动和机制创新将资源优势转化为竞争优势、先发优势转化为产业优势，推动科技成果向生产力转化，特色小镇利用中心城市的要素外溢实现小空间大集聚、小平台大产业、小载体大创新，吸引新兴产业落地和企业创新创业，真正成为经济转型升级的发动机。在浙江首批省级高新技术特色小镇名单中，杭州都市圈中的西湖云栖小镇、滨江物联网小镇等7个入围建设类高新技术特色小镇名单，余杭梦想小镇、临安云制造小镇等8个入围首批培育类高新技术特色小镇名单，占名单总数的88%。以滨江物联网小镇为例，这个3.66km²的地域上集聚了包括海康威视、安恒科技、矽力杰等众多具有行业领导力和国际竞争力的领军企业，在创建省级特色小镇期间累计完成固定资产投资额达67.6亿元，其中特色产业投资占比87.8%，形成了较为成熟的数字经济产业链和产业生态，拥有国家高新技术企业118家、50余家省级及以上企业技术中心、近万件发明专利、13家国家级及省级的众创孵化机构、近9万人的科技创新人才，通过坚持科技创新构建创新创业的生态体系，小镇2020年实现总产出1379.8亿元，营业收入 2249.28 亿元，税收收入 50.14 亿元，亩均税收达 682.17 万元，连续被评为浙江省"亩均效益"领跑者第一名。杭州都市圈特色小镇通过汇聚高科技企业在重点行业里保持关键技术领先，依托大学及科研院所的战略合作共同建立协同创新机制，促进产业链、创新链与市场的融合。

2）以政企合作加快转型升级

企业是推动杭州都市圈特色小镇迅猛发展的主体力量，"以政府为主导、企业为主体，市场化运作"是小镇的主要发展模式，政府和企业合作促进高端要素和资源优化配置，通过发挥政府"有形"和市场"无形"的力量为企业提供全要素、低成本、便利化的服务，打造小镇良性创新生态体系。杭州市政府与阿里巴巴、海康威视等民营龙头企业签署战略合作协议引导新产业、新经济集聚，依托企业先后打造西湖云栖小镇、西湖蚂蚁小镇、滨江物联网小镇等特色小镇。湖州通过搭建优质平台和出台扶持政策，引入地理信息行业南方测绘和国遥等领军企业和中科院遥感所及武汉大学等国内知名科研院所高校，共同打造德清地理信息小镇，目前已带动各类地理信息相关的 400 余家中小企业入驻，形成涵盖数据获取、处理、应用、服务等的完整产业链。以云栖小镇为例，其前身是 2002 年成立的传统工业园区，2011 年 10 月杭州云计算产业园在转塘科技经济园区隆重开园，奠定了云计算大数据的产业发展方向。2013 年杭州市与阿里云合作将传统工业园区升级为基于云计算和大数据产业的特色小镇，西湖区政府通过发布政策鼓励企业入驻、人才引进和企业创新，为小镇的发展完善设施配套、优化土地利用、创新服务方式，阿里云则通过连续七年举办阿里云开发者大会，建立全国首个云计算产业生态联盟——云栖小镇联盟，成立国内云计算产业人才培养的云栖学院，构建了"创新牧场—产业黑土—科技蓝天"的创新生态圈，汇聚了包括阿里云、数梦工场、政采云等一大批全国一流的信息经济企业。

3）以人才集聚推动创新创业

特色小镇是新型的生产、生活和生态空间的融合，以人为本塑造了新的生活方式和社交空间，成为杭州都市圈创新、创意、创业人才的集聚区，从大学毕业生、阿里巴巴等大企业的员工到浙江大学等高校的科技人才、海内外知名专家团队等都成为小镇的创业主体。余杭梦想小镇以互联网创业和天使投资融合为特色，通过为大学创业者提供办公、居住、梦想基金等一系列优惠政策，在本地孵化出大量大学生创业成功项目，六年来小镇集聚创业项目 2565 个、创业人才 21400 名，其中 230 个项目获得百万元以上融资，融资总额达 131.71 亿元，一些孵化成功的项目辐射到周边的"加速器"进行产业化，扮演"种子仓"

的角色向周边园区输送优质人才和项目，以"有核无界"的模式带动区域发展。余杭艺尚小镇通过人才引领带动传统服装产业转型升级，吸引加拿大设计师 ROZE、中国织锦大师李加林、金顶奖设计师王玉涛等 30 名国内外顶尖设计师和 500 余名新锐设计师落户，还集聚了一批时尚达人，初步形成"设计师 + 网红""品牌 + 红人"等新模式，通过打造人才交流中心引进创新型人才、开办时尚教育学院培育创新型人才、出台各类专项政策服务人才，为小镇乃至杭州都市圈的时尚产业发展带来源源不绝的创新动能。

4）以美学治理重塑城乡格局

杭州都市圈特色小镇以生产美、生活美和生态美的融合为导向，探索出新的城乡发展路径，将产业、旅游、文化与社区结合，实现优质生态资源与产业发展的融合，以一流的环境从中心城市吸引一流人才，通过完善基础设施、生活配套设施和引入教育医疗等优质资源，在城市郊区、城乡接合部打造一种集约高效、美丽宜居的空间形态，带动当地居民的生活改善和区域的经济水平提高。特色小镇既带有城市的属性，是中心城市的空间延伸，同时也保留着乡村的特点，是历史、人文、自然的现代表达。玉皇山南基金小镇依托上城区南宋遗址等历史文化遗迹和绿化、水系等优质环境资源，对原有的陶瓷品交易市场等旧厂房、城中村进行重新规划和更新改造，将建筑、景观、文化有机融合，打造出仿宋建筑、民国建筑、江南民居、新中式建筑等风格迥异、形态各异的建筑群，2018 年成为全国首个特色小镇类"旅游 + 金融"4A 级景区，打造适合金融精英从业者的办公环境和生活社区，截至 2021 年 10 月吸引金融机构 2327 家，总资产管理规模 11655 亿元，实现跨越式发展。西湖艺创小镇从郊区水泥厂逐渐发展成推动浙江数字文化产业发展的主要引擎，小镇结合场地中已有的 70% 的绿化覆盖率，对区域内的民居和公共建筑进行改造升级，通过生态公园、特色街道、慢行交通三层空间网络的叠加交织，并结合艺术节庆形成"以公园构造空间、以节庆串联日常"的艺术生活系统，以人文环境之美打造"艺术 +"产业链，2020年小镇全年实现税收 10 亿元，产生固定资产投资 225 亿元，小镇吸引了 1800 余家创新企业，已成为浙江文化产业发展的前沿阵地。

3. 经验总结

杭州都市圈特色小镇在培育和创建的道路上取得了丰硕的成果，小镇的发展数量和质量均处于浙江省前列，在规划设计、创新驱动、人才汇聚、运营管理等方面积累了发展经验，形成以杭州为中心的特色小镇网络布局。

1）科学规划是基础

在国家政策出台之前，浙江省已制定政策文件要求加快发展特色小镇，涉及与小镇的创建、培育相关的土地、资金、人才等相关内容。杭州都市圈特色小镇依托信息经济等先发优势和当地特色产业，重点围绕大数据、云计算、物联网、先进装备制造、金融、旅游等产业明确目标和定位，科学规划生产、生活和生态空间的功能布局，充分保留和延续区域内的历史文化元素，控制土地规模的同时确保投资强度和亩产效益，形成分工明确、协调共生的发展格局，为小镇企业和居民创造优质环境和空间。

2）创新驱动是关键

特色小镇是创新驱动发展战略的实施平台，创新机制是推动其发展的关键要素。杭州都市圈特色小镇一方面通过建立激励创新的公平竞争环境、完善成果转化激励政策和关心创业者等来营造鼓励创新的氛围，另一方面在推广新技术应用、推动传统制造业转型升级、高科技人才落户等方面为创新提供源源不断的支持。规划建设理念的创新创造宜居宜业的环境，科学技术创新加速产业集聚，地方政府服务创新吸引企业和人才，形成环境、产业、人才的良性互馈循环。

3）人才汇聚是核心

从浙江省到杭州都市圈各级地方政府，均把人才引进和培养视为核心要务，做优做强各类人才平台，以精准化的服务和政策，为创新人才创造舒适的创业环境。通过市级层面实施人才专项政策，给予不同层次的人才和团队相应的资金补助、创业基金等，小镇也出台项目研发、创业融资、税收优惠、成果转化等方面的创业扶持政策和提供"店小二"式的专业化服务，还为企业在项目审批、土地使用、资金筹措等方面解除后顾之忧。同时，依托区域内高校及科研院所等优质资源联合共建科技创新和文化创意载体，鼓励大学生和科技人员自主创业，通过产学研合作增加项目立项和人才储备。此外，从人才居住落户、住房保障、子女教育、医疗保障和公共服务等方面来优化人才生活服务保障，加速创新人才的汇聚。

4）政策体系是保障

杭州都市圈建立了卓有成效的政策体系，并制定了严格的创建和培育流程，为特色小镇发展的各个阶段提供要素保障、财政支持和领导组织方面的指导，坚持把政府引导与市场运作结合起来，让企业成为推动发展的主体力量，地方政府和小镇管委会则通过建立全方位、全过程的综合服务体系，引导小镇中各方力量在产业链中发挥各自的作用，以"创业苗圃＋孵化器＋加速器"的运营模式为创业者提供适宜成长的环境。

4.3.3　都市圈特色小镇的案例分析

通过对杭州都市圈的发展历程和特色小镇基本资料的梳理，针对杭州都市圈特色小镇发展的偏重性选取临安云制造小镇、余杭梦想小镇、西湖艺创小镇和南湖基金小镇四个特色小镇作为典型案例对象（图4-3）。

1. 临安云制造小镇：科技与文化的完美融合

临安云制造小镇位于杭州西郊青山湖科技城核心区，是浙江省首批特色小镇创建对象之一，2019和2020年连续两年考核优秀，并于2021年11月被正式命名为第五批省级特色小镇。云制造小镇抓住《中国制造2025》的政策机遇和工业4.0、互联网＋的产业发展趋势，努力成为发展智能装备制造、打造众创空间、加快发展信息经济的重要载体，按照"产城融合、产学研联盟、生活创业互动"的发展思路，依托西子电梯、万马股份、南都电源等智能装备产业龙头企业的集聚优势和香港大学浙江研究院、同济大学浙江智能制

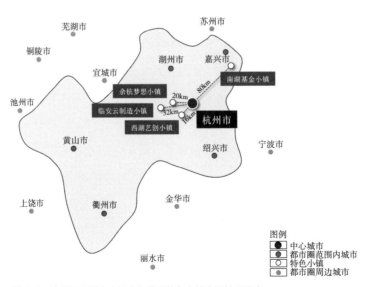

图 4-3　杭州都市圈中心城市与典型特色小镇空间关系示意
资料来源：作者自绘

造研究所、浙大网新创新研究院等院所的科研力量，重点围绕智慧医疗、节能环保、物流交通智能装备产业，主攻研发、创意设计、品牌营销等价值链高端，同时加快网络信息、生物医药等新兴产业培育发展，打造智能装备研发制造创新基地和科技型中小企业创业孵化基地。

1）区域范围

临安云制造小镇位于杭州临安，西临国家级森林公园青山湖，东接未来科技城（海创园），北至胜联大山脚，南临南苕溪。小镇地理位置优越，距市区10.4km，距上海191.2km，距杭州31.9km，距高铁站37.5km，距火车站34.7km，距机场59.1km。

2）规划布局

小镇总体规划面积3.17km²，形成"一轴一脉两区"的总体布局，"一轴"即大园路创新发展轴，"一脉"即苕溪绿色水脉景观走廊，"两区"即云制造小镇建设核心区，包括众创空间和智能装备提升区。此外，小镇以北还规划有拓展区提供产业孵化、转化、产业化平台及公共服务配套设施（表4-10）。

云制造小镇主要功能分区　　　　　　　　　　　　　　　　表4-10

主要功能区		基本情况及建设内容
众创空间	创客工厂 占地753.5亩，总投资51.7亿元	建设科技孵化基地、锦江科技广场，和智能光影检测、工业自动化控制、华通云数据青山湖云计算基地、腾讯创意创业产业园、智能数字信号传输数据软件研发等一批产业园区
	众创服务中心 占地74.7亩，总投资14.9亿元	建设生物医药食品检测、节能环保、轨道交通信号控制、智慧医疗、智慧交通等设备产业园
	创智天地 占地76亩，总投资5亿元	建设企业总部基地
智能装备提升区		沿苕溪两侧着重发展装备制造产业智能化提升改造项目，建设智能物流装备、高端成套设备、信息基础设施等产业园区
拓展区	产业孵化平台	建设院所创新基地、大学生创意园、大师工坊创新学院、创客新车间、艺术工坊、创意街等不同等级和类型的产业孵化、转化、产业化平台
	公共服务设施	狮山众创开放交流区，以及狮山公园等生态人文服务设施

资料来源：作者整理

3）发展优势

（1）发展特色

小镇集聚云制造技术研发、工程技术服务、应用示范类科研院所、企业、中介组织等机构，以云制造研发服务业和智能装备制造业发展为产业定位，是企业制造数字化、智能化协同创新、协同制造的空间集合，重点打造云制造技术研发平台、云数据存储服务平台、云制造企业孵化平台、云技术应用示范平台、云制造创新服务平台，重点发展云制造研发服务和装备制造业，加快推进浙江装备制造产业智能化提升改造，推动产业转型升级。

（2）发展模式

突出"生态、科技、文化、休闲"主题，以"制造即服务"的"大孵化器"理念为引领，打造绿色众创空间，以"技术导师+商业导师（企业家）+资本支撑"的模式，集聚大众创业、万众创新，使智能装备产业集群发展，成为青山绿水间的创客创业创新乐园。

4）创新举措

（1）大力发展云科技，推动数字化改造升级

2020年以来，云制造小镇大力推动企业实施智能工厂、机器换人、企业上云和工厂物联网等数字化改造，实施"云"项目、培育"云"机构、搭建"云"平台，推进装备制造产业基础高级化。截至2020年年底，云制造小镇及其周边累计实施机器换人项目32个，规上企业数字化改造率达到100%；培育规上高端装备制造企业12家、国家级高新技术企业35家、浙江省科技型中小企业106家。

（2）搭建产学研合作平台，精准培育细分产业链

小镇积极搭建"青山湖科技城数智领航平台"，成立了青山湖科技大市场，建成了微纳技术研发开放平台、先进精密仪器共性技术研发开放平台、材料检测分析平台、5G物联网实验室等系列公共服务平台，与相关大学及科研机构签订合作协议，并聚焦微电子装备两大细分产业链开展精准培育，助力小镇企业加快创新发展。截至2020年年底，云制造小镇累计集聚集成电路装备及其核心零部件产业链项目40余个；承担的5个集成电路装备等领域重大专项项目进展顺利，已成为全省科研院所最为集聚的特色小镇和中国产学研合作创新示范基地。

（3）精心组织创客活动，塑造创客文化精神

小镇传承和弘扬吴越文化精髓，极力塑造"鼓励创新、宽容失败"的创客文化和精神，多次承办由中国科学技术发展战略研究院主办的青山湖科技创新论坛，是国内首个以创客创业创新"三创融合"为主题的论坛，还通过举办青山湖科技城高层次人才创新创业大赛，吸引国内外顶尖人才和技术团队报名，促进优秀项目在小镇落户发展。同时，云制造小镇将大力培育和弘扬智造创意文化，核心区内建设创业一条街，开设茶吧、咖啡吧、创客沙龙等形式的创客交流空间，促进创客创意与创业资本不断碰撞火花。

2. 余杭梦想小镇：为创业梦想保驾护航

梦想小镇位于浙江省杭州市余杭区未来科技城（海创园）腹地，是浙江首批命名的特色小镇，于 2015 年 3 月一期建成投入使用，截至 2021 年 5 月，梦想小镇累计引进深圳紫金港创客、良仓孵化器、杭报第七空间等知名孵化器，累计引进创业项目 2627 个，集聚创业人才 21900 名，230 个项目获得百万元以上融资，融资总额达 131.71 亿元。

1）区域范围

梦想小镇位于浙江省政府重点打造的城西科创大走廊带上，也处在杭州西侧的未来科技城核心区域，与杭州主城区无缝对接。项目规划范围西至东西大道、北至宣杭铁路、东至绕城高速、南至和睦路，毗邻浙江大学、杭州师范大学，距高铁站 20.1km，距萧山机场 42.2km，区位优势明显。

2）规划布局

小镇总体规划面积 3km²，由一期的互联网村、天使村、创业集市和二期的创业大街等四大核心功能区组成，每个功能区有不同侧重点（表 4–11）。小镇的规划建设呈"一环两区三星"的空间格局，提出了"先生态、后生活、再生产"的嵌入式开发理念来营造具有江南水乡特色和文化底蕴的"三生"空间，推动小镇的项目实现"创意—创业—创造"的正向发展[①]。

---

① 中共杭州市委政策研究室 . 小镇大未来：杭州市特色小镇建设的时间与思考 [M]. 杭州：浙江人民出版社，2016.

梦想小镇主要功能分区　　　　　　　　　　　　　表 4-11

主要功能区		基本情况及建设内容
互联网村	占地 100 亩，建筑面积约 7.7 万 m²	重点鼓励和支持"泛大学生"群体创办电子商务、软件设计、信息服务、集成电路、大数据、云计算、网络安全、动漫设计等互联网相关领域产品研发、生产、经营和技术（工程）服务的企业，目前良仓、蜂巢、浙大校友会、杭报第七空间、湾西、极客孵化营等知名孵化器已入驻
天使村	建筑面积约 4.9 万 m²	重点培育和发展科技金融、互联网金融，集聚天使投资基金、股权投资机构、财富管理机构，着力构建覆盖企业发展初创期、成长期、成熟期等各个不同发展阶段的金融服务体系，光大资管华东区域中心、草根投资、友乾网络科技、PA 基金等一批优质天使基金、股权投资、互联网金融、财富管理机构相继落户
创业集市	建筑面积约 3.3 万 m²	创业集市是商业配套区块，主要是引进一些与吃住行娱相关的项目，目前上海苏河汇、北京 36 氪、深圳紫金港创客等知名孵化器已入驻
创业大街	建筑面积约 4.4 万 m²	由具有 880 多年历史的仓前老街改造而成，充分保护自然生态和历史遗存，目前国际创业重心、良仓太炎孵化器、创科街、朴器工坊等知名孵化器已入驻

资料来源：作者整理

3）发展优势

（1）特色产业

小镇以互联网创业和天使基金两大门类作为产业发展定位，按照"政府谋划、市场导向、整体设计、分步实施"的思路进行建设，明确"双村联合、资智融合"的发展路径，有针对性地专为青年大学生提供与互联网产业相关的创业创新项目孵化，利用小镇内部各类投资基金等金融机构为企业发展的初创期、成长期、成熟期提供金融服务，以"人才 + 资本""基金 + 孵化"的方式实现资智的多元对接融合。

（2）发展模式

小镇采取"递进式孵化"的发展模式，构建"创业苗圃 + 孵化器 + 加速器"的孵化链条，针对创业企业孵化过程的各个阶段给予不同的优惠扶持政策，苗圃阶段有 6 个月零成本孵化期，孵化器阶段可优先使用电子信息公共平台云服务和天使投资推荐，加速器阶段则可在产业空间保障、上市培育等方面获得针对性服务。同时，各阶段也设置有相应门槛和退出机制，完成阶段目标可进入下一孵化阶段，规定时限内完不成则需腾出空间和资源。通过建立和完善"技术 + 服务 + 资本"的政策和服务体系，打造良性循环的创新创业生态系统。

4）创新举措

（1）政策机制和服务模式创新，实现内部有机分工协作

小镇以创新创业为主线，从顶层设计出发，围绕降低创业成本、创业门槛、创业风险

和提升服务成功率来优化政策体系，以"政府大厅 + 服务超市"的模式提供公共服务，推广创新券等政府购买服务支持初创企业，积极引入财务、法务、人力资源、税务、科技申报、知识产权等第三方服务机构为创业者提供非核心业务，并设立 5000 万元天使梦想基金、1 亿元天使引导基金、2 亿元创业引导基金、2 亿元创业贷风险池、20 亿元信息产业基金等加大天使投资力度和缓解初创企业融资难问题，使得政府、运营方、创业者、中介服务机构、孵化器、天使投资机构各主体既合理分工、各司其职，又密切配合、共同组成创新创业生态系统的有机体。

（2）构筑全产业的孵化链条，多维度促进项目产业化

按照有核无边、辐射带动的思路，以小镇为点、以周边区域为面，积极打通小镇与周边区域之间在空间、配套、产业、政策、招商方面的隔膜，构筑起全景式展现的"孵化—加速—产业化"接力式产业链条和企业迁徙图。将小镇孵化出来的项目，积极推介到周边科技园和存量空间中加速和产业化，小镇腾退出来的空间继续不断引入新项目孵化，形成滚动开发的产业良性发展路径。现周边 15 个产业园正在申报小镇拓展区，期望在小镇的品牌和政策支撑下向新型孵化器、加速器转型，手游村、电商村、健康产业村、物联网村已初步成型。如"遥望网络"是小镇第一个孵化成功的项目，孵化成功后搬入未来科技城内的绿岸科技园进行产业化，目前遥望中国手游基地一期 1.8 万 m^2 已投入使用，30 余家手游合作伙伴已入驻，初步形成了手游产业集聚中心。

（3）打造宜居宜游生态空间和形态完备创业社区

小镇围绕人的需要，以"三生融合、四宜兼具"的开发理念对内部古街进行更新利用，充分保护自然生态和历史遗存，对文化底蕴进行深入挖掘，对存量空间按照互联网办公要求进行改造提升，从而推动文化、旅游、产业功能的有机叠加、共生共融。针对创业者的工作、生活、商务需求，引进各类配套项目，为创业者量身打造宜居宜业、高效便捷的创业创新生态圈。重点搭建社交平台，通过创业咖啡、论坛沙龙等形式，着力引导创业者从分割隔离的办公楼走向极速分享的大社区，促进信息交流和思维碰撞。

3. 西湖艺创小镇：艺术赋能城乡融合

杭州市西湖区艺创小镇由西湖区人民政府联合中国美术学院、浙江音乐学院于 2016 年共同打造，并于 2019 年成为省级第三批命名的特色小镇。小镇坚持生产、生活、生态"三生"融合，是全国首个由水泥厂改造的文化创意园和以艺术创意为特色的国家大学科技（创

意）园、浙江省首个由城中村改造而成的文化创意艺术街区。小镇拥有国家级产业基地品牌 10 个，省级产业基地品牌 10 个，已成为浙江省重要的文化产业集聚区。

1）区域范围

西湖艺创小镇位于西湖区转塘街道，地处浙江省之江文化产业带核心区，毗邻之江文化中心，创建区域范围包括中国美术学院象山校区、中国美术学院龙山校区、中国美术学院国家大学科技（创意）园和环中国美术学院产业带。小镇地理位置优越，距市区 26.7km，距上海 120km，距杭州 30km，距高速入口 4.8km，距高铁站 21.8km，距机场 63km。

2）规划布局

小镇规划范围 10.08km²，核心规划面积 3.5km²，拓展区面积 3.43km²，山体及水域面积 3.15km²。小镇按照产业链构建"一核一谷、 三廊五区"的人文山水空间格局，在规划范围北部打造象山创意研发核，规划范围南部打造龙山产业生产谷，南北之间规划三条艺术长廊和五个艺术社区进行联通，形成之江板块辐射区域，构成"强核心、多层级、广影响"的空间发展格局，助力之江地区文创产业的全面发展和转型升级（表 4-12）。

艺创小镇主要功能分区　　　　　　　　　　　　　　　　　　　表 4-12

主要功能区	基本情况及建设内容	
象山创意研发核	围绕望江山、象山自然资源，以中国美术学院和浙江音乐学院为核心主体，联通和发展象山艺术公社一期、二期、杭七中在内的周边区域	该区域规划为艺创小镇创意产业的核心策源地和学术源发地，充分融通两院艺术学科的前沿性、交叉性和实验性，形成"艺术＋"产业链前端的原创中心
龙山产业生产谷	围绕龙山自然资源，由之江文化创意园核心区凤凰创意国际园区—凤凰大厦—凤凰谷数字云台周边区域组成	该区域为视听艺术产业全链发展的智力增长极，打造国家级、国际化视听新媒体产业孵化基地和产业平台，形成创新、创造和创意资源集聚中心
艺术长廊	艺术交流长廊、艺术音乐长廊、艺术景观长廊	提升艺创小镇规划范围现有资源，整合周边资源，打造艺术特色廊道，廊道沿线布局艺术大院、艺术廊桥、艺术市集、艺术 IP 特色街等节点，进一步激活社区艺术潜力和活力
艺术社区	艺术创意社区、艺术音乐社区、艺术影视社区、艺术生活社区、艺术服务社区	线面结合，编织向腹地辐射的网状结构，实现中国美术学院倡导的"艺术社会现场"理念，构成学院、产业、社区共建共生的产城融合特色

资料来源：作者整理

3）发展优势

（1）特色产业

小镇定位"艺术+"产业，产业类型涵盖信息服务、动漫游戏、设计服务、现代传媒、艺术品、教育培训、文化休闲旅游、文化会展业等，形成了文化与科技融合发展的大文创发展格局。小镇通过四个自持地块打造象山艺术公社、凤凰创意国际园区、凤凰创意大厦和凤凰谷数字云台四个核心产业平台，"十四五"期间四个产业平台分别对应不同产业发展定位（表4-13）。

艺创小镇四个产业平台的产业定位　　　　　　　　　　　　　表4-13

产业平台	产业定位及规划内容	
象山艺术公社	研发新兴产业"种子库"	集聚影视与视听新兴产业，建设产学研实验室；打造国际化高端艺术节平台，构建"全球文化艺术的交流窗口"
凤凰创意大厦	数字文创产业"加速器"	集聚瞪羚企业，推进行业独角兽企业快速发展。积蓄产业潜能，打造融媒体时代网络视听产业生力军
凤凰创意国际园区	文创设计小微企业的"孵化器"	推进"望境创意、美美与共"的中国美术学院国家大学生科技（创意）园品牌建设
凤凰谷数字云台	成熟影视视听企业的产业园	重点建设新媒体与视听平台，打造短视频与直播基地，建设公共配套区

资料来源：作者整理

（2）发展模式

小镇以"艺术+"为核心理念，采取"政府主导+两院参与"的创新模式共建，发挥"名区、名校"双联动效应，在"十三五"期间旨在通过"美育塑造""文创智造"和"生态织造"三种策略，实现培养创新人才、凝聚创新能量、活化创新资源的目的，构建"全球最大的艺术教育社区，全国最强的文创设计航母，全民共享的艺术生活家园"三大目标。在艺创小镇，政府、高校、企业深度协同，艺术、科技、生活高度融合，拉动浙江产业转型升级和优化浙江城乡营造模式，探索当代社会发展的更新模式，创建一个文化产业创新与城乡营造转型的综合试验区。

4）创新举措

（1）坚持"产业立镇、人才兴镇"战略，积极招才引企

坚持数字文化产业培育与文创人才引进"双轮"驱动，已集聚蔡志忠、黄大同、施慧等数十位文创领军人才，挖掘动漫新锐力量，形成了文创领军人物、国际文创人才、高端

创意人才和青年创意新锐四个层次阶梯的人才体系，吸引众多国千、省千、国家级艺术大师等海内外高层次人才落户创业。引进企业方面，小镇集聚了时光坐标、北斗星、眼云智家、传影文化、喜马拉雅浙江公司等文创企业 3000 余家。值得一提的是，小镇企业承担了多项国家级项目设计和制作，如 2022 年杭州亚运会 Logo "潮涌"设计、世博会中国馆"中国红"色彩设计、G20 杭州峰会会标设计、世界互联网大会会徽设计、"最忆是杭州"G20 杭州峰会文艺晚会背景扇子动态制作等。

（2）腾笼换鸟打造文创高地，营造城乡共享的品质生活

小镇的前身之江文化创意园是由原双流水泥厂转型而来，内部空间改造成适合创意人才办公和创业的功能空间，外观保留工业遗产特色。随着西湖区与两所知名艺术院校的深入合作，以 540 亩的象山艺术公社建设为契机，将原有双流社区 59 幢民居和 5 栋公共建筑进行改建，打造"一轴两岸、山水相依、城村交织、曲水流觞"的现代版《溪山清远图》，实现由废弃水泥厂到专注文化创意产业的特色小镇的华丽转身。小镇临近的象山渠，由西向东贯穿整个场地，西端分别连接浙江音乐学院与中国美术学院，由西向东连接多个文化产业功能板块，形成了山体 + 城镇绿化的生态园产业区，并通过软环境和基础设施提升，营造艺术社区和艺术家园的氛围。

（3）洞察产业发展趋势，主动谋求产业战略调整

小镇"十三五"期间累计投入固定资产投资 113.7 亿元，搭建小镇重点产业平台，形成了文化与科技融合发展的大文创发展格局。艺创小镇主动求"变"，主动向数字化转型，发展网络影视、数字视听等数字文化创意产业，入驻众多知名网络影视企业和专业机构，实现了从文创设计航母到数字文化高地的飞跃。"十四五"规划中依据上位规划和产业趋势进行产业战略调整，在引导文创设计产业进一步集聚升级的基础上，将发展目标中的"全国最强的文创设计航母"调整为"全国最强的视听艺术基地"，重点拓展视听新媒体产业，将构建数字产业链、精准融资链、高效服务链、融合生态链"四链协同"发展格局，文创、科创、云创"三创融合"的文创产业新业态，打造全国最强的视听艺术基地、全国视听艺术产业第一镇。

4. 南湖基金小镇：连通资本和企业的桥梁

南湖基金小镇设立背景源于 2010 年浙江的省级金融改革创新试点，在 2012 年借鉴硅谷沙丘路基金小镇的发展规划，依托上海和杭州在国内率先提出打造私募股权投资产业集聚的"基金小镇"，2015 年小镇入选浙江省首批特色小镇创建名单，并于 2020 年被正式命名

为省级特色小镇。在创建之路上，小镇对照落实省级特色小镇创建标准，坚持高起点规划、高标准建设、高质量发展，全力引进各类私募基金、金融机构、中介机构以及优质的实体企业，形成高活跃资本集聚、高素质人才集聚、高增长企业集聚的良好态势。截至目前，小镇累计引进投资类企业 8600 多家，资金管理规模超 2 万亿元，实缴资本 5400 多亿元，累计税收突破 60 亿元，已成长为国内最具影响力的私募股权投资基金小镇，连续三年上榜浙江省特色小镇"亩均效益"领跑者名单，2017—2020 年获评省级特色小镇年度考核"优秀生"。

1）区域范围

南湖基金小镇位于嘉兴市东南区域，长水路以南、三环南路以北、三环东路以西、庆丰路以东地块，呈南北向狭长形的长方形分布。小镇地处长三角城市群中心腹地，距上海86.9km，距杭州 78.9km，距高速入口 5.2km，距高铁站 3.2km，距火车站 5.9km，距机场 64.1km，便捷的交通网络真正实现了"一小时经济圈"和"半小时交通圈"，具有明显的区位优势。

2）规划布局

小镇总体规划占地约 2.04km²，共分四期建设，包括门户形象区域、办公公共活动空间、商业休闲交流空间、开放社区生活空间和城市发展衔接空间五个功能分区。一期启动区位于南湖基金小镇的北侧，总规划面积约 200 亩，作为整个项目的样板区，规划建设有亲水花园式办公楼、高层办公楼等办公场所，论坛会场、金融人才培训中心等交流场所，服务式公寓、配套商业等配套设施，远期还规划有美式私校、公立学校和部分配套住宅等在内的多种业态。南湖基金小镇的规划理念为基于对"个性化需求"的深度理解，打造办公、生活零距离的特色基金小镇，南湖基金小镇更注重"人"的概念，通过关注人与自然的和谐发展，营造个性化、多元化的小镇氛围。小镇利用基地内优良的水道资源，在尊重原始地貌特征和凸显水乡人文特色的前提下，围绕中央湖心景观片区，规划岛域办公、水岸办公和森林办公三类高端办公模式，同时注重打造亲近自然的绿色生态环境，实现在湖边办公、在花园里办公的理念。

3）发展优势

（1）特色产业

南湖基金小镇以私募股权基金为特色产业，2012 年小镇正式开始公司化运营，业务范围主要聚焦优质的私募基金管理人和基金产品，并为基金提供包括准入审核、注册代办以及后续服务等全程一站式服务，入驻的基金主要服务于技术含量高、成长性好、有志于上市的优质企业。现如今已引进包括红杉资本、软银中国、IDG 资本、经纬中国、东方资产等国内顶尖私募股权基金，为小镇长远发展提供持续驱动力。

（2）发展模式

南湖基金小镇采用"以政府为主导、以企业为主体，实行市场化运作"的运营模式。嘉兴市南湖区政府自 2012 年相继主导成立嘉兴市南湖金融区建设开发有限公司、嘉兴市南湖基金小镇运营服务有限公司、嘉兴市南湖金融信息服务有限公司、嘉兴市南湖股权投资基金有限公司、南湖互联网金融学院，分别承担小镇的规划建设、市场化服务、信息对接平台建设、对外投资及培训咨询等职能。此外，政府作为主导方负责政策制定与优化、规划编制、开发建设、设施完善等方面，以市场化的运作方式为入驻小镇的基金企业提供专业化服务，激发政府、企业活力以及小镇的运行效率。

4）创新举措

（1）发扬首创精神，引领营商环境不断升级

南湖基金小镇不仅在国内第一个打造"基金小镇"模式，开辟了一个支撑产业发展的特殊创新空间，同时还延续"首创精神"，在金融创新、招商服务、风险防控等方面继续走在全国同行业前列，譬如第一个进行有条件备案、第一个推出合作企业版智慧登记平台、第一个打造线上监管服务平台、第一个成立"投融圈"平台等。2017 年 4 月小镇首创推出的合伙企业版智慧登记平台实现了"一次都不用跑"的便捷审批，2020 年疫情期间推出的"云服务"带给基金公司"足不出户"的服务体验，通过创新金融服务不断升级营商环境，吸引全国各地金融资本和人才汇聚。

（2）搭建投融资交流平台，有效整合各方资源

小镇依托自身丰富的资源优势，搭建"基金小镇—投融圈"专业化投融信息服务平台，面向股权投融圈、政府平台投融圈和地产投融圈分别提供不同的专业化服务，采用"线上＋线下"的模式为项目资源、投融双方、转受让双方等搭建一个安全、免费、高效的信息交互和对接服务平台，实现股权投资行业"募、投、管、退"全产业链服务落地，以及实现创新与创业相结合、孵化与投资相结合、投前与投后相结合，并且依托长三角资源优势建立"长三角全球科创路演中心"，提升小镇产业价值链和区域知名度。2017 年 6 月小镇开通内部转让信息平台，更加有效地整合了小镇的内部基金企业和投资人资源，拓展企业和资本之间的合作渠道，促进小镇内基金公司之间的交流合作，通过不定期举办"小镇约咖"等系列投融资品牌对接活动和组织"私募训练营"等系列投融资培训会议，探索小镇服务的新空间和构建小镇的金融生态体系，有效解决基金找项目、项目找资金的难题，吸引投资类企业服务于本地实体经济。为进一步发挥"金融服务 + 产业资源"优势，小镇提出了升级版发展战略，在招引优质基金入驻的基础上，建立产业投资母基金，通过连接基金背后的产业资源来间接投资项目，实现地方、资本与产业的深度对接。

（3）立体式的金融监管体系，严格防控金融风险

小镇把严格防范金融风险放在首位，严把基金入驻审核关，狠抓企业资质审核。建立"红黑名单、三级筛选、动态跟踪"等制度的创新，实现风险防控的全覆盖，发挥基金全程电子化审批和监管服务平台的作用进行动态化监管，2018 年推出监管服务 App "企易安"帮助企业实时查看相关数据和了解风险，未来还将逐步完善基金风险防控体系，升级监管服务平台至 3.0 版本，更好地加强日常监管，着力营造良好的金融生态环境。通过门槛监管、过程监管、实时监管"三步走"的制度体系，建立起一道金融安全的"防火墙"，打造"立体式"的金融监管体系。

（4）注重产城融合，构筑精英安居乐业的热土

2021 年 1 月《南湖基金小镇人才引进培养工作实施意见》正式出台，在市、区人才政策的基础上，在加大高层次金融人才引进力度、优化和扶持金融人才创业环境及加大金融人才安居保障等方面给出了更有针对性的优惠措施。例如，新政策对柔性引进的省级及以上金融高端人才按照在南湖基金小镇工作时间给予相应的资金补贴，采用资金补贴和配套补助的方式鼓励高端人才在小镇创业或者在小镇企业实现成果转化及产业化，妥善解决人才家属就业医疗、子女入学、购房购车等待遇问题，为人才提供针对性服务和补助。小镇依据基金从业人员的工作及生活习惯，为其量身定做了一种"快慢结合"的小镇环境，并通过特有的产业聚集效应来吸引基金从业人员，打造高品位的商务交流圈。同时，小镇为基金从业人员提供高品质的居住空间，大面积布置水景及园林景观，汇集丰富的住宅类型、优美的环境和多样的选择。

4.3.4　都市圈特色小镇的发展方向

特色小镇是杭州都市圈优化生产力布局和集聚高端要素的载体，是实施都市圈战略的重要抓手，将支撑区域未来经济增长。杭州都市圈特色小镇在之前的发展中取得了亮眼的成绩，拥有众多明星样板小镇的光环，但也存在着同质化竞争加剧、产业配套功能较为薄弱、

考核评价机制有待完善等问题，需要在未来的发展中强化特色小镇的创新理念和进行有针对性的政策调整，使中心城市与特色小镇更好地协同发展。

1. 借力都市圈科学布局，突出特色

杭州都市圈目前已有 37 个省级命名特色小镇和 50 个创建特色小镇，还有大量省级培育小镇，造成政策资源和特色产业资源较为分散，形成同质化竞争和低水平建设。因此，要从都市圈的整体层面统一布局，找准特色小镇在都市圈建设中的角色和价值，通过公共交通引导产业、人才、资本的外溢拓展发展空间，深入挖掘各自区域内的独特自然、历史、人文资源和地方产业，建立产业协同的城市网络，强化和突出主导产业的特色，通过高端要素集聚和产业链的延伸优化城乡空间格局。新兴产业的小镇应充分与高校和科研机构的集聚区相融合，尽量靠近中心城市，利用好科创平台、科学装置和风险投资，成为技术创新和产业创新的策源地；传统产业的小镇要向智能制造和创意研发升级，向高端化、数字化、集群化转型，吸引海内外高端人才与国际接轨，筑牢核心竞争优势。

2. 功能融合注重内涵建设，加强认同

杭州都市圈特色小镇在较短时间内以相对较小的空间汇聚大量的人口，需要在重视产业发展的同时营造出浓厚的社区氛围，加强文化基础设施和社区配套服务的投入比重，并在考核中予以考虑，政策上鼓励政府以 PPP 方式加大公共投入。鼓励特色产业与当地的历史文化、社区服务、旅游休闲等功能相结合，逐渐形成小镇的文化特质和底蕴，在建筑设计和环境打造上形成小镇的风格。绿色生活、诗意栖居是每个小镇居民的向往，不仅使新小镇从业者获得宜居宜业的发展环境，还要让小镇本地居民享受到城市化红利，加强对小镇的认同和归属。此外，推动特色小镇加快产城融合，实现城市和乡村空间形态的融合，更好地做到合理分工和生态均衡，并把未来社区布点与特色小镇相互融合，将拆迁安置、TOD 开发、创新创业等功能融合起来，打造具有综合功能的城市区域。

3. 创新驱动优化创建机制，科学评价

浙江特色小镇采取"宽进严出"的创建方式，由最初的特色小镇考核指标体系转变为"亩均效益"综合评价指标体系，体现了精细化评价和差异化扶持的理念，但在硬性指标与软性投入、考核周期与创建进度、政府投入与长期发展等方面存在不匹配的情况，需要

在未来针对不同行业和产业的市场发展规律调整考核思路。例如，构建弹性创建年限和分阶段的指标体系，以专家团队和专业机构为主导的考核主体，适当提高社区功能融合与人才引进培育等软性指标权重，政策激励应由短期刺激向长期效应转变。同时，在杭州都市圈推进数字化改革的当下，要将特色小镇打造成数字应用场景的示范区，以数字化改革的创造性张力激发高质量发展的内生性动力。

4.4　成都都市圈

4.4.1　都市圈发展历程

1. 发展概况

成都都市圈，实际上就是以成都为核心，连同周边的德阳、资阳、眉山所组成的一个小型城市群，通过交通以及城市产业的融合，而形成的一个都市圈的状态，实际上是成、德、眉、资同城化的结果。2021 年中共中央、国务院印发的《成渝地区双城经济圈建设规划纲要》和国家发展改革委批复的《成都都市圈发展规划》，都提出要培育发展成都都市圈，充分发挥成都的带动作用和德阳、眉山、资阳的比较优势，建设经济发达、生态优良、生活幸福的现代化都市圈，标志着成都都市圈建设正式"起航"。

成都都市圈是全国经济发展最活跃、创新能力最强、开放程度最高的区域之一，经济实力中西部领先，电子信息、汽车制造、重大装备、航空航天和生物医药等先进制造业极具竞争力，且国际门户枢纽地位和区域创新优势明显，具备共建现代化都市圈的良好基础。但是，成都都市圈总体上还处于发展阶段，与成熟都市圈相比，存在中心城市外溢效应不明显、交通通达深度不够、产业协作配套不强、优质公共服务供给不足、国土空间布局不优等问题。

1）区域范围

成都都市圈以成都市为中心，和与其联系紧密的德阳市、眉山市、资阳市共同组成，主要包括：成都市，德阳市旌阳区、什邡市、广汉市、中江县，眉山市东坡区、彭山区、仁寿县、青神县，资阳市雁江区、乐至县，规划范围拓展到成都、德阳、眉山、资阳全域，总面积 3.31 万 km^2。

2）经济概况

2021 年成都都市圈经济总量为 25012 亿元，占我国西部地区的比重超过 10%。根据

2021 年成都都市圈各城市的统计公报显示，成都都市圈的经济发展形成"一极多点"的经济结构，成都市占据了都市圈 79.6% 的地区生产总值，德阳市、眉山市和资阳市相差较小。此外，根据各个城市的三次产业结构对比，成都都市圈的各个城市处于工业化后期阶段，第三产业均作为经济总量的主要贡献力量，且份额不断扩大。

3）人口概况

2021 年，成都都市圈常住人口约 2991.8 万人，其中成都市人口 2119.2 万、德阳市人口 345.9 万、眉山市人口 295.9 万、资阳市人口 230.8 万，人口比重分别为 70.5%、11.7%、9.9%、7.9%，人口集聚的极化特征明显。

4）交通概况

成都都市圈中心城市成都市距离德阳市 69km、资阳市 73km、眉山市 59km，已初步形成以成都综合性国际交通枢纽为中心的立体交通网络。成都双流国际机场 2019 年国际（地区）航线达 126 条，旅客吞吐量稳居全球前 30，天府国际机场 2021 年建成投运，成都国际铁路港累计开行中欧班列（成都）数量位居全国第一。2021 年 12 月由德阳至简阳段、简阳至蒲江段、蒲江至都江堰段、德阳至都江堰段四条高速组成的全长 443km 的成都都市圈环线高速公路建成使用，区内形成以成都市为中心的"三环十七射"高速公路网和"四普七高（快）"铁路网，铁路公交化运营水平全国领先；成都市域轨道交通和公共交通发展较好，截至 2021 年 12 月，成都地铁共开通 12 条线路，线路总长 518.96km，到 2024 年年底，成都市将形成总长超 700km 的轨道交通网络，包含跨市轨道交通资阳线，公共交通基本实现四市"一卡通"，四市中心城区均位于轨道交通半小时经济圈和高速公路一小时经济圈（表 4-14）。

成都都市圈主要统计数据一览表　　　　　　　　　　　　表 4-14

城市	土地面积（km²）	年末人口（万人）	生产总值（亿元）	增幅（%）	第三产业占比（%）
成都市	14335	2119.2	19917	8.6	66.4
德阳市	5911	345.9	2656.6	8.7	41.1
眉山市	7140	295.9	1547.9	6.3	46.6
资阳市	5747	230.8	890.5	8.1	51
合计	33133	2991.8	25012	8.0	51.3

资料来源：根据 2021 年成都都市圈各城市官方统计数据整理

2. 发展历程

成都都市圈的建设始于 2013 年《四川省主体功能区规划》中的城镇化战略格局规划

提出将成都都市圈作为"一核"，是四川全省经济核心区和带动西部经济社会发展的重要增长极。2016 年《成渝城市群发展规划》提出充分发挥成都的核心带动功能，加快与德阳、资阳、眉山等周边城市的同城化进程，共同打造带动四川、辐射西南、具有国际影响力的现代化都市圈。2020 年《成德眉资同城化发展暨成都都市圈建设三年行动计划（2020—2022 年）》《成德眉资"三区三带"空间规划》正式发布，进一步推动成德眉资规划相融、成德眉资同频共振，实现一张蓝图绘到底，深入推进成德同城化发展。2021 年《成渝地区双城经济圈建设规划纲要》《成都都市圈发展规划》《成都平原经济区"十四五"一体化发展规划》明确，建设现代化成都都市圈。因此，成都都市圈经历由成德同城化发展走向成德眉资同城化发展，最终形成成都都市圈的发展阶段。

1）成德同城化发展

成德同城化，是成德眉资同城化发展的"先行军"，也是成都都市圈建设的"第一站"。德阳、成都城际距离 45km，城际地域连接口 20km（位于广汉、什邡和中江），城际间有国省县（市）乡公路 18 个接口。两地之间日均开行动车约 100 趟，日均客流量近 2 万人次，动车"公交化运营"成为常态，为"跨市通勤"奠定了基础。2013 年 8 月 23 日，成都与德阳两市签署《成都德阳同城化发展框架协议》和《关于共建工业集中发展区的协议》，通过了规划、工业经济、政府采购、交通、教育、旅游、城市水源地保护、金融 8 个合作事项，正式推进成德一体化发展。2017 年 5 月 18 日，成都、德阳两市签署《推动成德一体化发展合作备忘录》，以发展规划、交通建设、通信设施、城市品质、产业布局和政策联动等"六个协同"为重点，进一步深化成德一体化发展，助推成都平原经济区协同发展。

2）成德眉资同城化阶段

《四川省主体功能区规划》中指出成德眉资区域位于"一带一路"倡议和长江经济带战略的重要交汇点，属于成都平原经济区"内圈"，是"天府之国"的中心，区域涵盖四川省省会成都和德阳、眉山、资阳 3 个地级市，包含 17 区、18 县（市），东西最宽约 280km，南北最长约 250km，总面积 3.31 万 km²，其中成都 14335km²（辖 12 区 3 县 5 市），德阳 5911km²（辖 2 区 1 县 3 市），眉山 7140km²（辖 2 区 4 县），资阳 5747km²（辖 1 区 2 县）。区域内设有 1 个国家级新区（四川天府新区），4 个国家级开发区（成都高新技术产业开发区、成都经济技术开发区、德阳经济技术开发区、德阳高新技术产业开发区）和 1 个省级新区（成都东部新区）。

3）成都都市圈阶段

成都国家中心城市"五中心一枢纽"能级不断增强，已成为我国中西部地区的经济组织中枢，正在建设践行新发展理念的公园城市示范区；德阳重大装备制造业集群在全国乃至世界都具有一定影响力；眉山电子信息、新能源新材料、农产品及食品加工产业初具规模；资阳汽车制造、轨道交通、口腔装备材料等产业也具有较好基础。2021《成都都市圈发展规划》正式批复，标志着成都都市圈发展阶段正式到来。成都都市圈尚处于发展的初级阶段，发展能级还需进一步提高。从"极核带动"转向"协同发展"，已成为都市圈成长路上必须完成的"蜕变"。

4.4.2 都市圈特色小镇的实践探索

1. 实践探索

2021 年 6 月 20 日四川省人民政府办公厅印发《关于公布四川省特色小镇名单和创建名单的通知》（川办发〔2021〕36 号），确定 17 个四川省特色小镇和 24 个四川省特色小镇创建对象。根据四川省特色小镇名单，成都都市圈涵盖郫都川菜特色小镇、郫都菁蓉特色小镇、大邑博物馆特色小镇等 10 个命名类特色小镇和彭州航空动力特色小镇、新都天府沸腾特色小镇、邛崃邛窑特色小镇等 7 个创建类特色小镇。至此，成都都市圈范围内各级各类特色小镇总计 18 个（表 4-15）。

成都都市圈特色小镇一览表　　　　　　　　　　　　　表 4-15

城市		特色小镇	数量	备注
成都市	命名类	郫都川菜特色小镇、郫都菁蓉特色小镇、大邑博物馆特色小镇、温江三医特色小镇、邛崃种业特色小镇、天府基金特色小镇	6	2021 年四川省特色小镇名单和创建名单
	创建类	彭州航空动力特色小镇、新都天府沸腾特色小镇、邛崃邛窑特色小镇、崇州国医特色小镇、双流生物医药特色小镇	5	
德阳市	—	白马关运动休闲特色小镇	1	国家体育总局首批运动休闲特色小镇
	命名类	什邡雪茄特色小镇、绵竹玫瑰特色小镇	2	2021 年四川省特色小镇名单和创建名单
	创建类	罗江玄武岩纤维特色小镇	1	
眉山市	命名类	青神竹编特色小镇	1	
资阳市	命名类	资阳牙谷特色小镇	1	
	创建类	乐至帅府特色小镇	1	

资料来源：作者整理

2. 建设特点

1）产业功能区支撑特色小镇聚力发展

　　成都都市圈特色小镇的建设发展过程中紧密结合区域产业发展趋势和产业空间格局进行特色小镇的创建培育，形成了产业功能区支撑带动的特色小镇发展形式，使得特色小镇发展成为区域产业功能区的核心增长极，实现特色小镇的聚力发展。成都市围绕构建现代化开放型产业体系，在全市范围内划定 12 个产业生态圈和 66 个产业功能区，通过生产、生活、生态功能高质量集成复合的产业功能区承载区域产业高质量发展，成都市特色小镇均处于产业功能区，并承担重要的产业发展功能。例如，大邑博物馆特色小镇属于文化旅游类特色小镇，以文博文创文旅为主导产业，处于成都 66 个产业功能区之一的安仁文创文博产业功能区；郫都川菜特色小镇围绕郫县豆瓣地理标志品牌价值，开展川菜产业链融合发展，建设中国唯一以地方菜系命名的产业化园区，处于成都市重点发展的 66 个产业功能区之一的中国川菜产业园；温江"三医"研发小镇集聚医学、医疗企业，重点发展医学研发和医疗健康服务产业，处于成都 66 个产业功能区之一的成都医学城产业功能区；邛崃种业特色小镇是依托天府现代种业园建设的现代种业产业功能区，是国家布局西南唯一的国家级种业园，是建设成渝双城经济圈的西控担当。成都都市圈运用产业功能区的方式集聚先进制造、现代服务、农业产业、科技创新及文化旅游等多种产业经济形态，加快推进先进要素精准化、多元化、集约化匹配，形成以产业功能区为主导的区域产业空间格局，而各类产业功能区中的特色小镇则是要素集聚的核心，产业发展的增长极。通过这种"面状集聚、点状发力"的培育方式，支撑特色小镇的聚力和精准发展。

2）特色化产业带动特色小镇差异发展

　　特色小镇的精髓在于破除工业依赖和路径依赖，实现差异化的特色发展。成都都市圈根据当地的特色资源及产业基础，发展特色产业，展现特色风貌，实现差异化发展，建设一批富有特色的产业小镇，这些特色小镇作为一种新的发展模式具有鲜活的生命力。成都都市圈特色小镇围绕特色主导产业形成产业聚链生态圈，立足不同地理区位和产业关系网络，形成了差异化发展之路。例如，郫都菁蓉特色小镇通过地域优势积极促进产镇融合、镇村融合、产业文化融合，围绕高科技电子机械工业、大数据朝阳产业、现代医贸制造业等产业，积极建设人才智库，承接并集聚成都都市圈电子信息技术、智能制造、生物医药等多个领域的优秀企业及科研人才，通过高品质的规划指导小镇建设，实现社会管理和公共服务"一站式"达成，形成国际创客小镇的差异化发展路径；天府沸腾小镇围绕巴蜀地区独特的火锅饮食文化，打造以火锅产业为核心，涵盖餐饮、购物、休闲旅游和文化创意等业态的特色小镇产业体系，形成特色化的文商旅一体化的发展模式，成为成都都市圈特色产业带动小镇发展的典型代表。成都都市圈围绕特色化的产业进行培育和发展，在都市圈范围内形成了多个点状的特色产业小镇，推动区域快速发展。

3）地方性元素引导特色小镇精致发展

特色小镇的产业特色鲜明、人文气息浓厚、生态环境优美，兼具旅游与社区功能，这就要求特色小镇的建设和发展需要根植于地方性的资源、文化、历史、环境等要素，挖掘地方的特色价值，形成特色化的生产、生活和生态空间，真正发挥带动区域协同发展的增长极作用。特色小镇追求自身价值和独特优势的过程，往往是与其在当地的历史文化积淀分不开的。地方性元素是特色小镇发展的基因，独特的地方元素能够赋予特色小镇成长发育的神韵，形成特色小镇独特的品牌标识，塑造差异化和个性化的景观风貌，促进了特色小镇居民获得身份认同感，使得特色小镇更具地方感，实现地方性要素的更好传承和利用。成都都市圈特色小镇的发展中，充分利用地方特色资源优势，挖掘地方要素的特色价值，形成了一批具有代表性和特色化的文化旅游小镇，使得深厚且鲜明的川西地区特色风情得以充分展现，促进了特色小镇的精致化发展，保持了"特色小镇"的鲜明性和乡土文化的鲜活性。例如，大邑博物馆特色小镇依托保存完好的川西建筑群落，重点发展博物馆业和相关衍生产业，实施"文博品牌化"战略，营造"博物馆＋文化体验"全景式新消费场景，有效地将地方性资源进行充分利用，并形成精致化的发展模式。

3. 经验总结

1）突破行政界线，发挥产区整合优势

特色小镇强调"产业立镇"，旨在通过特色产业的发展带动区域的发展。成都都市圈在培育和创建特色小镇中，采取以产业为导向、以区域为腹地、以小镇为核心，通过整合都市圈内的相关产业，在都市圈范围内形成多个产业功能区或产业集聚区，作为特色小镇发展的区域支撑。成都都市圈特色小镇的培育中以产业集聚为目标，突破行政界线，形成以产业集聚为目标，以产业网络为范围的经济辐射边界，进而发挥区域相关产业的集聚优势，整合产区的优势资源，聚力发展特色小镇，形成"点＋面"相结合的特色小镇发展模式。

2）发挥比较优势，做大做强特色产业

比较优势是特色小镇打造核心竞争力、实现高质量跨越式发展的有利条件。成都都市

圈特色小镇结合地区特色的资源禀赋优势、历史文化优势及产业发展优势，通过发挥各自的比较优势，形成了特色化、差异化的产业发展方向，找准了特色小镇在区域产业体系和发展格局中的应有角色，进一步整合相关优势资源，使得各地资源优势充分转化为发展优势，做强特色产业，推动区域经济的转型升级和提质增效。

3）注重制度创新，保障特色小镇发展

特色小镇是一种新的组织形态和发展形态，适配的制度创新对保障特色小镇高质量发展起到决定性作用。成都都市圈通过完善特色小镇发展的相关政策、社会参与主体的组织机制，保障特色小镇发展所需要的产品、资源和要素在区域之间形成更高效益和更大作用的高效流动，不断进行组织制度与参与制度的创新和重构，形成都市圈特色小镇良性健康发展的内部组织管理制度和外部政策体系、社会参与管理制度等方面的保障体系。

4）创新运营模式，倡导多元主体参与

特色小镇建设作为国家的重大发展战略，综合性较强，涉及经济增长、社会治理、文明传承、社会生活、环境优化等方方面面，参与和涉及主体较多，主要包括政府部门、企业、社会非营利组织、当地居民等，这些利益主体在特色小镇建设中的协调合作关系到特色小镇建设和未来运营的成败。成都都市圈特色小镇在建设中倡导多元主体灵活参与的运营模式，实现政府、企业、居民、社会组织的组合化参与机制，保障了运营模式的灵活性，形成了市场化的特色小镇培育模式。通过灵活的组织形式，加强各相关利益主体参与合作，共同出谋划策，共同积极贡献，各司其职，各献其力，促进特色小镇更好地发展和治理。

4.4.3 都市圈特色小镇的案例分析

通过对成都都市圈的发展历程和特色小镇发展情况的梳理，针对成都都市圈特色小镇发展的偏重性选取大邑博物馆特色小镇、菁蓉特色小镇、白马关运动休闲特色小镇三个特色小镇作为典型性案例对象（图 4-4）。

1. 大邑博物馆特色小镇——文化旅游类

大邑博物馆特色小镇是成都市文创产业园区，四川省 5 个重点发展的文化产业示范园区之一，现有国家 4A 级旅游景区 2 个、国家一级博物馆 1 个、保存完好的老公馆 27 座、现代博物馆场馆 55 个，馆藏文物 1000 余万件，国家一级文物 4526 件（套），文物保护

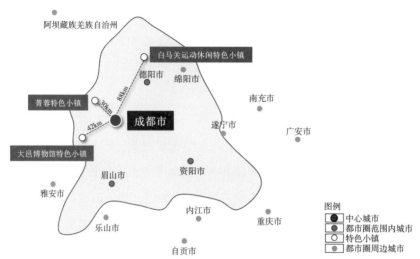

图 4-4　成都都市圈中心城市与典型特色小镇空间关系示意

资料来源：作者自绘

单位 12 处。大邑博物馆特色小镇距离成都 41km，双流国际机场 36km，大邑县城 8.5km，交通便利，控制性详细规划面积 8.76km²。

1）基本概况

大邑博物馆特色小镇位于安仁镇镇区，安仁镇历史悠久，至今已有 1380 余年的历史。安仁镇辖 15 个行政村，4 个居委会，位于四川省成都市大邑县，地处成都市"西控"区域，距中心城区 30min 车程，是大城市和大农村融合区。该区域是大邑文创文博产业集聚区，已经规划为成都市 11 个文化旅游类功能区之一、5 个文创类功能区之一，是承接成都"五中心一枢纽"核心功能的重要载体。

2）特色资源

大邑博物馆特色小镇作为中国唯一的博物馆小镇，以中国最大的民间博物馆聚落和刘氏庄园博物馆而蜚声海内外，被誉为川西平原上的一颗灿烂明珠，历史街区、古建筑中保存了约 30 万 m² 相对完整的庄园建筑。

（1）丰富的历史遗迹

大邑博物馆特色小镇街巷完整地保留了民国时期川西集镇的肌理，保存完整的老街有维新街、域民街、树人街。安仁最独特的是以刘氏庄园为代表的公馆建筑群，这些建筑中西合璧，富丽大气，工艺精湛，建筑色彩朴素雅致，建筑细部装饰精致，装饰图案寓意独特。公馆建筑、博物馆群落、文化脉络是大邑博物馆特色小镇无法比拟的优势，是建设世界博物馆小镇与文创文博高地的核心资源。坐落于特色小镇的建川博物馆于 2005 年正式对外开放，占地 500 亩，建筑面积近 10 万 m²，拥有藏品 800 余万件，为特色小镇增添了新的内涵。

（2）深厚的文化底蕴

大邑博物馆特色小镇拥有深厚的农耕文化，位于都江堰精华灌区腹地，天府之国，水旱从人，不知饥馑；繁盛的商贸文化，自古乃商贾云集之地，是古代茶马古道的必经之处；深刻的抗战文化，一度成为四川的政治、军事中心，遗留下大量抗战时期的典故、遗产；独特的庄园文化，新兴地主阶层和军阀间逐步兴起庄园文化。

（3）生态环境优越

大邑博物馆特色小镇属成都平原内崇大精华灌区腹心区位，平畴沃野，良田万方。镇域范围内有桤木河和斜江河穿过，镇区内有七斗渠、八斗渠以及部分支渠，渠系纵横。大邑林盘数量、林盘居住人口均为成都第二。林盘规模普遍较大，主要分布于中东部乡镇。安仁镇林盘资源丰富，保存着大大小小的 1600 多个林盘，整个安仁镇域林盘分布密集，密度为 28.23 个 /km²，为成都市密度最高。

3）建设历程

随着城镇化发展加速推进，安仁镇也加快了特色小镇的开发建设步伐，自 2005 年以来，一大批知名文化企业入驻安仁小镇。2005 年，建川实业集团入驻，由民营企业家樊建川创建的建川博物馆在安仁成立，占地 500 亩，建筑面积 10 余万平方米，馆内藏品丰富，数量千余（馆内珍藏 404 件一级文物）。该博物馆是全国为数不多的由民间资本大规模投入的大型博物馆聚落。2006 年，川报集团入驻，打造和开发当地文博产业，与建川集团共同成立四川安仁镇老公馆文化发展有限公司，开发安仁镇 14 座老公馆。2009 年，成都文旅集体入驻，开展土地整理、开发建设、优化提档、招商引资、营销宣传等工作，为安仁镇文博业注入强劲动力。在成都文旅集团的打造下，安仁这座千年古镇完善了基础配套，增加了文博体验、田园观光、商务会客、娱乐休闲等高端配套，被授予唯一的"中国博物馆小镇"称号。2010 年，四川电影电视学院入驻建设安仁校区，其是经教育部批准的国内第二所以电影命名的全日制本科院校，被誉为"中国影视人才四大培养基地之一"。安仁校区拥有 2 万以上大学生及 3000 以上中学生，学校用地规模 529.52 亩，规划分为三个板块：已建部分、二期部分、文化创意创业园。2016 年，华侨城集团入驻，携手成都文旅集团，共同成立合资公司，计划投资 100 亿元以上，将安仁打造成"世界文博小镇"，使之成为国际级文化旅游度假目的地、国家级文化产业基地，跻身为全国乃至全球的文化旅游带动新型城镇化发展示范项目。

4）重要举措

（1）坚持"政企协作"的推进模式

大邑博物馆特色小镇以公司为城镇发展的核心，政府给予策略支持。小镇本身雄厚的历史文化内涵以及充足的人力资源和自然资源为"文化博物馆 + 特色产业"的融合提供了条件。产业系统间的关联有效地推动了城镇与地区间的关系，助推了城镇的兴旺发达。

（2）创新产业功能区的发展方式

大邑博物馆特色小镇突出"1+1"产业社区的模式，以 4.44km² 的规划建设面积，联动安仁镇域 143.04km² 的发展腹地，积极承接成都市西部文创中心、对外交往中心职能，紧紧围绕博物馆核心 IP，构筑文博、文创和文旅三文融合的产业生态圈，建设全球领先的文化博览会展平台、国内一流的文化创意示范基地、世界知名的文化旅游度假标杆，打造国家文创文博产业集聚区、国家新型城镇化示范区、国家文化旅游目的地、世界博物馆小镇。大邑博物馆特色小镇以文化博览为核心，充分发挥特色小镇的极核带动作用，形成区域协同发展，并连续举办"安仁论坛"，持续做好文博特色产业集群，构筑特色小镇优势品牌。

2. 菁蓉特色小镇——科技创新类

1）基本概况

菁蓉镇原名德源镇，隶属于豆瓣之乡郫县。菁蓉特色小镇立足于创新创业区域中心、大数据产业精准聚集、高端产业与生态环境、传统文化融合，探索"以城带乡、以乡兴城"特色小镇新模式，城区"菁蓉特色小镇"初具雏形。菁蓉特色小镇依靠"创客郫都"美誉的"国际创客小镇"，早已成为"蓉漂"逐梦圆梦之地。郫都区坚持"国际化视野、商业化逻辑、市场化手段、专业化运营"理念，以菁蓉镇3km²为核心，科学布局孵化核心区、生活配套区、产业转化区，集智聚力建设具有全球影响力的创新创造中心，形成了"极核引领、多点支撑、全域覆盖"高水平双创高质量发展的新格局[1]。

① 朱峰. 四川省成都市郫县德源镇特色小镇建设纪实：水润德源 双创乐园 [J]. 小城镇建设，2016（11）：90-93.

2）建设特点

（1）设立专项资金

郫都区设立 5000 万元创新创业发展基金，对入驻项目给予房租物管等提供"三免两减半"补贴。设立 1 亿元规模的天使投资引导基金、2 亿元规模的创业投资引导基金和 10 亿元规模的产业投资引导基金等 3 支基金。引进小米投资等 20 多家创业投资机构，加强与 18 家驻县金融机构的深度合作。同时，积极强化与高校、科研院所的技术人才合作，落实科技人才创新创业激励政策。

（2）搭建双创平台

菁蓉特色小镇成立创客平台发挥聚集效应，打造形成 120 万 m^2 众创空间，入驻孵化器 35 家，聚集公共技术服务平台 38 个，聚集各类基金 22 只，入驻创新创业项目 1263 个，聚集创客 11000 余人，引进院士、长江学者等高层次人才 21 名，促进菁蓉特色小镇高科技和创新型企业不断汇集。

（3）传统创业模式转型

菁蓉特色小镇大力发展以大数据、VR/AR、智能制造（无人机和机器人）、互联网＋、传统行业改造、生物医疗等新兴技术为代表的新产业，发展新经济。

（4）引进专业孵化器

针对性地引进光谷咖啡、成创空间、西华科技园、"三创谷"等新型孵化器 15 家、创业项目 812 个，大力支持青年创业创客群体，建设成都都市圈最佳的创业创新基地，不断提升孵化和培育效果。

（5）着力深化改革

激活闲置资源，巧变创客空间，搭建"大众创业、万众创新"新平台；促进成果转化，推动产业升级转型，创建县域经济发展新样本；激发创造新活力，培育发展新动能，探索以特色小镇建设为区域经济转型升级发展培育新的可持续动能。同时，菁蓉特色小镇沿循成果与资本对接、人才与企业对接、科技与产业对接三条路径，打造"具有全球影响力的创客小镇"。

3）重要举措

（1）主导产业高端前瞻，产业特色鲜明

菁蓉特色小镇以国家信息中心大数据创新创业(成都)基地为龙头,引进 10 家企业入驻,大数据及其关联产业投资 52 亿元,引进孵化器 32 家、创新创业项目 1206 个,产业品牌和影响力突出。积极对接和利用高校资源,与西南交大、电子科大等 9 所高校合作共建,

引进培育项目 151 个，催生了校地融合和高校科研成果转化落地。产业带动作用日渐强劲。推进成都现代工业港及高新西区出口加工区"产创互动"，组建了电子信息、川菜产业等五大产业创新联盟，豆瓣、大蒜等农产品利用率达到 65%。

（2）产业扶持政策体系成熟，发展环境日渐完善

菁蓉特色小镇已经形成特色产业扶持政策体系，设立每年不低于 5 亿元的创新创业专项资金和不少于 2 亿元的"大数据、无人机、精准医疗、智能制造"四大高端成长产业发展专项资金。建设特色小镇服务业聚集区，建成创客公寓 1676 套，完成 1.2 万 m² 商业街改造，完善创客食堂、知名品牌餐饮、创业超市等配套设施。搭建创新创业公共平台 39 个，先后举办全球创新创业大赛中国站等国际性赛事等 900 余场，创新创业发展环境不断改善。

3. 白马关运动休闲特色小镇——体育运动类

1）基础概况

白马关运动休闲特色小镇地处成渝经济圈和成德绵经济带核心地段，隶属四川省罗江县，南距德阳 15km，北距绵阳 27km，距成都 66km、成都双流国际机场 100km。白马关运动休闲特色小镇交通便利，G5 京昆高速、宝成铁路、川陕公路、成绵高速公路、成绵乐铁路客运专线横穿全境，具有公路、铁路、航空"三位一体"的立体交通走廊。白马关运动休闲特色小镇所在地的白马关镇获评全国美丽宜居小镇，入选四川省"十三五"特色小城镇发展规划。2017 年 5 月国家体育总局发布《关于推动运动休闲特色小镇建设工作的通知》，德阳·白马关运动休闲特色小镇入选首批 96 个建设试点。

白马关运动休闲特色小镇是国家 AAAA 级景区白马关景区所在地，有众多国家级重点文物保护单位，如庞统祠、倒湾古镇、凤雏庄、金牛古道、换马沟、落凤坡、诸葛点将台、八卦谷等三国古遗址，这些历史文化的遗址，形成了独具特色的三国文化。

2）发展历程

（1）白马关景区建设阶段

白马关景区相继建成以东篱南山高尔夫练习场和乐途户外运动场为核心的两大户外运动基地，基地的建成助推了罗江乃至全市的体育产业发展，拉动了体育产品的消费。白马关景区特色运动休闲项目以汽摩运动、滑草、山地自行车、全地形车等户外运动为核心，充分运用白马关运动休闲特色小镇的地形地貌和景观资源，组织并拓宽产业项目，延伸运动休闲的产业链条，构建了以户外运动为核心、旅游度假为支撑的运动休闲产业基础。

（2）白马关运动休闲特色小镇建设

白马关运动休闲特色小镇依托户外运动产业基础，打造户外运动目的地。入选运动休闲特色小镇建设试点后，白马关运动休闲特色小镇努力打造赛事型运动休闲特色小镇，建设国家级全地形车 (ATV) 专业赛场、山地自行车专业赛道，定期举办中国全地形车锦标赛、山地自行车精英挑战赛，打造西部体育赛事旅游目的地。白马关运动休闲特色小镇产品的线路设计主要围绕 "一心、一带、四园" 资源确立，"一心" 是指运动休闲旅游综合服务中心，"一带" 是指山地户外运动休闲体验带，"四园" 是指三国文化体验园、佛教文化养生园、生态农业产业园、滨水运动乐园。由此可见，白马关运动休闲特色小镇体育产业业态多样，以运动休闲为特色同时开发单一主题和多主题串联的体育旅游线路。

3）重要举措

（1）依托专业体育赛事，带动产业集聚发展

白马关运动休闲特色小镇通过定期举办专业体育赛事，集聚自行车、户外运动和山地运动等体育活动的运动人士和训练基地，强化小镇体育赛事的专业性。依托大型专业体育赛事带来的活动人群和消费热点，围绕专业体育运动项目，拓展赛事训练、教学培训、参与体验等产业项目及产品业态，形成了由专业体育赛事活动带动旅游体验消费和休闲度假发展的体育运动特色小镇发展路径。

（2）挖掘地方文化内涵，谋划特色赛事活动

白马关运动休闲特色小镇的文化内涵极为丰富，三国文化和军事文化极为突出。当前，小镇围绕体育赛事活动及产业发展充分挖掘地方特色文化内涵，将历史文化、民俗文化和体育文化融合起来，进而植入赛事活动和旅游体验之中，形成具有地方文化特色和品牌特点的体育赛事活动。结合多元文化特点，小镇积极谋划自主赛事活动，对标专业体育赛事场地的建设标准，打造了体验场地、训练场地等不同规模和不同标准的赛事活动场所，举办了娱乐赛事、亲子赛事、专业体验赛事等多个不同类型的赛事活动，并据此开展旅游体验、专业培训、度假休闲等文旅休闲活动，极大地丰富了自身产业。

4.4.4　都市圈特色小镇的发展方向

1. 创新制度供给，完善相关体制机制

成都都市圈特色小镇发展围绕特色小镇的发展规律和发展诉求，创新制度供给，完善

相关体制机制，保障特色小镇能够健康、良性发展，并成为带动区域发展的增长极。

1）完善土地供给制度

基于成都都市圈"产业功能区 + 特色小镇"的发展模式，应当鼓励统筹安排新增建设用地指标，优先保障特色小镇建设用地。同时，支持特色小镇建设与乡村振兴相结合，采取原址使用、整理使用等方式将分散、低效、空闲的存量集体建设用地整合集中使用，并支持集体建设用地优先用于农村住房、基础设施、镇村公共设施和商业、旅游、租赁住房等项目建设，形成特色小镇多元化的供地方式。

2）健全特色小镇评价机制

围绕特色小镇建设的城镇功能、城镇形态、城镇管理、体制机制、特色产业、特色功能等方面建立特色小镇考核评估体系，科学并动态地进行特色小镇建设发展绩效评估。同时，围绕文化创意、科研创新、康养度假、文化旅游及现代服务等特色产业业态，进行产业发展绩效评估，动态调整特色小镇产业的发展精度。

2. 科学规划小镇，加强基础设施建设

成都都市圈特色小镇发展中要突出特色小镇的历史文化，注重与城市现代文化的规划和衔接，高标准、高要求谋划特色小镇的功能和发展途径，抓紧制定详细的发展规划，出台具体的实施方案。

1）科学编制特色小镇建设实施方案

特色小镇规划建设积极对接成都都市圈发展规划、成都产业功能区发展规划等相关规划，将特色小镇发展置入区域发展格局中，确保特色小镇的发展定位更加精准，特色小镇的规划更加具有合理性。特色小镇建设要顺应农村土地自然肌理、社会经济特点，按照小地块、小街坊、小尺度、无围墙的开放式规划理念，合理确定特色小镇的总体风貌、产业布局、基础设施和公共服务设施配置，切实做到目标清晰、特色鲜明、布局合理、功能完善。

2）完善特色小镇基础设施建设

根据成都都市圈特色小镇的职能定位，针对不同区位、不同模式的特色小镇在基础设施、软硬件建设中应与产业特点相匹配，确保小镇规划的合理性、风貌的独特性，充分应用丰富的地方文化元素。加快特色小镇与区域交通干线、邻近中心城市的快速通道建设，提高公路技术等级和通行能力，改善交通条件，强化特色小镇与外部的交通联系，促进进镇公路与镇区道路网络的有机衔接，构建特色小镇内外联系通畅的道路交通体系。贯彻行

人优先与绿色出行理念，加快特色小镇自行车等慢行系统建设。加强城镇防洪、排涝、消防等设施建设，充分利用公共绿地、市民广场等公共场所建设应急避难场所，提高特色小镇综合防灾减灾能力。

3. 升级融资方式，实现多种渠道融资

成都都市圈特色小镇发展中要充分发挥龙头企业的带动作用，大力引入社会资本，构建"财政资金引导、信贷金融支持"的资金保障模式。

1）发挥龙头企业带动作用

针对成都都市圈的先进制造类、文化旅游类和科技创新类特色小镇，引进品牌市场占有量大，财力雄厚的龙头企业，发挥龙头企业的示范带动作用，并借助品牌效应，集聚周边的资金和项目，形成特色小镇的核心竞争力和区域发展极。

2）创新资金保障模式

针对特色小镇的发展特点，充分发挥多元主体参与的积极作用，支持特色小镇运用政府和社会资本进行合作、财政贴息、直接补助等方式，广泛吸引社会资本参与基础设施、公共服务设施和产业创新孵化平台等项目的建设和运营。通过积极创新金融支持的方式，持续增加特色小镇的建设资金，并联合金融机构搭建专项投资基金平台，尝试建立财税返还等双赢的财政激励机制。鼓励金融机构结合特色小镇的实际情况，开发具有针对性的金融产品、信贷服务，增强特色小镇建设的可持续性。

4. 整合资源要素，大力发展特色产业

成都都市圈特色小镇需要整合资源要素，大力发展地方特色产业，形成差异化和针对性的产业发展格局。

1）明确主导产业

在充分把握资源优势和明确小镇"特色"定位的基础上，科学合理确定特色小镇主导产业发展方向，延伸产业链、提升价值链、创新供应链，挖掘潜力、做强品牌，发展具有持续竞争力和集群发展优势的特色小镇，防止千镇一面和特色小镇房地产化。加强文化产业建设，把握好文化在特色小镇建设中的核心作用，文化是特色小镇保持活力和持久生命力的关键，在规划特色产业时要将当地历史文化资源纳入其中，才能提高小镇的品位，延长产业链条，从而进一步彰显小镇的吸引力、凝聚力。

2）提升产业层次

加强培育特色项目，着眼于高成长性的产业，充分运用重点大型企业的产业关联作用、辐射作用，搭建校园、企业和地方三方的合作平台，促进科研成果转化。加快调整产业结构，改革商业模式，积极引导企业发展新业态，加强产品研发创新，并运用现代化的经营管理理念，增强企业的抗风险能力，不断提升品牌形象。大力推动特色产业重大项目提升工程，着力引进发展科技密集型产业，改造提升传统优势产业，积极打造文化创意型和科技教育型产业，延伸集"创、研、产、销"于一体的产业链，有效吸引小镇居民就地就业，大力促进农村人口非农化就业，积极推动就地就近城镇化。

4.5　实践经验总结

客观、系统地了解国内典型都市圈特色小镇发展的实践，梳理典型都市圈的发展脉络、特色小镇的实践历程、典型案例及发展方向，是开展本书研究的重要基础，对后文大都市圈特色小镇发展的理论解析、要素解构、绩效评估，及对动力机制、发展路径及适宜模式的探讨具有直接影响，通过解析上海都市圈、广州都市圈、杭州都市圈和成都都市圈的特色小镇的发展实践，总结形成经验启示，是本章节的主要研究内容。主要经验启示如下。

1. 创新因类施策政策机制

国内特色小镇是一种新的组织和发展形态，适配的制度创新对保障特色小镇高质量发展起到决定性作用。国内都市圈特色小镇的发展注重制度创新，通过清单式的管理制度、多元参与的合作机制、全生命周期的服务机制等体制机制创新，厘清了政府、市场、社会团体及公众之间的关系，建立了与特色小镇相适应的各项发展机制、协同机制及保障机制，有效推动了都市圈特色小镇的健康发展。

2. 强化产业集聚支撑发展

特色小镇作为产业集聚发展与优化生产布局的重要空间载体，强调"产业立镇"，旨在通过特色产业的发展带动区域的发展。国内都市圈特色小镇注重强化产业集聚发展，通过立足资源禀赋与产业优势，围绕特色产业发展优势，积极推动产业集聚、产业创新和产业转型升级，建立特色化、差异化、品牌化的产业发展格局，驱动特色小镇持久发展。

3. 注重科技创新驱动发展

特色小镇是创新创业的重要平台，通过资源整合、信息互通、技术共享等方式搭建都市圈特色小镇数字科技创新平台，吸引并集聚创新人才、资源、孵化器等创新要素，推动科技成果向生产力转化，实现小空间大集聚、小平台大产业、小载体大创新的创新创业生态系统，为传统产业和新兴产业提供可持续发展动力。

4. 建立区域协同发展格局

国内都市圈特色小镇在发展实践中找准了特色小镇在区域产业体系和发展格局中的应有角色，注重在区域尺度层面构建现代产业体系，培育特色小镇集群。采用"自上而下"和"自下而上"相结合的方式，通过整合区域资源、明晰发展定位、突出特色优势等方式，构建区域一体化的发展格局，使得特色小镇成为推动区域经济转型升级和提质增效的重要支撑。

5. 坚持特色营造精致发展

特色小镇是产业特色鲜明、人文气息浓厚、生态环境优美，兼具旅游与社区功能的，生产、生活、生态空间深度融合的新型城乡空间单元。国内都市圈特色小镇建设注重"产、城、人、文、旅"的有机结合，坚持运用地方性的资源、文化、历史、环境等要素，营造特色化的品牌标识、景观风貌、文化体验等特色内容，有效地将地方性资源进行充分利用，并形成精致化的空间特色与发展模式。

6. 完善要素配置保障体系

特色小镇的良性发展有赖于资源、产品和要素的有效集聚与高效流动，依赖于健全的要素配置保障体系。国内都市圈特色小镇通过完善特色小镇发展的相关政策、社会参与主体的组织机制，形成都市圈特色小镇良性健康发展的内部组织管理制度和外部政策体系、社会参与管理制度等方面的保障体系，有效保障特色小镇发展的资源、资金、人才、设施及服务等内容的高效供给和适宜环境。

大都市圈特色小镇发展的要素体系

大都市圈特色小镇发展演化的动力机制

大都市圈特色小镇发展的
要素与机制

5.1 大都市圈特色小镇发展的要素体系

根据实践案例和理论梳理，从都市圈、中心城市、特色小镇在不同阶段的发展基础和发展诉求，将都市圈特色小镇的发展要素归纳为核心要素和支撑要素两大类，其中核心要素为特色小镇的发展要素，包括基础要素、动力要素、发展要素三个方面；支撑要素由都市圈和中心城市对特色小镇发展的主要影响要素构成（图5-1）。

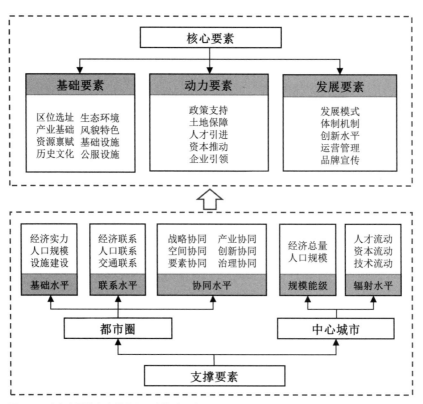

图5-1　大都市圈特色小镇发展要素构成示意
资料来源：作者自绘

5.1.1　核心要素

1. 基础要素

特色小镇的基础要素包括区位选址、产业基础、资源禀赋、历史文化、生态环境、特色风貌、设施配套。

1）区位选址

中心城市是都市圈城市化水平最高、经济势能最强、先进要素最丰富的区域，特色小镇在都市圈内的区位选址应当重点考虑与中心城市的紧密联系，充分利用都市圈内的资源进行城市要素的便捷交换，一方面更好地发挥中心城市的辐射带动作用，另一方面以特色小镇的发展来构建层次健全的城市体系，特色小镇可以成为强化城市功能、连接城市与乡村的节点。按照与中心城市距离的远近可以分为城区、近郊、远郊的特色小镇，城区为中心城市建成区，大致对应都市圈核心圈层，以第三产业和城市景观为主；近郊位于中心城市建成区周围，大致对应都市圈的紧密圈层，以第二产业及第三产业为主，拥有大量建设用地；远郊则是以非建设用地为主的广大农村地区，大致对应都市圈的辐射圈层，拥有良好的乡村景观。城郊为特色小镇建设提供了相对廉价的土地、人力资源及开阔优美的自然环境，与此同时，特色小镇与中心城市保持合理的距离，既可以避免受到大城市的交通拥堵、噪声污染等负面影响，还能够享受中心城市的配套服务和空间溢出效应。

区位分为自然区位、交通区位和经济区位三种，自然区位是绝对地理位置，不可改变，交通区位和经济区位可根据城市的发展进行改善，需要针对不同类型特色小镇的功能特性和实际需求进行综合评判。科技创新、创意设计、数字经济及金融服务类特色小镇结合大学、科研院所等先进要素集聚区，多位于城市近郊，应更加注重小镇经济区位，即小镇选址地的经济发展水平和经济联系强度；先进制造类、商贸流通类特色小镇为方便生产和运输，多位于城市远郊，应更加重视小镇交通区位，即小镇的便利性和可达性；文化旅游、体育运动和三产融合类特色小镇更需要借助自身优质的资源禀赋条件进行发展，多位于广大农村腹地，应更加重视小镇的自然区位，即小镇的自然地理条件。

特色小镇是产业和人口集聚的空间区域，一般而言，要素流动呈现从核心到边缘逐渐递减的趋势，交通基础设施越好、到达中心城市越便捷的地方越适宜选址，更容易借助中心城市的资源实现产业和要素转移，还能获得都市圈上下游的产业链和市场支撑，承担外溢的非核心城市职能。随着信息技术的发展、都市圈快速交通网络的完善和生活方式的改变，交通区位和经济区位状况也在发生变化，与中心城市的距离对于吸引要素的影响在相对减小。特色小镇作为相对独立的产业集聚空间，也必须依靠中心城市的支撑和区域经济的进步实现与外部的分工协作，应围绕都市圈主要发展轴线和快速公共交通沿线进行布局，结合政策支撑、公共配套等客观因素，并具有 3km^2 左右且符合国土空间规划的合规土地供给，合理利用都市圈内原有的城镇进行资源和空间整合，尽量通过城市更新来满足建设发展所需的基础条件。位于都市圈农村腹地的特色小镇依托当地的地域资源优势和特色产业，在具有较好的自然环境和人文资源等特色资源的区域进行选址，有利于空间、景观等特色风貌的塑造，通过打造区别于大城市的空间形态和宜人尺度来吸引人才和企业入驻。

2）产业基础

特色产业是特色小镇发展的动力之源，产业集聚是延长产业链—形成上下游—扩大产业面—形成产业群的过程，从国内外等先发地区特色小镇的成功发展经验来看，小镇大多利用区域分工带来的产业聚集积累发展基础，通过发展优势特色产业打造特色小镇的核心竞争力，产业类型、产业规模、产品知名度与市场接受度影响特色小镇发展的方向和潜力。因此，应立足不同地区的区位优势、产业基础和比较优势，在拥有相对发达块状经济或者相对稀缺资源的区位进行布局，以优化发展原有产业集聚区为主、培育新兴产业区域为辅。特色小镇以细分高端的行业作为主导特色产业，提升产业价值链和附加值，除了依托本地已有的企业对传统产业进行转型升级外，还可以通过招商引资选择有潜力的新兴产业门类作为主导产业，面对都市圈范围内存在的产业层次不高、创新能力不足等问题，特色小镇利用空间高效、功能融合、市场导向等优势，为突出产业特色创造良好的发展环境。都市圈内中心城市的产业发展和选择对特色小镇具有重要影响，特色小镇依托中心城市的向外转移大型企业和产业基地形成配套产业体系，形成就近服务型的生产体系，可以节约交通成本和交易成本。

由于特色小镇是规划用地 3km^2 左右的微型产业集聚区，受空间尺度和要素集聚规模的限制，难以单独形成从生产、加工、包装、储藏、运输到市场化的完整链条，难以实现以规模经济为导向的规模扩大。随着技术的进步和生产可分性的增加，产业链在空间上呈现分置现象，有利于特色小镇通过专业化分工来培育优势产业。因此，特色小镇产业发展应基于都市圈的区域优势，着眼于以外部经济为导向的产业链上下游产业合作，通过聚焦产业链高端环节，吸引大量相似或者相近产业链环节集聚和相互关联，在生产技术、加工能力、管理标准、市场拓展等某一个或几个方面提升竞争力，通过专业化分工来获取更高的市场收益，实现产业从特到强。

3）资源禀赋

迈克·波特（1998）认为，特色产业一定是有竞争力的产业，有竞争力的产业一定是具有比较优势的产业，而有比较优势的产业则是充分发挥当地资源禀赋特点的产业[①]。《全国特色小镇规范健康发展导则》中提出，拥有相应资源禀赋地区可着重发展商贸流通、文化旅游、体育运动及三产融合类特色小镇，特色小镇发展依托当地资源的独特性和稀缺性，以服务和体验产品作为特色吸引都市圈内中心城市人群前往消费，提升区域知名度。

资源禀赋包括自然风貌、历史遗迹、地域建筑等传统人文资源和自然资源优势，如大山、大河、森林、温泉、庙宇等自然人文景观，丰富的资源成为特色小镇发展旅游的重要基础。以自然资源和人文景观为基础的特色小镇一般布局在都市圈远离中心城市的外围农村地区，通过完善区域交通等基础设施和公共服务设施，以本地化资源开发为导向，依托资源施策、产业兴镇，围绕"吃住行游购娱"进行城镇环境建设，开发特色产品。此外，当地的民俗习惯、语言体系、工法技艺等非物质文化遗产分布广泛、种类繁多、内涵丰富，也是值得保留和深入挖掘的资源，通过文化活动、文化设施等方式进行展现，借助现代文化和当前的互联网文化，弘扬工匠精神、开发创意文化产品。

4）历史文化

人文底蕴是特色小镇的深层次内涵，体现了一定地域空间的小镇特点、个性和魅力，是小镇发展的精神来源。建设特色小镇不是简单的造城运动，必须注重文化建设，其个性的彰显，依靠其特色文化来支撑。通过特色文化赋予小镇居民认同感，包含历史文化、建筑文化、企业文化、创新文化等，并把文化基因植入到小镇建设的过程中，使得文化产生的影响力更持久、辐射更广。每个特色小镇都具有独特的文化标识，给人留下难忘的文化印象，不同文化价值往往通过不同的形式来实现和传递。

利用历史文化遗产建设特色小镇，首先要强化文化功能意识，运用文化动力来有效推动建设，并充分发挥文化的独特作用。在小镇建设中注入文化元素，挖掘当地的文化资源，提供文化服务，提炼文化品质，实现文化功能的聚合，形成具有特色和强大生命力的文化产业，创新文化机制，从而带动当地的经济发展。加强特色小镇内的文物资源管理、挖掘以及保护工作。通过充分挖掘区域内的历代名人等人文资源，彰显文化基因；加强对区域内的文物建筑、遗产等的保护修缮，建立主题历史文化资源展示区；针对建筑的形式、色彩、

---

① 　PORTER M E. Clusters and the new economics of competition[J]. Harvard business review, 1998: 77-90.

图案制定相应的修复原则，以展示文化特色。

对于没有历史文化资源优势的特色小镇，要通过引入龙头企业、集聚人才，打造独有的产品文化、企业文化和创新创业文化，特别是与新技术、新需求适应的创意文化，这些新的文化表现形式给许多小镇的发展提供了机遇，创造属于自己的文化基因。比如依托阿里巴巴集团的云栖小镇，美国著名的巧克力及糖果类企业好时集团所在的好时小镇，还有集聚世界高新产业和高科技公司的硅谷，都是通过小镇的创建者自发将其对产品和企业的文化情怀融入其中，形成品牌效应，并且影响着后来者去继承和发扬，去演绎创新，去赋予小镇以独特感人的情感特色。

5）生态环境

优美的生态环境是特色小镇区别于中心城市的重要特征，特色小镇要坚持生态导向，保护好基本农田、原生生态景观资源，采用环境友好型、资源节约型等建设模式和方式，实现小镇服务设施与生态环境的有机融合。在都市圈城乡接合部建设特色小镇可以在有限的空间内构筑产业生态圈的同时，形成令人向往的优美风景和宜居环境，能够吸引高端人才和要素集聚。一方水土养育一方人，一方人造就一方水土，绿色生活、诗意栖居是每个小镇居民的向往。

中国的城镇化进程中也已经出现交通拥堵、环境污染等"大城市病"，需要增强公共服务向农村延伸的能力，特色小镇是破解城乡二元结构、改善人居环境的重要抓手，符合新型城镇化的要求。在城市与乡村之间建设特色小镇，实现生产、生活、生态融合，特色小镇作为产城人文四位一体的新型空间、新型社区，在互联网时代和大交通时代，这种新型社区会对人的生活方式、生产方式带来一系列的综合性改变，不仅能够培育和集聚各类市场主体，还可以强化生活功能配套与自然环境美化，满足现代都市人在市场中创新创业和在优美环境中诗意生活。特色小镇的产业越高端，小镇居民对生态环境的自然属性的重视程度越高，也愿意投入更多来保护环境，人与自然的和谐就是在特色小镇的开发和保护之间找到最佳平衡点。国内外许多金融服务类特色小镇都凭借其森林、水系等优越的生态环境打造宜居宜业的生产生活场所，产生对先进要素资源的吸引力和黏附力。特色小镇要严格按照当地生态环境的承载能力进行规划，通过统筹各类空间规划，建立"多规合一"工作机制，实现空间要素与生态环境保护空间的有效叠加和信息共享；充分利用当地自然景观，培育绿色产业新业态，促进生态经济对小镇经济的提质升级。

6）特色风貌

风貌的可识别性是特色小镇给外界展示的视觉印象，独特的城镇风貌是特色小镇的重要特性，凡是成功的特色小镇必然有其可识别、易感知的要素，特色小镇的"美"不是靠空洞的建筑堆砌起来的，关键是体现风貌的整体与和谐统一。要从小镇功能定位出发，做好整体规划和形象设计，充分尊重和利用小镇的地形地貌和自然环境，强化建筑风格的个性设计以及与自然的融合度。特色风貌是小镇发展旅游服务功能的基础，是快速吸引小镇人气的重要途径，通过系统规划品牌打造、市场营销和形象塑造，让传统与现代、历史与时尚、自然与人文完美结合。

特色小镇的风貌应与本地文化或者主导产业紧密相关，文化资源的传承和文化符号的提取能够使小镇的形象更加饱满，从小镇的整体形象和细节表达出发展示小镇地方特色，有利于增强小镇居民的认同感和小镇的感召力；主导产业类别和布局会在较大程度上影响小镇的空间格局，由于生产组织方式的不同，对建筑体量、外观的要求也不同，进而影响小镇的街道尺度和肌理，特色产业衍生出的特色空间为小镇的风貌塑造提供基础。此外，国家政策中要求各地特色小镇在建设中应尊重现有城镇空间格局，不盲目拆老街区，在城市更注重延续传统风貌的同时，统筹好小镇建筑布局、自然景观，体现地域特征、民族特色和时代风貌，实现传统风貌与现代美学的深度融合。特色小镇新建区应呼应周边历史文脉和城市肌理，建筑风格、色彩和材质应按照城市设计要求进行选择。对小镇主要街区沿街界面进行绿化、亮化提升改造。对于拥有特色产业的小镇，应该主打特色元素，通过专用设计标识、墙画、雕塑、建筑小品等营造小镇主题风貌。

7）基础设施

成功的特色小镇在发展过程中需要具备良好的基础配套设施，为吸引人才、资金和产业落地创造好的条件。基础设施是特色小镇生产单位生存和发展所必须具备的工程性和社会性设施、设备的总称。工程性设施一般指能源供给系统、给水排水系统、道路交通系统、通信系统、环境卫生系统以及城市防灾系统六大系统。社会性设施则指金融保险机构、公共交通、运输和通信机构、教育科研机构、文化和体育设施等，某些社会基础设施兼具生产和生活两种服务功能，例如教育科研机构既可以为企业生产服务，也为居民提供教育服务。

公共交通应放在小镇交通发展的首要位置，构建以公共交通为主体的小镇对外出行系统，加强多元化、多方式城市交通综合配套，提升公交走廊、轨道交通、自行车道、景观步行道综合能力，加快建设公交换乘场站，实现小镇居民出行"零换乘"，建设公众出行信息服务系统、车辆运营调度管理系统、安全监控系统和应急处置系统。除完善城市道路交通外，还要发展满足小镇居民和外来游客需求的自行车道、宜人舒适的景观步行道和绿道等慢行交通系统。注重学习国外小城镇"窄马路、密路网"的发展经验，提升城市道路的通行效率，建设"公共交通示范小镇"，提高公共交通的出行分担率和通达性，通过政策和规划等手段减少私家车出行的舒适度，从而鼓励居民公交出行。加强城市停车场规划建设，完善小镇静态交通系统。都市圈内的特色小镇可以充分利用轨道交通带来的便利，形成以站点为中心、轨道交通为主干、地面交通为主体、慢行交通为延伸的小镇公共交通体系。

特色小镇的良好运行离不开以人为本、科学施策、适度超前的设施配套建设，应建立完善的供水、供气、供热、供电、通信、道路、污水处理、垃圾处理、水环境治理的设施体系，提高小镇韧性，构建安全可靠的城市防灾减灾体系。对于城市近郊特色小镇，应进一步改善基础设施水平，强力推进小镇的海绵城市和环境监测设施建设，提高小镇应对城市灾害的抵抗力和综合承载力。对于偏远特色小镇要实施县乡公路改建工程，提升道路技术等级，保障小镇与主要大城市之间的联系畅通；以产业路、旅游路为重点，打造"特色发展路"，与都市圈内的主要道路网深度融合；还要实施供电网络等基础设施改造升级，加强光伏太阳能、生物沼气等清洁能源设施建设及提供相关技术服务。

此外，特色小镇建设应响应国家开展新基建的要求，以技术创新为驱动，以信息网络为基础，面向高质量发展需要，提供数字转型、智能升级、融合创新等服务的基础设施体系，促进智慧特色小镇建设。智慧小镇不是一种特色小镇的类别，而是重点强调小镇的智能化、互联网化、物联网化的技术平台背景和特质，这是小镇未来发展的趋势，云计算、大数据是推动小镇快速发展的强大支撑力。智慧小镇是互联网、无线传感器、物联网、大数据、云计算等先进技术在小镇居民生产、生活中应用的集成。以互联网为骨架，以无线传感器为神经，同时应用物联网技术，立足人的体验角度注重现代智慧科技的运用，为小镇居民、访客的生活、生产、旅游、创业等方面带来极大便利，形成对产业、旅游、宜居生活的全面提升。

8）公服设施

公共服务设施与小镇居民的生活品质息息相关，直接影响生活便捷度和舒适度。小镇应强调以人为本的社区营造，以尺度适宜的路网划分组团，有机整合生产、生活、生态要素，形成"15分钟生活服务圈"，融入学校、医院、邻里中心、体育健身、文化会展、商业及娱乐休闲等公共设施，满足小镇居民的多元需求。公共服务设施应是市场与政府相结合、共建共享，在利用原有设施的基础上进行完善升级，不仅满足小镇新居民的需要，也要考虑原有居民的融入程度，通过建设小镇客厅、开发公共服务App，有效提升小镇公共服务效率和品质。此外，还要健全公共文化服务供给体系，鼓励挖掘小镇特色文化开发文创产品，支持各类公益性演出，文化场馆免费向小镇居民和游客开放，运动场馆和设施免费或低费开放。创新公共文化服务方式，促进传统媒体与新兴媒体融合发展，丰富传播内容，创新传播方式，构建现代传播体系，提高传播能力。推动公共文化数字化，实施文化信息资源共享工程，积极构建网上图书馆和方志馆、网上剧场和群众文化活动远程指导网络，推进公益性数字出版产品免费下载、阅读和使用，实现文化信息资源共享共建。建立公共文化服务与需求的对接、反馈机制。

文化旅游、科技创新、金融服务类特色小镇要主动提升涉外公共服务水平，提升科技馆、图书馆、展览馆、医院、教育等公共设施的国际化服务能力，建设完善国际社区等功能，不断规范小镇外文网站和公共设施外文说明，丰富外来专家和游客的业余生活，提升其在各小镇创业、休闲、社交等活动的环境质量，增强小镇的国际知名度。

2. 动力要素

特色小镇的动力要素包括政策支持、土地保障、资本推动、人才引进、企业引领。

1）政策支持

特色小镇是浙江省政府面对经济新常态而积极尝试的产物，在实践中不断探索和完善特色小镇发展的内涵，通过出台相关指导文件推进小镇建设，得到省内各级政府的响应和贯彻，浙江的做法也获得了中央政府的关注和肯定，制定政策在全国范围内进行推广。特色小镇作为新生事物，经历了从无到有的过程，特色小镇政策的制定遵循着源于实践指导实践的原则，在建设实践活动中探寻程序化、规范化的方针、路线，最终以制度化的形式固定下来，以此为工具指导小镇建设体系的完善。从发展实践来看，特色小镇自诞生开始就深深地打上了政策的烙印，不同阶段、不同类型的政策都会对小镇发展产生影响，不仅在宏观上决定了其发展方向，而且在微观上决定了资源供给的数量和方式，政策已经渗透到特色小镇建设的每一个环节[①]。目前，从国家到地方已逐渐建立特色小镇的文件体系，为特色小镇的发展提供遵循依据，明确总体要求和政策取向，政策不仅能在发展质量效益和类型创新上加强引导，还能对发展过程中的问题及时进行规范纠偏，推广特色小镇典型案例的经验和公布负面警示案例，政策措施也逐渐调整优化以提高可操作性。

在宏观区域政策层面，特色小镇需要都市圈关于基础设施、公共服务、产业分工、统一市场、生态共治、城乡融合及一体化发展机制等方面的政策，利用现代化都市圈内便捷

---

① 余杰，许振晓. 特色小镇政策发展历程与演进逻辑：以浙江省为例 [J]. 财政科学，2019（6）：128-136.

的交通体系、畅通的生产要素流动、完善的成本分担和利益共享等政策协同机制强化与中心城市的联系。对于特色小镇本身，扶持政策主要集中在产业政策、土地政策、财税政策、投融资政策、人才政策、公共服务政策等方面，政策的着力点主要针对特色小镇发展初期的基础性要素需求、发展过程中的精细化服务供给需求等内容。

2）土地保障

特色小镇的建设必须依托土地所提供的物理空间，总规划用地面积在 3km² 左右。《全国特色小镇规范健康发展导则》中提出，在严格节约集约利用土地的同时，特色小镇规划用地面积下限原则上不少于 1km²，其中建设用地面积原则上不少于 0.5km²，保障生产生活所需空间和多元功能需要；规划用地面积上限原则上不多于 5km²，保障打造形成一刻钟便民生活圈需要，文化旅游、体育运动及三产融合等类型特色小镇规划用地面积上限可适当提高，并鼓励盘活存量和低效建设用地，强化老旧厂区和老旧街区等存量片区改造。

特色小镇大多位于都市圈城市和乡村的结合部，需要城乡用地的统筹与存量闲置用地的盘活利用，用足用好"城乡建设用地增减挂钩"政策，在一定范围内实施建设用地布局调整，通过盘活农村存量用地和城镇原有建设存量用地，探索农村集体经营性建设用地直接入市交易的实施途径。通过"化零为整"将土地指标集中，入市后的农村集体经营性建设用地使用权在使用期限内可以转让、出租、抵押，来解决特色小镇空间不足、计划不够、项目落地难问题，对盘活存量用地成效突出的，给予土地政策利用计划指标奖励。对于城区内的特色小镇，政府应鼓励将区域内及周边存在的旧仓库、旧厂房以及历史建筑纳入其中，主要通过土地置换调性质、土地长期租赁等方式将符合低效用地再开发政策的土地整理出来，用于发展与特色小镇业态相符的产业，为新兴产业提供重要的孕育场所。在特色小镇建设推进过程中，培育发展新产业、新业态需要用足、用好、用活土地政策，最大程度地降低用地成本，支持企业发展。特色小镇发展规划要纳入国土空间规划体系，强化"多规合一"，科学划定特色小镇发展边界，控制建设规模，优化空间布局，合理安排生产、生活、生态空间。根据各个特色小镇的发展状况和实际需求供应土地，按照新增建设用地和存量用地相结合的集约建设要求，每年要考核达标的示范小镇直供建设用地指标，并优先用在示范小镇土地综合整治和城乡建设用地增减挂钩项目。

3）资本推动

资金为特色小镇的发展提供经济空间和发展动力。特色小镇的投资建设呈现投入高、周期长的特点，纯市场化运作难度较大。为做精做强特色小镇的产业集群、培育具有竞争优势的领航企业，建设期建设用地累计投资额必须确保一定的数量；为保持小镇的创新活力，科技创新、数字经济类等创新创业型特色小镇的研发经费投入也需要一定强度。因此，需要打通三方金融渠道，保障政府的政策资金支持，引入社会资本和金融机构资金，三方发挥各自优势，进行利益捆绑，在特色小镇平台上共同运行，最终实现特色小镇的整体推进和运营。政策性金融是特色小镇建设稳定的中长期资金来源，应发挥财政资金的杠杆效应和引导作用，为小镇初创期科技企业、中小科技企业及各类研发平台建设提供专项启动资金，比如地方政府可通过天使投资引导基金、风险补偿基金等方式鼓励产业创新，促进产业升级和创新发展，并提供高水平的创业指导及配套服务，助推中小微企业快速成长、做大做强。地方政府也可通过其发起建设的融资平台进行融资，还可以基于特定项目引入社会资本或者上市企业的融资优势支持特色小镇建设。

4）人才引进

人才是维持特色小镇健康发展的关键要素之一。人口集聚与产业集聚在区域经济发展中是交织在一起的，特色小镇建设中不论是新兴产业的培育还是传统产业的转型升级，都需要一定数量和质量的劳动力作为支撑。特色小镇要通过加大劳动力资源开发力度、降低雇佣制度性交易成本、优化高层次人才引进机制、培养本地专业性人才等方式来增加人口有效供给，既要通过户籍制度改革和推进居住证制度来解决农民落户城镇的问题，帮助解决小镇服务产业人口缺乏的问题，又需大力实施主导产业的专项人才引进计划，给予各种层次的人才团队资金和政策奖励，对于作出突出贡献的个人以"一事一议"方式给予相关补贴，激发小镇的创新创业活力，加速发展进程。小镇不仅要为游客提供完善的基础服务，更要为企业研发人员、小镇服务人员等提供生活服务。特色小镇治理过程中，应不断完善医疗设施、安全保障设施、公共交通设施等基础设施，提升发展理念、创新发展模式以及利用区域优势、环境优势、资源优势来吸引人才。只有人才资源库不断扩充，特色小镇的建设速度才会更快，建设成果才会更突出。

此外，农村外出劳动力回流为特色小镇的发展带来新的动力。一方面，通过土地制度改革，回流的劳动力从事传统农业生产的人数逐渐减少，可以转向服务业；另一方面，回流人员在外务工积累了一定的资本，可以选择进行现代农业经营，从而使得特色小镇的人口供给组成向多元化、技能化、产业化转变，不仅起到统筹城乡发展作用，也降低了城镇化社会成本。

5）企业引领

特色小镇建设突出市场主导，需要发挥企业作为市场主体作用。一方面是把企业作为特色小镇的项目投资主体，充分发挥龙头企业的带动作用，借助其市场力量大、资金实力雄厚的优势成为特色小镇建设主力军，激发产业链相关企业投资热情，引导行业内产业项目落地集聚；另一方面企业可以作为建设、招商、运营管理的主体，负责特色小镇的开发和日常事务。这就需要推进特色小镇市场化运作，以企业投入为主、以政府有效精准投资为辅，依法合规建立多元主体参与的特色小镇投资运营模式。培育一批特色小镇投资运营优质企业，鼓励央企、地方国企和大中型民企独立或牵头发展特色小镇，实行全生命周期的投资建设运营管理，探索可持续的投融资模式和盈利模式，带动中小微企业联动发展。可以通过总结推广特色小镇依托龙头企业集聚优质资源方面的经验，引导特色小镇大力集聚一批行业龙头领军企业、高端人才、研发机构、金融资本等高端要素，做大做强世界一流企业和"单项冠军"企业，培育一批"隐形冠军"、专精特新"小巨人"企业，构筑产业链上下游企业共同体和产业生态圈。

3. 发展要素

特色小镇的发展要素包括发展模式、体制机制、创新水平、运营管理、品牌宣传。

1）发展模式

特色小镇不同于以往的经济开发区或旅游区，而是强调生产、生活、生态功能融合发展的城市发展方式，探索产城人文融合的发展新路径，具有空间和功能复合的特征，特色小镇的发展过程本身就是模式创新的过程。特色小镇的"特色"形成的关键很大程度上是由其发展模式决定的，不同特色小镇的环境特征、资源禀赋、发展阶段存在较大差异，导致特色小镇的发展模式也不尽相同。特色小镇的规划建设及开发运作需要经过市场研究、产业策划、资金筹措、项目审批、规划许可、土地获得、分期建设等多个环节，受到政府、企业等多个主体以及多种要素的共同影响。不同产业类型对各个主体和要素的依赖程度不同，特色小镇的发展模式包括开发运营模式、产业发展模式、投融资模式、空间组织模式等多种，需要根据特色小镇在都市圈中的产业发展定位和要素禀赋条件进行选择。特色小镇的成功必须有适宜的发展模式，应根据自身发展定位，明确发展主体和驱动力，根据产业模式来获取中心城市提供的各类要素支持，并在发展过程中不断优化和创新。

2）体制机制

创新灵活的体制机制是特色小镇发展的内生动力，政府的制度供给是特色小镇产业发展、功能完善的重要保障。特色小镇是探索微型产业集聚区高质量发展的改革试验区，各级政府的改革措施均可在特色小镇率先推开，从非镇非区的空间布局和区别于建制镇、开发区的开发建设模式开始，摒弃行政化的思维定式、路径依赖和体制束缚，打破行政区划的固有边界，规避现行体制机制的缺陷，强调市场机制的决定性作用，将政府职能转向引导和服务作用，处理好政府和市场的关系，同时充分激发社会力量在特色小镇壮大、提升中的主导作用，使得特色小镇获得更灵活、更广阔的发展空间。特色小镇在实践探索过程中不断完善开发运营机制、资金保障机制、正面指导机制、创建达标机制、优胜劣汰机制、期权激励与事后追惩机制、协同联动机制等，高效多层次的体制机制创新使得特色小镇有利于人才、技术、资本和信息等要素合理流动、共享和碰撞，激发创业创新的火花，充分发挥生产要素放大社会生产力的乘数效应，使得特色小镇活力无限。

根据特色小镇多数位于城乡接合部的区位特点，应推动其先行承接城乡融合发展等相关改革试验，在完善政务服务功能、优化营商环境、探索供地方式和投融资机制、多主体协同治理等方面进行深化改革，实现高效能精准服务。

3）创新水平

特色小镇始于创新，成长于创新，创新是推进特色小镇高端化、特色化发展的必由之路，也是特色小镇的原始基因和成长动力。特色小镇是在中国实施创新驱动战略和新型城镇化战略的背景下提出的，经济发展的驱动方式由投资驱动转向创新驱动，特色小镇在产业专精、功能融合、空间高效和机制灵活等方面的创新，使发展主体与发展环境之间通过要素集聚、流通、互动形成一个可持续发展的系统。作为以创新要素为核心的新型产业组织形式，特色小镇不是简单的要素集聚和政策堆砌，而是产业链、创新链、人才链、服务链、投资链和政策链的深度融合，通过与中心城市的分工协作和共创共享推动区域经济增长。特色小镇的创新不仅需要自身在规划理念、发展模式、体制机制等方面的改革与探索，还需要与中心城市形成协同创新的发展机制，促进都市圈内各类先进要素和创新要素的协同作用和资源有效配置。

创新的主体是企业，企业是最为活跃的创新力量，产品创新、技术创新、管理创新和组织创新都能提高企业生产效率和竞争力，并吸引相关企业和产业集聚。随着创新水平的发展提高，创新过程从企业内部向外部扩散成为社区创新，提升了企业之间的协作效率、降低了生产成本，企业家的创新精神和企业间的创新文化营造出小镇的创新氛围，不仅有利于吸引外部创新专业人才的加入和集聚，也有利于小镇内部人才的培养和成长。

4）运营管理

运营管理理念的转变是特色小镇应对市场需求的重大举措，针对原有的政府行政管理的成本高、效率低、质量差等问题，特色小镇的核心运营主体由传统的政府主导向市场主导的多利益相关者参与转变，建立高效、协调、规范的行政管理体系，组织体系上主要表现为行政管理与发展功能的分离，特别在特色小镇产业发展、项目运营上具有自我组织的能力，形成"小政府大市场"的管理方式。"政府引导、企业主体、市场化运作"的特色小镇建设，本质上是对特定空间内各类生产要素、制度要素、文化要素的重新整合和高效利用，是对政企关系、政社关系的一次重新定义，为企业和市场在特色小镇建设中占主导地位去除了行政束缚，政府除了在基础设施和公共服务方面的投资外，还要积极通过市场化手段来吸纳企业和资本进行开发建设，建设经营性基础设施，策划特色产业项目。市场主体能够在更大的范围发挥自治功能，享有自己的权利，政府只在必要的范围内发挥作用，激发、调动企业的积极性，比如提供有效的制度供给、优质的公共服务、对接都市圈内的创新资源等，减少或者避免干涉市场运行的行为。同时，还要建立庞大的社会服务机构和发达的社会中介机构，充分发挥市场主体自治、自组织、多样共生、协同合作的特点，整合人力资源机构、投资机构、商业服务机构等各种资源搭建信息、融资、招商平台，充分发挥社区自治组织、村民经济合作组织、非营利组织、企业作用，共同参与社会治理。

根据特色小镇核心运营主体的不同可以分为四种模式，即"政府＋运营商"模式、政企联营模式、企业主导模式、非营利社会组织模式，特色小镇根据产业类型、政府财力、企业实力等进行选择。特色小镇的运营过程分为土地一级开发或代开发期、产业项目开发期、产业项目培育期、产业链整合期、土地二级开发期五个发展阶段，每一个阶段都对应着不同的资源形态，有着不同的运营要点及目标。运营主体和国家政策发展导向的改变，使得运营商不能把特色小镇作为房地产开发项目仅仅获取土地收益，而是包括以产业为主导的运营增值收益、相关配套设施的服务收益和地产增值收益在内的综合收益，政府也不再依赖土地财政收入，而是要将特色小镇打造成可持续创新的良性循环体系。特色小镇的运营内容包括特色产业运营、旅游运营及生活服务运营三大体系，其中特色产业运营是关键，包括提供高效的政务服务、构建健康产业体系、强化资金保障、提高行业影响力、优化创新环境等内容。

5）品牌宣传

塑造品牌形象有利于提高市场对特色小镇的认知度，打造特有 IP、突出特色形象、精准品牌定位、有效传播途径能够扩大小镇的软实力，强化品牌影响力，提升社会关注度。特色小镇不仅仅是单个企业的品牌，而是小镇空间范围内以特色产业为主导集聚相关企业衍生形成的区域性共有品牌，品牌的塑造需要小镇内部企业间良性的竞争合作关系，并经过长期的探索和演化增强品牌建设的共同愿望。品牌的形成过程可以是以当地传统知名品牌形成产业集聚发展起来，如大唐袜艺小镇、西咸新区茯茶小镇等，小镇区域内所生产的产品都可以受益于品牌价值进行冠名和宣传；也可以是由新兴产业通过行业领军企业汇聚形成强大的市场占有率和业内声誉，如西湖云栖小镇、滨江物联网小镇等，市场会将企业的品牌与企业所在地建立联系，能够增强行业和社会对小镇产品和产业竞争力的信心。

品牌宣传需要借助传统和新兴媒体，小镇运营主体要注重对小镇的整体推广。首先，突出小镇鲜明的特色和明确的形象，通过公开宣传征集小镇的形象标示系统和宣传口号，对小镇的特色产业和产品、独特的资源环境进行推广和介绍，不仅利用报纸、电视等传统媒体，推出以特色小镇为主题的系列书籍和期刊进行展示，还要利用好官方微信公众号、微博、App 客户端等新兴互联网自媒体，通过适宜适当的广告投放、选用正确的广告市场，采用多元化、多渠道的传播方式加大对特色小镇的推广力度，整合联动媒体、企业、高校、景区资源，构建形式丰富的宣传体系，打造品牌宣传平台，力求广告效果最优，建立特色小镇与公众的联系并增进与公众的关系，提升小镇的知名度和美誉度，讲好"小镇故事"，为小镇的产业发展吸引投资和培育市场消费群体。例如，江苏省建设省级特色小镇官网官微，每日更新小镇动态，全面展示宣传小镇建设进展，形成小镇之间"比学赶超"的良好氛围，不断提升江苏特色小镇品牌影响力，每个小镇通过"建一个小镇客厅、讲一个小镇故事、定一个小镇 LOGO、选一位小镇镇长、引一个小镇爆点"的"五个一"建设，提升小镇文化 IP 建设和品牌形象[①]。其次，通过策划和举办各种主题创意营销活动扩大小镇的知名度，强化全年重要节假日的事件营销力度，增加游客黏性。游客的口口相传也是很好的品牌传播手段，不同于借助媒体进行广告投放的大面积、多渠道、快速的大众传播特征，人际传播是更为日常、也较为有效的传播活动。针对来小镇参观的游客群体，近距离的体验和真切的感受比高端、花哨的现代形式宣传更为直接。小镇通过景区化的建设和运营，打造开放式"小镇客厅"，配备专业的导游，使得来小镇的游客都能很好地享受完备的基础设施和公共服务配套，离开后会发自内心地为小镇做广告，推广小镇的品牌，不断助力小镇的发展。此外，有效利用智库平台，发挥行业专家学者、研究机构的作用，组织开展理论研究，研讨特色小镇发展方向、思路和对策，搭建政府、专家、投资运营企业的交流平台，还可以开展常态化培训，邀请专家从行业市场分析、产品技术开发、商业模式创新、创业团队组建等方面，对投资运营企业进行面对面指导，提升其创新、创业、创造能力。

---

① 　江苏省推进特色小镇高质量发展的典型做法 [J]. 中国经贸导刊，2019（9）：9-11.

5.1.2　支撑要素

1. 中心城市规模能级

中心城市是相对于区域经济和城镇体系而言的，是指在一定区域内在经济上处于重要地位、在政治和文化生活中起重大作用的大城市、特大城市和超大城市，具备一定人口规模和经济总量，并且具有在区域、国家乃至世界范围内集中生产要素以及创造新要素和产品（服务）的能力，通常是指中心城区 300 万人以上、区域辐射带动能力强的大城市，如直辖市、省会城市、计划单列市、重要节点城市等。城市所影响范围称为城市圈，当城市规模发展成为都市时形成都市圈，都市圈中的中心城市是区域人口和经济的主要空间载体，在都市圈的形成和发展过程中处于核心地位。中心城市不仅在关键发展总量上处于都市圈内各城市首位、空间地域上处于较为独特的区位，而且是都市圈的经济增长中心、资源配置和调控中心、创新中心及圈域行政调解中心[①]，它通过和区域的互动作用实现各种要素与资源的最优配置，带动城市—区域共同体的发展。中心城市包括人口规模、经济总量、面积等总量指标较为直观地反映其发展能级。

人口规模对中心城市的实力和地位起正向作用，在一定程度上反映了人力资源的丰富度，人口集聚效应对大城市经济集聚有促进作用。随着我国城镇化水平不断提高，国家以人口规模为标准对城市规模的等级划分也在不断优化调整，2014 年《国务院关于调整城市规模划分标准的通知》（国发〔2014〕51 号）中以城区常住人口为统计口径，将城市划分为五类七档，其中城区常住人口 100 万以上 500 万以下的城市为大城市，300 万以上 500 万以下的城市为 I 型大城市，100 万以上 300 万以下的城市为 II 型大城市；城区常住人口 500 万以上 1000 万以下的城市为特大城市；城区常住人口 1000 万以上的城市为超大城市。2021 年 9 月，国家统计局公布《经济社会发展统计图表：第七次全国人口普查超大、特大城市人口基本情况》，截至 2020 年 11 月我国超大城市包括上海、北京、深圳、重庆、广州、成都、天津 7 座，特大城市共 14 座，分别是武汉、东莞、西安、杭州、佛山、南京、沈阳、青岛、济南、长沙、哈尔滨、郑州、昆明、大连，其中排名第一的上海人口数为 2487 万人、城区常住人口为 1987 万人，特大城市中排名最后的大连人口数为 745 万人、城区常住人口为 521 万人。尹稚等（2019）认为城区常住人口 300 万以上的标准是我国城市基础设施布局及行政政策常

---

① 　王何，逢爱梅 . 我国三大都市圈域中心城市功能效应比较 [J]. 城市规划汇刊，2003（2）：72-76，96.

用的门槛标准，因此建议将培育都市圈的中心城市城区人口规模设定为 300 万以上 [①]。

经济中心是中心城市的重要职能之一，主要表现在生产、消费和交换等经济活动的高集中度，并对外围经济发展能够产生较大的影响。都市圈是经济高度发展的结果，成熟的都市圈以经济高度发达的中心城市为支撑，中心城市是都市圈的经济中心，凭借区位、资源和要素优势获得很高的经济势能及经济收益，在都市圈经济总量中占比较高，经济总量反映了中心城市的经济总体实力和经济活跃度，影响都市圈的经济竞争力。中心城市在发展初期利用自身区位特点和资源优势不断产生极化效应，不断增强的经济实力是中心城市产生扩散作用的基础，通过形成城市内部经济集聚和规模经济，才能产生外部影响，进而与其他中小城市建立联系。根据中心地理论，中心城市本身的经济规模和层级决定了它自身集聚的产业和辐射带动的地理范围 [②]，中心城市的规模能级越大，其作用的中心性就越大，反之，如果中心城市规模能级不够，则难以发挥辐射带动作用。

2. 中心城市辐射水平

中心城市的辐射水平也称为扩散水平，是其综合发展效益的外溢。从本质上看，中心城市是社会经济发展到一定阶段而形成的一个空间极点（增长极），极点形成的早期，在科技进步和规模经济效益的助推下，大量的人口、资源和产业向中心城市集聚，它们会凭借自身政治、产业、文化等方面的优势对其他地区形成极强的吸引力，这也符合经济—人口分布的平衡法则。只有当中心城市发展到一定阶段，才会伴随着产业转移等经济形式的发生开始追求更高的边际效益，扩散效应大于极化效应，此时经济辐射作用开始显现。这种扩散带动作用不仅能够满足城乡融合发展的空间需要，而且能够为产业升级提供高层次的消费市场。更为重要的是，在合理的区域利益协调机制下，通过中心城市辐射水平的提高能够在更大的空间范围内进行资源配置，进而形成以大都市为核心的多层次、网络化、功能互补的城市空间格局，这又可以进一步增强中心城市的经济辐射能力，形成更大范围的都市圈。东京、纽约等国际大都市圈的发展过程表明，中心城市与周边中小城镇之间是集聚与辐射良性互动的关系。都市圈特别强调优化中心城市的城市布局和空间结构，构建现代化交通网络系统，扩大生态空间环境容量，以及与周边辐射区域的协调发展及经济带

---

① 尹稚，等 . 中国都市圈发展报告 2018[M]. 北京：清华大学出版社，2019.
② 王珺，杨本建 . 中心城市辐射带动效应的机制及其实现路径研究 [J]. 中山大学学报（社会科学版），2022，62（1）：161–167.

动效用，因此中心城市的辐射作用就成为带动城乡融合发展最有效的途径。

中心城市对周边区域的辐射带动作用主要是经济辐射，体现在人才、技术、资本、信息等要素空间流动的水平与质量。都市圈作为开放系统，正是通过从经济水平高的地区以"流"的形式向经济较落后的地区建立经济空间联系，人才流、技术流、资本流、信息流以交通网络为基础骨架向外围低梯度城市地区扩散，在交通改善、时空距离压缩的前提下，外围地区土地成本较低，生态环境优越，符合创新空间孵化转化的高品质、低成本要求。在外围区域的交通枢纽站点通过集聚产生像特色小镇这样的新经济增长中心，这些新经济增长中心与中心城市是相互联系、分工协作的关系。例如，特色小镇可以围绕不同产业或同一产业的不同环节展开横向或纵向的专业化分工，中心城市多样化的产业为特色小镇的特定产业发展提供相应的中间产品和服务，加速各类要素在中心城市与各特色小镇之间的留返，促进城市化进程、区域空间形态和城市体系的变化以及都市圈的不断发展。

3. 都市圈基础水平

都市圈基础水平在一定程度上反映都市圈的整体发展程度，为特色小镇发展提供外部基础环境，主要包括经济实力、人口规模、基础设施和公共服务体系建设等内容。

（1）经济实力是都市圈竞争力的基石，较强的经济实力表明都市圈具有较强的经济发展空间和经济发展活力，才能参与更大范围、更高层次的竞争，可以采用 GDP 总量和人均GDP 等指标来衡量。都市圈的经济实力主要由中心城市和次中心城市共同构成。上海都市圈是支撑和引领长三角地区转型升级发展的重要引擎，2021 年年末上海都市圈地区生产总值约12.61 万亿元，构成长三角乃至全国的重要经济增长极，其中上海市作为中心，其生产总值为 4.32 万亿元，次中心城市苏州市和宁波市生产总值分别达到 2.27 万亿元和 1.46 万亿元。

（2）人口是重要的生产要素，城镇化进程中最显著的特征是人口向城市集聚，美国、日本都市圈的发展经验表明，城镇化后期人口仍然在向纽约、东京等都市圈集聚，在都市圈内部仍然出现人口向中心城市及其周边核心圈层集中的现象，体现了都市圈强大的人口吸引力和集聚力。发达的经济水平和优质的公共服务资源吸引农村人口不断向周边城镇转移，都市圈成为吸纳新增城镇人口的主要载体，都市圈的人口规模与集聚度为特色小镇承接中心城市转移的产业提供劳动力保障。

（3）高质量基础设施是都市圈发展的有力保障，有利于创造各类要素自由流动的条件。发达的交通设施网络可以破解地理条件导致的空间隔离，促进都市圈内各区域之间的交流联系与分工协作，促进都市圈空间结构优化和生产要素的合理配置，推动都市圈在空间上形成联系紧密的区域以及区域内企业间的经济往来。国际上伦敦都市圈、东京都市圈等正是通过织密集轨道交通、道路交通于一体的高密度立体公共交通网络，将中心城市与周边主要市镇进行连接，满足日常往来通勤需求和城市间的经济交流。市政基础设施和信息网络设施建设也为都市圈内部经济社会正常运行提供安全和效率保障。

（4）区域公共服务均等化和一体化是都市圈吸引外来人口和促进内部人口流动的重要因素，本质上是住房、医疗、健康养老、文化教育等服务均衡普惠，公共服务与人民生活的幸福感和获得感息息相关，公共服务的供给规模和质量已成为决定区域价值的核心因素。在都市圈统筹优质公共服务共建共享有利于推动中心城市功能向外疏解，补齐农村地区基础公共服务建设短板可以缩小中心城市和周边地区基本公共服务差距，成为重塑都市圈产业发展空间的重要力量，也为建设宜居宜业宜游的特色小镇提供支撑。

4. 都市圈联系水平

都市圈形成的基础是中心城市与周边区域的联通性，都市圈内部经济、人口、交通的联系水平影响要素的配置效率，只有经济联系紧密、人口流动高效、交通连接通畅才能促进城市之间的交流与合作。

（1）中心城市是都市圈的经济中心，都市圈内的经济联系主要是中心城市对外的资本投资、产业链条延伸和市场拓展，中心城市与都市圈城市腹地的经济互动对整个区域经济发展有重要影响，城市腹地既需要承接中心城市外溢的产业、资金和市场，同时也是都市圈经济发展的空间支撑和区域产业依存的实体空间，二者是相辅相成的关系。

（2）都市圈内部不仅中心城市可以吸纳外来人口，都市圈本身也可以吸纳都市圈之外的人口，都市圈发展的过程也是区域人口高效融合的过程，中心城市产业转移和产业规模扩大带来人口的空间集聚和流动，都市圈内日常通勤人口分布和流向反映了都市圈经济中心的活跃度和吸引力，人口流动强度和效率反映了都市圈交通网络的便捷程度。

（3）良好的交通联系水平是都市圈城市间要素流动的基础，干线铁路、城际铁路、市域（郊）铁路、城市轨道交通"四网融合"的都市圈轨道交通网络反映了都市圈联系的成熟度及与空间结构的匹配度，都市圈中心城市轨道交通向周边城镇延伸能够促进城乡融合发展和区域产业分工协作，推动中心城市产业高端化发展，为周边城镇与中心城市的功能互补、产业错位布局和特色化发展提供机遇。

5. 都市圈协同水平

都市圈协同发展是区域内部各城市间相互配合的过程，都市圈的战略协同、空间协同、要素协同、产业协同、创新协同、治理协同水平成为发挥都市圈整体优势的关键所在，也是破解中心城市过度聚集和结构失衡、中小城市动能缺失及服务缺位、发展主体各自为战与不良竞争的突破口，都市圈内的多元发展主体应主动融入都市圈协同体系，积极探索与其他主体的合作关系。

（1）"创新、协调、绿色、开放、共享"的新发展理念为都市圈建设提供了合作共赢的发展思路，中心城市的集聚与扩散贯穿着都市圈的整个发展过程，中心城市和周边中小城镇在协调、开放的区域合作环境中树立协同发展的战略意识，是实现中心城市拓展发展空间、中小城市提升发展能级的前提，以合作促发展的统一思想能保障都市圈建设不断推进。

（2）都市圈空间协同要求从国土空间资源配置方面加强统筹，提升都市圈整体竞争力，引导产业空间、生产要素与区域性大型交通枢纽的协同布局，提高都市圈中心城市能级与区域城镇体系的整体竞争力，立足都市圈内外圈层的联动，预防中心城市过度聚集带来的"大城市病"，控制中心城市的建设规模，并依托快捷高效的区域交通网络，将部分功能向郊区新城、新区、外围次中心城市和中小城市疏解转移。特别是在超大、特大城市发展过程中，通过轨道交通为周边地区提供高效能的交通服务，促进人口、就业岗位沿轨道交通线路集聚，鼓励用地混合布局和高效开发，塑造城市发展轴带、引导城市增长方向，成为改变城市格局、增长形态最重要的力量[①]。同时，在永久基本农田控制线、生态红线基础上，规划保护一批跨区域的生态廊道、绿环或绿心，根据资源条件适度植入文旅、创新等功能，形成城市与自然相互融合共生的高品质空间格局。

（3）城市与圈层是一个经济体系中的两个组成部分，两类地区之间由于产业转移和要素流动而存在着错综复杂的经济联系，进而城市和圈层地区之间存在溢出效应[②]。都市圈中心城市具有先进要素丰富的优势和产业外溢的需求，市场化的运作鼓励要素跨区域流动和合理配置，中心城市的产业转移成为要素流动的载体，都市圈以打破地域分割和行业垄断、清除市场壁垒为重点来建设统一市场，建立人力资源市场、技术市场、金融服务一

---

① 陈小鸿,周翔,乔瑛瑶.多层次轨道交通网络与多尺度空间协同优化:以上海都市圈为例[J].城市交通,2017,15(1):20-30, 37.
② 张同斌，刘俸奇，孙静.中国城市圈层空间经济结构变迁的内在机理研究[J].经济学（季刊），2021, 21（6）:1949-1968.

体化和统一市场准入标准，为要素自由流动创造适宜的市场环境，通过要素自由流动形成的都市圈要素市场，是未来政策制定和实施的主要空间单元，能够提高区域政策的精准性，更加有效地适应和应对经济社会发展的需要。要素的密度和集聚状况反映空间开发利用的效率和质量，并对空间形态和业态组织产生影响，因此，吸引中心城市各类要素的自由流入是特色小镇空间整合和功能提升的重要途径。

（4）合理的都市圈产业分工能够避免内部同质竞争的局面，区域内城市之间的资源共享和专业化分工合作使得区域间的产业联系愈发紧密，在降低生产成本和交易成本的同时，促进都市圈产业结构调整优化。中心城市凭借资源、要素和市场优势更多承担研发、管理和服务功能，推动产业高端化发展，中小城市依托区位、成本、环境等优势汇聚高新技术、先进制造等产业，特色小镇可以利用中心城市的要素和产业溢出，瞄准产业链的高端环节形成产业集群，实现都市圈内部产业链的有机联动，强化区域资源要素的利用效率。

（5）都市圈创新系统作为一种区域创新网络，是创新主体之间互动、结网和协同的社会过程，通过区域内的合作机制、互补机制、扩散和放大机制可以实现协同创新。都市圈协同创新是指在都市圈创新网络内，企业作为技术创新主体，同供应链企业、相关企业、研究机构、高校、中介机构和政府等创新行为主体，通过交互作用和协同效应构成产业链、技术链、知识链和价值链，以此形成长期稳定的协作关系，是具有聚集优势和大量知识溢出、技术转移和学习特征的开放的创新模式[①]。创新型都市圈具有创新要素多区位、创新活动多区域、创新主体多层次、创新链条多环节的"多尺度"空间布局特征[②]，都市圈创新协同的关键是要打破创新要素的流动壁垒、开展区域内创新活动交流、鼓励创新主体互动合作、打造互通式循环创新链，通过打通创新主体间的通道，释放创新要素的活力。根据创新主体、要素需求、运行机制的差异，都市圈协同创新模式包括产学研合作模式、跨城际联盟组织、创新主体互动模式等[③]。

（6）都市圈治理协同是构建区域协商合作、规划协调、政策协同、社会参与等一体化发展机制，寻求以市场为主导的多方主体的广泛社会合作，通过区域协同治理，明确区域协调机制和利益分配机制，统一市场标准，构建统一要素市场，逐步探索行政区与经济

① 解学梅.协同创新效应运行机理研究：一个都市圈视角 [J].科学学研究，2013，31（12）：1907-1920.
② 王兴平.创新型都市圈的基本特征与发展机制初探 [J].南京社会科学，2014（4）：9-16.
③ 解学梅，刘丝雨.都市圈中观视角下的协同创新演化研究综述 [J].经济地理，2013，33（2）：68-75.

区适度分离的改革举措①。区域协调机制能够避免不同行政主体间政策指令的碎片化，促进建立城市间多层次合作和形成区域发展合力，缓解行政区与经济区的直接冲突，伦敦大都市圈的大伦敦政府、东京大都市圈的首都圈广域地方规划协会、纽约大都市圈的纽约区域规划协会均在区域协调中发挥重要作用。以市场为主导的资源配置可以消除地域市场分割和僵化体制机制带来的弊端，使得劳动力、资本、产品等要素冲破市场壁垒枷锁，提升都市圈内部要素的流动自由度和强度。此外，从都市圈所有成员的共同利益出发，构建都市圈命运共同体，针对城乡发展不平衡、地方利益主体同质竞争等问题，通过发挥不同城市的比较优势、强化城市间的功能互补和产业协作、建设优质的基础设施和公共服务体系来实现区域共建共享，严守生态保护红线和保护自然生态系统，建立区域成本分担、税收分享、生态补偿、跨区域投资和税收优惠等政策协调机制。

5.2 大都市圈特色小镇发展演化的动力机制

机制（Mechanism）是指复杂系统内部各要素之间的结构关系和运行变化的规律，其内涵主要包括：①构成事物的各个部分是机制存在的前提；②各个部分之间存在如何协调的相互关系；③通过一定的运行方式来协调各个部分之间的关系以更好地发挥作用。涉及机制的领域和应用非常广泛，从功能类型上看，机制可分为激励机制、制约机制和保障机制。动力机制是对机制的扩展，是一个动态和相对的概念。动力指事物运动和发展的推动力量，而动力机制强调系统（事物）状态变化的一系列相互传递的动因以及在系统中产生激励或积极性的机制。动力机制按照形成原因与属性可分为内生动力机制和外生动力机制。

大都市圈特色小镇发展演化的动力机制是一个复杂有机的运作系统，解释了特色小镇在都市圈内部如何生成和发展的过程，及其与中心城市互动的各种动力要素之间发展的相互关系、作用原理和运行方式。大都市圈特色小镇发展演化的动力机制包括发生阶段核心动力机制、发育阶段核心动力机制和提升阶段核心动力机制，是在都市圈区域形成的外部环境中，在不同发展阶段对特色小镇所起主导作用的外生动力因素和内生动力因素的构成（图5-2）。

---

① 尹稚，等.中国都市圈发展报告2021[M].北京：清华大学出版社，2021.

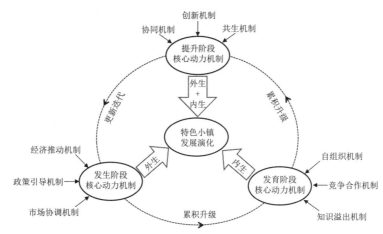

图 5-2　大都市圈特色小镇发展演化的动力机制模型
资料来源：作者自绘

5.2.1　发生阶段核心动力机制

发生阶段核心动力机制是都市圈内促进特色小镇形成的动力机制，主要包括经济推动机制、政策引导机制和市场协调机制。

1. 经济推动机制

经济的核心动力是产业，都市圈的本质是集聚经济，经济发展是大都市圈特色小镇形成的主导力量，经济推动机制的实质是追求产业集聚发展所带来的经济效益。经济新常态下，我国经济发展由高速增长转向高质量发展阶段，经济增长动力也由要素驱动、投资驱动转向创新驱动，经济结构优化调整和产业转型升级成为一项长期性的任务。同时，消费结构升级、科学技术进步对城市空间的发展方式和产业空间的组织方式提出了新要求，都市圈内的中心城市需要与周边中小城市产生经济联系，利用产业集聚扩散和产业分工协作促使不同特征的生产部门和生产环节在都市圈内不断优化调整空间分布，推动区域资源的最优化配置，促进都市圈内的经济和要素的集聚与扩散。

1）产业集聚与扩散

从区域经济学角度来看，区域经济的集聚和扩散功能是促进区域增长的重要机制动力，都市圈经济的集聚和扩散是集聚经济与空间成本的博弈。产业联系实际上是产业活动中企业之间的相互关系，企业的地理临近会增加企业间的物质交换和知识交流的机会，从而产生产业集聚，产业在空间上集聚的外部性有利于降低交易费用、实现集聚经济效益等。由于存在规模经济、知识溢出等因素，中心城市会易于集聚大量的生产要素和产生大量的经济活动，带来城市社会经济水平提高和城市空间扩张，中心城市对周边中小城市的辐射带动能力逐渐增长。当城市规模达到一定程度时集聚不经济和产业拥挤成本上升，因产业特性的不同影响产业的空间分布，促使企业向周边地区转移并加速周边地区产业结构升级转换。

产业结构变化所产生的集聚效应推动着都市圈空间的成长。中心城市凭借市场规模大、消费需求旺盛、多样化的产业和信息等以先进服务业作为主导产业，而周边中小城市因土地等成本优势分布制造业等产业，一些在中心城市集中的产业和功能也通过企业搬迁、经济协作会沿高速公路或轨道交通扩散到周边地区，一定的地域范围内形成了中心城市以服务业为主、周围地区以工业为主、并有便捷交通线路相连、结构上相互依赖又各具特色的有机整体，从而使得周边的中小城市承担了部分中心城市的角色，先进技术及创新成果向外辐射也带来生产方式和观念的转变。产业对城市空间的需求引起都市圈空间结构的变化和资本、技术等要素在空间上的重组，保证了城市适宜的规模和产业结构的优化。产业在中心城市扩散的过程中在都市圈尺度上实现新的集聚，产业集聚和扩散推动都市圈空间形态和生产空间的优化。

从新经济地理学角度看，产业集聚带来的技术溢出效应，有利于企业技术协同创新，这在中观产业层面表现为特色产业的形成和传统产业的转型升级，即产业集聚在特色小镇培育新兴产业和传统经典产业转型的过程中可能发挥重要作用①。以产业为核心的特色小镇正是在都市圈空间中形成的新兴产业集聚空间，可以通过承接中心城市外溢的产业，成为区域经济发展的小型增长极，在空间上缓解中心城市的发展压力，并与其建立经济上的联系。

2）产业分工与协作

产业的分工与协作是都市圈充分整合资源，避免低水平同质化竞争和无序蔓延的有效途径，专业化分工的一个突出表现就是产业链的垂直解体和横向延伸。随着现代信息技术的进步和技术创新，制造业与服务业融合以及制造业生产环节技术上的不断细分，都市圈作为产业链分工与协作的载体，不同生产环节会随着产业的集聚和扩散分布在都市圈内不同的区域。都市圈产业分工协作从传统的部门专业化向功能专业化分工，从而导致中心城

---

① 庄晋财，卢文秀，华贤宇. 产业链空间分置与特色小镇产业培育 [J]. 学习与实践，2018（8）：36-43.

市与周边中小城市及小城镇之间生产环节上的分工呈现各自的优势。在专业化分工体系下，中小城市及小城镇只要在特定生产环节具有比较优势，便可参与到产业分工并获得价值增值，在提高产业发展效率的同时，带给周边中小城市及小城镇更多的发展机遇。

从企业成长的生命周期来看，中心城市与周边中小城市分别承担了企业不同生命周期阶段的发展，中心城市丰富的要素集聚为新企业的创新提供了便利，因此新企业首先会在中心城市出现，一旦创新成功，新企业便会迁移到周边中小城市获取专业化的环境和更大的成长空间。从产业服务功能来看，不同的产业服务范围和人群不同，中心城市以金融、信息、商贸等服务业为主，辐射范围更广，周边城市以本地服务为主，辐射范围有限，需要分享中心城市外溢的专业性服务。从打造全产业链角度来看，技术进步推动生产组织方式的转变，主体趋势体现为从纵向一体转变为纵向分离，实现不同生产层次和链条细分与重组，制造加工、技术研发、管理决策、销售服务、原材料采购等环节独立运作，由于分工的深化，整体经济运行中将产生越来越复杂的专业化环节，产业间分工扩大，逐步演变为产业内分工裂变[①]。

中心城市规模越大，其产业的专业化要求越高，分工更加深入。为更好地利用中心城市的优质人力资本，降低信息搜索成本，满足市场需求，企业总部研发中心不断向都市圈中心城市集聚，主要发展生产性服务业；而在周边中小城市则充分利用低成本生产要素的优势，重点发展先进制造业和高新技术产业；产品生产、装配环节则转移或外包给都市圈其他外围城市及小城镇[②]。伴随产业分工协作深化，都市圈内高校科研机构、技术创新孵化和服务中介机构、公共研发平台、风险投资、知识产权保护等创新链关键节点，亦将围绕产业链分工环节实现有序对接[③]。技术和创新的扩散，为企业基于产业分工协作寻找适宜区位进行集聚创造条件，围绕中心城市形成新的产业空间。

立足区位优势和资源禀赋，重点发展优势产业，是特色小镇的核心竞争力所在，产业链空间分置的特点使得特色小镇可以通过要素引进的方式承接外部优势产业的转移，并以自身资源优势融入中心城市主导的产业链特定环节，甚至占据高端产业链的高端环节，实现专业化分工的同时，吸引大量相似产业链环节集聚，与中心城市形成错位和互补关系，实现特色产业的从无到有、从有到特、从特到强的转变。

---

① 安树伟，张晋晋，等．都市圈中小城市功能提升 [M]．北京：科学出版社，2020.

② 魏后凯．大都市区新型产业分工与冲突管理：基于产业链分工的视角 [J]．中国工业经济，2007（2）：28-34.

③ 陆军，毛文峰，聂伟．都市圈协同创新的空间演化特征、发展机制与实施路径 [J]．经济体制改革，2020（6）：43-49.

3）产业升级与演进

科学技术的发展推动社会的进步和经济发展，以智能制造为主导的第四次工业革命已经席卷全球，各种新技术的出现已经开始改变人们的生活方式。全球新一轮科技革命和产业变革正加速重构产业体系，伴随着传统产业的淘汰和新兴产业的崛起，开始重塑产业的国际分工格局。中国也积极推进制造强国、质量强国建设，发展壮大新一代信息技术、生物技术、新能源、新材料、高端装备等战略性新兴产业，构建实体经济、科技创新、现代金融、人力资源协同发展的现代产业体系。新技术的层出不穷带来新产业的蓬勃发展和新业态的不断涌现，生产组织的形态和产业链的分工不断刺激新经济发展模式的出现，加快新旧动能转换，以产业空间优化和产业结构升级来实现区域经济高质量发展。

产业结构的演进趋向高加工度化、技术集约化、知识化和服务化，产业结构升级所带来的产业经济增长影响着生产空间组织的方式，都市圈的产业结构升级不仅可以提升城市经济实力和竞争力，还可以重塑区域经济和空间结构，以中心—外围辐射带动区域产业空间分工发生变化，中心城市与周边地区之间的互动关系和模式也随之调整。在新经济形态带动下，都市圈产业结构逐渐向尖端技术、精细化和特色化发展，传统产业更新换代，新兴产业日益兴起，面对土地、空间、劳动力、环境资源等要素成本不断上升的压力，科技创新与产业结构升级对都市圈内要素的流动和产业空间提出新要求。因此，增强区域有效供给能力成为影响经济增长的决定性因素，一方面，应有资本、技术、人才等先进要素的集聚支撑新产品、新业态、新模式的创新，形成以创新为导向的新兴产业集聚，并将产业和城市生活相融合；另一方面，应结合特色产业在都市圈寻找产业生态位，通过市场机制淘汰旧产能、迁移旧产业，改变劳动密集型的"低端制造＋低端服务"的发展模式，从供给侧改革来解放生产力，激发企业活力，为新产能、新产业提供新的发展空间和创造新的经济增长点，增强区域发展的内生动力。

特色产业是特色小镇发展的基础和动力，在都市圈产业结构升级的背景下，特色小镇需要积极参与到区域经济转型升级的过程中，通过转变资源要素配置方式，发展极具发展潜力和竞争力的特色产业，聚焦产业链中的高端核心环节，构建高端产业体系，推动城市产业从要素驱动、投资驱动的粗放型增长向创新发展驱动的集约型发展转变，实现城市发展方式转变。特色小镇的区位空间和资源优势可以为新兴产业提供大量优质的发展空间和良好的配套设施，灵活的体制机制优势使其更易于承接新科技革命的成果、适应新的生产关系，以实现对传统产业的转型升级。

2. 政策引导机制

政府的行政力量能直接影响大都市圈特色小镇的发展进程，并通过一系列相关政策和规划引导都市圈一体化和特色小镇的规范健康发展。政策引导机制可以通过制度设计打破都市圈阻碍一体化发展的桎梏，加强动态监管和底线约束，通过典型示范和服务保障等机制促使各种动力有机结合，形成能够持续有效运行的动力机制。

在都市圈的空间成长过程中，政府运用手中的权力通过政府政策、战略大纲、规划方案的制定，平衡各方面的利益，使都市圈空间发展更趋于合理，避免无限制的空间蔓延和恶性竞争。在都市圈空间成长的雏形期和成长发育期，政府的城乡一体化政策起到一种黏合剂的作用，尤其是在推进区域型基础设施建设和区域共同市场等方面，政策的重点是依托政府公共资源，建立促进区域发展的运行机制，促进圈层放射状空间结构的形成。在都市圈空间成长达到成熟期以后，政府的协调政策仍然在发挥重要的作用，主要是城市之间、区域之间发展过程中矛盾的协调，控制城镇空间蔓延和促进多中心网络状结构的形成等[①]。

面对都市圈内部行政壁垒、产业同质化竞争、分工协作不够等问题，由于都市圈涉及不同行政区域和不同层级城市政府，需要统筹协调和支持政策来建立区域一体化战略与规划、跨区域协调组织机构等为区域发展提供指导、协调机制和运行保障，解决市场分割障碍，消除地方保护主义，通过探索现代化都市圈管理机制实现中心城市与周边地区的良性互动，一体高效的交通网络和优质共享的公共服务，为特色小镇的发展提供良好的外部发展条件。政府政策还能够有效引导资源的流动方向，通过鼓励要素流动促进特色小镇生产要素的空间集聚，按照产业链分工和发挥比较优势的原则，吸引资本、人才和技术等生产要素在有限空间上的深度融合，促进特色小镇的形成和发展。

特色小镇的兴起是基于我国新型城镇化战略、经济新常态、供给侧改革等的现实需要，其发展过程始终伴随着政策不断地在探索中实践、在创新中完善。面对"大城市病"、城乡二元结构矛盾、产业转型升级滞后的问题，国家和地方政府陆续出台相应政策支持推广特色小镇创建工作，为特色小镇发展提供基本遵循的原则、总体要求、操作细则，为特色小镇提供了灵活的成长方式和广阔的成长空间，在相关政策的推动下体制机制创新层出不穷，有效保证了制度供给。针对特色小镇发展过程中扩张过快、概念混淆、内涵不清的问题，

---

① 薛俊菲，顾朝林，孙加凤 . 都市圈空间成长的过程及其动力因素 [J]. 城市规划，2006（3）：53-56.

政府出台相关政策文件实施正面激励和规范纠偏机制，通过典型示范机制引导有关部门和市场主体有序推进特色小镇高质量发展。

3. 市场协调机制

随着生产力水平的不断提高，人力成本的上升和土地等资源的日益短缺，传统计划经济配置资源的方式逐渐不再适应现代化的市场环境，经济生产和产业组织方式亟需转变。市场协调机制是指通过市场竞争配置资源的方式，即资源在市场上通过自由竞争与自由交换来实现配置的机制，具体来说，它是指社会经济的各环节与各要素之间通过市场建立的互相联系及作用机理，要求从市场需求出发，按照成本最小、效率最大的原则优化生产要素配置，鼓励以企业为主体通过市场参与产业链、创新链、人才链等，利用自身优势吸引要素集聚，提升都市圈整体资源配置效率。

特色小镇是政府引导、企业为主体、市场化运作相结合的创新创业空间。政府要有所为、有所不为，转变职能做好引导和服务工作，例如编制规划、保护生态、政务咨询等，不干预企业运营。由于特色小镇的开发建设投入高、周期长，纯市场化运作难度较大，政府可以积极推动投融资模式创新，鼓励金融机构创新信贷模式和产品，通过债券、产业基金等模式加大金融支持力度。凸显企业主体地位，发挥好市场在资源配置中的决定性作用，鼓励大型企业牵头建设特色小镇，充分尊重企业家精神，激发小镇投资运营商的创造力和竞争活力。在特色小镇的日常运行管理上，探索组建由政府、企业、居民、社会组织共同构成的小镇治理委员会，建立自我运行、自我监督、融合开放的治理机制。

5.2.2　发育阶段核心动力机制

发育阶段核心动力机制是特色小镇发展过程中自我完善、内部企业相互协作的动力机制，主要包括自组织机制、竞争合作机制和知识溢出机制。

1. 自组织机制

自组织是事物或系统自我组织起来实现有序化的过程，还是复杂事物或系统的一种进化机制或能力，社会是与国家、市场相区别的相对自主的领域，社会生活微观层面的整合和协调更需要自组织机制来实现。自组织机制是一种自主且自我管理、自我约束、自我发展的机制，社区作为相对独立完整的地域性社会生活共同体有其自身的特征和维系纽带。社区既是地域性社会生活共同体，同时也是利益和文化心理共同体，社区的构成要素、特征和维系纽带相互作用使社区具有了自组织机制的特征[①]。国外的特色小镇往往以社会力量主导的自下而上的自组织机制发展而来，民间和社会力量在小镇起源、发展和壮大过程中是重要力量并起到决定性作用[②]。

　　特色小镇是生产、生活、生态"三生"融合的产业组织空间，并叠加了现代社区等功能，可以看作是一种自组织系统，多种功能聚合能够推动系统内部的各主体之间相互作用形成社会关系网络，从而引发企业经济行为的根植性，企业根植入社会网络的密度越大、复杂程度越高，越有助于企业间信任机制的形成、协作关系的维系和进一步强化。特色小镇的文化和社区功能使社区成员在交互作用与协同创新过程中建立起多层次的创新网络系统，鼓励各机构实体间的相互交流与合作，使技术创新从"个体行为"变成"集体行为"，促进集群创新的实现，产生加速创新、分工深化和个性化生产等经济效应[③]。此外，特色小镇的各个主体通过自我调节促使系统有序发展，如政府职能向引导和激励转变，企业按照市场规律参与竞争合作，高校和科研机构将技术与知识进行产业化。

　　"非区非镇"的发展格局决定了特色小镇的自组织特征。特色小镇"非区非镇"，良好的市场化运作是其成功的关键，这也决定了特色小镇必须具有开放性、非线性、远离平衡状态的特点，由内部因素主导其发展和演化的耗散性结构以及自组织系统。这种自组织系统的特点主要表现在以下几方面：首先，特色小镇应该是自组织的，并可以跟产业和周边的节点强强联合，形成微循环模式的产业生态，这种微循环本身就可以形成产业；其次，社会资本的高度参与为特色小镇的成功提供了强有力的资金保障，特色小镇建设需要长时间持续的资金投入，离不开 PPP（Public-Private Partnership）这种创新融资模式的助力；最后，在完善产业链布局、引进优质资源及整合新型产业资源方面，大型企业集团更有经验，所以大型企业集团的参与是特色小镇成功的关键。这些企业集团还可以通过专业投融资平台的打造，借助资本运作优势，完善产业布局，通过引进优质资源并整合新型产业资源，进而在特色小镇内完成具有自循环特质的产业生态圈布局[④]。

①　杨贵华.自组织与社区共同体的自组织机制[J].东南学术，2007（5）：117-122.
②　周静，倪碧野.西方特色小镇自组织机制解读[J].规划师，2018，34（1）：132-138.
③　任光辉.特色小镇自组织研究的理论溯源与未来方向[J].创意城市学刊，2021（1）：122-129.
④　李国英.构建都市圈时代"核心城市+特色小镇"的发展新格局[J].区域经济评论，2019（6）：117-125.

2. 竞争合作机制

产业集群作为一种产业空间组织形式，其成功在很大程度上可以归因为"产业区在企业之间和企业内部有效解决矛盾和合作问题的特殊能力[1]"。产业集群内部的竞争合作是集群内部企业未来实现自身利润最大化的自发性选择，提升内部竞合水平是提升企业自身实力的重要途径。竞争方面，竞争的强化能够淘汰生产效率低下的落后企业、提高集群内部产品质量、帮助优胜企业做大做强，从而提高集群整体的竞争力和产业比较优势；合作方面，现代化产业集群内部的合作可以形成系统性、精细化的分工，龙头企业获取产业价值链中附加值较高的环节，其余环节可以由集群内部其他中小企业承接，世界知名的大企业如丰田、三星等公司周边分布着大量产业链上下游中小企业，形成集群内部合作共赢的局面，此外，集群内部龙头企业之间可以通过搭建产业联盟组织展开合作，利用资源整合提升品牌影响力和抗风险能力。集群内外企业面对着不同类型的竞争与合作关系，即集群内企业之间是充分竞争基础上的合作关系，对集群外企业而言，则是一种合作基础上的充分竞争关系。产业集群内的充分竞争基础上的合作与协同，以及对外的集团性竞争优势，反过来吸引越来越多的集群外企业进入，从而强化了集群的优势[2]。平衡竞争与合作之间的关系，恰当采取竞合行为，保持良好的市场信誉，同时协调自身利润增长和集群共赢之间的矛盾，应成为当前集群内企业战略制订的指导思想[3]。创新需要企业既竞争又合作的特殊文化氛围，独立企业之间稳定的网络关系是高技术时代技术创新的需要，复杂的技术系统必须通过大量企业之间长期的、无限的相互作用和相互渗透才能建立起来[4]。

竞争合作机制是指特色小镇内部企业之间关系交互的过程和作用机理，企业间的竞争与合作行为是产业集群发展壮大的重要机制，也是特色小镇发展阶段的重要动力机制。随着特色小镇的发展，小镇特色产业的集聚效应形成了区域性的产业优势，促进了企业的横向集聚和企业间的竞争。同时，特色小镇的产业也需要相关产业的支撑，于是产生了围绕龙头企业的上下游产业链之间的合作关系，企业之间基于信任的社会网络成为利益共同体，小镇内部的企业是一种高度合作基础上的充分竞争，能够促进企业间的信息资源共享，节约交易成本，促进知识溢出和创新。小镇内部的竞合关系应尽量遵循市场运行规律，鼓励

① 格兰多里，刘刚.企业网络：组织和产业竞争力 [M].北京：中国人民大学出版社，2005.
② 吉国秀，王伟光.产业集群与区域竞争合作机制：一种基于社会网络的分析 [J].中国科技论坛，2006（3）：95-99.
③ 易经章，胡振华，朱豫玉.基于企业竞争合作行为的产业集群创新机制模型构建 [J].统计与决策，2010（3）：186-188.
④ 王缉慈，等.创新的空间：产业集群与区域发展 [M].北京：科学出版社，2001.

产业集群内部的良性竞争，政府提供优质的服务和良好的政策环境，构建畅通的合作渠道，确保小镇的企业竞合互动有序进行。

3. 知识溢出机制

知识是人们在实践中积累起来的经验和理性认识的总和。知识具有公共产品的性质，知识不同于普通商品之处在于其具有溢出效应，知识的溢出不是知识的复制，而是知识的再造。知识溢出过程具有连锁效应、模仿效应、交流效应、竞争效应、带动效应、激励效应。产业的发展需要新知识的不断注入，新经济增长理论和新贸易理论都认为，知识溢出和经济增长有密切的联系。弗里曼（1991）认为，在于集群内部存在知识溢出效应，该效应的存在是促进集群创新网络发展和集群经济增长的最根本动力，是集群创新产出和生产率提高的源泉[①]。知识溢出效应之所以在集群中存在特别的作用，其前提条件是相关企业在地理上的集聚，地理上的邻近为它们之间通过正式或非正式渠道分享知识提供可能，集群成员间信息沟通渠道的建立，使得信息流动和知识溢出能更好地应对快速变迁的技术和市场，并且对创新产出增长提供积极的推动[②]。与创新所需的资本和劳动相比，知识在企业研发活动中起着更加重要的作用并且更加难以获得，由于知识固有的外部性，企业的创新收益不仅仅依赖于企业自身的研发活动，还取决于集群内其他企业的创新行为，企业可以从其他企业的创新活动中获得知识溢出带来的额外收益[③]。

知识溢出有随空间距离的增减而衰减的特点，因此，特色小镇的选址应与中心城市、大学、科研机构等有地理上的邻近性，尽可能使知识产出机构的知识溢出，以硅谷为例，以斯坦福大学和加州大学伯克利分校为代表的高等学府，既为硅谷科技公司的技术突破提供了原始创新，又源源不断输送了高质量人才，大学教授被鼓励在外创办企业，促进产学研互动和技术转移。在特色小镇内部，龙头企业与相关联中小企业间在生产和创新中相互合作，形成共有的知识基础，通过相互的知识学习过程来获取制度创新、管理创新以及具有市场价值的技术创新等，不仅分享本行业的技术和知识，还要学习其他产业的新知识。知识的交叉和结合会激发企业的创造活力，产业集群内部的产业融合和技术合作开发推动了产业结构升级和演进，带来本地隐性知识的有效传播，并有效吸收和整合外部显性知识，

①　FREEMAN C . Networks of innovators：a synthesis of research issues[J]. Research Policy, 1991.
②　魏江 . 小企业集群创新网络的知识溢出效应分析 [J]. 科研管理，2003（4）：54-60.
③　朱秀梅 . 知识溢出、吸收能力对高技术产业集群创新的影响研究 [D]. 长春：吉林大学，2006.

极大地提升知识溢出的经济价值。此外，小镇内部人才作为知识的载体，企业间人才的流动也提高了知识溢出效应，硅谷作为世界知名的创新创业圣地，宽松的人才流动制度促进了企业之间、学界与业界之间的深度交流和技术传播，推动了知识和技术在创新生态圈的流动。

5.2.3 提升阶段核心动力机制

提升阶段核心动力机制是特色小镇迈向高质量发展阶段，在都市圈内与中心城市形成的良性互动的动力机制，主要包括创新机制、协同机制和共生机制。

1. 创新机制

创新机制是创新主体通过创新要素集聚、在创新载体上开展创新活动来推动发展的动力机制。创新主体主要包括政府、企业、大学及科研机构等，政府通过体制机制创新为创新活动提供服务保障，大学及科研机构为创新活动提供智力支持，创新型企业依靠技术创新和组织创新不断获取市场竞争优势，龙头企业一般在某一特定的产业领域拥有技术、标准、品牌等方面的领先优势，其发展壮大的过程也是不断创新的过程；创新要素主要包括人才、技术、资本等，创新要素集聚不是简单的堆积，而是在地理邻近的基础上存在相互关联且协同发展的关系；创新活动的内容包括以产业创新形成新型产业体系、以科技创新形成完备的技术创新体系、以产品创新形成新市场和经济增长点、以制度创新为经济发展方式转变提供保障、以战略创新形成协同创新体系、以管理创新提升各类创新绩效、以文化创新提供精神动力和智力支持[1]；创新载体是开展创新活动的空间，都市圈正取代单个城市成为创新资源优化配置和全产业链创新的区域空间载体，区域创新体系、创新网络和创新系统成为创新主体分工与合作的传播扩散通道，都市圈内部的各创新主体所处的不同创新单元，在中心城市的辐射带动作用下共享创新要素的溢出，强化了创新要素在区域中的集聚扩散效应，也促进了创新性都市圈的形成。创新机制的良好运行需要激发创新主体的创新热情，为创新单元创造良好的创新空间和营造良好的创新氛围，吸引创新要素的集聚。

特色小镇是创新导向的产业组织形式，也是都市圈中的创新单元。特色小镇一方面通

---

① 任保平，郭晗 . 经济发展方式转变的创新驱动机制 [J]. 学术研究，2013（2）：69-75，159.

过集聚人才、资本、技术等先进要素，为创新提供源动力，以市场运作为主的形式给予企业更大的自由度，内部企业之间通过知识、信息和技术的交流与累积，形成创新的推动力，同时，为大学和科研机构提供合作研发和技术转化的平台，支撑企业创新产品、模式、业态，形成以创新导向的新兴产业最大化的集聚；另一方面，在聚力发展主导产业的同时，特色小镇推进产业、社区、文化、旅游"四位一体"和生产、生活、生态"三生融合"的创新供给方式，为创新创业者提供优质的公共服务，为人与人之间的直接交流创造良好的氛围，能够提供给"创新"人才更多的交流机会，促进知识溢出而助推创新。此外，特色小镇结合自身优势在都市圈中积极融入产业价值链，盘活城乡接合部闲置或低效土地资源，创新土地供应模式和利益分配机制，为特色产业腾挪出新的发展空间，为改善人居环境和人们的生活方式，进一步增强区域发展的内生动力。

特色小镇建设有利于优化区域产业生态系统。区域产业生态系统的活力和可持续性都源于其内部的创新能力，特别是在外部市场环境发生显著变化的情况下，其创新能力决定了区域产业能否通过"应激反应"有效调整对外部市场的适应性，从而为进一步提升有效供给能力提供要素、制度、技术等多重保障。特色小镇作为融创新链和产业链于一体的特色产业集群，有别于传统行政单元和产业园区，它对外与全球创新网络相连接，可以把最新的产业创新信息、新业态、新的商业模式甚至创新人才导入到本区域来；对内可以通过协同推进特色产业创新战略联盟和区域创新体系建设，不断完善区域内市场主体的创新合作交流机制，促进区域内创新资源、信息和成果等互通共享，形成紧密精细的区域产业创新网络[①]。

2. 协同机制

协同机制是多元主体通过各自协调行为使之有效配合，促使系统形成整体大于部分功能之和的效果的动力机制。协同是更高层次的合作，都市圈的可持续发展依赖内部各个主体之间的良好协同，城市之间通过协同能够产生大于个体城市之和的协同效应，在实现共同发展目标和各自利益目标的情况下建立从无序到有序的互利互惠关系，在此过程中需要外部环境提供能量和物质等作为保证。

从都市圈层面来看，中心城市和特色小镇等都是都市圈的发展主体，都市圈为其提供

---

① 盛世豪，张伟明. 特色小镇：一种产业空间组织形式 [J]. 浙江社会科学，2016（3）：36-38.

统一市场、一体高效的基础设施和优质的公共服务，都市圈通过战略协同、空间协同、要素协同、产业协同、创新协同、治理协同等水平的不断提高，使得中心城市和特色小镇通过产业分工、功能分工形成错位互补的发展合力，在区域利益协调机制的统筹下实现区域合作的公平与效率双赢。

从特色小镇层面来看，政府、企业是发展主体，中心城市又为小镇提供先进要素和产业链环节机会，政府提供政策支持和服务保障，企业则集聚人才、技术和资金进行产业创新，以政府引导、企业为主体培育产业生态圈，市场机制下的协同为特色小镇创造良性的进化结构和协同效应。小镇内部的协同方面：小镇企业之间良好的竞争协作关系和明确的分工，形成了分工协同；小镇企业间的知识溢出效应和学习机制促进了创新的示范效应产生，形成创新协同；小镇企业共享区域特色资源，并在这个过程中形成了资源协同；小镇以市场为主的运作模式，形成了市场协同；小镇运行需要遵循良好的管理制度，形成了制度协同；小镇在协同发展过程中构建指导各发展主体行为的价值体系，传递了人文关怀，实现了文化协同。小镇与外部的协同方面：小镇结合都市圈的产业规划体系和中心城市的产业特点，通过强化、延伸、补充融入区域产业价值链中，形成产业协同；小镇应在区位选址上根据自身产业需求在都市圈核心区或者辐射区布局，利用都市圈的设施条件吸引中心城市的先进要素集聚成为创新高地，或者成为要素下乡的传输和重组通道，促进农村三产融合生态体系的构建，形成"中心—外围"的空间和要素的协同；小镇的企业与大学、科研机构是协同创新的关系，通过深化大学人才供给体系的结构性改革、促进"产业链－学科链－专业链"的契合贯通、形成协同创新的优势合力并实现资源优势互补、推动大学科研成果转化扩散的提质增效等机制形成创新发展合力[①]。

3. 共生机制

共生机制是指在竞争日趋激烈的环境中，共生单元之间相互作用，达到优化资源配置、提高创新效率、消除恶意竞争、降低交易成本效应的动力机制。多中心共生主要指多中心间通过要素、流、链、场，实现相互联系、相互影响、相互制约的发展关系模式，推动多中心联动、协同与共生，是实现资源与要素合理与优化配置的需要，是实现区域协调与可持续发展的需要，也是发展转型与城乡一体化的需要，有利于克服单中心能力的不足，培

---

① 赵哲. 大学与战略性新兴产业协同发展的内涵释义、互动关系与动力机制[J]. 高校教育管理，2020，14（3）：9-18.

育区域综合成长力。城市化、产业集群化、基础设施一体化、同城化、城乡一体化是推动多中心共生的基本动力，利益摩擦与环境约束是多中心共生的阻力[①]。

　　都市圈客观上是由若干个不同等级、具有地理邻近性、社会经济相联系的城市及其影响区所构成的地域经济综合体，在城市化与城市空间拓展的过程中，形成中心城市、中小城市、小城镇与特色小镇等空间多中心结构。都市圈内部城市间共生关系是指在都市圈的地域空间范围内，城市间劳动地域分工合理，城市职能互补，基础设施一体化程度高，要素流动顺畅，产业结构紧密关联，等级体系演化有序的城市群体间相互作用关系，都市圈内的各城市也应找到自己的"生态位"，才能保持都市圈演化的稳定与均衡[②]。

　　培育区域中心的数量和能级、发挥其溢出和辐射效应是区域共生的前提，以产业集聚、集群化发展实现城乡优势整合和功能融合是区域共生的驱动力，根据区位、经济能级、资源禀赋等条件合理构建布局中心和次中心是区域共生的空间支撑，政府的职能转型和体制机制创新是区域共生的服务保障。特色小镇应基于比较优势、产业特色、功能定位与发展导向，结合都市圈多中心发展的战略需求，与都市圈内部的中心城市、中小城市、小城镇及其他特色小镇之间形成资源要素的有效整合和差异性发展的共生关系，以特色产业集群推动区域产业整合和结构优化，利用都市圈提供的外部条件与中心城市等共生单元构建协同发展的体制机制和创新平台。

①　朱俊成，宋成舜，张敏，等. 长江三角洲地区多中心共生及其调控研究 [J]. 城市规划，2016，40（2）：27-35.
②　罗守贵，金芙蓉. 都市圈内部城市间的共生机制 [J]. 系统管理学报，2012，21（5）：704-709，720.

大都市圈特色小镇发展的总体特征

典型大都市圈特色小镇的空间特征

大都市圈特色小镇发展的绩效评估

大都市圈特色小镇发展的实践反思

大都市圈特色小镇发展的
实践检讨

6.1 大都市圈特色小镇发展的总体特征

特色小镇建设正成为当下我国的经济新热点迅速崛起，特色小镇已经不再是一个普通的经济学概念或者行政学概念，而是一个实实在在的集产业、文化旅游和社区功能于一体的经济发展引擎[①]。特色小镇作为现代经济发展到一定阶段的新型产业布局形态，对促进都市圈内外协同高质量发展产生多重效应。近年来，特色小镇得到蓬勃发展，小镇建设数量急剧增加，国家发改委数据显示，截至 2021 年上半年，全国各省、市认定并公示的特色小镇高达 1600 个，但地方存在缺乏顶层设计和建设引导，在创建过程中出现"千镇一面"同质化或伪特色的现象，亟待解决。

本章节通过对国家发改委、住房和城乡建设部和地方政府部门针对特色小镇建设已公布的相关文件进行梳理，综合考量国家发改委正式批复的五个都市圈发展规划中的重点内容、安树伟等所著的《都市圈中小城市功能提升》以及清华大学中国新型城镇化研究院发布的《中国都市圈发展研究报告 2021》针对都市圈发展阶段的分类标准，选用成熟型、发展型、培育型都市圈的分类类型对全国范围内的都市圈进行科学识别（表 6-1）（因数据获取原因，未对港澳台地区进行识别）。本研究通过对都市圈范围内的各省发改委已认定并公示的特色小镇名单进行整理，结合各都市圈的发展定位、资源禀赋和产业特征等，运用 GIS 空间分析工具，探索各发展阶段都市圈特色小镇不同类型、不同尺度、不同维度上的分布特征，深度挖掘特色小镇空间分布的影响因素，为优化都市圈特色小镇空间发展格局，建设更富有生命力和竞争力的特色小镇提供理论支撑和决策参考。

---

① 陈青松，任兵，王政 . 特色小镇于 PPP：特点问题商业模式典型案例 [M]. 北京：中国市场出版社，2017：20-21.

全国都市圈不同发展阶段分类结果　　　　　　　　　　　　　　表 6-1

发展阶段	名称
成熟型都市圈 （4 个）	广州都市圈、首都都市圈、上海都市圈、深圳都市圈
发展型都市圈 （16 个）	长春都市圈、成都都市圈、贵阳都市圈、合肥都市圈、杭州都市圈、济南都市圈、南京都市圈、南宁都市圈、青岛都市圈、石家庄都市圈、沈阳都市圈、太原都市圈、武汉都市圈、西安都市圈、厦门都市圈、郑州都市圈
培育型都市圈 （12 个）	大连都市圈、重庆都市圈、长株潭都市圈、福州都市圈、哈尔滨都市圈、呼和浩特都市圈、昆明都市圈、兰州都市圈、南昌都市圈、乌鲁木齐都市圈、西宁都市圈、银川都市圈

资料来源：作者整理

6.1.1　空间分布特征

本研究借助百度地图对 734 个样本点进行精准定位，运用 ArcGIS 的 Kernel Density 工具，对全国已公示的省级特色小镇名单的都市圈实现了空间可视化表达及核密度计算。不难发现，特色小镇主要以长三角、珠三角等东南沿海地区为核心形成高度密集区，尤其是在江浙、上海一带（图 6-1）。浙江省作为特色小镇的先发地区，该地区及周边区域特色小镇集聚程度远高于其他区域，主要集中于都市圈中心城市核心圈层分布，结合自身优势产业条件与自然环境禀赋，同时承接中心城市产业外溢效应，形成都市圈区域性新增长极。

1. 数量层面——阶梯式发展特征明显

都市圈特色小镇数量分布特征呈现从"成熟型—发展型—培育型"阶梯式下降趋势。本研究对当前部分省市发改委已公示省级特色小镇名单进行梳理统计，其中成熟型都市圈特色小镇数量平均值约为 62 个，发展型都市圈平均值约为 25 个，培育型都市圈平均值约为 10 个（图 6-2）。成熟型都市圈特色小镇数量远高于发展型和培育型都市圈，特别是上海都市圈、广州都市圈和首都都市圈，前者横跨浙江省、江苏省、上海市三大行政区域范围，其特色小镇数量高达 105 个，占总数的 14.30%；后者依托优越的地理区位与政策优势条件，其特色小镇数量为 68 个，占总数的 9.26%。发展型都市圈特色小镇数量均介于 15 ~ 40 个之间。从全国整体水平上看，特色小镇数量参差不齐，前五位都市圈内特色小镇总数达 326 个，占总体数量的 44.41%，远高于其他都市圈，以成熟型和发展型都市圈为主。

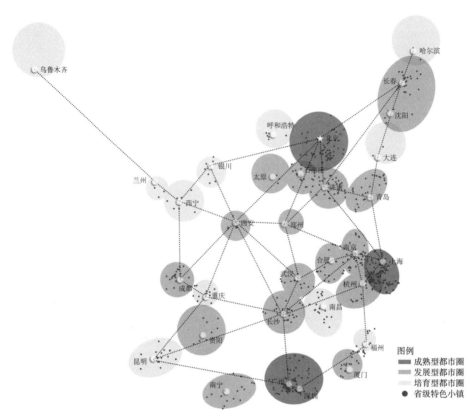

图6-1　全国都市圈省级特色小镇空间分布示意

资料来源：作者自绘

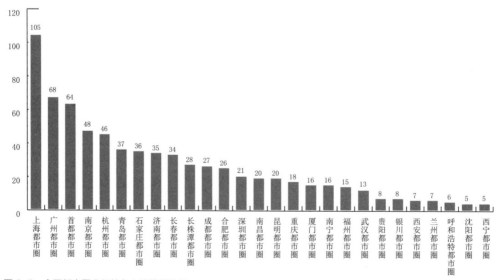

图6-2　全国都市圈省级特色小镇数量排行

资料来源：根据各省已公示特色小镇名单整理绘制

2. 空间层面——东"喜"西"忧"特征突出

全国特色小镇空间分布核密度形成了以长三角、珠三角地区为核心向周边扩散的空间格局，并在京津冀等区域接壤处形成次级密集区（图6-3）。长三角地区作为特色小镇的先发地区，特色小镇发展建设体制与机制相对成熟，区域层面政策扶持、科技创新等方面具有较强的辐射带动作用，推动特色小镇实现发展动能的迭代升级，完善并延伸小镇内部的产业链、供应链、价值链，打造区域良性的产业生态圈。伴随着区域内各省市人口、社会、经济的强劲发展势头，中心城市扩张与城乡融合发展进程逐步加快，在此契机下为缓解中心城市发展压力，城乡接合部衍生并急剧增加不同产业类型的特色小镇，主要围绕上海、杭州、嘉兴、绍兴、南京等地形成多元化特色小镇集聚区。珠三角地区依托区位优势、资源禀赋、政策优待，同时凭借广州都市圈、深圳都市圈的协同发展条件，各特色小镇抓住发展机遇、明确发展方向，进而形成了以广州、佛山、深圳为核心的特色小镇集聚区。相较于东部地区特色小镇的发展态势，西部地区的发展相对不容乐观，发展水平不强但空间分布相对均衡，尚未出现较为明显的特色小镇集聚区域。

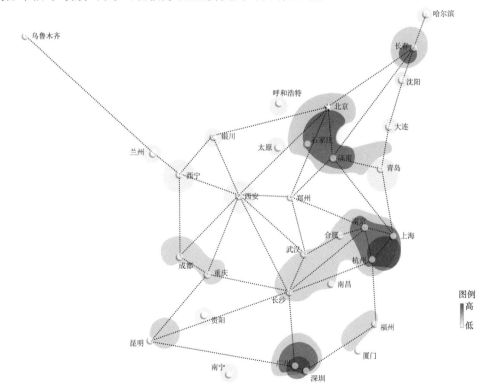

图6-3　全国都市圈省级特色小镇核密度分析示意
资料来源：作者自绘

6.1.2 类型分布特征

1. 特色小镇类型分布

1）整体空间分布特征

从整体空间层面上看，主要集中在长三角、珠三角地区且产业类型多样化程度较高，基本九种类型特色小镇实现全方位覆盖（图6-4）。其次为京津冀地区的都市圈，以先进制造类、文化旅游类以及三产融合类特色小镇为主。其余都市圈特色小镇产业类型依据都市圈和中心城市产业定位、体系、未来发展方向而定，但多以先进制造类或是文化旅游类为主要类型建设发展。

2）不同类型分布格局

（1）先进制造类

先进制造类特色小镇形成以长三角为核心，京津冀、珠三角、长株潭、吉林等地多极密集的空间格局。长三角地区作为我国经济发展最活跃、开放程度最高、创新能力最强的区域之一，在合力建构全产业链的区域性先进制造产业集群上具备良好的发展基础和条件，

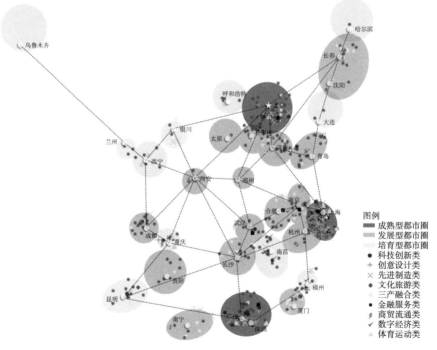

图6-4 全国都市圈分类型特色小镇空间分布示意

资料来源：作者自绘

已经明确推进产业一体化的重点围绕电子信息、生物医药、航空航天、高端装备等十大领域，形成若干个世界级制造业集群。京津冀、东北地区依托原有的老工业基地基础，具备发展先进制造类型小镇产业优势，极大地推动了该产业类型小镇的衍生发展。

（2）科技创新类

科技创新类特色小镇形成以珠三角为核心向外扩散的空间格局，并在长三角、京津冀地区形成次级核心区。该类型特色小镇主要依托科研院所、高等院校及职业学校的人才、科研优势，发展"前校后厂"等产学研融合创新联合体，打造产教融合基地和产业孵化器区域。珠三角、长三角、京津冀地区教育资源丰厚且政策条件优越，适宜该类型特色小镇的产生。

（3）创意设计类

创意设计类特色小镇主要是以长三角地区，特别是上海、杭州地区为核心集聚区，并在重庆、广州、深圳等地存在少量微弱的密集区，分布也多位于城市核心圈层或紧密圈层，便于为中心城市提供相应产品，对快速交通运输有一定的需求。该类型特色小镇更注重发挥创意设计对相关产业发展的先导作用，开发传统文化与现代时尚相融合的产品创意设计服务。

（4）数字经济类

数字经济类特色小镇相较于其他类型特色小镇分布较为均衡，但还是呈现出以长三角地区为核心的空间分布格局。该类型特色小镇着眼推动数字产业化，运用人工智能、大数据、云计算、物联网等数字化工具，同时伴随着电商产业云集和数字化政策的推行与落实，极大地带动该类型特色小镇的发展。

（5）金融服务类

金融服务类特色小镇主要是以上海为核心向外扩散的空间分布格局，借助上海金融中心、经济中心的区位、政策、环境优势，带动中心城市周边金融服务类特色小镇的产生。

（6）商贸流通类

商贸流通类特色小镇主要分布在珠三角、环渤海地区，依托便捷的海陆空交通体系，极大地推动批发零售、物流配送、仓储集散等产业发展，结合实际建设边境口岸贸易、海外营销及物流服务网络，带动片区产业、经济发展。

（7）文化旅游类

文化旅游类特色小镇主要集中在京津冀、珠三角、长三角地区，并在吉林、成渝、昆明等地形成次级密集区。文化旅游类小镇更多的是结合当地资源禀赋和文化内涵发展壮大，同时在建设过程中依托当地政府政策扶持，区位选址一般具有一定的资源倾斜性，大多位于都市圈辐射圈层和农村腹地。

（8）体育运动类

体育运动类特色小镇主要集中在京津冀地区，以冰雪运动为主进而衍生出该类型特色小镇。该类型小镇多数依托国内、国际体育盛事举办地兴办并发展建设，位于核心区近郊区域和远郊区域，具有良好的区位交通优势。

（9）三产融合类

三产融合类特色小镇相对来说空间分布较为均匀，各区域均存在多极集聚增长区，形成全国层面的均衡发展状态。该类型小镇产业基础多以农业为主导，注重区位、生态和资源等要素集成化发展，依托国家乡村振兴和新型城镇化战略的实施，进而推动小镇一、二、三产业融合发展。

2. 特色小镇类型差异

1）数量层面

（1）成熟型都市圈

成熟型都市圈特色小镇数量共计 258 个（图 6-5），其中文化旅游类数量为 105 个，占到总数的 39.15%，占比较大；其次是先进制造类，数量为 54 个，占比为 20.93%；再次为科技创新类，数量为 27 个，占比 10.47%；最后是数字经济类、创意设计类、三产融合类、金融服务类、体育运动类以及商贸流通类，分别占比为 10.08%、6.59%、5.04%、3.88%、2.33% 和 1.55%，特别是体育运动类与商贸流通类，数量仅有 4～6 个。该数据表明成熟型都市圈发展相对均匀，除文化旅游类小镇以外，不同类型数量差距较小，存在着一定的特色化、数字化、现代化的发展倾向性。

（2）发展型都市圈

发展型都市圈特色小镇数量共计 356 个（图 6-6），以文化旅游类与先进制造类为主，数量分别为 152 个和 83 个，共计占比 66.01%；其次为三产融合类，数量为 44 个，占比 12.36%；再次为数字经济类，数量为 27 个，占比 7.58%；其余类型特色小镇占比均不超过 5%。该数据表明发展型都市圈不同类型特色小镇数量呈现断崖式递减，差距相差较大且类型发展极不均衡，最多占比高达近 50%，最低占比仅为 1.97%。

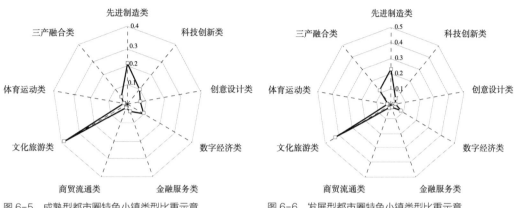

图 6-5 成熟型都市圈特色小镇类型比重示意
资料来源：作者自绘

图 6-6 发展型都市圈特色小镇类型比重示意
资料来源：作者自绘

（3）培育型都市圈

培育型都市圈特色小镇数量共计 120 个（图 6-7），以文化旅游类特色小镇为主，数量共计 69 个，占总体特色小镇数量的比值高达 57.50%；其次为三产融合类、先进制造类、数字经济类和体育运动类，分别占比 9.71%、7.77%、6.80% 和 6.80%，数量分布相对均衡；再次为科技创新类、创意设计类，均占比 3.88%；最次为商贸流通类，仅占总数的 0.97%；该发展阶段都市圈尚且没有金融服务类特色小镇。该数据表明培育型都市圈特色小镇类型数量分布呈阶梯式递减，且发展具有一定的随机性，主要是依托当地本土资源挖掘并衍生出文化旅游休闲类型特色小镇。

2）类型层面

科技创新类、创意设计类、数字经济类、金融服务类四种类型的特色小镇在成熟型都市圈所占比重较大；而先进制造类、商贸流通类、文化旅游类、三产融合类四种类型的特色小镇在发展型都市圈所占比重较多；培育型都市圈与发展型都市圈的体育运动类占比相当（图 6-8）。

综上所述，成熟型都市圈不同类型特色小镇从类型层面到数量层面分布较为均质，发展型都市圈特色小镇类型相对较少，以文化旅游类、先进制造类、三产融合类为主，培育型都市圈超过 60% 的特色小镇均为文化旅游类，不同类型发展极不均衡，且具有一定的地域性和随机性。

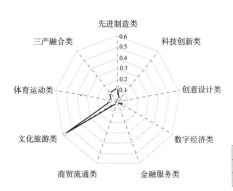

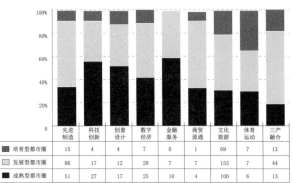

图 6-7 培育型都市圈特色小镇类型比重示意　　图 6-8　不同发展阶段都市圈的不同类型特色小镇数量比重示意
资料来源：作者自绘　　　　　　　　　　　资料来源：作者自绘

	先进制造	科技创新	创意设计	数字经济	金融服务	商贸流通	文化旅游	体育运动	三产融合
培育型都市圈	15	4	4	7	0	1	69	7	13
发展型都市圈	86	17	12	28	7	7	153	7	44
成熟型都市圈	51	27	17	25	10	4	100	6	13

6.2 典型大都市圈特色小镇的空间特征

6.2.1 典型对象选取

　　典型对象选取原则旨在综合地、全面地、科学地呈现不同发展阶段都市圈特色小镇的整体空间分布特征，综合考量全国层面都市圈特色小镇的发展水平和时空分布。本研究选取八个典型都市圈作为实证案例进行分析（表 6-2），其中涵盖：由国家发改委正式批复的南京、福州、成都、长株潭、西安五个都市圈；特色小镇发展建设先发地区的杭州都市圈；长三角、珠三角地区发展水平较好的上海都市圈和广州都市圈。

国内不同发展阶段的典型都市圈基本概况一览表　　　　表 6-2

类型	名称	范围界定	规划面积（km²）	常住人口（万人）	生产总值（亿元）
成熟型都市圈	上海都市圈	包括上海、无锡、常州、苏州、南通、宁波、湖州、嘉兴、舟山"1+8"共 9 个城市	54000	7793	126069
	广州都市圈	包括广州、佛山全域和肇庆、清远、云浮、韶关 4 市的都市区部分	71316	4178	47738

类型	名称	范围界定	规划面积 （km²）	常住人口 （万人）	生产总值 （亿元）
发展型 都市圈	杭州 都市圈	包括浙江省杭州、湖州、嘉兴、绍兴、衢州和安徽省黄山共6市全域	53734	2855	37757
	南京 都市圈	南京、镇江、扬州、淮安、芜湖、马鞍山、滁州、宣城8市及常州市的金坛区、溧阳市	66000	3548	46665
	成都 都市圈	成都都市圈以成都市为中心，与联系紧密的德阳市、眉山市、资阳市共同组成	33100	2991	25012
	西安 都市圈	包括西安市全域（含西咸新区），咸阳市秦都区、渭城区、兴平市、三原县、泾阳县、礼泉县、乾县、武功县，铜川市耀州区，渭南市临渭区、华州区、富平县，杨凌示范区	20600	1853	13122
培育型 都市圈	长株潭都 市圈	包括长沙市全域，株洲市中心城区及醴陵市，湘潭市中心城区及韶山市和湘潭县	18900	1484	17900
	福州 都市圈	以福建省福州市为中心，主要包括福州、莆田两市全域，宁德市蕉城区、福安市、霞浦县和古田县，南平市延平区、建瓯市和建阳区及平潭综合试验区	26000	1300	15000

资料来源：根据 2021 年各都市圈内相关城市官方统计数据整理

6.2.2　空间分异特征

1. 研究方法

为解析不同类型都市圈特色小镇空间分布特征及形成机制，首先借助最近邻指数分析对各都市圈特色小镇空间分布类型进行研究，探索空间分布特征；其次，运用核密度分析剖析特色小镇在地理空间上的集聚区域，为进一步阐明特色小镇形成的影响因素奠定基础；最后，运用缓冲区分析，探寻特色小镇的空间可达范围，为特色小镇的建设选址范围提供一定的理论支撑。

1）最近邻指数分析——集聚程度

最近邻指数是指通过点状要素间的距离判断空间分布特征，用于探索各个都市圈特色小镇点状要素间的集聚程度。计算公式如下：

$$R = \frac{r}{r_E} , \quad r_E = \frac{1}{2\sqrt{n/A}} \tag{6-1}$$

式中，n 为特色小镇点状要素数量；A 为所属都市圈区域总面积；r 表示平均最近邻距离；r_E 表示理论最近邻距离。R 值是指最近邻比率，当 $R>1$ 时，表明区域内特色小镇点状要素之间相互排斥，空间分布特征趋于离散分布；当 $R<1$ 时，表明区域内特色小镇点状要素之间相互接近，空间分布特征呈现聚类分布；当 $R=1$ 时，表示区域内特色小镇点状要素空间分布特征呈现随机性。同时，最近邻指数分析中所得到的 Z 得分是指标准差倍数，即反映都市圈特色小镇点状要素数据集的离散程度；P 值是指概率，当 P 值很小时，意味着空间特征产生随机过程的概率较小，因此可以拒绝零假设。

2）核密度分析——集聚状态

核密度分析是根据输入要素计算整个区域的数据聚集状况，重点反映一个核对周边的影响程度。用于判断各个都市圈特色小镇在地理空间上的集聚状态，能够直观地呈现出各都市圈特色小镇集聚区域。计算公式如下：

$$f(x)=\frac{1}{nh}\sum_{i=1}^{n}k(\frac{x-x_i}{h}) \tag{6-2}$$

式中，$k(\frac{x-x_i}{h})$ 为和函数；$h>0$ 为带宽；n 为特色小镇数量；$x-x_i$ 表示估计点到样本点 x_i 的距离。$f(x)$ 值越大，特色小镇点状要素越密集；反之，越疏密。

3）缓冲区分析——空间可达

缓冲区分析是依托区域内部主要公路数据对特色小镇的可达性分析，重点反映一个核可到达的空间范围。用于判断各个都市圈特色小镇在地理空间上的交通便捷程度，是否是创建过程中考虑到交通条件的影响。

2. 空间特征

1）空间集聚程度

（1）成熟型都市圈

通过计算所得成熟型都市圈特色小镇的最近邻指数分别为上海都市圈（$R=0.73$）、广州都市圈（$R=0.75$），均小于 1，平均最近邻指数 $R=0.74$（表 6-3），同时其 Z 得分 <-2.5 且 P 值 <0.01，这反映出成熟型都市圈空间范围内特色小镇分布特征为集聚型分布，主要是围绕中心城市或周边中小城镇核心圈层与紧密圈层发展，呈现出空间上的聚集。

成熟型都市圈特色小镇最近邻指数计算结果　　　　　　表6-3

都市圈名称	R值	Z得分	P值
上海都市圈	0.737519	−4.519306	0.000006
广州都市圈	0.754891	−3.838192	0.000124

资料来源：作者自绘

（2）发展型都市圈

通过计算所得发展型都市圈特色小镇的最近邻指数分别为西安都市圈（$R=1.13$）、成都都市圈（$R=1.11$）、南京都市圈（$R=1.02$）、杭州都市圈（$R=0.67$），平均最近邻指数 $R=0.98$，其均值小于1，但大多数都市圈最近邻指数均略大于1，其空间分布特征介于随机分布与离散分布之间（表6-4）。其中，西安都市圈特色小镇空间分布离散程度 > 成都都市圈 > 南京都市圈，南京都市圈最近邻指数接近1.0且 P 值相对较大，该数据表明南京都市圈特色小镇空间分布具有较强的随机性。而杭州都市圈特色小镇分布呈现聚类分布的空间形态且 P 值趋于0，比成熟型都市圈的集聚程度还要更高。

发展型都市圈特色小镇最近邻指数计算结果　　　　　　表6-4

都市圈名称	R值	Z得分	P值
杭州都市圈	0.674505	−5.246924	0.000000
南京都市圈	1.017696	0.158790	0.873835
成都都市圈	1.112438	1.117702	0.263694
西安都市圈	1.128712	0.651474	0.514740

资料来源：作者自绘

（3）培育型都市圈

通过计算所得培育型都市圈特色小镇的最近邻指数分别为长株潭都市圈（$R=1.36$）、福州都市圈（$R=1.08$），平均最近邻指数 $R=1.22$，整体呈现出均匀分布特征（表6-5）。特别是，长株潭都市圈远大于1，其特色小镇空间分布模式趋于均匀，受自然资源、人文资源、产业资源等地理空间分布情况影响较大。

培育型都市圈特色小镇最近邻指数计算结果   表 6-5

都市圈名称	R 值	Z 得分	P 值
福州都市圈	1.077759	0.576136	0.564523
长株潭都市圈	1.361069	2.848034	0.004399

资料来源：作者自绘

　　总而言之，培育型都市圈特色小镇分布模式趋于均匀，成熟型都市圈特色小镇分布模式呈现聚类分布，而发展型都市圈特色小镇分布模式具有一定的随机性。这反映出成熟型都市圈空间范围内的特色小镇发展受区域中心城市发展水平的影响较大，围绕强经济中心聚集式发展。而发展型都市圈和培育型都市圈内部城市发展水平较为均质，特色小镇空间分布模式驱动因素更为多样化，受其影响程度较小。

2）空间集聚状态

（1）成熟型都市圈

　　成熟型都市圈特色小镇建设发展类型以全方面发展为主，依托各省市产业定位、产业体系及未来发展方向，探索小镇发展目标与路径。成熟型都市圈特色小镇空间集聚特征是以中心城市为主要集聚区域，并沿次中心城市方向呈片状分布。从产业类型分布上看（表6-6），上海都市圈包含九种类型的特色小镇，以先进制造类、创意设计类、文化旅游类为主，先进制造类、文化旅游类特色小镇分布较为均匀，创意设计类主要分布在湖州、嘉兴地区，毗邻上海市周边发展的多是以承接中心城市金融服务、数字经济类产业外溢作为自身主导产业的特色小镇；广州都市圈包含九种类型的特色小镇，以文化旅游类为主，集中在广佛地区。处于核心圈层的特色小镇依托广州、佛山的港口区位优势和创新产业市场环境，产业类型发展多以科技创新、创意设计、商贸流通类为主。从空间集聚程度上看，上海都市圈特色小镇多集聚在临海、环湖地区，呈现出沿太湖带状分布特征；广州都市圈特色小镇空间分布多集聚在广佛地区，其余各市均有涉及但仅是少量分布，呈现出"一核多点"的分散形态。

成熟型都市圈特色小镇产业类型与空间集聚特征　　　　　表 6-6

都市圈名称	产业类型特征		空间集聚特征	
	分布示意	空间特征	分布示意	空间特征
上海都市圈		包含全类型，以先进制造类、创意设计类、文化旅游类为主		集中在临海地区和环太湖地区，呈带状分布形态
广州都市圈		包含全类型，以文化旅游类和科技创新类小镇为主，依托广州、佛山港口优势分布有商贸流通类小镇		集中在广佛地区，呈现出单核集聚、多点分散的空间形态

资料来源：作者自绘

（2）发展型都市圈

　　发展型都市圈特色小镇空间分布集聚特征存在一定差异，仅西安都市圈特色小镇空间分布以单点分布为主，其余都市圈均已出现连片发展趋势。从产业类型分布上看（表 6-7），杭州都市圈包含五种类型的特色小镇，以文化旅游类、先进制造类、创意设计类为主；南京都市圈包含七种类型的特色小镇，各个类型的小镇在数量层面分布较为均衡；成都都市圈包含六种类型的特色小镇，以文化旅游类为主，依托成都深厚的历史文化底蕴、特色的饮食文化风味、独具一格的民俗文化风情打造各具特色的文化旅游类小镇；西安都市圈仅包含五种类型的特色小镇且数量较少，以文化旅游类为主。从空间集聚程度上看，杭州都市圈特色小镇分布多集中于杭州及其西北部，呈现出以杭州为核心向四周"摊大饼"的空间形态；南京都市圈多集中在宁镇扬片区、芜湖及常州地区，呈现多核分布形态，未来具有连片发展趋势；成都都市圈集中于成都市及其周边城镇，呈现出东西向带状分布形态；西安都市圈集中在西安、咸阳中心城市范围内，尚未出现集中连片发展趋势。

发展型都市圈特色小镇产业类型与空间集聚特征   表 6-7

都市圈名称	产业类型特征		空间集聚特征	
	分布示意	空间特征	分布示意	空间特征
杭州都市圈		包含五种类型，以文化旅游类、先进制造类、创意设计类为主		集中在杭州及其西北部，呈现出连片分布形态
南京都市圈		包含七种类型，以文化旅游类为主，围绕中心城市多以科技创新、数字经济类小镇为主		集中在宁镇扬片区、芜湖和常州地区，呈现出连片发展趋势
成都都市圈		包含六种类型，以文化旅游类为主		集中在成都片区，呈现出东西向带状分布形态
西安都市圈		包含五种类型，以文化旅游类为主		集中在西安、咸阳地区，呈现出单点分布形态

资料来源：作者自绘

（3）培育型都市圈

培育型都市圈特色小镇空间分布集聚特征以多点多片区为主，已出现线状、片状分布态势。从产业类型分布上看（表6-8），长株潭都市圈包含三种类型的特色小镇，以先进制造类、文化旅游类为主；福州都市圈包含五种类型的特色小镇，以文化旅游类为主。从空间集聚程度上看，长株潭都市圈特色小镇空间分布集中在长沙片区及株洲、湘潭市辖区周边，呈现出多点多线的分布形态，具有一定的连片发展态势；福州都市圈特色小镇空间分布多集中在莆田片区，以福州、宁德为次中心向四周扩散，呈现出多点分散分布形态。

培育型都市圈特色小镇产业类型与空间集聚特征　　　　　　　　表 6-8

都市圈名称	小镇类型特征		空间集聚特征	
	分布示意	空间特征	分布示意	空间特征
福州都市圈		包含五种类型，以文化旅游类为主		多集中在莆田片区，多点分散分布形态
长株潭都市圈		包含三种类型，以先进制造类、文化旅游类为主		集中在长沙片区及株洲、湘潭城区，呈现出连片分布趋势

资料来源：作者自绘

3）空间可达性

公路交通方式对特色小镇可到达性更具有便捷、灵活等特点，故研究通过地理国情监测云平台获取全国主要公路矢量数据，运用 ArcGIS 工具的网络分析对典型都市圈内特色小镇的空间可达性进行研究。本研究主要以都市圈内交通路网中的主要公路干线为基底，确立缓冲区与特色小镇的相交关系，设定 60km/h 作为平均速度，建立 30km（半小时交通圈）、60km（一小时交通圈）、90km（一个半小时交通圈）、120km（两小时交通圈）四级缓冲区。

（1）成熟型都市圈

成熟型都市圈交通环境相对成熟，基本实现市辖区一小时交通圈全覆盖，两小时都市圈空间范围全覆盖，交通因素对于都市圈特色小镇发展影响相对较小。上海都市圈特色小

镇交通环境相对优越，但需加强与北部南通市的区际联系；广州都市圈特色小镇区际交通
环境优越，特别是广州市、佛山市、肇庆市和清远市的交通联系便捷（表6-9）。成熟型
都市圈应依托现有优越的交通环境，积极探索区域性新增长点建设，推动片区社会经济发
展，同时应择优配置，对现有特色小镇实行定期考核评估，针对发展潜力不足的进行淘汰，
对具备发展潜力的提供政策、资金、设施等方面的扶持，推动区域性特色小镇产业集群的
发展。

成熟型都市圈特色小镇空间可达性特征　　　　　　表6-9

都市圈名称	上海都市圈	广州都市圈
空间可达性 特征	基本实现一小时市辖区范围全覆盖、 两小时都市圈空间范围全覆盖， 但与南通市的联系明显较弱	基本实现一小时市辖区范围全覆盖、 两小时都市圈空间范围全覆盖， 区际交通优越
示意图		

资料来源：作者自绘

（2）发展型都市圈

单中心的西安都市圈和成都都市圈空间可达性呈现圈层式拓展，受地形地貌、交通条
件限制较大，主要围绕中心城市向周边城镇发散，覆盖范围较小。多中心的南京都市圈和
杭州都市圈空间可达性呈现多点放射式拓展，依托区域优越的快速交通网络，提升区域间
联系紧密程度，覆盖范围虽小但涉及行政范围较广（表6-10）。该发展阶段都市圈特色
小镇的发展多侧重于如何融入区域，并充分吸收区域优势所带来的发展红利，故受交通影
响的限制相对较大。

发展型都市圈特色小镇空间可达性特征　　　　　表 6-10

都市圈名称	杭州都市圈	南京都市圈
空间可达性特征	区域东北部毗邻核心城市片区及西南部部分地区空间可达性较好	基本实现一小时市辖区范围全覆盖、两小时都市圈空间范围全覆盖
示意图		

都市圈名称	成都都市圈	西安都市圈
空间可达性特征	30km：成都市范围内覆盖；基本上覆盖成都、德阳、雅安、眉山等地	30km：西安市、咸阳市城区范围内覆盖；60km：沿核心城市向外拓展 50km；90km：沿核心城市向外拓展 75km；120km：基本上覆盖区域公路网，核心城市全覆盖
示意图		

资料来源：作者自绘

（3）培育型都市圈

培育型都市圈空间可达性明显低于成熟型和发展型都市圈，基本仅覆盖中心城市周边约 30km 范围（表 6-11），该发展阶段都市圈特色小镇多侧重于依托当地资源进行发展，其特色小镇发展受交通因素影响限制较小，应在充分挖掘特色小镇本土资源和产业优势的基础上，构建完善的产业链、供应链和价值链。

培育型都市圈特色小镇空间可达性特征 表 6-11

都市圈名称	福州都市圈	长株潭都市圈
空间可达性特征	区域东南部临海地区空间可达性较好; 基本覆盖福州、莆田等地	空间可达性较差; 基本仅覆盖长沙市周边 20km 范围内及株洲、湘潭城区
示意图		

资料来源：作者自绘

　　总而言之，通过分析典型成熟型、发展型、培育型都市圈特色小镇的空间分布类型，剖析空间格局的形成因素，大致可总结出：自然环境、资源禀赋、交通条件、产业经济及政策要素是影响特色小镇发展的主导因子。

6.3　大都市圈特色小镇发展的绩效评估

6.3.1　既有评估综述

　　客观评价特色小镇，对推动特色小镇持续健康发展具有重要意义。以住建部、国家发改委、财政部公布的对特色小镇培育要求的规定作为评估特色小镇的重要参考，主要涉及产业、形态、环境、传统文化、设施服务和体制机制。从国内的相关文献来看，当前特色小镇评价相关研究多为从规划角度进行的综合性评价。评价对象多为旅游型特色小镇、文化型特色小镇、体育运动型特色小镇；评价方法日趋多元化，各有侧重点，比如采用案例研究法、数据分析法、模型模拟法等；评价因素较多涉及小镇的文化、产业、资本、相关制度和政策等方面。现有文献运用这些方法取得了诸多卓有成效的研究成果。

1. 评价方法的多元性

特色小镇的发展评估研究重点包括综合发展评价、核心竞争力评价、风险评价、适宜性评价、影响因子评价和绩效考核评价等类型，并从多个视角对特色小镇的发展水平进行理论和实证研究，形成了不同语境、不同侧重的多维度的评价视角和评价方法。

从评价视角来看，学者多从特色小镇的综合发展水平、要素作用效果、动态影响机制以及经济、社会、政策等多因子耦合的角度对特色小镇展开建设过程、动态考核及发展诉求的多类型评价。王振坡等（2017）分别从发展动力、发展基础、发展机制三个角度来分析我国特色小镇的可持续发展的必要条件，并针对目前我国特色小镇建设中的困境展开深入研究，提出了我国发展特色小镇的路径[①]。仇保兴（2017）用 CAS 理论评价特色小镇的10 个标准：自组织、共生性、多样性、强连接、产业集群、开放性、超规模效应、微循环、自适应、协同涌现[②]。余杨等（2018）从要素投入、制度安排、产业提升、整体发展和社会影响各层面，对特色小镇建设成效进行评估，围绕模式特征构建特色小镇建设成效评估体系，对特色小镇建设情况进行评估比较，实证检验产业集聚的形成机制和空间重塑效应[③]。戴晓玲（2018）等采用环境行为学调查方法，对小镇建设区域与周边社区的社会融合状况进行了考察，提出应在特色小城镇评估体系中强化社会维度指标[④]。住房和城乡建设部政策研究中心等（2018）构建了投资潜力评价指标体系，从发展基础、资源潜力、区位交通和政策条件四个方面对外生型和内生型特色小镇分别进行投资潜力评价[⑤]。闵忠荣等（2018）构建了集特色产业、宜居环境、传统文化、设施服务和体制机制于一体的评价体系，并建立特色小镇发展动态监管机制[⑥]。周旭霞（2018）以杭州特色小镇为例，研究制定更科学合理的特色小镇培育建设的考核评价体系[⑦]。

从评价方法来看，学者主要针对发展水平、竞争力水平、空间融合水平和特色内容进行评价，通过社会调查方法、空间计量方法和大数据模型方法等研究手段，评估特色小镇的综

---

① 王振坡，薛珂，张颖，等.我国特色小镇发展进路探析 [J].学习与实践，2017（4）：23-30.
② 仇保兴.复杂适应理论（CAS）视角的特色小镇评价 [J].浙江经济，2017，612（10）：20-21.
③ 余杨，申绘芳，卢学法.浙江特色小镇建设研究：基于产业空间重塑的实证分析 [J].中共杭州市委党校学报，2018（2）：25-31.
④ 戴晓玲，陈前虎，谢晓如.特色小（城）镇社会融合状况评估：以杭州市为例 [J].城市发展研究，2018，25（1）：110-118.
⑤ 住房和城乡建设部政策研究中心，平安银行地产金融事业部.新时期特色小镇：成功要素、典型案例及投融资模式 [M].北京：中国建筑工业出版社，2018.
⑥ 闵忠荣，周颖，张庆园.江西省建制镇类特色小镇建设评价体系构建 [J].规划师，2018（11）：138-141.
⑦ 周旭霞.优化特色小镇考核制度研究：基于杭州的实践 [J].中共杭州市委党校学报，2018（1）：24-30.

合发展绩效及特色潜力水平。吴一洲等（2016）在综合多种指标综合评价方法的基础上，采用基于钻石模型的全排列多边形图示指标法设计了发展水平指标体系，包括产业维度、功能维度、形态维度、制度维度四个维度[①]。温燕等（2017）在理论研究的基础上分析了特色小镇核心竞争力的构成要素，依据 GEM 模型构建了特色小镇核心竞争力指标体系和 GSC 模型，形成了以环境资源力、基础设施力、资本资源力、产业发展力、政府支持力 5 个一级指标、18 个二级指标、32 个三级指标要素构成的指标体系，并运用层次分析法确定指标权重[②]。辛金国等（2018）通过浙江省特色小镇发展要求、政策导向以及发展现状分析浙江省特色小镇竞争力状况，根据特色小镇竞争力要素，即外部发展力、内部发展力、核心发展力三个维度，建立特色小镇竞争力监测指标体系[③]。高雁鹏等（2018）利用判断矩阵确定权重，运用层次分析法计算各功能分值，利用 GIS 空间制图评价特色小镇"三生"功能的等级分布[④]。孟雷等（2019）运用钻石模型，基于要素条件、需求状况、支持性产业和相关产业、企业战略、发展机遇、政府作用等六大因素对辽宁特色小镇竞争力进行综合评价分析[⑤]。王长松（2019）运用扎根理论构建特色小镇的特色指标体系，对首批 127 个特色小镇进行评价，并分析特色小镇及特色主成分在空间上的分布特征[⑥]。苑韶峰等（2020）依据浙江省市县经济社会特征构建基础指标，根据四类特色小镇分别构建特色指标，利用 BP 人工神经网络对县域就不同类型特色小镇的适宜性进行拟合运算，探索各县市地形条件对不同类型特色小镇的适宜性[⑦]。王宏等（2021）利用序关系分析法构建特色小镇成熟度指标体系，从经济发展水平、社会保障运行水平、生态环保水平、政策制度完善水平四个层面建立核心指标体系[⑧]。

2. 评估指标的全面性

1）空间建设方面的指标

特色小镇空间建设方面的指标包含特色小镇的环境要素、空间要素、功能要素及文化

① 吴一洲，陈前虎，郑晓虹.特色小镇发展水平指标体系与评估方法 [J].规划师，2016，32（7）：123-127.
② 温燕，金平斌.特色小镇核心竞争力及其评估模型构建 [J].生态经济，2017，33（6）：85-89.
③ 辛金国，吴泽铭.浙江省特色小镇竞争力统计监测机制研究 [J].统计科学与实践，2018（6）：28-31，56.
④ 高雁鹏，徐筱菲.辽宁省特色小镇三生功能评价及等级分布研究 [J].规划师，2018，34（5）：132-136.
⑤ 孟雷，费子昂.辽宁特色小镇竞争力的综合评价研究 [J].中国集体经济，2019（8）：10-12.
⑥ 王长松，贾世奇.中国特色小镇的特色指标体系与评价 [J].南京社会科学，2019（2）：79-86，92.
⑦ 苑韶峰，贺丹煜，毛源远，等.基于 ANN 的特色小镇适宜性评价：以浙江省为例[J].中共杭州市委党校学报，2020（2）：62-69.
⑧ 王宏，赵丽，严晨安，等.基于序关系分析法的特色小镇成熟度评价指标体系的构建研究 [J].城市发展研究，2021，28（9）：26-29.

要素等物质空间相关内容，针对特色小镇的环境基底和建成环境进行定性与定量相结合的综合评价。通过文献梳理，这些指标可以分为：生态环境、空间形态、空间意象、基础设施、人文环境五个维度的指标及元素（表 6-12）。

特色小镇空间建设方面评价指标提取　　　　　　　　　　表 6-12

指标维度	指标元素
生态环境	地形地貌、自然资源、生态承载力、生产功能
空间形态	用地形态、空间密度、空间结构、空间组合、空间序列
空间意象	建筑布局、建筑风格、建筑色调、建筑材料、建筑层数、建筑屋顶形式、水体景观、景观小品、街巷格局、特色民居
基础设施	公共服务设施、市政基础设施、道路交通设施、旅游服务设施
人文环境	文化底蕴、文化传承、文化保护、地方文化、社区文化、邻里交往

资料来源：作者整理

2）特色发展方面的指标

特色小镇特色发展方面的指标主要是聚焦在社会经济、特色产业等经济社会发展上的相应指标，通过特色发展指标体系来评估特色小镇的综合发展状况及发展潜力，是特色小镇培育建设的核心内容。根据文献梳理，特色小镇特色发展方面的指标包括：经济水平、特色产业、特色资源、市场环境及制度服务五个维度的指标及元素（表 6-13）。

特色小镇特色发展方面评价指标提取　　　　　　　　　　表 6-13

指标维度	指标元素
经济水平	经济水平、税收水平、生产投资、入驻企业、产业结构
特色产业	主导产业、特色产业比重、产业影响力、产业发展潜力、产业带动力
特色资源	特色资源丰富度、特色资源稀缺度、特色资源影响力、资源产业化水平
市场环境	资本投资水平、市场吸引力、行业竞争力、经济区位环境、商业氛围
制度服务	体制活力、公共服务、人才服务、创新服务

资料来源：作者整理

综上所述，现有特色小镇的发展评估多为基于规划角度的综合性评价，评价因素多涉及特色小镇产业、资本、相关制度、文化和政策等方面，研究多聚焦在特色小镇的本体评估层面。特色小镇是嵌入在区域发展格局中的重要发展核心和空间载体，其发展和运营与周边经济格局、城乡格局、生态格局和人文格局密切交织，因此在特色小镇的发展评估中应将其置入区域发展的大背景中，分析特色小镇的发展条件，进而科学地指导特色小镇的可持续发展。

6.3.2 评价体系构建

1. 构建目标与原则

1）建构目标

作为新型城镇化建设的重要推手，特色小镇的发展在很大程度上涉及政府、企业乃至市场上不同主体的利益，针对特色小镇发展的科学评估一直是各相关学科领域所关注的核心内容。鉴于特色小镇在中国发展的实践既有成功案例也有失败案例，目前还存在发展质量不高、功能空间布局不合理、地区发展不平衡等诸多问题。同时，当前仍缺少足够的数据资料来全面刻画其发展状况，难以及时、客观、科学地记录并反映中国特色小镇发展现状及运行轨迹。通过特色小镇发展绩效的评估研究，能够清晰地发现特色小镇建设的成效及短板，揭示各地区、各类型特色小镇发展的比较优势与薄弱环节，为特色小镇建设与发展过程提供数据支撑，进而科学化、多层次、合理化地针对特色小镇发展建设作出评价，引导特色小镇健康、持续地高质量发展。同时，中国新型城镇化迈入城市群和都市圈引领的新发展阶段，特色小镇"非镇非区"的基本属性，恰好能够有效地依托资源禀赋与产业基础，集聚高端要素和特色产业，突出特色文化、特色生态和特色建筑，形成生产、生活、生态空间高度融合的宜居、宜业、宜游的区域综合发展单元，有力地承接并嵌入区域发展格局中，健全城市群和都市圈的空间发展格局。因此，本研究通过构建都市圈特色小镇发展绩效评价体系，运用"定性＋定量"的评测方法来衡量国内都市圈特色小镇建设的成效，科学评估各阶段都市圈、各类型特色小镇的建设发展水平，剖析特色小镇发展动因，为后续解决特色小镇建设发展可能出现的问题提供数据支撑和理论依据，以科学引导都市圈特色小镇建设的具体实践活动。

2）建构原则

（1）系统性和层次性

都市圈特色小镇发展绩效水平涉及诸多方面，因此需要用系统性的观点来确定和分析其影响因素。在用系统性的思维设置评价指标时，既要保证发展绩效水平与影响因素之间的相关性，也要保证影响因素的整体性和目标性。同时，指标要能够全面地反映特色小镇发展绩效水平的各个方面，能凭借层级结构划分展示出指标之间的内在联系，甚至是分析指标间的相互作用机制，进行有序组合，避免简单罗列。

（2）整体性与客观性

整体性原则强调评价体系内各指标因子可以完整、全面地反映出特色小镇在各方面涉及的发展要素，而不是集中反映特色小镇的某一部分发展绩效。所以，在评价体系的构建中，不仅从物质层面考虑，同时加入经济、文化、制度等非物质层面属性进行综合评价。客观性原则要求评价过程中应确保信息的准确性和真实性，在此基础上，进行客观、严谨的科学评判。在指标体系构建中，应将能够体现特色小镇发展特征的各类指标均纳入体系中，从优势、劣势全方位对特色小镇的发展进行评价，以实现自我监测，促进良性发展。

（3）可行性与可获性

可行性指在评价指标体系构建中，各指标因子符合实际情况，其评判数据应具有可获取性；同时，获取的评价数据，应具有可量化、可感知等特性，以此进行客观、公正的评判，克服主观判断带来的误差。部分数据很难通过问卷调查获取，可结合其他技术手段采用可行性更强的数据采集方法。可获性指评价指标应考虑到定量化与模型建构的复杂性，以及特色小镇发展特征相关数据的可靠性与可获得性，建立的指标体系应当在尽可能简要的基础上，选择便于获取与计算，并能充分反映特色小镇发展水平的指标，确保指标体系的可操作性，便于为相关研究提供参考以及推广到实践应用层面。

（4）绝对指标与相对指标相结合

一般而言，绝对指标映射规模大小，相对指标映射能力强弱。两个性质的指标在一定程度上是互补的，聚焦相对指标，辅以绝对指标，不仅能够全面展现评价对象的差异性，也反映问题的实质。因此，构建的指标体系必须涵盖这两种性质的指标。

2. 指标选取依据与构成框架

1）指标选取依据

通过相关文献梳理和实地调研分析发现，都市圈特色小镇发展绩效的评价体系建构的重点是反映都市圈层面的特色小镇发展水平，应基于国家层面的特色小镇发展绩效评估的普适性评价指标，在尊重地方性指导原则下，体现都市圈特色小镇发展绩效的评估要素。

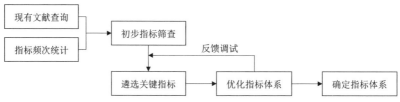

图 6-9　都市圈特色小镇发展绩效评价指标体系构建路径

资料来源：作者自绘

本次都市圈特色小镇发展绩效指标体系构建主要通过学习国家层面与各省市推进特色小镇建设发展的相关标准规范，充分借鉴发达国家的既有经验，并结合相关学者的研究基础（图6-9）。

2）指标构成框架

都市圈特色小镇发展绩效评价体系秉持生态文明发展理念、区域协同发展思路、绿色低碳发展路径、宜居宜业宜游建设要求、特色发展定位等原则及目标，采用"发展基础、协同程度、潜力水平"三个指标维度，分别测算都市圈内特色小镇在发展中与都市圈中心城市的支撑能力、带动能力和联动协同水平；采用特色小镇的发展状况、运营情况及发展潜力三项发展内容，测算不同发展阶段都市圈特色小镇的综合发展绩效水平（表6-14）。

都市圈特色小镇发展绩效评价指标说明

表 6-14

目标层	准则层	指标层	指标说明	单位	属性
都市圈特色小镇发展绩效（A）	发展基础（B1）	经济能级（C1）	通过都市圈 GDP 产值，反映都市圈经济发展水平及经济带动能力	%	定量
		交通条件（C2）	通过都市圈交通设施条件，反映都市圈交通通达能力及辐射范围	%	定量
		人口密度（C3）	通过都市圈人口密度，反映都市圈人口聚集程度与分布状态以及潜在的人口流动	人/km²	定量
		设施水平（C4）	通过都市圈公共服务设施及基础设施的完善程度及覆盖范围，反映都市圈设施服务的综合能力	%	定量
	协同程度（B2）	产业协同度（C5）	通过特色小镇主导产业与都市圈产业布局的契合程度，反映都市圈特色小镇产业协同发展水平	%	定量
		空间联系度（C6）	通过特色小镇与都市圈核心城市的空间距离、时间距离，反映都市圈特色小镇协同发展水平	%	定量

续表

目标层	准则层	指标层	指标说明	单位	属性
都市圈特色小镇发展绩效（A）	潜力水平（B3）	规划编制情况（C7）	通过特色小镇在总体规划、园区规划、产业规划等相关规划的编制情况，反映特色小镇规划引领效果	分	定性
		政策支撑力度（C8）	通过特色小镇获得国家、区域、省、市、县等不同层面的政策支持的数量，反映特色小镇政策支持力度	分	定性
		资源禀赋潜力（C9）	通过特色小镇的自然资源、文化资源等各类资源条件，综合反映都市圈特色小镇的资源富集程度、稀缺程度、开发价值及潜力	分	定性
		历史文化特色（C10）	通过特色小镇的历史文化资源、遗存、产品及体验等内容，反映特色小镇的历史底蕴和人文气息	分	定性
		特色产业潜力（C11）	通过专家打分法综合评价特色小镇的特色产业，反映特色小镇的特色产业未来发展的潜力水平	分	定性
		绿色低碳发展水平（C12）	通过专家打分法综合评价特色小镇空间格局、路网密度、建设密度等内容，反映特色小镇绿色发展水平	分	定性
		运营管理水平（C13）	通过评价特色小镇的运营管理体制机制的实施效能，反映特色小镇的运营管理水平	分	定性
		科技创新能力（C14）	通过研发投入、技术引进、人才交流等内容，评价特色小镇的科技创新能力	分	定性
		媒体宣传热度（C15）	通过网络、纸媒等途径获取特色小镇的相关内容，反映特色小镇获得的关注度及媒体的宣传力度	分	定性

资料来源：作者自绘

3. 主要指标释义

1）发展基础

都市圈特色小镇发展基础指标维度旨在测算都市圈整体发展水平，用以反映都市圈的经济发展水平、交通辐射范围、基础设施建设、公共服务能力等方面的综合承载能力及辐射引领能力。本次都市圈特色小镇发展绩效评价中的发展基础维度采用经济能级、交通条件、人口密度、设施水平四个指标来评测都市圈的经济发展水平及综合带动能力，用以明晰都市圈发展的基础情况。

（1）经济能级

经济能级是指都市圈的经济发展水平及辐射带动能力。通过都市圈中心城市的 GDP 产值与都市圈范围内所有城市 GDP 产值的比值，测算出都市圈中心城市的综合辐射带动能力。根据计算结果进行分级赋值，分级依据为比重越大，则代表都市圈中心城市的辐射带动能力越弱，都市圈一体化程度及均衡发展水平较差。

（2）交通条件

交通条件是指都市圈范围内的交通设施建设情况，评价都市圈的交通发展水平。通过以都市圈范围内的主要城市为基点，以都市圈范围内的高速公路、快速路、国道、省道等作为主要交通线路，借助 ArcGIS 工具建立道路网络模型，计算主要城市一小时等时圈的道路网络覆盖范围，综合叠加主要城市一小时等时圈的覆盖范围与都市圈覆盖范围进行比较，测算得出都市圈一小时交通覆盖率，分级赋值得出都市圈交通条件的综合发展绩效。

（3）人口密度

人口密度是单位土地面积上的人口数量，通过都市圈人口密度的测算，能够反映都市圈人口聚集程度及分布状态，反映潜在的人口流动趋势。

$$人口密度 = \sum_j \frac{F_i}{F_{ij}} \tag{6-3}$$

式中，F_i 表示 i 个都市圈的人口总数；F_{ij} 表示的第 i 个都市圈的土地面积。

（4）设施水平

设施水平是指都市圈范围内的基础设施和公共服务设施建设情况，评价都市圈的设施服务能力。通过测算都市圈基础设施指数与公共服务设施指数，按照都市圈中心城市与都市圈全部城市的设施比值，叠加获得都市圈设施服务的综合指数，分级赋值得出都市圈设施服务水平。其中，基础设施指数测算选取主要城市的人均居民用电量、人均城市道路面积、人均居住面积、人均居民生活用水量等指标进行计算；公共服务设施指数测算选取万人用医院（卫生院）床位数、互联网用户数、普通高等学校数量等指标进行计算。

$$基础设施指数 = \sum_j \frac{F_{ij}}{F_j} \tag{6-4}$$

式中，F_{ij} 表示 i 个城市的第 j 类基础设施；F_j 表示全部城市的第 j 类基础设施。

$$公共服务设施指数 = \sum_j \frac{A_{ij}}{A_j} \tag{6-5}$$

式中，A_{ij} 表示 i 个城市的第 j 类公共服务设施；A_j 表示全部城市的第 j 类公共服务设施。

2）协同程度

都市圈特色小镇协同指数指标维度旨在测算都市圈范围内的特色小镇与中心城市之间的协同发展状态，用以评估都市圈特色小镇在建设发展中与中心城市之间的关系。根据区域协同发展思路，本次都市圈特色小镇协同发展评价采用产业协同度、空间联系度两个指标来评测特色小镇与中心城市之间的互动交流程度，用以明晰都市圈特色小镇的整体协同效率及存在问题。

（1）产业协同度

根据特色小镇的主导产业类型，对比所属都市圈主要的产业类型、产业发展方向、产业空间布局等相关内容，寻找特色小镇的主导产业与都市圈主要产业的匹配程度，借此评判特色小镇与都市圈中心城市在产业发展上的关联程度以及产业后续发展潜力。

（2）空间联系度

根据特色小镇所处位置，按照都市圈中心城市的空间辐射范围，测算特色小镇处于都市圈发展的圈层位置以及空间的连绵化程度，借此评判特色小镇与都市圈中心城市的空间紧密程度。同时，根据特色小镇的交通区位条件，按照特色小镇与都市圈中心城市的交通耗时，借此评判特色小镇与都市圈中心城市的空间联系程度。

3）潜力水平

都市圈特色小镇潜力水平指标维度旨在评价都市圈范围内的特色小镇综合发展潜力。本次评估通过规划编制情况、政策支撑力度、资源禀赋潜力、历史文化特色、特色产业潜力、绿色低碳发展水平、运营管理水平、科技创新能力和媒体宣传热度九个指标来评价特色小镇综合发展潜力，用以明晰都市圈范围内特色小镇的整体发展潜力。

（1）规划编制情况

规划编制情况指标是通过收集、评价特色小镇内部的规划编制情况来反映特色小镇在规划、建设和发展中的规划引领和科学指引。本次评价根据特色小镇在总体规划、园区规划、产业规划、景区规划等相关规划的编制情况，反映特色小镇内部建设的计划性和方向性。

（2）政策支撑力度

政策支撑力度指标用于评价特色小镇在发展中受到的外部政策条件的影响作用，反映特色小镇发展中的政策推动作用。本次评价通过收集并整理都市圈范围内特色小镇获得国家、区域、省、市等不同层面的政策支持的数量级类型，综合反映特色小镇的政策支持力度。

（3）资源禀赋潜力

资源禀赋潜力指标用于评价特色小镇所处区域及自身发展所依赖的各项资源的综合潜力水平，反映资源条件对特色小镇发展的支撑作用。通过特色小镇的自然资源、文化资源等各类资源条件，综合反映都市圈特色小镇的资源富集程度、稀缺程度、开发价值及潜力。

（4）历史文化特色

历史文化特色指标用于评价特色小镇的历史文化特色资源及内容的潜力水平和应用程度。通过评估特色小镇的历史文化资源、遗存、产品及体验等历史文化资源利用比例，反映特色小镇的历史文化特色的潜力水平，展现特色小镇的历史底蕴和人文气息。

（5）特色产业潜力

特色产业潜力指标用于评价特色小镇的主要产业类型、资源类型在产业发展中的综合竞争能力及未来发展潜力。本次评价根据各个特色小镇的主导产业类型、特色产业的发展情况，特色产业在区域产业发展中的综合影响力以及特色产业的产值情况，结合专家打分法进行综合评价，用以明晰都市圈特色产业发展的潜力水平。

（6）绿色低碳发展水平

绿色低碳发展水平指标用于评价特色小镇在生态文明理念下的绿色低碳发展情况，是反映特色小镇集约节约、绿色环保的发展方式，评价特色小镇"小而精、精而美"发展思路的重要方式。本次研究通过专家打分法综合评价特色小镇空间格局、路网密度、建设密度等内容，综合反映特色小镇绿色发展水平。

（7）运营管理水平

运营管理水平指标用于评价特色小镇在建设运营过程中，运营管理体制机制的实施效能，反映特色小镇的运营管理水平。评价特色小镇在社会管理服务、经济发展模式等方面采取的创新措施和取得的显著成效；特色小镇是否运用PPP等投融资模式，引进专业公司提供市场化的孵化平台建设、公共技术服务、招商引资服务等运营管理创新做法推动小镇发展的各项措施实施效益。

（8）科技创新能力

科技创新能力指标用于评价特色小镇在研发投入、技术引进、人才交流等方面的综合成效，借此评估特色小镇的科技创新能力。通过评价特色小镇获得的发明专利授权、软件著作权、省级以上行业发展标准等知识创新成果突出情况，国家级、省级、市级认定的双创基地、科技孵化器、众创空间等创新平台、创新团队的科研平台和团队的创建和运营情况，以及特色小镇与知名研发机构、科研院所、科技企业等展开技术合作，科技企业入驻情况，科技研发投入水平，高精尖人才聚集数量等多个内容来综合反映特色小镇的科技创新能力。

（9）媒体宣传热度

媒体宣传热度指标用于评价特色小镇在发展建设中的网络关注度和传媒宣传情况，是反映特色小镇宜居、宜业、宜游水平的重要方式。通过网络搜索引擎、纸媒、微信公众号等途径，借助搜索量、点击量及发文量等方式，获取特色小镇关注热度，借助分级赋值的方式，综合反映特色小镇获得的关注及媒体的宣传力度。

6.3.3　绩效水平测度

1. 评价方法

1）评价方法选取

根据都市圈特色小镇发展绩效的评价指标体系，结合国内典型都市圈的特色小镇实例数据，进行国内大都市圈特色小镇发展评估。本次评价运用组合分析方法，采用层次分析法建立并细化特色小镇发展绩效评价体系，结合多维度指数分析综合定性评价与定量测评的优势，科学分析都市圈特色小镇的综合发展水平。根据科学研究方法的既定逻辑，首先，运用专家调查法，邀请城市规划、经济学、社会学等相关领域的专家进行多轮次的函询和反馈，确定本次研究的指标体系，强化指标体系的科学性和全面性；其次，结合指标体系及专家建议，针对具体指标评价的内容、数据的要求、获取的难度、测算的方法等进行细化和完善，确定指标体系的评测方法及单一指标的度量方式，完善都市圈特色小镇发展绩效评价体系的评分细则；最后，运用单维度和多维度的对比分析、集成分析等方式，结合典型都市圈案例，解析都市圈特色小镇的综合发展水平。

2）评价指标权重

本次都市圈特色小镇发展评估指标体系选用层次分析法确定指标权重。根据都市圈特色小镇发展评估框架体系，使用 yaahp 软件，绘制都市圈特色小镇发展评价体系结构，生成判断矩阵形式的调查问卷，发放给多位都市圈及小城镇研究领域的专家、学者，获取、整理专家数据，并检验判断矩阵的一致性，对不一致判断矩阵进行修正，最终得到各层次指标的综合权重，构建出都市圈特色小镇发展评价指标体系权重（表 6-15）。

都市圈特色小镇发展绩效评价指标权重　　　　　　　　表 6-15

目标层	准则层	权重	指标层	权重	复合权重
都市圈特色小镇发展绩效（A）	发展基础（B1）	0.22	经济能级（C1）	0.17	0.04
			交通条件（C2）	0.44	0.10
			人口密度（C3）	0.13	0.03
			设施水平（C4）	0.26	0.06
	协同程度（B2）	0.29	产业协同度（C5）	0.36	0.10
			空间联系度（C6）	0.64	0.19

目标层	准则层	权重	指标层	权重	复合权重
都市圈特色小镇发展绩效（A）	潜力水平（B3）	0.49	规划编制情况（C7）	0.21	0.10
			政策支撑力度（C8）	0.08	0.04
			资源禀赋潜力（C9）	0.11	0.05
			历史文化特色（C10）	0.09	0.04
			特色产业潜力（C11）	0.13	0.06
			绿色低碳发展水平（C12）	0.10	0.05
			运营管理水平（C13）	0.11	0.05
			科技创新能力（C14）	0.12	0.06
			媒体宣传热度（C15）	0.05	0.02

注：表中数据为四舍五入后的结果。

资料来源：作者自绘

3）评价标准分级

都市圈特色小镇发展绩效评价指标体系中，指标的分数获取方式分为定性和定量两种，评价标准制定应在完整性、客观性和可行性三项原则的指导下进行，针对各个指标采用不同的获取方式确定分级赋值并进行分值计算。针对定性指标，制定五个分布等级对应相应情况，采取 0 ~ 1 的分值区间，根据评估对象的实际情况进行打分；针对定量指标，结合相应指标数量标准同样分为五个等级，按照评估对象的指标数据判定所属区间。

每个单项指标都从不同方面体现特色小镇的现状发展情况，综合各个指标得分加权求和进行总体评价，整体反映都市圈特色小镇发展水平（表 6-16）。通过针对都市圈特色小镇发展绩效评价指标体系的有关数值的计算，对不同类型特色小镇的发展水平进行等级划分，对应指标量化分级，将评估分析结果分为五级：综合分值在 0.00 ~ 0.20 代表特色小镇发展水平极低；综合分值在 0.21 ~ 0.40 代表特色小镇发展水平较低；综合分值在 0.41 ~ 0.60 代表特色小镇发展水平一般；综合分值在 0.61 ~ 0.80 代表特色小镇发展水平较好；综合分值在 0.81 ~ 1.00 代表特色小镇发展水平极高。综合分值针对特色小镇发展绩效评价体系的五大指数采用等值权重，综合累积各项指标的加权得分作为都市圈特色小镇发展绩效的最终分值（表 6-17）。

都市圈特色小镇发展绩效评价指标分级赋值　　　　表 6-16

指标体系	分级赋值				
	非常好（$R=0.9$）	较好（$R=0.7$）	一般（$R=0.5$）	较差（$R=0.3$）	非常差（$R=0.1$）
经济能级（C1）	0.3 以下	0.3~0.5	0.5~0.7	0.7~0.9	0.9 以上
交通条件（C2）	0.7 以上	0.5~0.7	0.3~0.5	0.1~0.3	0.1 以下
设施水平（C3）	0.9 以上	0.7~0.9	0.5~0.7	0.3~0.5	0.3 以下
产业协同度（C4）	80% 以上	60%~80%	40%~60%	20%~40%	20% 以下
空间联系度（C5）	50km 以内	50~100km	100~150km	150~200km	200km 以上
交通便捷度（C6）	0.5h 以内	0.5~1.0h	1.0~1.5h	1.5~2.0h	2.0h 以上
规划编制情况（C7）	80% 以上	60%~80%	40%~60%	20%~40%	20% 以下
政策支撑力度（C8）	80% 以上	60%~80%	40%~60%	20%~40%	20% 以下
资源禀赋潜力（C9）	0.9 以上	0.7~0.9	0.5~0.7	0.3~0.5	0.3 以下
历史文化特色（C10）	0.9 以上	0.7~0.9	0.5~0.7	0.3~0.5	0.3 以下
特色产业潜力（C11）	0.9 以上	0.7~0.9	0.5~0.7	0.3~0.5	0.3 以下
绿色低碳发展水平（C12）	0.9 以上	0.7~0.9	0.5~0.7	0.3~0.5	0.3 以下
运营管理水平（C13）	0.9 以上	0.7~0.9	0.5~0.7	0.3~0.5	0.3 以下
科技创新能力（C14）	0.9 以上	0.7~0.9	0.5~0.7	0.3~0.5	0.3 以下
媒体宣传热度（C15）	0.9 以上	0.7~0.9	0.5~0.7	0.3~0.5	0.3 以下

资料来源：作者自绘

都市圈特色小镇发展潜力水平评分细则　　　　表 6-17

准则层	指标层	评分细则	等级	分值
潜力水平（B3）	规划编制情况（C7）	1. 特色小镇是否编制总体规划或修建性详细规划，规划是否通过审查并实施； 2. 特色小镇的投资主体是否深度参与规划的编制及修改完善工作； 3. 特色小镇规划是否具有清晰的发展思路、准确的发展定位、合理的空间布局及鲜明的产业特色	较好	7
			一般	5
			较差	3
	政策支撑力度（C8）	1. 是否出台特色小镇高效审批服务的专项政策及工作机制； 2. 省、市、县（区）是否皆出台有支持特色小镇发展的相关鼓励政策； 3. 是否设立了综合执法、一站式综合行政服务、规划建设管理等组织机构	较好	7
			一般	5
			较差	3
	资源禀赋潜力（C9）	1. 特色小镇的自然资源、文化资源等资源禀赋在区域的品牌影响力和比较优势是否较强； 2. 特色小镇的各类资源是否存在开发价值及潜力	较好	7
			一般	5
			较差	3

准则层	指标层	评分细则	等级	分值
潜力水平（B3）	历史文化特色（C10）	1.特色小镇是否开展各类地域和民族特色文化活动，历史文化资源是得以充分利用，是否形成品牌影响力；	较好	7
		2.特色小镇是否利用历史文化资源转化、创新出相关文化产业或产品；	一般	5
		3.特色小镇是否建设有开放的、布局合理的、功能丰富的文体设施，且使用频率较高	较差	3
	特色产业潜力（C11）	1.产业定位精准，主导产业契合国家、省、市重点产业布局及政策导向，品牌影响力和比较优势较强；	较好	7
		2.产业发展环境良好，产业、投资、人才、服务等要素集聚度较高；	一般	5
		3.注重利用新技术，培育新业态、新模式等，新兴产业发展较好、前景可观	较差	3
	绿色低碳发展水平（C12）	1.绿色节能建筑、海绵城市技术、新能源汽车充电桩、光伏技术运用、资源循环化利用等低碳绿色发展技术的实际运用；	较好	7
		2.土地利用集约节约，小镇建设与产业发展同步协调；	一般	5
		3.特色小镇公园绿地品质较高，休闲步道设置合理	较差	3
	运营管理水平（C13）	1.在社会管理服务、经济发展模式等方面采取创新措施，并且取得显著成效；	较好	7
		2.特色小镇是否引入知名专业化服务商服务小镇建设管理；	一般	5
		3.特色小镇是否运用PPP、BOT等投融资模式，引进专业公司提供市场化的孵化平台、公共技术服务、招商引资服务等运营管理创新做法推动小镇发展	较差	3
	科技创新能力（C14）	1.特色小镇获得的发明专利授权、软件著作权、省级以上行业发展标准等知识创新成果突出；	较好	7
		2.特色小镇建设有国家级、省级、市级认定的双创基地、科技孵化器、众创空间等创新平台、创新团队；	一般	5
		3.特色小镇与知名研发机构、科研院所、科技企业等展开技术合作，科技企业入驻情况，科技研发投入水平，高精尖人才聚集数量	较差	3
	媒体宣传热度（C15）	1.特色小镇建有官方App、微信公众号或官方微博且实时动态更新；	较好	7
		2.特色小镇是否举办或参与过品牌推广、旅游推广、创新创业大赛等相关活动	一般	5
			较差	3

资料来源：作者自绘

2. 评估实证分析

1）评估对象选取

本次都市圈特色小镇发展绩效评估旨在以都市圈为基本单元，综合地、全面地评测都市圈内特色小镇发展水平的整体情况。综合考虑国内都市圈的不同发展阶段特征，科学评估案例的典型性和调研的可行性，采取成熟型、发展型和培育型三种类型的都市圈的典型代表进行实证评估。结合现有文献资料，通过现场踏勘进行调研与访谈，对评估对象进行综合评分（表 6-18 ）。

都市圈特色小镇发展绩效评估实证研究对象　　　　　　表 6-18

类型	成熟型都市圈	发展型都市圈	培育型都市圈
典型代表	上海都市圈 广州都市圈	南京都市圈 杭州都市圈 成都都市圈 西安都市圈	福州都市圈 长株潭都市圈

资料来源：作者自绘

2）评估数据来源

（1）数据来源

依据都市圈特色小镇发展绩效评价指标体系，本次评价使用数据来源于公开数据、公示文件。都市圈的范围来源于已批复公示的空间范围；都市圈范围内的地形、水系、交通线路等要素空间数据来源于标准地图及中国地理空间数据云；样本案例的产业经济、城镇建设、特色资源等相关数据来源于特色小镇官方资料及实地走访调研获取。

（2）数据处理

由于本次评价收集到的各类数据存在量纲不一的情况，为了进行量化评价，需要对其进行无量纲化处理，为方便易行，本书采取直线型无量纲化方法，得到介于 [0,1] 之间的各评价指标值。本次评价指标核算采用 ArcGIS10.5、SPSS、Excel 等软件对数据进行分析处理。

6.3.4　绩效评估结果

1. 整体绩效评估结果分析

对全国典型都市圈省级特色小镇发展绩效的评估结果进行整体层面解析，从准则层（图 6-10）上看都市圈特色小镇协同程度（0.42 ~ 0.67）相对较高，其次是潜力水平（0.44 ~ 0.54），最次为发展基础（0.26 ~ 0.51）。同时也存在差异化特征，如福州都

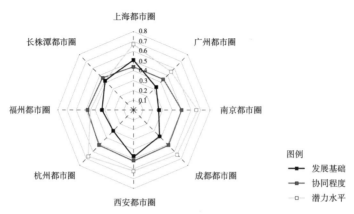

图6-10 典型都市圈特色小镇发展绩效评价准则层分值情况
资料来源：作者自绘

市圈和长株潭都市圈发展潜力水平高于协同程度，上海都市圈其发展基础高于潜力水平。但总体反映出当前都市圈特色小镇其发展骨架（如产业协作、交通联系等）已逐步成形，具有区域统筹发展的统一共识。但国内都市圈整体发展水平相对较弱，存在"一极多弱"的现实情况，区域带动效应偏低，中心城市辐射能级偏弱，致使空间范围内特色小镇发展整体不协调问题亟待解决。

从具体指标层来看，各都市圈差异化明显，但总体特征存在趋同性。在都市圈发展基础中设施水平明显分值较低且现状发展相对不足，应注重区域公共服务设施和基础设施建设的均等化、多元化和现代化；在协同程度中，都市圈特色小镇空间联系度普遍较高，反映出其布局选址（邻近中心城市或毗邻交通要道）较为合理；在潜力水平中，都市圈特色小镇规划编制情况较好，超过80%的小镇均有规范化的规划编制。特色小镇资源禀赋潜力、特色产业潜力、绿色低碳发展水平、运营管理水平相对良好，但需要深度挖掘本土历史文化资源、强化小镇科技创新要素注入、加大网络媒介宣传力度。

2. 不同阶段都市圈评估结果分析

为更为直观地探索不同阶段特征都市圈的不同发展类型特色小镇的发展绩效影响因素，本小节针对成熟型、发展型、培育型都市圈深入探讨其特色小镇的发展特征，为后续不同阶段都市圈特色小镇发展的现实路径指明方向。

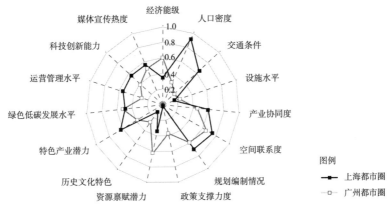

图 6-11　成熟型都市圈特色小镇发展绩效评价分值情况
资料来源：作者自绘

1）成熟型都市圈

上海都市圈与广州都市圈同属于成熟型都市圈，但其特色小镇发展差异化显著（图6-11），上海都市圈特色小镇在区域层面注重空间联系的便捷程度，与中心城市紧密联系，承接其产业、资源外溢；在小镇层面注重规划编制硬性指标、特色产业潜力水平。广州都市圈特色小镇在区域层面同样也注重交通便捷，但在小镇层面更注重小镇本身的资源禀赋潜力，围绕现有资源发展区域特色产业，打造本土品牌；同时还注重绿色低碳发展水平，广州都市圈特色小镇普遍绿化水平较高，积极推广清洁能源使用。

从上海都市圈和广州都市圈特色小镇发展绩效不难看出，成熟型都市圈特色小镇普遍更注重区域层面整体空间的联系程度，在小镇层面更注重规划编制是否成熟化、规范化。但其他方面随着区域发展的差异，具有一定的区域偏向性。

2）发展型都市圈

杭州、南京、成都、西安都市圈同属于发展型都市圈，从整体来看（图6-12），发展型都市圈特色小镇发展特征具有一定的趋同性，普遍更注重小镇自身层面（规划编制情况、资源禀赋潜力、特色产业潜力、绿色低碳发展水平）的打造，区域层面发展基础条件与协同程度水平往往关注度不高。但这反映出发展型都市圈特色小镇的发展受自身基础条件、发展能力水平的限制较大，对都市圈发展基础、区域协作依赖程度较小，主要是依托自身发展寻求适宜出路。

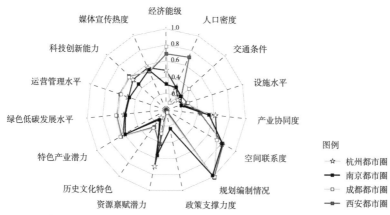

图 6-12　发展型都市圈特色小镇发展绩效评价分值情况

资料来源：作者自绘

3）培育型都市圈

福州都市圈和长株潭都市圈同属于培育型都市圈，从其整体情况来看（图 6-13），都市圈层面、小镇层面均发展较差，仅规划编制情况良好，这也反映出我国对特色小镇规范健康高质量发展的成效显著。该发展阶段都市圈特色小镇应在厘清自身发展关键出路的基础上，再探索小镇在都市圈大尺度空间层面发展中需处的位置。

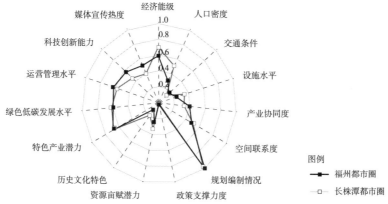

图 6-13　培育型都市圈特色小镇发展绩效评价分值情况

资料来源：作者自绘

3. 小结

不难发现，不同发展阶段都市圈特色小镇发展特征及内外影响因素差异性显著。成熟型都市圈特色小镇对都市圈发展基础、区域协同依赖程度较高，目前该类特色小镇区域空间联系便捷、设施体系相对成熟，应探索如何承接区域发展"红利"，赋能小镇多元化、现代化发展；发展型都市圈特色小镇依赖于小镇自身发展条件，都市圈层面作用稍弱，应深挖小镇资源禀赋、完善产业体系、打响本土品牌，在此基础上再考虑如何顺应、承接区域发展；培育型都市圈特色小镇整体发展不足，应厘清现存问题，剖析内在成因，制定相应政策，推动自身发展才是重中之重。

特色小镇作为新型城镇化背景下区域发展的重要突破点，对特色小镇发展绩效评估研究具有一定的现实意义。本小结通过理论演绎与实证分析相结合，架构都市圈特色小镇发展绩效评价指标体系及评估模型，针对全国范围内重要且典型的八个都市圈特色小镇发展绩效进行评估，在探索不同区域都市圈特色小镇发展类型、阶段特征的基础上，厘清现实内外影响因素及其关联关系，为科学、合理、可行地探讨不同阶段、不同类型都市圈特色小镇发展的关键路径与适宜模式奠定现实基础。由于各都市圈特色小镇尚处于不同的发展时期，资料收集情况不一，数据分析存在一定的偏颇，后续将随着都市圈特色小镇的发展完善继续研究。

6.4　大都市圈特色小镇发展的实践反思

6.4.1　存在问题

1. 发展差异明显，中心城市带动能力较弱

1）都市圈发展基础差异较大

随着新型城镇化进程的不断推进，我国已进入大城市向都市圈发展的新阶段。各大中心城市纷纷提出都市圈发展战略，明确以都市圈为主要的空间载体，带动周边中小城镇实现新时期的协同发展。但是，当前我国都市圈发展水平极不平衡，区域间差距巨大，中西部地区都市圈与东部地区都市圈整体发展具有明显差距。根据学者研究及国务院批复的都市圈发展规划中的典型都市圈的发展基础来看，国内都市圈在经济能级、交通条件及设施水平方面差异显著，其中部分都市圈的 GDP 产值仅仅突破 1 万亿元，而成熟型的都市圈

则达到 10 万亿元的 GDP 产值水平，都市圈之间的经济能级差异巨大。

2）都市圈中心城市带动能力较弱

随着都市圈中心城市的不断发展，高昂的生活成本和高密度的空间集聚，促使人口和产业向周边城镇大量扩散，打破行政区划，使得都市圈的空间形态实现从"点状扩散"转变为"网状结构"，现阶段注重中心城市与周边城镇具备紧密的通勤关系、产业协作关系和人群流动关系以及所带来的各种需求。都市圈的网状结构或圈层结构的发展离不开中心城市的辐射带动作用，辐射带动能力越强其都市圈内大中小城市协同发展效果越好，公共服务、产业布局、人口分布等相关内容更趋向均衡。根据前述都市圈发展基础的评价研究可知，当前多数都市圈中心城市的 GDP 产值与都市圈总体产值的比重达到 65% 以上，中心城市一家独大的发展格局尚未改变，都市圈区域经济社会发展的不均衡问题仍旧突出，中心城市的辐射带动能力尚且不足。

2. 区域分化显著，特色小镇发展差距较大

1）区域之间发展成效分化显著

特色小镇的创建实现了特色产业在空间上的高度集聚，为产业规模效应的实现提供了重要载体。良好的特色小镇建设离不开区域经济的繁荣发展，区域经济的繁荣决定了地区人才、资金、产业等发展要素的吸引和承接能力，成为特色小镇产业强而聚的有力支撑。特色小镇的核心是具有特色优势的生态产业链，但是当前我国主要特色小镇大多存在产业基础差、产业规模小、产业缺乏竞争优势等现实问题。一方面，经济实力较强的特色小镇主要位于东部发达地区，其本身产业要素禀赋条件较好，产业特色突出，易于形成区域特色优势产业；另一方面，西部地区特色小镇往往缺乏有竞争优势的要素禀赋结构，特色小镇发展的内生增长动力不足，容易出现产业发展滞后、产业转型困难、产业缺乏特色的发展窘境，导致区域产业缺乏竞争力，特色小镇经济基础薄弱。根据前述特色小镇的时空分布及评价研究，特色小镇无论从数量还是质量方面考量，均呈现出显著的自东向西、由南向北的梯度递减分布态势，且特色小镇空间分布与区域经济发展规模和水平保持高度的一致性和均衡性，表明特色小镇的发展对区域经济发展表现出极强的依赖性和依附性。

2）区域内部发展成效差距较大

特色小镇的发展受到区位条件、发展基础、资源禀赋、政策支撑等多方面的因素影响，

同一区域内部的特色小镇的发展成效差距较大。同一都市圈的特色小镇空间分布情况上具有显著差异，临近中心城市的特色小镇发展水平远远高于其他区域的特色小镇，其发展协同效益更好。同时，都市圈内资源禀赋条件的差异、都市圈产业空间布局也对特色小镇的发展方向和发展潜力造成影响，契合都市圈主导产业的特色小镇整体受到更多的关注和支持，其发展效果相对较好。

3. 协同发展不够，共生发展格局尚未形成

特色小镇作为促进城乡融合发展和乡村振兴的重要载体，对促进都市圈协同高质量发展产生多重效应。都市圈特色小镇相较于其他区域特色小镇具有优势区位发展条件，能够充分利用都市圈中心城市外溢要素和乡村地区优势资源，形成以产业特而强、功能聚而合、形态小而美、机制新而活为发展目标的产城人文高度耦合的空间聚集体，成为促进都市圈产业协同发展、城乡融合发展、乡村振兴的重要平台，对于形成疏密有致、分工协作、功能完善的都市圈发展格局，具有重要作用及重大意义。根据都市圈特色小镇的发展绩效评价及调查分析可知，当前都市圈特色小镇整体协同发展水平较低，共生发展格局尚未形成。

1）产业关联较弱

都市圈特色小镇的时空分布特征表明，这些特色小镇基本位于都市圈范围内的优势发展区域，靠近产业资源地和产业布局中心，但是绝大多数特色小镇尚未与中心城市形成产业关联，仅仅依靠本地传统产业或基础产业独立发展，没有引流中心城市具有竞争力的产业以及在产业发展中没能充分契合都市圈全域产业空间布局，导致产业升级较为困难、主导产业不够突出、特色产业缺乏有效引导，特色小镇整体产业竞争力较弱，产业市场较为单一和闭塞，未能与中心城市形成产业发展协同和互补关系。同时，都市圈范围内各类型特色小镇的特色产业定位及发展存在同质化竞争格局，产业功能划分不够明确，缺乏有效的产业协作和分类发展，且由于特色小镇的空间分布较为分散，缺乏高效的交通设施串接，难以形成联动及抱团式发展，尚未形成产业聚集和规模效应，产业特色较为模糊。此外，产业衔接、联动发展的关键环节存在漏洞，即勾连都市圈产业发展与特色小镇产业协同的关键环节——产业链环节的缺失，导致特色小镇对都市圈中心城市产业的补链和强链功能不够突出，产业关联发展较弱。

2）要素承接不够

都市圈特色小镇协同发展需要特色小镇主动吸引、积极承接高端要素集聚发展，形成

规模效应。当前，都市圈特色小镇的主导产业、空间格局、配套设施、体制机制等方面已经取得初步成功，但是，产业发展体系尚未建立、产业发展缺乏龙头企业、空间格局尚未完整的现实情况仍然存在，产业、空间、资金、人才等各类发展要素的承接和集聚仍然不足，导致特色小镇的发展潜力十分有限。例如，特色小镇的创新创业生态功能较弱，缺少创新创业环境及平台，缺乏智慧、便捷的社区服务和商业环境，缺少优质的生态环境和生活环境，对都市圈城市的高端人才缺乏吸引力，导致特色小镇发展中不仅缺乏专业的运营管理人才及团队，还缺少创新人才引领发展。同时，都市圈特色小镇由于缺乏良好的营商环境和公共性质的产业配套设施，服务各类企业发展的能力不足，难以吸引高端企业和企业的高端环节进驻特色小镇。

3）功能融合不深

特色小镇是一个完整的产城人文聚合而成的城市发展单元，其建设发展目标要形成功能聚而合的宜居、宜业、宜游的空间聚合体，功能完善程度是其发展的重要内容。多种功能融合是特色小镇区别于工业园区、田园综合体、建制镇、旅游度假区、孵化器等发展单元的核心特征，功能融合已经成为衡量特色小镇发展综合水平的重要指标[①]。当前都市圈特色小镇发展中各项功能融合程度不深，特色小镇生产、生活、生态功能相互分离，功能融合的作用和效益相对较弱。在都市圈空间范围内的特色小镇中绝大多数仅仅作为要素和产业集聚地，生态、生活、文化等功能相对弱化，往往只注重旅游、商业、生产等功能，针对社区功能、创新功能和治理功能则忽视较多，特色小镇整体治理水平和功能服务能力较弱。此外，特色小镇的功能定位缺乏与都市圈中心城市相关联，导致难以供给都市圈中心城市所需要的各项功能需求，同时难以有效承接都市圈中心城市的功能外溢，导致都市圈中心城市的要素难以落地生根，各类要素产生的作用也较为有限，引发特色小镇提供就业能力较差、转移人口难以融入、公共服务配套不足、高端产业难以进驻等一系列突出问题。

4. 瓶颈较多，要素集聚发展明显滞后

特色小镇作为产业集聚体，其发展离不开资源、要素的高度集聚，要素集聚的制约会

---

①   王博雅，张车伟，蔡翼飞.特色小镇的定位与功能再认识：城乡融合发展的重要载体 [J]. 北京师范大学学报（社会科学版），2020（1）：140-147.

阻碍特色小镇经济发展的活力及潜力。都市圈特色小镇发展的要素性瓶颈较多，要素流动体制机制不健全，要素市场化配置范围有限，政府指导调控作用有限，导致特色小镇在发展中存在土地、资金、技术、人才、劳动力、信息等要素资源紧张，要素集聚水平较低，企业主体作用不强，营商环境短板显著，难以支撑特色小镇的高质量发展。

1）政府干预过多，市场主体参与受限制

特色小镇的建设运营需建立在产业集聚的市场化要素可持续发展的基础上。当前，政府过多干预特色小镇的规划、建设和运营，导致特色小镇发展中的企业主体作用较弱，市场化程度较低，部分特色小镇的发展主要依靠地方政府决策和资金推动，政府引导、企业主建的特色小镇发展运营模式尚未建立。市场主体参与程度较低，部分特色小镇的投资建设没有经过充分论证，产业活力、市场潜力相对较差，难以形成自我造血的良性循环发展，抵御市场风险能力较差，导致特色小镇开发建设失败的案例层出不穷。

2）土地资源短缺，特色小镇建设受限制

土地是特色小镇开发建设过程中不可或缺的基础性要素，当前投资建设特色小镇的企业普遍反映建设用地指标较少，制约了城镇建设项目及产业项目的落地。特色小镇建设发展的土地要素难以保障是亟待解决的重要问题。特色小镇勾连着都市圈中心城市和乡村地区，介于城乡接合部，承担着城乡融合发展的重要作用。但是，受到农村土地市场化改革滞后的限制，特色小镇的用地指标极为短缺，在不能触碰耕地红线、生态红线和农村集体建设用地指标紧张的基础上，如何有效地盘活并获取特色小镇发展用地已经成为特色小镇发展的关键之举。

3）融资渠道单一，投资回报周期长

特色小镇健康发展的一个关键性影响因素是资金投入的充足性和稳定性。特色小镇的建设离不开长久的投融资机制，小镇建设初期的基础设施和公共服务设施建设需要大量资金投入，导致设施建设的公益性与商业性金融机构的营利性产生矛盾，一定程度上制约着特色小镇建设的顺利推进。当前，特色小镇的投融资机制不健全，金融资源难以充分支撑特色小镇的发展。目前，都市圈特色小镇基本处于都市圈核心圈层的边缘地带，受中心城市虹吸效应影响，金融资源更多地流向城市而非小镇。与此同时，伴随着我国金融市场和金融服务体系的缓慢发展，在宏观政策的调控和引导下，特色小镇普遍存在融资渠道单一，投资回报周期较长的情况，导致特色小镇在建设发展中存在资金链断裂的风险。

4）高端人才匮乏，创新引领难度大

特色小镇的发展是以特色产业为核心，在特色产业壮大发展的同时，对于人力资源要素的需求会不断增长。依托产业发展的特色小镇在城市功能服务配套上存在明显短板，缺乏吸引高端人才所需的基本公共服务及配套设施，吸引力相对较弱。同时，都市圈内的部分特色小镇由于地理区位欠佳，各项基础配套设施不健全，难以引进专业型人才，导致企业的人力资源储备不足，企业的创新发展受到制约。此外，由于特色小镇在人才吸引及储备方面存在短板或劣势，同时伴随着其人才、技术、数据市场发育较为迟缓，高端要素信息资源明显短缺，高新技术和数字经济等新产业、新业态、新模式方面的发展严重滞后于核心城市，导致特色小镇对周边产业的吸纳和带动作用持续减弱。

5. 类别分异较大，特色小镇发展良莠不齐

1）都市圈特色小镇发展类型差异较大

都市圈特色小镇承担着都市圈产业空间布局和产业发展的重要作用，根据前述评价结果，科技创新、先进制造、创意设计、数字经济、金融服务等高精尖产业类型的特色小镇主要分布在长三角、珠三角、京津冀等区域，形成了以上海都市圈、杭州都市圈、广州都市圈为代表的特色小镇密集区域，都市圈内特色小镇的整体数量较多，比重也较大，而文化旅游、三产融合等类型的特色小镇则分布较为均衡。结合都市圈的经济发展能级，成熟型的都市圈特色小镇发展较为均衡，不同类型的特色小镇差距较小；发展型和培育型的都市圈特色小镇数量呈现断崖式下跌，且类型较为单一，区域内部的发展差异较为显著。

2）都市圈特色小镇发展成效良莠不齐

都市圈特色小镇在空间分布上呈现出圈层结构和区位跨度较大的特点，但是在特定区域中，生产要素、资源禀赋和经济发展水平存在较多相似之处，特色小镇的培育建设产生同质化现象。在西部地区的都市圈特色小镇建设中，大部分立足历史文化及民俗风情开展文旅型特色小镇建设，在特色小镇发展定位中提出"旅游+"的产业发展模式，形成了同质化竞争的恶性循环，各类特色小镇建设成效参差不齐。此外，受到不同程度的引导和管控力度影响，都市圈内特色小镇的综合发展成效差异显著，在各个都市圈范围内的特色小镇创建过程中，随着特色小镇的综合考核评价，部分特色小镇被除名、创建失败的案例屡见不鲜，各地创建过程中存在形象工程、急于求成、盲目跟风等现象，

使得都市圈特色小镇的整体发展存在良莠不齐的问题，阻碍产业高效集聚和都市圈协同发展进程。

6.4.2 可持续发展思考

1. 创新投资融资体系，发挥资本支撑作用

特色小镇的发展分为内生驱动型和外力推动型。其中，内生驱动型特色小镇的建设与发展主要依托丰富的文化底蕴、优势的区位条件、良好的产业基础、强劲的民营企业，具有良好的基础，能够完成自我造血的持续性发展。外力推动型特色小镇主要依托政府前期资金投入推动发展，社会资本支撑较少，特色小镇的发展高度依赖地方政府的财政支撑，持续性发展难度较大。特色小镇的投入高、回收周期长，纯市场运作难度大，以及不具备专业型人才，单纯由政府开发建设、运营管理极其困难。因此，应创新特色小镇投资融资体系，引导社会资本与政府资本高效结合，加强金融对特色小镇建设发展的扶持作用。

1）创新投资融资机制，探索金融组合模式

当前，特色小镇的投融资市场主要是以政府为主导，以政企合作为特色的投融资发展模式，较好地引入了社会资本，减少了政府财政包袱的同时较好地规避了政府全资模式下建设运营的风险问题。特色小镇的建设需要庞大的资金需求，推动特色小镇良性健康发展就必须撬动社会资本，充分发挥市场经济在特色小镇建设中的资源配置作用，鼓励和吸引社会资本参与特色小镇的投资建设与运营管理，培育市场推动特色小镇发展的内生动力。针对特色小镇投融资机制创新，主要通过创新政府与社会资本合作模式、设立特色小镇发展专项基金、规范特色小镇金融发展等方面的措施建议，提高金融支持效益。

2）分类供给金融支持，保障资本供给灵活

特色小镇在发展中基础设施及配套工程建设、产业项目建设、中小企业三方面通常是主要的资金需求端，根据不同资金需求类型，探索分类供给的金融支持方式，对于特色小镇灵活融资，各类资本精准供给支持具有重要意义。在特色小镇融资过程中，政府根据特色小镇的融资主体、融资需求、融资规模等内容进行类型化甄别，充分考虑特色小镇融资的担保结构、还款能力等问题，按照分类施策、按需审批的方式，保障特色小镇各类融资需求，积极推动特色小镇的融资事宜。同时，按照基础建设类、产业项目类、中小企业类

三种类型，划分融资规模等级和期限等级，积极拓宽融资渠道、创新金融产品、提升金融服务，确保特色小镇发展中的每项融资需求得以满足，每项支持资金充分利用，充分发挥金融支持的作用。

2. 建立联动协作机制，探索多维协同发展

特色小镇与都市圈存在着共生与竞争的关系，特色小镇作为区域发展的增长极，吸纳了周边大量的生产要素，在发展到一定程度时，特色小镇开始向周边区域辐射发展，只有充分发挥特色小镇与周边区域发展之间的关联性，探索构建跨区域合作运营模式，促进交流与合作，才能加速推动都市圈与特色小镇的协同与共生。

1）加强交通和基建的协同，支撑区域联动协作发展

特色小镇作为都市圈辐射外溢圈层内的微中心，完善发达的交通基础设施是特色小镇接受都市圈经济辐射的前提条件，应加强与都市圈中心城市相连接的交通互联网络建设，完善城乡一体化基础设施，助力特色小镇能够得到都市圈外溢出的产业和人口资源，极大地推动区域内要素自由流动、公共资源共享、商业市场流通、产业簇群优化升级，进而为区域联动发展带来新机遇。

2）构建区域协同产业体系，建立区域利益协调机制

特色小镇是有机生命体，不同类型特色小镇的机能是由于其不同的功能构成，强化特色小镇与都市圈的协同发展能力，其核心动力是产业引领。聚力发展主导产业，延伸产业链条，构建区域协同产业体系，着力增强特色小镇产业创新和产业集聚功能，围绕主导产业打造特色 IP 品牌形象，不断充实和衍生 IP 内容，让特色小镇成为都市圈特色 IP 品牌形象集聚地，提高小镇异质性和吸引力。此外，为保障都市圈与特色小镇呈现出良好的共生关系，还应坚持"促进城市功能互补、产业错位布局和特色化发展"的指导方针，要求都市圈以规模化、同质化、高层次的资源聚集支撑各类特色小镇的发展，同时，特色小镇又以快速的发展反过来推动都市圈资源质量和数量的提升，形成最优的互动机制，打造具有良好协调机制的区域发展综合体。

3. 节约集约土地资源，推进土地混合利用

土地是特色小镇在开发建设过程中不可或缺的要素，特色小镇的开发建设应在统筹考虑产业基础、生产力布局、服务设施、人口分布、资源现状等因素的基础上，合理界定规

模范围，坚持紧凑布局和节约集约利用土地，避免盲目地大拆大建与重复建设。

1）节约集约利用土地资源，优化配置土地利用空间

为避免造成土地资源浪费，应科学合理地进行人口预测，加强用地计划管理和指标控制，视情况适当提高建筑密度和容积率，发挥地价的调控作用，实现对土地经营监管调控，提高土地集约利用水平。同时，针对产业型特色小镇，加强产业与用地的空间协同，打造顺畅的上下游产业链，并在空间上实现科学布局，引导产业集聚、用地集约，合理调整建设用地比例结构，控制生产用地、保障生活用地、增加生态用地。

2）盘活低效闲置建设用地，加强政府土地监督管控

在国家对特色小镇土地支持政策之外，各地应结合实际现状积极探索土地利用政策，进行灵活创新，加大盘活低效存量建设用地，全力推动低效用地再开发工作，放宽低效用地盘活政策的管控，探索城乡用地增减挂钩及集体土地流转和租赁，鼓励集体建设用地以使用权转让、租赁等方式，提高存量土地利用率。同时，特色小镇土地开发应坚持规划先行、多规融合，以土地利用规划为依据，发挥其引导和管控作用，政府督查机构应加强动态巡查，建立集约节约用地责任机制，批前、批中、批后要全面跟踪监督检查，实施全程监管。

4. 完善配套服务设施，多策并举广纳人才

特色小镇不仅服务于特色产业发展和城镇化建设，更重要的是服务于人群本身，因此，特色小镇的发展要以人群的各种需求为出发点。一方面，人性化的基础设施状况是特色小镇持续发展的前提和基础，作为都市圈重要的经济发展核心，特色小镇自身及与周边地区的设施、服务对接十分重要，应通过不断完善道路交通、休闲娱乐、生态游憩等生活服务的统筹接驳，实现区域服务网点的整体联通，从而提升小镇人群的生活品质。另一方面，高素质的人才在特色小镇规划、建设、运营上能起到重要作用，要以"人才强镇"的理念，加强战略综合性人才和战略方向性人才的培养。

1）提升核心服务支撑体系，实现公共服务共建共享

特色小镇的公共服务要定位于满足"刚性"需求和"弹性"需求，加强公共服务系统"镇—居住区—居住小区"三级标准要求，完善基础的教育、文化、医疗、养老、社会福利等基本公共服务，植入旅游接待、酒店住宿、研发办公、特色商贸等对外的接待、科研与服务功能，营造宜居宜业的环境。同时，公共服务设施建设要统筹布局、互联互通，注

重与镇区结合，并完善补足城乡服务设施体系，促进服务设施向周边农村延伸，构建便捷的生活圈、完善的服务圈、繁荣的商业圈，促进公共服务共建共享，提高小镇居民的幸福感和获得感。

2）强化地方人才开发力度，支持区域联动人才建设

地方政府应按照本地特色小镇产业人才需求定位，积极制定特色小镇人才培养计划，设立专项基金，落实好创业创新补贴、贷款贴息、房屋补贴、引才奖励等政策措施，为优秀人才提供创业平台和机会，鼓励青年人才组织建设，带动当地适龄劳动力的供给增加，以人才带动人气；带动当地生产水平的跃升，以人才带动经济；带动当地生活质量的显著提高，以人才带动品质，实现绅士化进程。同时，吸引劳动力返乡就业与创业，推动原村民镇民化，包括在创业和帮扶本地劳动力就业等方面进行政策宣传与帮扶措施更新，保障当地原村民的就业稳定化、择业常态化、生活保障镇民化，最大化保障特色小镇人才招引力度。

5. 科学布局空间规划，营造美好人居环境

当前，特色小镇在经济转型升级，提倡绿色生态理念的背景下，担负起了缓解"大城市病"、因地制宜发展新型城镇化的历史使命。特色小镇的空间是内外部各种社会、经济、政治力量相互作用的物质空间反映，是各种因素综合作用的结果。在不断发展探索的过程中，如何使其更好地发挥产业转型升级的新抓手作用、破解城乡二元结构的着力点作用、加快美丽乡村建设的推进器作用以及厚植大都市圈城市底蕴与历史文化的传承器作用，实现生态文明与特色小镇建设的融合发展，是我们当前必须考虑的重点工作。

1）切实加强规划引领，优化特色空间布局

特色小镇建设要坚持系统谋划、整体打造、科学布局，坚守自然生态底线，利用产业规划、项目策划等引领空间规划，充分发挥多规融合的新引擎作用，科学合理地对特色小镇进行规划。突出强调特色小镇空间布局要注重活力激发、功能复合、人文关怀和弹性留白，充分发挥特色产业布局激发空间活力的作用，打造集宜居、宜业、宜游于一体的"产业 + 社区 + 旅游"的活力功能体，在生态保护、文脉传承等方面打造真正的人性化空间。同时，强调市场与企业的主体地位，预留调整空间，以高品质的空间布局提升特色小镇的核心竞争力，进而增强对产业和人才的吸引力，努力走出一条科学可持续的特色小镇开发建设之路。

2）引入"三生"融合理念，打造和谐美好人居

特色小镇的人居环境建设需兼顾"特色"与"绿色"，在认识环境、尊重环境、利用环境的基础上，牢固树立"绿水青山就是金山银山"的意识，推进生产、生活、生态"三生"融合，因地制宜，构建空间和谐、功能完善和环境优美的人与自然的复合体。融入具体建筑的形象和功能，创造和谐的生存环境，并加快推进垃圾治理、污水治理和改厕工作，切实改善特色小镇人居环境面貌，兼顾生产功能，美化生态环境，夯实三大基础条件，有效满足人们的生活生产需求，用有温度的内容和协同方式实现环境、建筑、产业、人的有机融合和发展。

大都市圈特色小镇发展的理想图景

不同阶段大都市圈特色小镇的发展路径

大都市圈不同类型特色小镇的发展路径

大都市圈特色小镇发展的模式选择

大都市圈特色小镇发展的
路径与模式

第 7 章

7.1 大都市圈特色小镇发展的理想图景

7.1.1 发展目标导向

新型城镇化是以人为核心的城镇化，其首要任务是促进农业转移人口市民化，让有能力在城镇稳定就业、生活的常住人口真正融入城市中。都市圈作为新型城镇化建设的主要形态，是未来吸纳新增城镇人口的重要空间载体，在尊重城市发展规律的前提下，通过培育发展现代化都市圈不断提升其承载能力，推动特大、超大城市等中心城市转变发展方式，形成多中心、多层级、网络化的城乡空间发展格局，充分发挥特色小镇等新载体的作用，提高新型城镇化的质量和效率。以人为本的都市圈城乡关系，强调资源共享、社会和谐、生态绿色和经济高效，以全民共建共享、城乡融合的发展方式使人民享受到城镇化带来的实惠。

新型城镇化导向下大都市圈特色小镇发展的终极目标是以特色产业发展来实现农村人口就近城镇化和为创业者提供创新发展平台，为人提供生产生活生态"三生融合"、产业社区文化旅游"四位一体"的发展空间，应当从人的需求出发构建良好的生活体验，实现人的全面发展。特色小镇利用都市圈提供的一体化基础设施和均等化公共服务等资源，承接中心城市非核心功能的疏解和产业转移，通过特色产业集聚提供多样化工作岗位和学习机会，通过多元功能融合为人的发展提供完整和高效的社会关系网络，通过优美环境满足人亲近自然、追求精神愉悦的需求来吸引人才、留住人才，通过创新灵活的体制机制为人提供集约高效的创新空间。

产业特而强、功能聚而合、形态小而美、机制新而活既是特色小镇的特点，也是其发展目标，反映在都市圈上主要有经济、社会、生态和空间四个方面。

1. 经济发展方面

都市圈经济发展上的目标是在内部形成优势互补、合理分工与协调发展的产业布局体系，这种产业体系既要充分发挥中心城市的引领带动作用，又要在外围构建特色鲜明的产业集聚区，推动产业集聚、重组、转型和升级，进一步提升产业品牌优势、体制优势、创新优势与规模优势，在都市圈范围内形成与中心城市协同共生，且具有国际或国内竞争力的产业集群。都市圈经济空间具有明显的能级层次特征，中心城市作为都市圈的核心圈层，经济实力最强，资金、技术、人才与信息等要素流动交换更快，是区域经济增长中心，对周边区域进行经济辐射；紧密圈层是中心城市经济活动的延伸，对区域经济结构转型有重要意义，随着技术进步带动知识和技术扩散引发生产的空间组织发生变化，成为中心城市产业转移的首选地区；辐射圈层则需要利用资源禀赋打造特色产业，成为中心城市的边缘市场，加强与中心城市的经济联系。

特色小镇作为新型产业布局形态，能够吸引中心城市先进要素的集聚整合，可以强化、延伸、补充中心城市产业链，聚焦产业细分门类，做强做精产业集群，利用产业、区位、机制等竞争优势成为创新高地，面对经济新常态下产业转型升级滞后于市场升级和消费升级，一方面可以利用新技术布局新产业瞄准未来，另一方面可以推动传统产业向高端化升级转换，成为破解都市圈有效供给不足的重要抓手。

2. 社会发展方面

都市圈在社会发展方面的目标是缩小城乡之间生活水平的差异和不公平，形成以人为本的新型城乡社会运行机制，关键在于推动城市资本、技术、人才要素下乡和公共服务均等化，依托新型城镇化吸纳农村转移人口，鼓励劳动力自由流动，并形成与就业岗位相适应的居住生活空间。以都市圈公共服务均衡普惠、整体提升为导向，统筹推动基本公共服务、社会保障、社会治理一体化发展，持续提高共建共享水平。

特色小镇大多位于都市圈连接城乡的中间地带，成为城乡融合和乡村振兴的重要功能平台，能够疏解中心城市的非核心功能，破解交通拥堵等"大城市病"，也是公共服务和社会事务向广大农村地区的有效延伸，推动农村公共服务供给向规模化和高质量发展。特色小镇通过承接城市外溢要素，为农村吸引大量城市消费群体，促进农村第二、三产业的发展，形成以现代农业产业体系为基础带动三产融合，提升大城市外围农村地区经济和社会功能，改变当地人们的生活方式和生产方式，通过实现城乡要素跨界配置和产业有机融合来改变城乡二元结构。

3. 生态发展方面

都市圈在生态发展方面的目标是建立经济发展与环境保护相协调的绿色城乡，将生态文明理念放在首位，促进人与自然和谐发展。以推动都市圈生态环境协同共治、源头防治为重点，强化生态网络共建和环境联防联治，在一体化发展中实现生态环境质量同步提升，共建美丽都市圈。要在严格落实永久基本农田、生态保护红线、城镇开发边界以及国土空间规划管控的基础上，合理布局生产和生活空间，做到生产、生活、生态的高效融合发展。未来的城乡之间应构建田园式的空间形态，将城镇发展与自然景观相结合，并结合地域特点发展特色旅游，满足现代都市人的生产和生活追求。

特色小镇在城乡之间布局具有自然资源丰富、生态基础良好等天然优势，通过生态环境保护和小镇人居环境治理，能够改变人们对城乡接合部脏乱差的固有印象。优美的生态环境不仅可以增强对企业和高端人才的吸引力，有助于人们的身心愉悦和提升工作效率，还能够增加当地居民的归属感和幸福感，满足新时期人们对美好生活的追求，在特色小镇工作与生活将成为人们向往的生存状态和新型城镇化的一道美丽风景。

4. 空间发展方面

都市圈空间发展方面的目标——实现城乡空间一体化发展，一方面是构建新型城市空间，促进城市由粗放型发展模式向集约型发展模式转变，通过功能优化和空间转型走低碳高效的发展之路；另一方面是解决农村的农民生存和农业发展空间问题，争取与城市空间相对等的发展地位，并且保持自身景观风貌和人文底蕴。新型城镇化导向下的都市圈城乡空间是形成大中小城镇多中心网络化的布局形态，实现产城一体、空间融合、发展集约的城乡空间格局，发展关键在于促进城乡共生界面营造和城乡功效空间构建。共生界面是指实现城乡物质、能量和信息交换的交通设施、信息设施等，功效空间是指对城乡经济分工网络、产业空间组织及城乡空间体系建设等方面发挥突出功效的生产、生活、生态空间，通过对空间资源的高效和合理配置，实现经济产出和整体效益的最大化[①]。

特色小镇是非镇非区的新型产业组织空间，是希望通过体制机制创新用最小的空间资源达到生产力最优的空间布局，正是利用都市圈一体化的设施建设形成的城乡功效空间。

---

① 张沛，等.中国城乡一体化的空间路径与规划模式：西北地区实证解析与对策研究[M].北京：科学出版社，2015.

作为规划用地一般为几平方千米的微型产业集聚区，坚持质量第一、效益优先，确保小镇的投入强度够、质效水平高、创新活力足、低碳效应强，依托小尺度空间集聚高端产业和产业高端环节，以亩产论英雄，促进土地利用效率提升、生产力布局优化和产业转型升级，成为经济高质量发展的新空间。灵活的机制能够促生企业和人才的创新热情，创新创业的空间氛围有助于培育发展新产业、新业态和新商业模式，是城乡之间生产空间、生活空间和生态空间最佳的平衡点。

7.1.2　发展理想图景

都市圈是一个盛放资源要素的容器，培育发展现代化都市圈就是遵循城镇化和市场化的发展规律，从空间结构清晰、城市功能互补、要素流动有序、产业分工协调、交通往来顺畅、公共服务均衡、环境和谐宜居和体制机制完善等多个方面推动资源要素的合理集聚与配置。特色小镇正是通过集聚先进要素、提升创新能力发展特色产业，将都市圈中的资源要素以信息流、人才流、数据流、资金流、商品流等形式进行吸纳整合，有机融合要素链、产业链、创新链和服务链，从而实现特色小镇产业特而强、功能聚而合、形态小而美、机制新而活的目标（图7-1）。

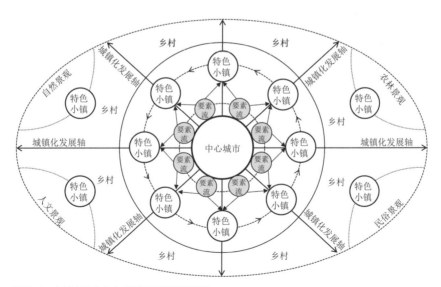

图7-1　大都市圈特色小镇发展理想图景示意
资料来源：作者自绘

7.2 不同阶段大都市圈特色小镇的发展路径

都市圈是城市地域空间形态演化的高级形式，目前我国都市圈大多还处于成长阶段，总体来看，东部地区的都市圈经济发展水平较高，中西部地区的都市圈发育较为滞后，不同阶段的都市圈呈现不同的空间结构特征和目标追求，也为都市圈内特色小镇提供了不同的发展基础和机遇。特色小镇在具体发展中应注重自身核心要素的挖掘和塑造，以及发挥外部都市圈和中心城市等支撑要素的作用，以"合理规划、量力而行、因地制宜"为建设原则，依托培育阶段、发展阶段、成熟阶段不同发展阶段的都市圈选择适宜的发展路径。

7.2.1 培育阶段都市圈

培育阶段都市圈是指创新潜力、协同机制、都市圈网络成熟度等动力机制方面存在不足，同时要素发展不平衡特征也非常突出，中心城市自身发展水平存在不足、集聚效应大于扩散效应的都市圈发展阶段。这一阶段的都市圈需要发挥政府的主导和推动作用，通过政策、资金等方面的倾斜来克服市场劣势和夯实发展基础，重点扶持区域基础设施和具有资源优势的基础产业，培育市场的自我发展能力。此外，还需要增强中心城市的综合实力和辐射带动能力，促进形成单中心放射状的空间结构。

由于培育阶段都市圈所提供的支撑要素不足，特色小镇需要强化顶层设计，重点依托自然、人文、区位等特色资源进行发展，以及对现有产业集聚区和产业园区的升级改造进行创建。

1. 强化顶层设计，明确发展方向

在都市圈层面完善政策支撑体系，具体可包括制定特色小镇审核评价标准，建立金融政策、科学考核体系，政府通过专项建设基金和政策性金融给予资金上的支持，充分发挥财政资金的杠杆作用。政府要积极发挥牵头作用，由于自身的可支配资源和财力都相对有限，在政策制定和实施的过程中也要尽量保持稳定，避免因政策导向的多变，致使一些功能建设无法有效实现或频繁更替。

特色小镇应抓住自身优势和特点发展，不可完全照搬其他先发地区特色小镇发展模式。要立足实际、明确目标，找准特色小镇发展的切入点，针对不同特色小镇的功能性短板，从生产、生活、生态三个角度进行补足，在强化主导产业支撑的基础上完善生活配套服务。

通过聘请专业规划机构设计展现小镇的地域和产业特色，利用政企合作解决基础设施和公共服务的短缺问题，引入专业化运营团队吸引企业、人才汇聚。

2. 挖掘特色资源，推动产业升级

应多层次、多维度进行资源梳理与分析，根据资源的差异化构建多样化的发展模式，实现特色小镇类型的丰富化，从而实现稀缺资源的价值。培育阶段的都市圈整体产业基础薄弱，应因地制宜发展农副产品加工产业、商贸物流产业、乡村旅游产业等，同时扩大产品的文化内涵，培养产品的个性化和突出本土特色，实施差异化战略，避免同质竞争和盲目发展，结合自身资源和特征发展多样化旅游，围绕小镇的主题丰富旅游产品，促进多产业融合发展及相关产业链的延伸发展。

产业园区转型的特色小镇难点在于实现由"特"到"强"的转型升级，需要注入创新元素，摆脱传统产业的单一性，推动产业升级发展，形成产业集聚效应，根据产业资源的不同类型进行不同的产业分工，从突出特色小镇原有特色的基础上探索发展的可能性和可持续性，逐步从低端产业链向研发、设计等高附加值产业链延伸。

7.2.2　发展阶段都市圈

发展阶段都市圈是指已有一定的发展基础，一般由单核心引领圈层空间组织，核心圈层资源过度集中，然而总体发展水平仍存在不足的都市圈阶段，同时设施一体化水平、都市圈联系水平和产业协同水平等方面发展不均衡，需要进一步加强区域一体化发展，打破阻碍区域要素流动的行政壁垒，通过中心城市辐射带动作用，在外围形成市场经济条件下有竞争力的产业集群，增强区域整体竞争优势和实现资源利用效益的最大化，并促进都市圈空间形成圈层放射状结构。

基于发展阶段都市圈已经开始建立一体化的市场、引导区域内的产业布局和要素流动，特色小镇建设要利用好中心城市先进要素外溢和非核心功能疏解，发展科技创新、数字经济、创意设计等产业，还可以基于国家和区域战略目标布局新兴产业小镇。

1. 营造良好营商环境，加强与中心城市的互动关系

加强特色小镇跨区域之间的相互协作政策制定，推进跨省市区、跨行业的协同发展。

积极出台更多操作性和针对性强、科学合理的帮扶政策，在实践中不断检验已颁布政策的有效性，适时修订和更新相关政策，鼓励扶持政策内容的差异化、多样化与创新性，及时调整评估标准，健全与完善微观层面的可量化考核评估机制和动态监管体系。在科技创新和产业创新等方面，要让企业（市场）发挥基础性的作用，给予足够的自由度。大力发展小镇产业基金，利用创新金融为特色小镇带来新的活力，吸引社会资本的参与。积极鼓励科研院校、企业等参与小镇运营，多方互相合作共赢。

充分对接中心城市与特色小镇双方的需求，中心城市产业扩散伴随着要素在都市圈范围内重新优化配置，特色小镇要立足都市圈产业协同来拓展产业发展空间，借助高校、科研院所外迁的机遇合理选址布局特色小镇，打造吸引人才、技术、信息等要素的创新创业平台，能够有效推动新兴产业培育和带动产业升级。

2. 以公共交通为导向，注重集约高效利用土地

构建一体、高效的都市圈公共交通体系，结合特色小镇的地理位置规划交通路线，融入区域交通网络，实现区域间交通无缝对接。同时，特色小镇内部构建慢行系统和货物流通专用道，构建良好、安全的环境。

推进空间的合理布局，为特色小镇提供良好的空间发展载体，不断丰富、拓展土地利用形式，通过农村集体经营性土地入股、流转、租赁等，盘活存量土地资源和低效土地，充分挖掘土地资源价值。从规模上合理进行配置，在实际规划中综合考虑用地现状，以调整用地功能为主，在用地整理中应因地制宜，根据现状空间特征、规划功能等采取差异化改造措施，对建设用地进行多功能复合利用，通过调整土地布局结构来适应长远发展。

7.2.3　成熟阶段都市圈

成熟阶段都市圈是指经济总量大、发展质量高、总体发展水平领先的都市圈，都市圈内城市间相互联系紧密，并在跨区域合作、同城化水平、要素自由流动等方面均衡发展的都市圈阶段，开始从单中心的辐射带动发展模式转向多中心协同发展模式。此阶段的都市圈重点要处理好区域内城乡空间的发展矛盾，优化中心城市与外围地区的产业协作，以市场为导向创新区域协同共生机制，实现都市圈整体效益和长期良性发展，并促进都市圈空间形成网络化结构。

成熟阶段都市圈为特色小镇的发展提供了良好的基础条件，因此特色小镇要充分发挥新型城镇化载体的优势，成为现代城镇体系中的重要环节，辐射带动区域经济转型升级和城乡融合发展。

1. 建立联合发展机制，推动区域协同发展

针对区域内各类特色小镇的特征及发展目标，打通上下游产业，形成完整的产业链条或者实现相关的产业融合，最终构建完善的产业体系，制定相应的战略合作机制。要立足优势特色产业、整合要素资源、提供发展平台、创建合作联盟，推动产业内的协同创新。打造区域品牌形象，加强特色小镇间的交流协作，明确各自特色产业定位，避免"百镇一面"、同质竞争。

加强对特色产业的宣传、推广，树立当地居民主人翁意识，建立共建共享机制；加强企业的决策力，发挥市场对资源配置的决定作用，拓宽特色小镇投资渠道；加强政府引导，通过制定政策确保小镇建设用地及资金需求，积极推进市场化运作。同时，鼓励政府下放部分权力到企业及小镇相关组织机构，保证各方利益主体共同参与，合力推动小镇发展。

2. 优化绿色生态环境，推动小镇均衡发展

深入落实"绿色、创新、协调、开放、共享"五大发展理念，"绿色"是发展之本，"创新"是发展动力，"协调"是发展要求，"开放"是发展目标，"共享"是发展需求。新时代、新常态之下，注重高质量与数量共同发展，避免发展带来不可恢复的环境污染。注重保护和传承历史文化，在生产、生活、生态之间，寻求最佳平衡点。同时，对小镇特有的文脉进行梳理、挖掘，增强传统产业的文化核心竞争力，发展新兴文化产业，促进"产城人文"的融合发展。根据环境打造良好的人居环境，小镇空间布局与周边的自然生态环境协调，路网规划合理以及建筑高度和密度适宜。

7.3　大都市圈不同类型特色小镇的发展路径

2021 年 9 月，国家发展改革委、自然资源部、生态环境部等部门联合印发《全国特色小镇规范健康发展导则》，针对特色小镇发展过程中出现的问题，结合特色小镇发展要求、各部门、各地方的相关实践探索经验，从特色小镇发展定位、空间布局、质量效益、

管理方式和底线约束等方面提出指引，按照特色小镇发展特征进行总结归纳，将其分为先进制造类、科技创新类、创意设计类、数字经济类、金融服务类、商贸流通类、文化旅游类、体育运动类、三产融合类九大类，并对各类型特色小镇提出建设规范性要求。

7.3.1 先进制造类

先进制造类特色小镇重点针对产业的基础高级化和产业的链条现代化，促进传统产业高端化、智能化、绿色化发展，具体包括培育生物、新材料、新能源、航空航天等新兴产业等。同时，注重于对先进适用技术的应用和设备的更新，具体包括推动产品增品种、提品质、创品牌，发展工业旅游和科技旅游等。未来发展应着眼于降低投资成本、提高产品质量，健全智能标准生产、检验检测认证、职业技能培训等产业配套设施。

这类特色小镇在发展建设前已有一定的产业基础，后对其进行升级和高端化；区位选址上一般位于辐射圈层，因此需重视交通区位，提高小镇的通达性和重视经济区位，加强与周边高校和科研基地等的联动；设施配套方面，除提供宜人的住宿环境外，还需有高品质的生活、娱乐设施，为入驻的科研人员和服务人员提供舒适的工作环境，为访客提供方便的游览、学习环境。此外，对于都市圈的基础水平、联系水平、协同水平也有一定的要求，具备较强的经济实力对于高端化产业的发展起着推动作用，协同和联系水平高，可促进小镇的人才、产业、技术等流通，促进地区内共享合作、一体化发展。

1. 集聚高端要素，注重产业转型发展

先进制造类小镇生产要素的流动、重组、高度聚合愈发重要。生产要素的集聚发展对提升产业竞争力有重要的意义。特色小镇本身就是城市要素溢出并重新组合而形成的新空间，先进制造小镇对于创新资源的依赖性更强。依托高度集中的资源发展创新产业模式，加快传统产业高端化、智能化、绿色化转换，运用先进的科学数字技术，搭建合作交流平台，聚焦主导产业培育，发展重点产业，进而打造宜居、宜业的创业生活环境，推动区域整体环境的有机融合。

2. 重抓项目建设，完善产业基础设施

小镇的着眼点在于生物、新材料、新能源等制造业，在明确不同产业的空间构成和发展

特征的基础上，构筑产业培育研发的智能空间和根据需求配备相应的技术设备，同时，加大标准化厂房、智能车间、加工中心、智能场站等基础设施平台建设，降低企业落地投产的时间和资金成本。通过引入专业第三方设计和服务机构，提供专业化的指导和咨询等服务。

3. 重视创新发展，优化产业协同

产业是小镇的发展基础，创新是最终使命。先进制造类小镇需提升产业创新能力，构建创新联盟及创新合作平台，有效吸引、集聚和组合配置创新要素，引导政府、企业和社会在创新平台和创新能力上加大投入，并加强小镇产业链上下游企业协作，共同制造具有时代领先意义的技术。同时，考虑产业的可持续协作化问题，加大对产业链节点企业、关键企业、龙头企业的培养力度，以特色小镇为核心带动产业链重组，实现大中小企业协同发展。

7.3.2　科技创新类

科技创新类特色小镇的发展重点在于促进关键技术的研发转化，通过整合各类技术创新资源及教育资源，引入科研院所、高等院校分支机构和职业学校，发展"前校后厂"等产学研融合创新联合体，打造行业科研成果熟化工程化工艺化基地、产教融合基地和创业孵化器。发展建设技术研发转化和产品创制试制空间，提供专业通用仪器设备和模拟应用场景。

这类特色小镇区位选址大多选择结合大学、科研院校等布置，通常位于中心城市核心圈层。应注重小镇经济区位，以便于小镇人才的流通、技术的沟通、经济的联系。此外，科技创新小镇产业的发展需要技术的集聚，需要良好的产业孵化环境与平台。公共服务设施方面，此类小镇因功能定位的特色性，需注重提升科技馆、展览馆等公共服务设施的服务能力，完善成为面向全球的高品质设施体系。小镇对于都市圈的联系水平、协同水平等支撑要素有一定的要求，技术研发不仅局限于单个特色小镇的单独推动，而且需要都市圈区域内甚至更大范围内的多个特色小镇之间的共享、交流、合作，共同创造新兴技术。

1. 发挥科教、科研资源优势，突出主导产业特色

科技创新类特色小镇的主导产业大多是大数据、人工智能、互联网信息技术、航空航天等知识密集型产业，应利用良好的发展基础，搭建好产学研创新平台，可通过与相邻地区联盟实现科技和知识的延伸发展，适度发展一些创意、旅游观光等产业。

2. 创新体制机制，探索小镇的创新发展模式

由于地理、人文、经济等方面的差异，全国各地的特色小镇建设存在一定的差异，因此需探索因地制宜和独具创新的发展模式。具体包括利用科教、科研方面优势创建完善的科技支撑体系。这就需要政府引导和协调，企业、高校、科研院所共同参与，同时需要完善的配套设施，为特色小镇建设提供有力支撑。

3. 完善相关配套设施，吸引科技类企业、研发人员落户

小镇在发展过程中，产业发展与配套设施配置应同步进行，小镇配套设施配置应考虑科技类小镇的特点，考虑企业工作人员、创业青年这一人群的行为特征、生活方式，配备高质量的办公设施、生活设施和娱乐设施。此外，还需注重生态环境的品质，增强小镇的吸引力，打造宜业、宜居、绿色的高质量产业园区。

7.3.3 创意设计类

创意设计类特色小镇的发展重点在于开发传统文化与现代时尚相融合的轻工纺织产品创意设计服务，具体包括提供装备制造产品外观、结构、功能等设计服务；创新建筑、园林、装饰等设计服务供给；打造助力于新产品开发的创意设计服务基地。发展注重引进工艺美术大师、时尚设计师等创意设计人才，布局建设工业设计中心。

这类特色小镇多位于核心圈层，便于为中心城市提供产品。应注重经济区位与交通区位，对于交通快速、便捷运输有一定的要求。同时，由于产业链的复杂性，需有专业的团队对小镇进行运营管理，协调各个环节。品牌宣传是设计类小镇重要的核心要素之一，应运用互联网、新媒体平台进行宣传，扩大品牌影响力，增大品牌知名度。配套设施方面，应注重展览馆、相关学习场馆的建设。龙头企业的加持会给小镇的发展带来人才引进和资金支持，加速小镇发展。此外，对于中心城市辐射水平、都市圈联系水平、协同水平等支撑要素有一定的要求，中心城市的辐射主要体现在人才、技术、资本等要素的流通，给予小镇发展的基础支撑。中心城市与小镇的联系紧密程度与小镇自身产业的发展成正相关关系，联系紧密，物流、交通畅通可促进小镇与中心城市和周边中小城镇的交流。

1. 实现生态、生产、旅游的同步推进发展

应推进景区环境风貌规划，完善小镇的基础设施，整治小镇的环境卫生，将重要的生产、观光、服务节点串联成景观带，构筑不同的体验线路。同时，保留具有历史文化意义的元素，贯穿于小镇规划的各个方面，包括文化展示中心、展览馆、博物馆等，制作特色文化工艺品、装饰品等文创产品，可与生产、加工、销售等部门协作形成完整的产业链条，实现创意设计类小镇产业一体化发展。

2. 注重传统文化要素的保护，推进产业升级与文化再利用

传统文化的发展是推动特色小镇发展的重要支撑之一。对于以传统的轻工纺织产业为发展基础的特色小镇，应在深入挖掘传统的纺织文化内涵的基础上，融合其衍生出的装备文化与新型制造文化，创新服饰设计，引进知名企业和设计师、美术师等，打造创意设计园区，为小镇提供设计展现平台。对于有工业文化遗存的特色小镇，在空间布局、产业发展等方面提出关于传统文化要素保护的举措。空间布局方面，保留空间格局与肌理及重要建筑等，对于新建建筑和区域应避开历史文化遗址，并在尺度和建筑风格上与其寻求统一。产业发展方面，创新传统产业的发展模式，与旅游、娱乐等相关产业融合发展，注入新发展要素激活传统文化发展。

7.3.4　数字经济类

数字经济类特色小镇的发展重点在于推动"数字"产业化发展。通过引导以互联网、软件、信息以及数字产品等内容为核心的数字产业进行集聚发展，促进数字发展与产业发展的深度融合，提升数字信息的产业化水平和经济效益。这一类型的特色小镇以人工智能、大数据、云计算、互联网和物联网等高度数字化的产业类型和产业服务为核心，具有高度集中化、层级化和无界化的产业特征，通常处于都市圈中心城市的核心圈层，能够获取大量的数字产业发展要素及市场，并围绕都市圈产业格局进行多元化的数字服务。数字特色小镇的产业发展与中心城市紧密相关，依托中心城市的产业基础、创新资源、技术优势和潜在市场，特色小镇能够建立完备的产业链和创新链，形成数字产业集聚区，推进都市圈产业发展数字化水平。

数字经济类特色小镇在区位选址方面，应当紧靠中心城市，处于便捷的交通区位，充

分依托中心城市的产业、技术、资金和人才外溢效应，推进数字产业发展要素快速集聚，数字产品服务精准供给，形成紧密相连的数字网络关系和产业发展关系。在产业发展方面，围绕数字经济产业化和产业发展数字化的发展路径，促进新兴数字信息技术的产业化落地，形成数字商务、数字制造、智能城市、智慧交通等多元数字应用场景，推动数字经济发展；推进传统产业发展的数字化水平，形成传统产业的数字化、智能化、创新化转型提升。在城镇建设方面，围绕数字小镇的发展需求，建设集约化数据中心、智能化计算中心等新型基础设施和技术研发空间，保障特色小镇产业发展的空间需求和创新需求。

1. 强化内外联动水平，集聚创新要素资源

数字经济特色小镇建立在互联网和信息化基础上，是以数据资源为关键要素、以现代信息网络为载体、以特色产业集聚为核心的特色小镇，通过信息技术的集聚与应用，实现数据驱动下的产业发展模式和城镇发展类型。这类特色小镇在发展中应当以中心城市和特色小镇的互动关系与协作水平为核心，吸纳更多的社会资源进入特色小镇数字化的产业项目中，探索并改进政府与各种社会资本之间的合作模式，推动实现政府与市场在特色小镇发展中的深度融合，促进数字经济产品和服务的有效供给，形成协同联动发展的数字关联网络。同时，数字经济特色小镇应当根据自身资源和区域特征实行差异化推进战略，探索分类型、分阶段的数字产业发展战略，结合都市圈产业发展格局和产业发展方向，协调并分配数字经济资源要素，切实提高资源利用效率，避免信息化设施的盲目建设或重复建设等现象发生[①]。

2. 健全数字服务体系，推进产业精准发展

数字经济特色小镇应当围绕数字产品和数字服务，通过内外联动发展、人才引进发展和数字创新服务等方面，健全特色小镇数字服务体系，促进特色小镇产业精准发展。结合自身发展基础，精准定位特色产业发展方向，联动都市圈的科研机构、创新资源、人才资金等内容，促进特色小镇的集聚发展和协同发展。围绕人才支撑，从小镇"内部培养"和"引入人才"两方面着手积蓄特色小镇人才资源。"内部培养"方面，开展针对特色小镇居民的信息化培训与教育工作，就地挖掘和吸收信息化本土人才；"外部引进"方面，积极引导专业化的信息人才，加强特色小镇与高等院校、科研机构、企业之间的联系与沟通，有

① 　杨森，汤星雨. 乡村振兴战略背景下数字乡村发展路径探究 [J]. 小城镇建设，2020，38（3）：61-65.

效导入数字创新人才，支撑产业发展。推进数字产业创新服务，围绕互联网技术、关键软件等数字产业化项目，从体制机制方面给予创新、配套设施方面给予支持，完善产品创新、技术创新、管理创新等，使得数字创新有效推动特色小镇可持续发展。

7.3.5　金融服务类

金融服务类特色小镇发展重点在于拓宽融资渠道、活跃地方经济，发展天使投资、创业投资、私募基金、信托服务、财富管理等金融服务，通过扩大直接融资、引导多元主体投资、拓宽投资服务类型、引进高端金融人才，打造金融资本与实体经济的集中对接地。

这类特色小镇根据所在地区功能定位形成多类型的空间选址和服务对象，通常围绕地区产业和经济类型进行特色化服务。在区位选址方面，地区以金融经济为主要功能定位的小镇多位于都市圈核心圈层或紧密圈层，利用区位优势和优质环境吸引高层次人才集聚。在产业发展方面，金融服务类小镇的核心要素为政策支持与资本推动，小镇发展需要产业政策、土地政策、财税政策、投融资政策等内容助推小镇快速成长和产业集聚。同时，金融类特色小镇对都市圈的基础水平、联系水平、协同水平等支撑要素具有较高要求，强劲的经济实力、良好的生态环境、便捷的交通设施等条件能够促进特色小镇的持续发展，推动都市圈内金融产业的交流联系和服务水平。

1. 研判发展定位，协调多样化发展

金融小镇的建设发展应首先考虑自身资源的特色性、区位的优势性以及当地发展态势与政策机制，规划确定小镇的发展定位、产业体系和产业布局，实现差异化的发展。在规划建设方面，实行低碳化的空间规划布局，实现宜居、宜游、宜业的空间高度融合；在产业布局方面，结合产业功能发展规划及当地产业项目发展特色，注重与周边金融小镇的产业协同发展，最大化发挥产业规模效应；在招商引资方面，根据自身产业特性和发展现状，有针对性地引入相关金融机构，以达到差异化发展、高质量可持续发展的目的。

2. 理顺协作机制，推进高质量发展

金融类特色小镇发展的过程中，政府应该致力于对金融小镇的服务和引导，充分发挥市场在资源配置中的决定性作用，应注重政策性的引导，为小镇发展提供良好的平台，保

障金融特色小镇在市场化环境下运作。政府需对信息进行管理，加强信息披露，降低信息的不对称性，提升企业的公平性和投资的成功率，建立金融小镇的运行反馈机制，保障小镇的高质量可持续发展。同时，创新是关键生产力，根据小镇自身发展情况，适当且有效地提高金融创新程度，从政策创新、产品创新和体制创新三方面入手，完善相关土地、税收等政策，为产业发展提供良好的基础环境，结合小镇的定位和发展路线，研发相应的金融产品。

7.3.6　商贸流通类

商贸流通类特色小镇发展重点在于连通生产消费、降低物流成本，发展批发零售、物流配送、仓储集散等服务，通过引导商贸流通企业入驻，推动其组织化、品牌化发展，建设电商平台，完善小镇软硬件设施体系，结合实际建设边境口岸贸易、海外营销及物流服务网络，提高商品集散能力和物流吞吐量。

在区位选址方面，这类小镇为方便生产和运输功能更注重交通区位条件，通常位于辐射圈层交通便捷区域，应按小镇布局针对性地提高区域交通可达性，形成都市圈网络化交通体系；在产业发展方面，由于小镇流通、运输类的产业性质，应推动与都市圈内其他相关产业协同合作，扩大产业面；在设施配套方面，应增加智能化设施，如电商平台等，同时应有面向未来发展的规划意识，预留设施所需弹性空间。这类小镇对于都市圈的基础水平、协同水平等支撑要素有一定的要求，应建立高效的区域性轨道交通、道路交通网络，促进都市圈区域内各小镇之间的分工与合作，满足小镇货物的流通贸易需求。

1. 优化资源结构，规划长远性战略

厘清特色小镇发展重点，在发展初期围绕小镇产业本底条件、产业发展目标及发展突出优势明确规划定位，制定适宜且可行的产业发展规划，进而针对性地引导相关的资本、企业、人才入驻。同时，小镇可与农业结合发展，依托当地优势或者当地旅游项目，打造特色旅游商贸流通小镇。

2. 促进产业延伸，推动多元化发展

追求一、二、三产业的高度融合，在以商贸流通服务业为主的基础上，融合其他相关

产业，实现高效、多元的城镇融合发展格局。首先，应重视对主导产业的深入挖掘，通过强链、补链、延链、引链构建全产业链体系，围绕主导产业发展衍生产业及配套产业，实现融合化发展。其次，在商贸物流业的基础上，发展当地的文化资源、旅游资源、农业资源等，推动当地特色产品向外流通和外部资金、资源的流入，形成健康循环的商贸流通体系。最后，在商贸流通类特色小镇的开发过程中，避免盲目追求发展规模大的现象，充分挖掘地方特色文化和地方资源，融入特色小镇的空间建设和产业培育之中，形成地方独特的商贸流通小镇的空间布局和景观环境。

7.3.7　文化旅游类

文化旅游类特色小镇发展重点在于以文塑旅、以旅彰文，具体包括创新发展新闻出版、动漫、演艺、会展、研学等业态；培育红色旅游、文化遗产旅游、自然遗产旅游、海滨旅游、房车露营等服务；打造富有文化底蕴的旅游景区、街区、度假区；合理植入公共图书馆、文化馆、博物馆，完善旅游设施、购物设施、娱乐设施、医疗救护设施等配套设施。

这类特色小镇的发展基础较好，大多具有良好的自然资源禀赋和深厚的文化历史底蕴两大基础要素。文化是基础要素，也是小镇特色且特有的资源，一般包含历史文化、民俗文化、市井文化等类型，理应注重文化挖掘、运用、发展、创新的整个过程。在区位选址方面，小镇多位于辐射圈层及农村腹地等自然风光较好的地区。在配套要素方面，应配备全面的、具有特色的配套设施，可与文化结合设计，保留文化本真；在支撑要素方面，对于中心城市辐射水平、都市圈的基础水平、联系水平、协同水平等要素有一定的要求。高质量、高效能的基础设施会提供便捷的交通、完善的服务、智能的信息网络，进而拉近文化旅游类小镇与中心城市的距离，吸引中心城市的居民和小镇周边居民涌入。

1. 加强文化保护，推动"文化＋"产业深度发展

以保护文化、传承文化、发展文化为主导产业的发展方向，结合本地实际文化发展资源，形成创新的特色文化产业链。首先，应保留原有文化价值的建筑，新增文化馆、剧场等设施，增强文化传播传承，以文化的保护和文化产品的生产、制作、销售、宣传发展形成完整的文化产业体系。其次，这类特色小镇应在挖掘文化产业的同时，注重多元化发展，结合人文、

旅游、创新创意等多重功能，实现功能之间的融合，形成合力效应，推动小镇发展。最后，应加强对非物质文化遗产、物质文化遗产的保护和利用，打造独特的文化标志，与相关产业融合发展，形成具有特色的文化旅游产业，以文化引领产业转型升级。

2. 提高配套设施配置水平，吸引游客和企业集聚

文化旅游小镇在规划环节，应充分考虑配套基础设施的建设，包括针对游客的休闲购物娱乐设施、长短期住宿设施等；针对当地居民，根据规划要求和人民需求配备生活、生产服务设施，在满足居民的基本生活需求之外，丰富居民的生活多样性。在完善小镇的功能使其具备运行的独立性的基础上，吸引商家、创业者、艺术家入驻小镇，有利于推动文化旅游的可持续发展。

7.3.8 体育运动类

体育运动类特色小镇发展重点在于提高人民身体素质和健康水平，发展球类、冰雪、水上、山地户外、汽车摩托车、马拉松、自行车、武术等项目，培育体育竞赛表演、健身休闲、场馆服务、教育培训等业态，举办赛事和承接驻地训练，打造体育消费集聚区和运动员培养训练竞赛基地。科学配置全民健身中心、公共体育场、体育公园、健身步道、社会足球场地和户外运动场地等公共服务设施。

在区位选址方面，小镇多位于紧密圈层和辐射圈层，需重视小镇的区位选址，提供便捷的交通条件，为小镇带来大量游客，激活小镇活力。在配套设施方面，除日常的基础体育服务设施外，还需注重多样化、品质化设施配置。在环境营造方面，小镇应具备良好的生态环境和优美的居住环境，方便游客和赛事参赛选手居住。此外，小镇的发展建设对都市圈的基础水平、中心城市规模能级等支撑性要素具有相应的要求，当中心城市达到一定规模，人口规模也会随之扩大，带动周边地区发展；都市圈经济实力的增强也会影响周边地区小镇的定位和功能，有助于促进体育运动类特色小镇的发展建设。

1. 打造丰富多样的休闲运动产业集群

在充分挖掘自身体育运动产业的同时，应拓展多元化产业体系，打造"体育+"产业模式。首先，应积极发展球类及赛车、摩托车等游玩及训练场地，营造竞技赛车文化、极限运动

文化等多元文化氛围；其次，应发展全民健身中心、体育场、健身步道、健身公园等户外运动设施，吸引全年龄段人群；最后，应将赛车、足球等运动元素与其他元素互融，打造"体育 + 文化""体育 + 养生""体育 + 温泉"等新体育运动体验。

2. 推动产业融合，实现小镇健康发展

落实国家要求大力发展体育休闲运动的政策，对小镇制定完整的运营策略。发展建设国家级赛车基地、房车露营地、竞赛表演剧场，以某一项体育运动为引擎，以体育旅游产品为核心产品，结合自身的特点和文化，发展餐饮、健康娱乐、体育产品销售等，形成具有特色的体育产业链。

7.3.9　三产融合类

三产融合类特色小镇发展重点在于丰富乡村经济业态，促进产加销贯通式发展和农文旅融合化发展，具体包括集中发展农产品加工业和农业生产性服务业，壮大休闲农业、乡村旅游、民宿经济、农耕体验等业态，加强智慧农业建设和农业科技孵化推广。同时，发展建设农产品电商服务站点和仓储保鲜、冷链物流设施，搭建产权交易公共平台。

在区位选址方面，小镇多以农业产业为主，故区位大多位于农村腹地，需重视自然区位、生态景观及自然环境等基础要素，同时应保护和利用小镇的地形地貌环境，将空间布局和景观设计相结合进行统筹规划；在产业发展方面，应与二、三产联动发展，拓展产业多样性，形成全产业链体系；在环境营造方面，应结合小镇拥有的农产品、动植物和自然景观资源等独特优势，打造宜人和舒适的环境，既为当地居民提供健康的居住环境，也可作为吸引游客和人才的亮点。此外，对于中心城市的辐射水平、都市圈的基础水平等支撑要素也有一定的要求，中心城市通过交通与特色小镇保持互联互通，满足当地居民日常的出行旅游和小镇产品运输的需求。

1. 坚持理性发展和质量优先

在农业转型发展的时代背景下，发展特色农业应该注重"特""强""质"，不能盲目地追求种养殖业规模的扩大，应提升产业的有效供给，增强农产品质量保证和品牌效应。

同时，应摸清基础的"底子"、找准发展"路子"、开对未来的"方子"，在增强农业产业集聚优势的基础上，重视中心城市和周边城镇范围内相关产业的发展现状，结合小镇的发展定位，推动并保障小镇农业产业的可持续发展。

2. 推动特色农业现代化发展

在科学选取特色农业的基础上应更注重产业链的延伸，打造"上游种植、中游加工、下游销售"的产业形态，发挥产业集聚效应，提升特色农业的内在增长能力，实现产业间融合发展。积极引入新技术、新工具，选择高品质、高产能的品种进行择优培育，同时推进一、二、三产业深度融合。

3. 搭建小镇的人才储备平台

应充分挖掘本地产业特色，明确发展定位，进而促进小镇与高校、周边地区及相关企业机构合作，引入企业进驻、引进人才参与，以此为特色小镇产业发展提供保障。并在人才与科技的加持下推动现代化农业的发展，打造科技农业。同时，配备高质量的配套设施，包括居住、休闲娱乐、科技研发等，在吸引人才的同时留住人才。

7.4　大都市圈特色小镇发展的模式选择

7.4.1　主导模式

1. 产业发展模式

特色小镇特色的形成关键在于产业的特色，特色小镇因资源禀赋、产业类型、产业组织形式的差异，需要不同的产业发展模式。从特色小镇的案例中可以看到，特色小镇的产业发展以核心产业为主线，与相关的一、二、三产业相互渗透和交叉，进行优势互补，构建产业融合的新型产业生态体系。根据产业驱动力的不同可以将特色小镇的产业发展模式归纳为休闲旅游驱动模式、产学研驱动模式和专业服务驱动模式。

1）休闲旅游驱动模式

休闲旅游驱动模式是指依托自然山水景观、历史人文遗迹、农林种植等旅游资源，发展文化旅游类、体育运动类和三产融合类特色小镇的产业发展模式。

随着国民经济发展和人民生活水平提高，城市居民更加崇尚自然、健康、生态的生活方式，在休闲旅游相关消费需求持续增长的同时，城市居民对健康品质和消费质量的要求更高。优质的自然、人文、农林景观等旅游资源一般位于都市圈周边的广大农村地区，通过对休闲旅游的资源开发实现旅游接待、商品生产、产品体验为主的产业功能，打造生态环境特色突出的产业集群，形成以休闲旅游带动要素集聚和组合的特色小镇，利用都市圈便利的交通设施吸引中心城市人群度假消费体验。休闲旅游驱动的特色小镇要克服产业主体相对弱小分散、消费频度低、规模偏小的缺点，通过资源整合来形成现代农业、文创产业、田园康养产业等多种产业互融互通，做强一产、做优二产、做活三产，促进一、二、三产融合发展来提高大城市周边休闲旅游的系统性，搭建产业链条、规划产品体系，针对不同的城市居民消费群体和消费需求提供乡村文旅综合体、生态旅游度假区、田园康养社区、田园综合体等城郊休闲度假产品，创新产业融合发展、投融资模式、经营模式，挖掘和塑造优质文旅 IP，形成高效互动和传播，以达到增收益、防风险的目的。

2）产学研驱动模式

产学研驱动模式是指企业、高等学校、科研机构等之间通过相互合作、发挥各自优势、推动创新发展，形成强大的研究、开发、生产一体化的先进系统并在运行过程中体现出综合优势，有效融合创新链、产业链和人才链，发展先进制造类和科技创新类特色小镇。产学研合作通常指以企业为技术需求方，与以科研院所或高等学校为技术供给方之间的合作，其实质是促进技术创新所需各种生产要素的有效组合。随着技术发展和创新形态演变，政府在创新平台搭建中的作用，用户在创新进程中的特殊地位进一步凸显，知识社会环境下的创新 2.0 形态正推动科技创新从"产学研"向"政产学研用"的协同发展转变。

科技创新类特色小镇基于对人才、技术等创新要素的需求，可选择在高等院校和科研院所周边布局"前校后厂"的形式，在先导产业、战略性新兴产业和传统优势产业，组建一批由行业龙头骨干企业牵头、产业链上下游企业共同参与、产学研深度合作的创新联合体，推动产学研深度合作。先进制造类特色小镇可以与都市圈内的各创新主体建立合作机制和服务体系，形成都市圈创新网络来促进创新要素的流动，通过交互作用和协同效应构成知识链和价值链，以此形成长期稳定的协作关系，具有聚集优势和大量知识溢出、技术转移和学习特征的开放型创新模式。

全球科技创新呈现多点迸发、相互渗透、交叉融合的新特征，跨领域集成化的协同创新模式正逐渐取代传统的单一领域、单打独斗的创新模式。产学研驱动模式要牢牢抓住创新人才这个关键要素，树立企业的创新主体地位，要加快培育一批核心技术能力突出、集成创新能力强的创新型领军企业。产学研驱动模式下的特色小镇，要加快深度合作步伐，加快形成以企业为主体、市场为导向、产学研用深度融合的技术创新体系，打造横向覆盖多学科多领域、纵向贯穿产业链上下游的网络化协同创新机制。

3）专业服务驱动模式

专业服务模式是指为都市圈提供以第三产业为主的生产性或生活性专业化服务，发展创意设计类、数字经济类、金融服务类和商贸物流类特色小镇的产业发展模式。

不同产业类型的专业化服务对城市功能要素的依赖程度不同，并面对不同的服务对象。①创意设计类特色小镇通过名家、大师等人才引进和本地创新人才的培养，占据产品设计研发的高端环节，创新建筑、装饰、园林、文创等领域的服务供给，以创意设计产业为核心推动加工制造、研学旅游等相关产业融合发展，促进创意设计产业集群的形成。②数字经济类特色小镇以新技术应用为目标，促进人工智能、大数据、云计算、物联网等数字产业在智能制造、商务会展、智慧城市等方面的服务与应用，通过政府和龙头企业搭建创新创业平台带动中小微企业的成长。③金融服务类特色小镇能够利用中心城市的高端要素优势形成较强的资源集聚效应，吸引大量高端金融人才，面对新一轮科技革命带来的传统产业升级和新兴产业出现，为大量初创型、成长型创新企业提供大量资金支持，实现产业资本与创新主体的匹配对接，私募基金等金融企业通过直接投资和间接投资的方式，在服务实体经济发展方面发挥重要作用。④商贸物流类特色小镇利用都市圈完善的综合交通基础设施实现无缝衔接，依托区位优势和产业配套吸引国内外大型物流、加工、仓储、会展、销售等企业入驻，建立线上线下结合的电商平台和物流服务网络，提高商品的仓储、集散和配送服务能力，通过引进人才、技术等形成专业化市场，并具备商务、旅游等现代服务的功能。

2. 开发模式

1）国外新城（镇）开发模式

规划建设新城（镇）是国外治理"大城市病"的重要载体，可疏散中心城市的人口和创造新的经济发展空间，促进区域协同发展，并形成合理的城镇体系。许多国家通过专门制定法律法规为新城建设提供保障，如英国的《新城法》、美国的《新镇开发法》和日本的《新城城市规划法》，还成立了专门的机构来指导实施新城建设，如英国的新城开发公司、法国的新城建设共同体联合会等，并鼓励社会资本进行投资。新城的建设需要处理好政府和市场的关系，不同国家在新城建设过程中结合自身国情和特点采用不同的开发方式，可分为政府主导型、市场主导型及政企合作型等类型。

英国的新城开发运动是基于霍华德的田园城市理论，由政府主导发起和推动建设。英国首先成立新城咨询委员会研究可行性，继而通过立法组建新城开发公司负责具体组织实施。新城开发公司由中央政府指定的委员会进行管理，兼有决策者和建设者的身份，可以从中央政府获得资金和征用土地，负责制定新城发展战略目标、确定新城的选址和规模、总体规划编制、土地利用开发和整治、基础设施建设等。新城开发公司与地方政府及其他民营开发企业之间是一种以开发公司为主的协同作业方式，新城开发公司按照当时的市场价格和补偿费用购买土地，但不能动用新城建设计划之外的任何资金，民营企业从新城开发公司那里购买已建有基础设施的土地，建造供出售的房屋，但不得超出规划范围，通过土地拍卖，新城开发公司获取收益达到收支平衡。此外，法国、韩国也采取了和英国类似的新城建设模式，政府统一收购土地后分片出售，并为新城提供基础设施和住房建设。

日本的新城建设初期是为解决战后住房短缺问题，更侧重于在中心城市外围进行大规模公共住宅区开发，随着市场需求变化和配套不完善出现大量空置现象，此后新城逐渐向产业化和复合型发展，实现从"卧城"向职住平衡的转变。日本的大部分新城主要集中在三大都市圈，新城土地和开发许可主要有"新住""区划整理"和"开发许可制度"三种，新住主要用于新开辟的市街地（即城市与街道）的开发，区划整理是由政府出面协调地区土地所有者、用换地和腾退等方式进行统一规划和开发，开发许可制度主要适用于民间主导的城市开发[1]。新城建设的主体主要有两类，一类是地方政府或公社、公团等公共部门，另一类是铁道公司、房地产公司等私人部门，由公共部门主导建设的新城虽然数量不多，但规模都比私人机构主导建设的大得多[2]。日本新城建设与轨道交通具有极高的融合度，依托中心城市向外围辐射延伸的私营铁路网进行选址布局，采取 TOD 的模式同步新城和大运量轨道交通建设，方便新城与中型城市的日常通勤。东京的区域轨道交通主要由私人投资，日本政府给予铁路公司土地开发的优惠政策，铁路公司通过与沿线土地所有者合作

① 李燕．日本新城建设的兴衰以及对中国的启示 [J]．国际城市规划，2017，32（2）：18-25．
② 张贝贝，刘云刚．"卧城"的困境、转型与出路：日本多摩新城的案例研究 [J]．国际城市规划，2017，32（1）：130-137．

成立股份开发公司，收购土地进行详细规划和工程建设，这种以市场为主导的开发模式能够较好地发挥市场的自发调节作用，日本政府主要是通过制定政策、法律、税收等行政手段来引导房地产开发商有序参与新城建设。

美国新镇初期由私人开发商投资建设，受到社会普遍关注，但建设管理过程中暴露出建设规模大、建设时间长、需要的流动资金过多、购买土地时难以抑制地价等问题，私人开发公司难以独自解决；新镇灵活的混合居住密度规划，与地方县政府原有整体密度规划之间存在一定分歧，新镇的自治权限和税收管理方面模糊不清，与上级政府矛盾不断；低收入阶层入住确实降低了新镇的收益回报，加大了新镇破产倒闭的风险^①。后期由政府通过立法将新镇与城市发展政策相联系，给予私人开发商债券信用担保和长期低息贷款。每个新镇在开发的头三年，可获得政府在教育、健康和安全等方面的公共服务拨款；对包含社会、自然环境保护和运用先进技术的规划项目，政府还会提供一定数额的专项拨款和技术援助。联邦政府住房与城市发展部下设新镇开发公司负责新镇项目的相关审核与管理，鼓励多种形式的新镇开发，主要包括郊区卫星新镇、小镇发展中心、独立新镇和城中新镇四种类型^②。新镇政策鼓舞私人开发商的投资热情，政府希望通过规划相对自足平衡的社区来为中低收入家庭提供公共住房，促进种族和阶层融合。但在市场自发演进中，由于开发商的逐利本质和政府援助未能及时有效落实，使得开发商和政府出现利益与诉求的冲突，大量新镇不仅面临亏损破产，而且也无法实现政府的社会改革目标，甚至新镇形成了明显的阶层和种族分化，造成土地使用的浪费。

2）特色小镇的开发模式

特色小镇是以产业为导向的布局形态，运用市场机制对各类发展资源和要素进行重构。获取经济、社会、环境效益的最大化和最优化，与国外新城（镇）以住宅开发为目的不同，特色小镇更加注重以特色产业集聚为核心的功能融合。

从国家政策层面，鼓励在特色小镇开发建设中"坚持市场主导"，按照"政府引导、企业主体、市场化运作"的要求，鼓励大中型企业独立或牵头打造特色小镇，发挥政府"强化规划引导、营造制度环境、提供设施服务、搭建发展平台等作用，创新建设模式、管理方式和服务手段，在用地、金融等方面给予支持，为社会资本参与创造条件"，推动特色

① 张达. 美国新镇开发及其特征 [D]. 石家庄：河北师范大学，2009.
② 李娟，孙群郎. 美国新镇政策实施始末 [J]. 中南大学学报（社会科学版），2013，19（3）：212-216.

小镇"多元化主体同心同向、共建共享"。

从实践层面上分析,特色小镇开发模式因开发主体不同而有所区别,结合国外新城(镇)开发经验,特色小镇的开发模式可以归纳为政府主导模式、政企联动模式以及政企共建模式,无论是哪种模式,政府都在政策和资金支持方面对小镇初期的开发起到重要作用,而企业作为市场主体,其主观能动性发挥关系到小镇能否实现可持续发展。

（1）政府主导模式

政府主导模式来源于传统产业园的建设模式,政府根据上位规划和自身战略需要制定财政、人口、土地等政策,并统筹资金、土地等要素,且通过成立管委会下属的国资公司作为小镇开发主体,根据产业定位进行招商,负责规划编制与建设、投融资、配套服务完善等。这种自上而下的创建模式具有时间短、见效快,有效推动工作计划落实和协调等优点,整体规划性强,前期建筑设施相对完善,容易吸引企业入驻,适合财政收入较高的政府采用,缺点是随着后期运营投入资金不断加大,政府的财政压力大,需要通过市场化运作充分激发政府和企业活力。

江苏常州石墨烯小镇由政府平台公司出资 10 亿元成立了常州烯望建设发展有限公司,作为小镇的总体运营商,承担小镇内部土地开发的一级整理开发、部分基础设施的建设和运营,以及作为部分对外项目的合作主体,政府平台公司对其司主营业务拓展、财务融资、重点工程投资建设等方面进行考核。苏州西部文化旅游发展公司与苏高新集团共同出资成立的苏州苏绣小镇发展有限公司,作为小镇项目投资运营主体,负责项目的融资、开发和运营事宜。嘉兴南湖基金小镇是由南湖区政府主导成立相关公司承担小镇的规划建设、市场化服务、信息对接平台建设、对外投资及培训咨询等职能,并引入市场化运作方式为小镇入驻企业提供专业化服务,政府通过不断升级营商环境、整合优质资源搭建平台、优化政策供给等创新举措吸引企业和人才。浙江德清地理信息小镇由政府搭建平台,咨询公司做规划,政府负责道路等公共设施建设,并采取政府垫资代建的方式帮助企业建设产业用房,为企业搭好"凤巢"后,再由企业以综合成本价购房,为企业分担建房压力,解决了企业买地建设的诸多烦恼。

政府主导模式并不是政府在特色小镇建设中大包大揽和依靠拍卖土地获取收益,而是在开发建设过程中以特色产业为中心不断探索适合自身产业特点的市场化运作方式,明确小镇的战略发展方向,政府本身不作为产业发展的投资和运营主体,而是通过国资企业主导开发建设,并鼓励民营企业和社会资本等参与小镇开发,政府逐渐将角色转变为基础设施和公共服务供给方，不替代市场在资源配置和要素流动方面的基础性作用。

（2）企业主导模式

企业主导模式主要指以一家或多家龙头企业自下而上联合推动特色小镇创建，民营企业是产业发展的投资主体，负责具体项目规划设计、资源导入、开发建设、运营管理、营销推广、持续后期服务等具体工作，其发展行为受到政府的管理和监督，政府起引导和支持作用。该发展模式要求企业主体有很强的产业规模、产业关联能力、品牌效应、资金实力以及企业统筹整合能力，企业主体可以是国有大型企业也可以是民营企业，充分发挥企业市场容量大、资金实力雄厚、产品服务范围广泛的特点，优势是可以最大化发挥市场的资源配置能力，减轻政府的财政压力，但也存在企业融资难的问题。国内企业主导模式的开发主体主要分为两种：一种是大型房地产开发商主导，如绿城农业小镇、华夏幸福产业小镇、华侨城文旅小镇、碧桂园科技小镇等，利用较低的拿地成本参与特色小镇建设，借助企业自身影响力、产业资源集聚能力在全国范围内选址布局，但房地产业先行的小镇往往住宅用地占比过高，容易导致房地产化倾向，在一定程度上抬高特色产业的创新成本。此外，特色小镇需要企业长期投入、精心耕耘的特点，要求开发商必须转变"拿地—建房—销售"的传统流程，积极探索创新适合特色产业的开发模式，例如西安丝路文旅小镇由大唐西市集团主导开发，将盛唐文化和丝路文化旅游定位为主导产业，依托唐长安西市原址进行再建，发展特色建筑、特色产品、特色演艺和特色餐饮。另一种是以行业领军企业为核心发展主导产业及相关支撑产业，依托科技创新构建创新创业生态体系，如江苏镇江句容绿色新能源小镇由协鑫集团及旗下企业作为小镇创建主体，并成立协鑫绿色小镇发展有限公司，导入协鑫集团及旗下企业核心优势产业及高端人才。

企业主导模式责任、权益分明，可以充分发挥社会资源优势、扩大投资范围，能够充分发挥市场主体的创新活力，避免地方政府对小镇特色产业发展的直接干预，但小镇的发展仍然离不开政府的服务保障、政策支持和监督管理，以及为民营企业提供信用担保和政策性金融服务，做到政府不越位也不缺位。

（3）政企共建模式

政企共建模式是政府采用顺应市场规律的方式进行资源配置，企业以特色产业为导向寻找市场机会，这种模式通过引入社会资本投资开发建设小镇，政府部门负责前期规划引导及财政补贴、招标选择合作方、提供宏观指导，并将部分责任以特许经营权方式转移给市场主体（企业），政府、企业（社会资本）和金融机构等建立起"利益共享、风险共担、全程合作"的共同体关系，社会资本可以是一家企业，也可以是多家企业组成的联合体，与政府合作成立专业性公司作为实施主体，金融机构则为项目建设提供融资服务，企业和社会服务中介机构承担小镇发展的社会事务。政企合作模式融合政府主导和企业主导两种模式的优点，在整个过程中政府与企业全程合作、合理分工，政府在规划编制、要素保障、环境保护等方面起引导和保障功能，企业负责整合资金、技术、产业等要素来推进小镇建设实施，能够减轻政府的财政负担和减小企业的投资风险。按照政企共建模式，小镇可以设立小镇管理委员会作为政府派出机构，负责战略规划、政策制定和监督管理；另外，政府和企业可以合作成立小镇开发建设公司，负责小镇投融资、产业运营等具体实施细节，使政府机构与管理体制更加适应生产力发展和产业转型升级的要求。在政府引导和企业主体的共同努力下，运用市场机制破除限制新技术、新产品、新模式的各种障碍，建立鼓励创新的公平竞争环境。

西湖云栖小镇在其发展历程中是在政府主导下从"低端制造工业园区—高新企业总部园区—云计算产业园—云产业特色小镇"不断转型升级的过程，西湖区转塘科技经济园区管委会作为开发主体根据时代发展和经济形势需要决定主导产业，清退园区原有入驻企业，联合阿里云计算有限公司共建云产业小镇，打造"政府引导＋名企引领＋创业者主体"的创新模式，政府做好服务工作，龙头企业以核心技术对中小微企业发挥引领作用，政府和名企共同为创业者搭建平台构建"创新牧场—产业黑土—科技蓝天"的创新产业生态圈。吉林长春红旗智能小镇由一汽集团、汽开区、长发控股集团三方联合组建长春市长盛开发运营服务有限公司，作为小镇投资建设运营主体，以业主身份筹集资金、规划建设、运营管理。

政企共建模式是建立政府和企业更深层次的合作绑定关系，通过培育专业性的特色小镇投资运营主体引导大中小微企业联动发展。政府加快审批、环评、施工许可等前期工作，开展土地综合整治、布局市政公用设施和产业配套服务设施，根据实际需要采取政府购买服务提高公共服务供给水平，社会企业可以从中获取一定的商业利润，让人民共享发展成果。

3. 投融资模式

1）国外新城（镇）的投融资模式

从国外新城（镇）建设的资金来源和投资主体来看，主要分为三种：第一种是中央政府投资，例如早期英国新城建设就是由中央直接投资提供绝大部分资金，为开发公司提供贷款，只有少量资金来自私人投资者，在开发过程中通过住宅、工业厂房及商业的租售获取利润支撑后续开发；第二种是中央政府与地方政府共同投资，例如法国的新城由中央政府承担大部分资金和区域性公共基础设施建设，地方政府负责新城本身的设施建设，中央政府还通过税收转移的方式增加地方财政收入、提供长期低息贷款等形式支撑新城建设；第三种是以市场化运作方式进行投资，例如美国新镇的建设资金主要由私人开发商投资，政府部门向私人投资者提供信贷担保，保证私人开发商获取长期稳定资本用于建设，地方政府也可以与私人公司共用开发，根据投资比例分配收益，日本政府也较少直接参与新城建设，而是通过法律和经济杠杆引导私人企业进行投资[①]。

从国外发展经验来看，尽管政府投资建设新城（镇）能够在较短时间内形成规模、从社会层面更好地协调各方矛盾，但同时也给政府带来巨大的财政负担，英国、法国在后期的新城（镇）开发中都尝试引入私人资本进行投资，来缓解资金压力。美国和日本的市场化运作模式广泛引入社会资本，但市场化的融资往往带有不确定性，需要平衡各方投资者的经济利益，且容易忽视社会效益和弱势群体的利益。

2）特色小镇的融资需求

特色小镇的建设周期长、投入资金量大，无论是政府主导、企业主导还是政企共建模式，均存在风险高、难度大的困境，影响特色小镇长远建设发展，只有构建政企民三方利益"共同体"，打通三方金融渠道，才是推进特色小镇开发运营的有效模式。

按照浙江省特色小镇培育评定工作的要求，根据特色小镇类型不同，每个特色小镇在创建期需累计完成 30 亿~ 50 亿元的投资，建设用地亩均投入资金在 300 万~ 400 万元。《全国特色小镇规范健康发展导则》中也要求建设期内建设用地亩均累计投资额原则上不低于 200 万元，特色小镇在建设期需要资金量巨大。特色小镇大部分的基础设施和特色产业配套建设难以完全通过市场化运作获得资金，在政府财力有限的情况，需要开拓创新融资渠道，利用股权和债权融资等金融的杠杆作用获取更多资金，并提升资金的使用效率。

政策环境上，国家部委联合金融机构先后出台《国家开发银行关于开发性金融支持特色小（城）镇建设促进脱贫攻坚的意见》《中国建设银行关于推进商业金融支持小城镇建设的通知》等特色小镇相关的金融支持政策，提出强化、创新特色小镇投融资机制，设立

---

① 　王圣学 . 大城市卫星城研究 [M]. 北京: 社会科学文献出版社，2008.

特色小镇建设基金，发行债券拓宽融资渠道，政策性信贷资金用于支持小镇基础设施配套、公共服务设施、产业支撑配套设施建设等。《全国特色小镇规范健康发展导则》中提出，建立以工商资本及金融资本为主、以政府有效精准投资为辅的投融资模式，现金流健康的经营性项目、具备一定市场化运作条件的准公益性项目，主要通过特色小镇投资运营主体自有资金先期投入，其中符合条件的项目可通过申请注册发行企业债券、鼓励引导银行业金融机构特别是开发性政策性金融机构参与等方式予以中长期融资支持。公益性项目主要通过各级财政资金予以投入，其中符合条件的项目可按规定分别纳入中央预算内投资、地方政府专项债券支持范围。

3）特色小镇的融资渠道

特色小镇的融资渠道包括政府财政资金、政策性金融、开发性金融、商业性金融和社会资本（PPP 模式）等（表 7-1），所承担的任务与作用也不同，融资渠道的多样化能够缓解政府财政压力，更好地应对特色小镇不同的融资需求。除各级财政资金外，政策性金融和开发性金融是政府财政资金的延伸和补充，具有长期性和成本较低的特点，有助于实现国家和政府的战略发展目标，政策性金融不以营利为目的，亏损一般由国家进行补贴，开发性金融是政策性金融的深化发展，要在实现政府目标的同时保证资金的安全。此外，以市场机制运作的商业性金融是特色小镇融资的主要渠道，而社会资本通过 PPP 模式与政府合作成立项目公司作为融资主体。

特色小镇的融资渠道分析　　　　　　　　　　　　　　表 7-1

渠道类型	作用形式	参与方式	适用领域
政府财政资金	市县级地方财政为特色小镇建设提供基础资金投入，通过列入政府财政预算、设立专项建设资金、费用返还或资金奖励等措施，省级财政以财政返还、专项资金和奖补资金支持小镇建设，发挥引导和杠杆作用	股权投资、采取 PPP 模式与社会资本共同出资、设立引导基金和产业基金等	基础设施、公共服务设施、产业配套设施
政策性金融	国家提供政府财政专项资金或补贴，向特定项目提供中长期大额的低息贷款	贷款、投资基金、参与 PPP 项目、提供综合金融服务等	基础设施、公共服务设施、产业配套设施
开发性金融			

续表

渠道类型	作用形式	参与方式	适用领域
商业性金融	由商业银行投资，追求利润最大化	股权融资、债权融资、资产证券化等	特色产业发展、营利性配套设施
社会资本	采取 PPP 形式与政府成立项目公司进行社会融资，吸引社会资本投资和实现投资退出	PPP 引导基金、PPP 产业基金、PPP 项目资产证券化等	基础设施、公共服务设施、产业配套设施

资料来源：作者整理

4）特色小镇的融资模式

项目融资属于资产负债表外融资，以未来收益和项目资产作为偿还贷款的资金来源和安全保障，融资安排和融资成本直接由项目未来现金流和资产价值决定。通过设立 SPV（项目公司），根据双方达成的权利、义务关系确定风险分配，进行可行性研究、技术设计等前期工作，以及项目在整个生命周期内的建设及运营，相互协调，对项目的整个周期负责。由 SPV 根据特色小镇项目的预期收益、资产以及相应担保扶持来安排融资。融资规模、成本以及融资结构的设计都与特色小镇项目的未来收益和资产价值直接相关。根据融资主体、项目母公司或实际控制人、项目现状、增信措施、风控措施、财务状况、资产状况、拥有资质等情况，综合判断特色小镇开发的资金融入通道，测算融资成本[①]。特色小镇可用的融资模式包括政策性、商业性银行（银团）贷款、债券、融资租赁、基金（专项、产业投资基金等）、收益信托、资产证券化 PPP 融资等（表 7-2）。每个特色小镇结合自身实际情况，在不同发展阶段运用灵活的融资模式，自由选择优化组合。

---

① 尹贻林，杨先贺，张静，等.特色小镇建设与开发项目全过程工程咨询实施指南 [M].北京：中国建筑工业出版社，2020.

特色小镇的融资模式分析

表 7-2

融资模式	作用机理
贷款模式	贷款模式主要分为非营利项目贷款支持和营利项目贷款支持，非营利项目贷款支持为政策性银行对基础设施、公共服务设施、安置房等非营利项目的资金支持。政策性银行可联合其他银行、保险公司等金融机构以银团贷款、委托贷款等方式为特色小镇非营利性项目提供中长期、低成本的政策性资金。商业银行以及风险投资机构可以通过探索开展特许经营权、收益权、收费权和政府购买服务预期收益权质押等方式为特色小镇营利项目提供贷款
债券模式	债券融资属于直接融资方式，不必通过银行、保险等金融中介机构，在特色小镇建设运营过程中，政府、企业为融资需求者，供给者可以是个人、企业、金融机构等。债券融资需要满足一定的发行条件，对于企业来说，在不同交易平台可以发行短、中、长期融资债券，也可以发行项目收益票据、企业债和项目收益债、公司债等
融资租赁模式	融资租赁又称现代租赁、设备租赁，与银行信贷相比，优势是程序简单、门槛低、租约灵活，作为表外融资独立核算。融资租赁是指实质上转移与资产所有权有关的全部或绝大部分风险和报酬的租赁。融资租赁集金融、贸易、服务于一体，具有独特的金融功能[①]。从业务分类上，一般分为六类：直接融资租赁、经营性租赁、出售回租（售后回租）、转租赁、委托租赁以及分成租赁。在特色小镇建设运营中，常用的融资租赁模式为直接融资租赁、设备融资租赁（经营性租赁的一种）和售后回租。直接融资租赁是保留出租人的所有权和租赁资金，承租人获取租赁物的经营权、使用权和收益权，可以减缓特色小镇的资金压力；设备融资租赁模式可减缓特色小镇购置高成本设备的资金压力；售后回租是盘活存量资产的一种模式
基金模式	产业投资基金是指一种对未上市企业进行股权投资和提供经营管理服务的利益共享、风险共担的集合投资制度，具有产业投资导向性，在特色小镇建设运行中重点投向重大示范性产业项目，也是基础设施融资模式之一，不以获取投资项目控制股权为目的
	政府引导基金指由政府、金融、投资机构以及社会资本共同出资，不以营利为目的，用以支持或扶持引导创业企业发展的专项资金。政府引导基金的特点是非营利性、扶持性、引导性、市场化运作等。在特色小镇建设运营过程中，政府引导基金的作用为对中小企业的支持阶段参股、跟进投资、风险补助、投资保障等
	城市发展基金由地方牵头发起，地方融资平台具体实施并最终回购，基金主要用于城市基础设施建设，由地方政府的财政资金还款，具有稳定收益

① 文丹枫，朱建良，眭文娟.特色小镇理论与案例[M].北京：经济管理出版社，2018.

融资模式	作用机理
基金模式	PPP基金是主要用于PPP项目的基金，发起人包括政府、金融机构和企业，三者参与方式不同。政府主要成立引导基金，金融机构联合政府成立有限合伙基金，企业成立产业投资基金，与政府达成协议后，联合金融机构成立有限合伙基金
收益信托模式	特色小镇项目公司委托信托公司向社会发行信托计划，募集信托资金，然后统一投资于特定的项目，以项目的运营收益、政府补贴、收费等形成委托人收益
资产证券化模式	资产证券化是指以特定基础资产或资产组合所产生的现金流为偿付支持，通过结构化方式进行信用增级，在此基础上发行资产支持证券（ABS）的业务活动。特色小镇通过PPP项目资产证券化可以建立社会资本在实现合理利润后的退出机制，以项目各类收费收益权作为基础资产引入中长期机构投资者
PPP融资模式	PPP融资模式有利于缓解地方政府资金压力，具有较强的融资特点。在特色小镇开发过程中，政府与选定的社会资本签署PPP合作协议，按出资比例组建SPV（特殊目的公司），并制定公司章程，政府指定实施机构授予SPV特许经营权，SPV负责提供特色小镇建设运营一体化服务方案，特色小镇建成后，通过政府购买一体化服务的方式移交政府，社会资本退出

资料来源：作者整理

总之，特色小镇的投融资要强化政府、企业、银行、社会资本之间的合作和协同互动，实现资本化和市场化运作，解决特色小镇产业项目、公益性或非营利性项目的投资周期长、短期内收益慢等制约问题，需要创新特色小镇投融资体制，构建多方参与、多种模式融合的金融平台。

4. 空间组织模式

特色小镇作为推进新型城镇化的重要载体，可以布局在都市圈的核心圈层的中心城市市区、紧密圈层的城乡接合部和辐射圈层的农村地区，与中心城市的距离不同享受城市功能要素的程度也有所差异。从生产、生活、生态的"三生"空间视角，将特色小镇的空间组织模式归纳为多元融合模式、联动共生模式和独立复合模式（表7-3）。

特色小镇的空间组织模式分析　　　　　　　　　　　　表 7-3

模式类型	模式特征	模式示意图
多元融合	有效整合利用中心城市市区工业外迁后的空间资源，与中心城市的"三生"空间高度融合，享受完善的公共服务和基础设施，能够最大化地享受各类高端要素，以城市景观为主，小镇的空间边界和形象较为模糊	
联动共生	采用 TOD 模式在城乡接合部的轨道交通沿线站点进行选址，可以对传统产业园进行改造升级，较好地利用中心城市提供的公共服务和基础设施，易于接受各类高端要素的流入和承接产业分工，与中心城市形成联动共生的关系，以良好的人工＋自然景观为主，具有较为清晰的空间边界和形象可识别性	
独立复合	远离中心城市，依赖都市圈的交通设施与中心城市联系，需依靠自身产业特色构建相对独立的"三生"空间，特色小镇与中心城市及其他特色小镇之间是相对独立的关系，利用差异化的特色空间和产业吸引周边人群，以乡野自然景观为主，需注意合规用地底线和生态环保底线	

资料来源：作者根据相关资料整理

5. 运营模式

1）政策环境分析

特色小镇的运营不仅包括特色产业的培育，还包括招商、宣传、日常维护和提供公共服务等内容，更重要的是找到健康可持续的收益模式。当前，全国特色小镇的发展仍处于摸索阶段，从运营现状来看，因全国各地经济社会发展阶段、经济水平、资源条件、产业基础等不同，一些地方的小镇仍延续城市土地运营的传统模式，一度房地产化倾向严重，短期土地运营模式尤其是房地产化将推高产业发展成本，不利于特色小镇健康发展。

国家发改委《关于促进特色小镇规范健康发展的意见》中提出，"突出企业的主体地位，合规建立多元主体参与的特色小镇投资运营模式，培育一批特色小镇投资运营优质企业，鼓励有条件有经验的大中型企业独立或牵头发展特色小镇"。从政策环境上分析，国家鼓励特色小镇运营尝试多主体参与和专业性运营机构进行管理，做到盘活存量资产和挖掘土地潜在价值。

2）运营主客体的转变

长久以来，政府一直是城市建设的推动者和运营主体，特色小镇的运营理念使运营主体从政府转向企业，市场成为资源配置的主要力量。

运营主体方面，特色小镇的运营将以市场主导下的企业作为主体，在政府的引导和监督管理下，由专业运营机构负责特色小镇的要素组织、经营管理、收益分配等各项事务，专业运营机构的经营平台可以由国资公司、民营企业或者两者合作共同搭建，基于市场化机制进行运作。国外有一些小城镇是采取非营利的社会组织作为运营主体，由市民组建管理委员会进行管理，更容易激发小镇居民的家园意识。

运营客体方面，特色小镇不再将土地开发作为运营的主要对象，而是以土地作为基础生产要素和载体，将生产、生活、生态功能相融合，以产业为核心对土地进行配套服务设施建设，满足小镇居民居住、旅游等需求，这也是特色小镇区别于传统房地产开发的重要因素。政府的收入也不再以土地拍卖作为主要财政来源，而是在土地一级、二级的开发之外，通过特色产业项目的集聚效应产生运营收益，通过整合产业链上下游各相关产业带动产业集群式发展。

3）运营体系分析

（1）运营内容

特色小镇运营与其开发过程紧密结合，主要包括三个内容：土地开发运营、产业开发运营、产城融合开发运营三大体系。

土地开发运营包括土地一级和二级开发阶段运营，土地一级开发阶段运营的要点是完善顶层设计和政策法规，做好特色小镇规划设计工作，出台土地、税收、产业等相关政策制度和监督机制；土地二级开发阶段运营的要点是完善土地使用权转让、租赁以及抵押相关政策制度，出台商业地产、居住地产和旅游地产管理政策，出台二级开发相关金融、税收、奖励等相关政策，同时完善核查机制。通过土地的开发建设用于租售并提供相关物业服务，形成土地增值收益。

产业开发运营主要是特色产业的培育和发展，是特色小镇运营的关键。产业开发运营的要点是完善与产业相关的税收、土地、人才以及财政补贴政策，促进上下游产业链条相关产业以及跨界产业之间人才、技术等要素流动的各项政策制度，通过各项优惠政策的实施为产业和人才集聚创造有利条件，并根据不同企业的具体需求提供产业政务服务、金融服务等内容，利用小镇企业间的竞合关系带动良性发展，打造产业联盟、塑造产品品牌，带动相关产业发展，最终形成企业产值和产业增值收益。

产城融合开发运营的要点为出台针对配套建设的标准规范、服务质量规划以及制度等，一方面是小镇的旅游运营，包括小镇的宣传营销、形象标识、信息服务、生态环境、景区管理、数据统计等内容；另一方面是小镇的生活服务运营，包括为小镇居民提供文化休闲、餐饮娱乐、商业商务、教育医疗等综合配套服务。通过以人为本的产城融合开发运营，实现优质的服务圈和繁荣的商业圈，使小镇在产业的基础上叠加社区、文化、旅游功能，实现四位一体的功能融合发展。

（2）运营收益

除土地出让金和企业经营税费的直接收益外，特色小镇的运营收益主要分为土地增值收益、产业增值收益、城市经营收益。

土地增值收益指通过基础设施投入建设、公共设施配套完善，实现土地"三通一平""五通一平"等，将生地变为熟地，通过土地开发建设居住、办公、生产等用房用以出租出售，满足入驻企业和人口使用，并提供物业服务，实现土地增值收益。

产业增值收益通过主导产业发展以及相关产业发展，形成产业收益链条，通过开展运营服务和享受关联政策实现产业运营服务收益、政府补贴、奖补与补差、产业投资等产业增值收益。产业运营服务收益是指引入各类中介服务机构向入驻企业提供法律咨询、技术合作、知识产权服务等相关服务，或者建立信息服务平台为企业提供针对性的金融信贷、市场营销等服务，收取服务佣金；政府补贴是各级政府为鼓励小镇改善创新创业环境和提高服务能力，用专项财政资金以项目补贴、贷款贴息等形式给予资金扶持；奖补与补差是指企业与政府"一事一议"的谈判，确定各项优惠条件；产业投资是小镇内部建立或控股专业性的产业投资机构，利用小镇孵化器对所入驻的潜力型企业开展多形式的股权投资，实现企业成长并获取长期受益[①]。

城市经营收益围绕产业发展，逐渐延伸到生活和消费业态的收益，如餐饮住宿、商务会议、商业购物、健康医疗、教育培训、参观旅游、会展博览等经营性收入，小镇运营商以招商或自持的形式获取稳定的运营收益。

（3）运营模式

特色小镇运营模式按照运营主体发挥作用的程度不同，可以分为三种：政府主导模式、企业主导模式和政企合作模式。特色小镇的运营不论是哪种模式，都要基于市场化机制进行运营，明确政府与市场的关系，将行政管理与运营发展功能相分离，遵循市场规律，强化特色小镇在产业发展和项目运营上的自我组织能力。

政府主导模式一般由政府成立国资公司或者下派管委会全权负责小镇运营管理等事务，一般情况下也负责小镇的开发和投资，政府处于绝对控制地位，能较快推动小镇规划审批和形成建设规模，适用于财政力量雄厚、运营把控能力强的政府，需要投入大量的人力和财力，容易造成财政负担重、市场化运作程度不足。杭州梦想小镇、云栖小镇尽管由政府管委会进行管理，但通过模式创新来提供"店小二"式服务，也充分调动企业积极性，尽可能地减少对市场行为的干涉。

企业主导模式适用于拥有雄厚资本及运营能力的企业，有能力主导特色小镇的开发运营，可以减轻政策资金压力，发挥市场化的配置效率。大型地产或者景区运营商一般具有较为丰富的运营管理经验和行业资源，可以从利润最大化的角度去市场化运营小镇，但政府需要加强监管，防止房地产化倾向。

政企合作模式比较适用于欠发达地区的特色小镇运营，特色小镇通过市场化机制引入社会资本成立专业化特色小镇运营平台公司，政府下属的国资公司以入股的方式参与其中，运营公司拥有特许经营权，通过政府购买服务或者收费获取收益。这种模式较好地发挥了政府和企业各自的优势，有利于激发企业活力，同时也便于政府全面了解小镇的运营问题，

① 尹贻林，杨先贺，张静，等 . 特色小镇建设与开发项目全过程工程咨询实施指南 [M]. 北京：中国建筑工业出版社，2020.

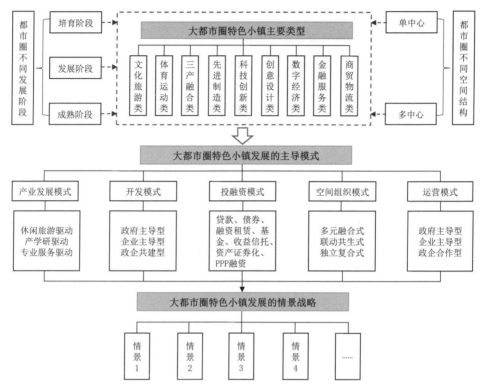

图 7-2　大都市圈特色小镇发展的模式选择示意

资料来源：作者自绘

从而更好地协调解决和高效治理，形成良好的互补关系。

此外，行业协会、商会等社会组织是政府和市场的有效补充，在小镇的龙头企业带领下成立的行业组织通过组织交流活动、加强对内部成员的监管、组建技术联盟等方式提升小镇产业的市场竞争力，促进特色小镇中的社会自治组织、非营利组织等多元主体参与社会治理，有助于小镇的运营和进一步发展（图 7-2）。

7.4.2　情景战略

目前，我国成熟型都市圈数量较少，绝大部分都市圈正处在快速发展阶段，中心城市辐射带动能力逐渐凸显，与周边城市的经济和人口联系加强，都市圈网络化空间结构正在形成，具有较强的典型性。因此，通过前文对大都市圈特色小镇发展路径和主导模式的归纳和总结，本节以发展阶段都市圈为例提出大都市圈特色小镇发展的情景战略，即不同情景下不同类型特色小镇的模式选择（表7-4）。

大都市圈特色小镇发展的情景战略

表7-4

序号	类型	产业模式	开发模式	投融资模式	空间组织模式	运营模式
情景1	文化旅游类	休闲旅游驱动，第三产业为主导	企业主导，景区升级或地产运营商主导	贷款、基金、PPP融资等	独立复合，都市圈辐射圈层	政企合作
情景2	三产融合类	休闲旅游驱动，第一产业为主导	政府主导或企业主导	贷款、基金、PPP融资等	独立复合，都市圈辐射圈层	企业主导
情景3	先进制造类	产学研驱动，第二产业为主导	企业主导或政企共建	贷款、债券、融资租赁、基金等	联动共生，都市圈紧密圈层或辐射圈层	政企合作
情景4	科技创新类	产学研驱动，第二产业为主导	企业主导或政企共建	贷款、基金、PPP融资等	联动共生，都市圈紧密圈层	政企合作
情景5	金融服务类	专业服务驱动，第三产业为主导	政府主导	贷款、基金、PPP融资等	多元融合，都市圈核心圈层	政企合作
情景6	商贸物流类	专业服务驱动，第三产业为主导	企业主导或政企共建	贷款、债券、融资租赁、基金等	独立复合，都市圈辐射圈层	政企合作

资料来源：作者整理

　　通过六种不同情景战略的分析，根据不同类型特色小镇的发展特点和发展需求，在都市圈中发展的产业模式、开发模式、投融资模式、空间组织模式和运营模式中选择较为适宜的发展模式。从产业模式上看，产学研驱动模式的特色小镇多以第二产业作为主导，休闲旅游驱动和专业服务驱动模式多以第三产业为主导；从开发模式上看，对于大部分特色小镇类型来说，企业主导和政企共建成为主流，是市场运作为主的体现，金融服务类特色小镇对于优质的设施配套、生态环境及政策支持方面更为敏感，一般由政府或者政府下属企业主导进行开发建设；从投融资模式上看，除了尽量获取政策性机构的中长期融资支持，小镇的融资以贷款、基金、PPP融资为主，以企业主导开发的小镇可以通过发行企业债券进行融资；从空间组织模式上看，以优势自然资源或交通资源为依托的小镇多位于都市圈辐射圈层，空间上较为独立复合，位于都市圈紧密圈层的小镇能够便捷地整合城市和乡村的优质发展要素，与中心城市实现联动共生发展；从运营模式上看，不论小镇的开发建设由谁来主导，都必须由专业性的运营主体来负责市场化运作，政企合作成立运营公司能够更好地发挥政府的政策支持和监管作用，并突出企业的主体地位。

南京都市圈特色小镇的规划实践导引

西安都市圈特色小镇的规划实践导引

典型大都市圈特色小镇发展的规划策略

第 8 章

8.1 南京都市圈特色小镇的规划实践导引

8.1.1 都市圈发展历程

1. 发展历程

南京都市圈地处长江下游，是长江三角洲城市群的重要组成部分，是连通东、中部两大板块，衔接长江、淮河两大流域的枢纽区域。2021年2月，国家发改委正式批复了《南京都市圈发展规划》，该规划作为国内第一个正式批复，也是全国第一个跨省域范围的都市圈发展规划，深入解析南京都市圈发展具备一定的重要性与必要性。从历史发展的视角出发，明晰南京都市圈发展历程与不同阶段的发展内涵及特征，对剖析都市圈特色小镇发展具有一定的启示作用。南京都市圈发展历程可分为四个主要阶段（表8-1）：

1）南京经济区建设时期

改革开放以来，我国逐步由计划经济体系转向市场经济体制的过程中，跨区域间的经济、社会、交通等联系亟需新型的协同合作机制。在此背景下，1986年6月成立了南京区域经济协调会，即南京经济区[①]。1989年，南京经济区各联盟地市共同组织、中科院南京分院承担编制了《南京区域经济联合发展规划》，经由南京区域经济协调会第四届市长专员会议审议通过，为区域内企业间协作提供了良好的平台。南京经济区是区域各政府间协调横向经济的重要纽带，推动南京经济区内的商品、物资、科技、资金市场快速发展建设，2005年已形成86个具有特色和优势的区域性企业集团和企业群体，建立了100多个商业、物资联合体，30多个金融合作组织，成立了60多个行业性网络组织，为后续南京都市圈的发展建设奠定了坚实的基础。

2）城镇化催生发展时期

2000年国家城镇化战略实施以来，城市密集区、城市群、都市圈等新兴概念得到学界、

---

① 徐惠蓉. 城市与区域共同发展：解读南京"一小时都市圈"[J]. 现代经济探讨，2001（7）：18-23.

业界的广泛热议，在此契机下江苏省委、省政府在江苏城市工作会议上明确指出要构建三大都市圈（即南京都市圈、徐州都市圈和苏锡常都市圈），以推进城镇化建设的快速发展。2001 年 3 月，江苏省的南京、镇江、扬州和安徽省的芜湖、马鞍山、滁州六市，共同研讨建设"南京都市圈"，着重探索消除南京都市圈政策障碍、行政及市场壁垒的关键且适宜路径，积极实现区域间资源共建共享、市场互联互通、科技人才流动、产业密切协作等。2002 年 12 月，江苏省人民政府批准了《南京都市圈规划（2002—2020 年）》，该规划以空间协调为重点，推动跨区域交通的规划建设，成为当时全国唯一跨省域范围的都市圈。2007 年 4 月，首届南京都市圈市长峰会召开并签署了《南京都市圈共同发展行动纲领》，搭建了都市圈良好的交流平台，明确了都市圈的发展目标是区域经济联合体，并确定了在产业、交通、物流、公服等九个方面的合作重点。该时期南京都市圈作为南京区域经济协调会的延续，城市间协作更多是聚焦于经济领域发展，尚未深入探索区域一体化发展的适宜路径。

3）多元化成长关键时期

2010 年 5 月，国务院颁布《长江三角洲地区区域规划》，明确提出要加快南京都市圈建设，做好南京都市圈编制。2013 年 8 月，南京市委、市政府主办的南京都市圈第一届党政领导联席会议围绕"创新合作模式，提升都市圈融合发展水平"主题，探讨南京都市圈发展的新模式，并审议通过了《南京都市圈区域规划（2012—2020 年）》，同时积极探索区域产业发展、环境保护与生态建设、公共服务一体化发展、综合交通一体化发展的可行路径。相关政策文件表明该时期将南京都市圈建设发展推向了新起点，安徽省宣城市首次加入南京都市圈成员体系，区域协同组织也由之前的南京都市圈市长峰会转变为南京都市圈党政领导联席会，成立了南京都市圈城市发展联盟，构建了决策层、协调层和执行层三级区域性运作机制。2014 年以南京青年奥林匹克运动会举办为契机，南京都市圈区域协作领域由经济领域拓展到区域性基础设施、公共服务设施和生态环境保护建设等多元化发展领域。2015 年 3 月，南京市委办公厅与南京市人民政府办公厅共同颁布了《健全南京都市圈协同发展机制改革实施方案》，标志着南京都市圈运作机制步入正轨，为南京都市圈建设的正式批复奠定了坚实的基础。

4）都市圈正式成立时期

2018 年 11 月，在首届中国国际进口博览会开幕式上，习近平总书记宣布长三角一体化战略正式成为国家战略，为南京都市圈发展提供了历史发展新机遇，在考虑都市圈范围内区域协同发展的基础上，思考更高层面即南京都市圈在长三角城市群发展中应起到的作用和应处于的地位。同年 12 月，第三届南京都市圈党政联席会议审议并通过了《南京都市圈一体化高质量发展行动计划》，标志着南京都市圈进入区域全面协同合作的新阶段。2021 年 2 月，国家发改委正式批复了《南京都市圈发展规划》，成为国内首个由国家发改委正式批复规划的都市圈，标志着南京都市圈迈入依规建设新阶段。该规划界定了南京都市圈的空间范围、发展定位、区域协同等层面，重点提出要把南京都市圈建设成为具有全国影响力和竞争力的现代化都市圈，助力长三角城市群发展，为服务全国现代化建设大局作出更大贡献。

关于推动南京都市圈建设发展的政策文件及重大事件 表 8-1

阶段	时间（年）	重大事件
南京经济区建立时期	1986	南京区域经济协调会成立，重点探索江苏省、安徽省跨省协调机制
城镇化催生发展时期	2002	江苏省人民政府批准了《南京都市圈规划（2002—2020 年）》，注重以区域社会经济发展为主，区域协调为辅
多元化成长关键时期	2013	南京都市圈第一届党政领导联席会议暨南京都市圈城市发展联盟成立大会发布《南京都市圈区域规划（2012—2020 年）》，强调社会经济发展与区域协同合作并重发展
都市圈正式成立时期	2018	第三届南京都市圈党政联席会审议并通过了《南京都市圈一体化高质量发展行动计划》，推动南京都市圈高质量一体化发展
	2021	国家发改委正式批复《南京都市圈发展规划》，标志着南京都市圈正式成立

资料来源：作者整理

2. 发展基础

1）区位条件

南京都市圈区位优势突出，是长三角向西辐射带动中西部地区的重要枢纽。都市圈位于长江中下游地区，以南京为中心，地跨苏皖两省，包括南京、镇江、扬州、淮安、马鞍山、滁州、芜湖、宣城和常州的溧阳、金坛，涵盖 33 个市辖区、11 个县级市和 16 个县，总面积 6.6 万 km^2（图 8-1）。都市圈依托沿江、京沪两大交通干线，贯通南北东西，位于我国承东启西、南北交通的重要战略位置。

2）自然条件

南京都市圈自然本底优良，矿产资源禀赋优越。都市圈地处亚热带湿润季风气候区，

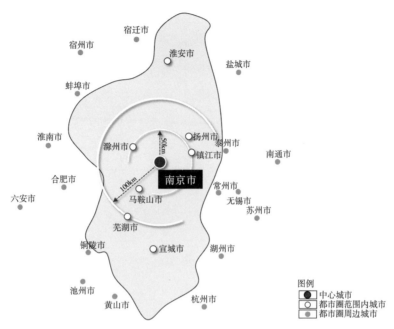

图 8-1　南京都市圈空间范围示意

资料来源：作者自绘

襟江带河傍山，大部分位于长江流域，滁州、淮安部分县属于淮河流域，都市圈内水网纵横，京杭大运河、洪泽湖等重要水体穿插其中[①]。全域以冲积平原和低山丘陵为主，具有较好的开发条件，区内矿产资源丰富，有色金属类、建材类、高盐类、煤、特种金属类等矿产储量较大。

3）社会经济

近年来，南京都市圈国民经济持续快速增长，呈现出发展速率快、经济总量大的特征，但区内仍存在地区发展不平衡、发展差异大的问题。截至 2021 年年末，都市圈常住人口达 3548.3 万人，地区生产总值为 46665.65 亿元（表 8-2）。良好的经济发展基础成为区域内特色小镇建设的重要基底，南京都市圈中心城市外溢的规模经济效益为周边城镇提供了优越的发展条件，推动其在空间层面形成特色产业的高度集聚区，同时也为都市圈产业规模化的实现提供了重要载体，产生双向互馈的过程。

---

① 　南京市规划局，南京市城市规划编制研究中心 . 转型与协同：南京都市圈城乡空间协同规划的实践探索 [M]. 北京：中国建筑工业出版社，2016.

南京都市圈主要统计数据一览表　　　　　　表 8-2

城市名称	土地面积 （km²）	常住人口 （万人）	生产总值 （亿元）	增幅 （%）	第三产业占比 （%）
南京市	6587.02	942.34	16355.32	7.5	48
镇江市	3840	321.72	4763.42	9.4	47.4
扬州市	6591.21	457.7	6696.43	7.4	49.2
淮安市	10030	456.22	4550.13	10	46.3
马鞍山市	4049	215.7	2439.33	9.1	42.5
滁州市	13433	399	3362.1	9.9	48.4
芜湖市	6009.02	367.2	4302.63	11.6	42.9
宣城市	12340	248.7	1833.9	10.1	62.1
常州市溧阳市	1536	80.43	1261.3	10.1	44.1
常州市金坛区	975	59.29	1101.1	9.5	44.4
合计	66000	3548.3	46665.6	9.4	47.5

资料来源：根据 2021 年南京都市圈各城市官方统计数据整理

4）产业体系

南京都市圈内产业结构地区差异大且互补性强。南京综合优势明显，科教资源丰富，服务经济较为发达，技术密集型制造业占优势；镇江推出了"3+2+X"产业链培育计划，重点打造高端装备制造、新材料两大支柱产业，加快发展新能源、新一代信息技术、生物技术与新医药三大新兴产业，传承发展眼镜、香醋等历史经典产业；扬州近年来推动先进制造业和现代服务业"双轮驱动"，以旅游业、制造业、餐饮业、建筑业、农业作为传统支柱产业，以新能源、新光源、新材料、智能电网、节能环保、高端装备制造、新一代信息技术、生物技术和新医药等作为战略性"5+3"新兴产业；淮安坚持调高、调轻、调优、调强、调绿的导向，打造"4+2"优势特色产业，即盐化新材料、特钢及装备制造、电子信息、食品与新能源汽车及零部件、生物技术及新医药，促进产业高端化、高技术化和服务化发展，形成技术先进、协调融合、优质高效、绿色低碳的现代产业新体系。总体上，南京都市圈城市之间的产业分工基础较好、互补性较强，已形成了产业圈层式梯度分布格局，制造业呈现出从南京由内而外梯度转移的态势。

5）交通环境

南京都市圈已初步形成公路、铁路、水运、航空、管道五种运输方式齐全的综合交通体系，已形成以南京为中心的放射状的区域交通廊道，区域交通网络密集成片。南京30min 高铁圈可辐射镇江、滁州、马鞍山、芜湖四市，1h 高铁圈可辐射整个都市圈区域，1h 高速公路圈可辐射南京、马鞍山、镇江，及滁州东部、扬州西南部地区。沪宁及宁镇扬方向形成京沪铁路、宁启铁路、沪宁高速、宁通高速和国道 312 等交通走廊，宁淮方向形成宁淮高速、国道 205 等交通走廊，宁合方向形成宁合铁路、宁合高速等交通走廊，宁芜方向形成宁芜铁路、宁马高速和国道 318 交通走廊，宁滁方向形成京沪铁路、宁蚌高速和国道 104 交通走廊，南京与节点城市之间的交通联系明显增强，综合交通走廊的放射性特征较为明显。但是，淮安、镇江、扬州、滁州、马鞍山和芜湖等节点城市之间的横向交通联系程度相对薄弱，尤其是江苏省内城市与安徽省内城市的直接交通联系不畅，目前多通过南京进行中转，或以省道间接联系。

6）设施配置

在教育方面，南京市和马鞍山市、滁州市签订了教育一体化合作协议，南京琅琊路小学在滁州设立分校，南京航空航天大学溧阳校区投入使用，南京都市圈正逐步在都市圈内推进优质教育资源共享。在医疗方面，南京鼓楼医院、儿童医院等多家医院，通过设立分院、科室共建、医生异地坐诊等形式，在都市圈内城市广泛开展合作。2020 年，南京都市圈九市已完成近百家医院预约挂号服务平台对接工作，开通了医学检验检查报告异地查询服务，并逐步推进异地就医备案等"跨省通办"服务。在生态环境方面，都市圈内沿江城市共同实施保护长江政策，全面落实禁渔行动，南京与镇江、常州、滁州等市协同实施流域生态保护与生态补偿政策，持续推进太湖流域水污染防治。

7）运作机制

南京都市圈区域运作机制成效突出，建立了南京都市圈城市发展联盟，构建并沿用决策层、协调层、执行层三级运作机制的组织架构（图 8-2）。南京都市圈区域运作机制多以商讨区域资源、产业、交通、设施一体化建设的可行路径，推动区域性重大交通设施和基础设施项目建设的落地，逐步推动实现南京都市圈网络化空间发展形态。

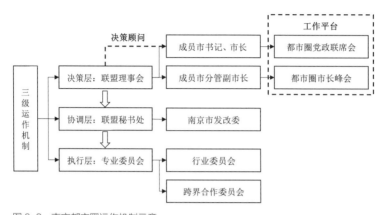

图 8-2 南京都市圈运作机制示意

资料来源：根据《南京都市圈城市发展联盟章程》改绘

8.1.2 特色小镇发展潜力分析

1. 特色小镇发展历程

南京都市圈特色小镇发展历程主要分为两大板块，即江苏省和安徽省特色小镇发展历程。通过对江苏省、安徽省发改委出台的特色小镇相关政策文件进行梳理，不难看出相关政策体系（表 8-3）较为完备，从"规划引导—实施建设—资金扶持—考核评估"全方面均出台了相应且完善的政策文件，针对前期特色小镇建设过程中存在的概念不清、定位不准、急于求成以及市场化不足等问题，进行严格管控和考核评估。从纵向时间层面上看，江苏省和安徽省特色小镇政策体系主要以国家发改委、住建部等出台的特色小镇相关政策性文件为基础，结合自身发展特征，因地制宜，具有针对性地推动省级特色小镇建设发展和规范管理。从横向不同省域发展层面上看，江苏省和安徽省特色小镇发展具有趋同性但也存在一定的差异，主要是产业类型的不同，江苏省更重视制造业和智能化的结合，着重发展高端制造业，目前已建立数量居全国前列的先进制造类产业集群，其中包括南京的智能电网和新一代信息技术集群、常州的石墨烯产业集群等。因此，江苏省特色小镇主要聚焦于高端制造、新一代信息技术、创意创业、历史经典等特色优势产业；而安徽省充分利用新一代信息技术加速推进汽车、钢铁、家电、有色、建材等先进制造类产业，其特色小镇多以制造类、服务类等产业为主。

南京都市圈特色小镇政策文件　　　　　　　　　　　　表 8-3

区域	时间（年）	文件名称	具体内容
江苏省	2016	《关于培育创建江苏特色小镇的指导意见》（苏政发〔2016〕176 号）	明确了江苏省力争通过 3～5 年努力，分批培育创建 100 个左右产业特色鲜明、体制机制灵活、人文气息浓厚、生态环境优美、多种功能叠加、宜业宜居宜游的特色小镇。《指导意见》提出严格划定小镇边界，规划面积控制在 3km² 左右，建设用地面积 1km² 左右；特色小镇原则上要按 3A 级以上景区服务功能标准规划建设，旅游风情小镇原则上要按 5A 级景区服务功能标准规划建设
	2017	《关于培育创建江苏特色小镇的实施方案》（苏发改经改法〔2017〕201 号）	《实施方案》提出了特色小镇的产业定位、建设空间、功能集成、项目投资、运行机制和综合效益等具体要求，并提出按照"宽进严定、动态管理、优胜劣汰、验收命名"的原则，分批创建特色小镇。建立了江苏省特色小镇培育创建工作联席会议制度
	2018	《江苏省省级特色小镇奖补资金管理办法》（苏财规〔2018〕6 号）	每年年初由省发改委牵头，结合上年度特色小镇运营情况对纳入省级创建名单的特色小镇进行考核，并结合考核结果提出奖补资金分配初步方案。奖补资金由特色小镇所在市、县统筹用于特色小镇规划范围内的基础设施及公共服务设施等方面
		《关于规范推进特色小镇和特色小城镇建设实施意见的通知》（苏政办发〔2018〕74 号）	江苏省明确对特色小镇统一实行宽进严定、动态淘汰的创建达标制度，取消一次性命名制，避免各地区只管前期申报、不管后期发展。对破坏生态环境问题突出的小镇，坚决从现有省级特色小镇和特色小城镇创建名单中淘汰
安徽省	2017	《关于加快推进特色小镇建设的意见》（皖政〔2017〕97 号）	明确了安徽省到 2021 年，培育和规划建设 80 个左右省级特色小镇，重点打造一批特色小镇样板，形成示范效应。实现小镇景观化，所有特色小镇达到 3A 级以上旅游景区标准，其中文化、体育和旅游类特色小镇达到省级旅游小镇标准
	2018	《安徽省特色小镇建设专项资金管理办法》（财建〔2017〕1496 号）	每年年初由省发改委牵头，结合上年度特色小镇运营情况对纳入省级创建名单的特色小镇进行考核，并结合考核结果提出奖补资金分配初步方案。奖补资金由特色小镇所在市、县统筹用于特色小镇规划范围内的基础设施及公共服务设施等方面
	2021	《关于印发促进特色小镇规范健康发展若干措施的通知》（皖政办秘〔2021〕23 号）	准确把握发展定位、着力强化规划引领、聚力发展特色产业、推进多元功能聚合、加快市场化运作、促进创业带动就业、完善多元化资金保障机制、创新土地供应管理、强化规划纠偏，建立全省特色小镇清单，落实省级特色小镇评估制度和退出机制，加强对非省级特色小镇进行规范化管理

资料来源：根据江苏省、安徽省发改委出台的特色小镇相关政策文件整理

目前，南京都市圈特色小镇产业发展与中心城市产业关联紧密，但产业引领作用不强。2019 年江苏省、安徽省政府工作报告中强调，制造业和良好的产业基础是发展的主要根

基和优势，应以层次高、带动强、未来好的主导产业和前沿产业作为新的经济增长点。南京都市圈特色小镇产业与地区主导产业紧密关联（表 8-4），主要以高端制造、信息产业和创意创业型居多，占整体都市圈特色小镇数量的 72%。但产业知名度相较于杭州都市圈、广州都市圈等普遍不高，品牌知名度也相对不足。

南京都市圈特色小镇省级特色小镇创建类名单　表 8-4

类别	地区	特色小镇名称	数量
江苏省第一批省级特色小镇创建类	南京市	未来网络小镇、高淳国瓷小镇	7
	镇江市	大路通航小镇、丹阳眼镜风尚小镇、句容绿色新能源小镇	
	扬州市	头桥医械小镇	
	淮安市	盱眙龙虾小镇	
江苏省第二批省级特色小镇创建类	南京市	江宁生命科技小镇、溧水空港会展小镇、江北设计小镇、栖霞山非遗文创小镇	11
	镇江市	扬中智慧电气小镇、再生医学小镇	
	扬州市	武坚智能高压电气小镇、曹甸教玩具小镇	
	淮安市	智芯小镇、施河智教乐享小镇	
	常州市	别桥无人机小镇	
江苏省第三批省级特色小镇创建类	南京市	紫云云创小镇、江北大厂工业文明小镇	9
	镇江市	丁庄葡萄小镇、e 创小镇	
	淮安市	河下非遗小镇	
	常州市	溧阳锂享小镇、天目湖白茶小镇、直溪光采小镇、竹箦绿色铸造小镇	
安徽省第一批省级特色小镇创建类	芜湖市	无为县高沟电缆小镇、芜湖县六郎殷港艺创小镇	7
	滁州市	天长市冶山玩具小镇	
	宣城市	泾县中国宣纸小镇、旌德县灵芝健康小镇、绩溪县雕刻时光小镇	
	马鞍山市	和县香泉小镇	
安徽省 2019 年度特色小镇创建类	芜湖市	繁昌县春谷 3D 打印小镇、芜湖县陶辛荷花小镇、鸠江区鸠兹徽创小镇	7
	滁州市	全椒县大墅生态旅游小镇	
	宣城市	旌德县宣砚小镇、泾县云岭红旅小镇	
	马鞍山市	花山区互联网小镇	
安徽省 2020 年度特色小镇创建类	芜湖市	南陵县智慧物流装备小镇、弋江区智能网联汽车小镇、繁昌区青梅健康小镇、湾沚区汽车休闲运动小镇	7
	宣城市	广德市卢村民宿小镇、绩溪县徽州味·道小镇	
	马鞍山市	马鞍山市含山县运漕艺术创意小镇	

资料来源：根据江苏省、安徽省发改委公示的创建类特色小镇名单整理

2. 特色小镇发展潜力

1）发展基础层面

都市圈作为特色小镇发展的重要依托和载体，其综合实力、功能特色、发展潜力直接影响着特色小镇的发展速度和方向，甚至决定着特色小镇的成败。南京都市圈作为长江三角洲城市群重要的组成部分，其特色小镇的发展依托区域优越的自然资源、经济实力、产业体系、交通环境、公共服务设施配置等基础环境，为区域内特色小镇提供良好的发展基底，从资源、产业、政策、资金、设施等方面支撑其形成并发展。特别是近年来，南京都市圈在积极构建区域"一小时通勤圈"，加快各城市互联互通，推动聚合式发展上成效显著。总而言之，南京都市圈整体经济实力强、人口规模大、设施建设水平良好，区域间经济、人口、交通联系紧密度良好，但也存在局部诸如中心城市与都市圈南部地区芜湖市、宣城市之间交通联系较弱的现实问题亟待解决。

2）区域协同层面

南京都市圈和特色小镇在区域协同层面都重视产业协同和交通联系。在产业层面，南京都市圈城市各有优势产业，如南京的智能电网、软件信息、集成电路及现代服务，扬州的汽车零部件、数控机床，镇江的新材料、医疗器械，芜湖的汽车，马鞍山的特种钢材，滁州的智能家电以及溧阳、金坛的电力设备、新能源汽车、文旅等，特色小镇依托中心城市及周边中小城镇的主导产业分享其产业外溢，发展自身特色产业，逐步形成区域特色产业集群，譬如芜湖依托当地高端汽车制造产业发展建设弋江区智能网联汽车小镇、湾沚区汽车休闲运动小镇。在区域交通联系层面，南京都市圈目前正在进一步地完善区域基础设施建设，依托现有的区域发展格局，打造涵盖宁扬宁镇走廊、宁（溧）阳走廊、宁宣走廊、宁马宁芜走廊、宁滁走廊和宁淮走廊的区域一体化廊道，推动实现都市圈交通、空间一体化发展。都市圈内部城市大力投资建设不断缩短区域间交通的时空距离，如扬州市2022年已累计安排31.5亿元财政资金用于都市圈高铁、高速公路、航空、航运等交通基础设施投资建设，同时南京市和其他各市也持续深化南京都市圈环线高速公路等圈内快速通道建设，为特色小镇提供了便捷的交通网络体系。

3）自身潜力层面

南京都市圈特色小镇自身潜力层面正积极探索适宜且可行的发展路径。从整体层面上看，首先，南京都市圈特色小镇已处于规范化、健康化的规划编制和建设发展阶段，约80%数量的小镇均已有较为成型的规划编制体系。其次，南京都市圈特色小镇特色产业依托江苏省和安徽省强劲的实体经济，以区域产业为基础，积极拓展"产业＋科创""产业＋文化""产业＋旅游"，打响特色产业品牌，成为南京都市圈特色小镇的最大特点，譬如盱眙龙虾、东海水晶等。但在发展建设过程中仍存在区域发展良莠不齐、核心产业技术和产业基础尚未成型、区域同质化竞争等突出问题有待进一步优化。再次，南京都市圈为有效地增强特色小镇创新驱动能力出台具有针对性的举措，加快培育区域创新创业生态圈，如安徽省将重点发展特色小镇创业孵化器等众创空间，强化场地安排、要素对接等服务功能，在特色小镇内促进科技成果加速转化，培育一批特色小镇投资运营的优质企业。最后，南京都市圈特色小镇已逐步借助网络化、现代化手段提升特色小镇名声，增强区域整体竞争力，譬如"江苏特色小镇"官方网络平台、微信公众号等，其内容涵盖特色小镇政策体系、区域选址、用地规模、产业类型、设施配置等基本概况阐述，为江苏省特色小镇的宣传建立了良好的传播平台。

综上所述，南京都市圈发展基础条件优越、区域协同水平良好、特色小镇发展建设成绩突出，圈内特色小镇与中心城市和周边中小城镇在产业协同、空间耦合、交通联系等方面具备较好的发展潜力。但南京都市圈特色小镇发展潜力不是一成不变的，随着都市圈层面政策调整、交通改善与特色小镇层面资源挖掘、项目落地、环境改善、媒体关注等因素的改变而产生相应的变化，未来还需逐年对区域内特色小镇进行发展潜力考核评估，以更好地为指导后期南京都市圈特色小镇投资建设实施奠定基础。

8.1.3　特色小镇发展战略目标

南京都市圈目前处于发展型都市圈阶段，其空间范围内涵盖的特色小镇发展是由政府规划与自然需求主导并存。从空间集聚角度上看，南京都市圈特色小镇空间分布呈现"多中心"发展特征，主要集中在以南京为中心和以镇江—扬州为中心的片区，并逐步向外呈圈层式扩散状态，具有发展成"宁镇扬特色小镇连绵区"的态势。从现状特色小镇产业类型上看，毗邻中心城市和次中心城市核心圈层特色小镇承接中心城市产业外溢要素，产业类型多以科技创新、数字经济、创意设计小镇为主；紧密圈层和辐射圈层依托于当地本土资源禀赋，多以文化旅游、先进制造类为主。

未来南京都市圈范围内特色小镇在找准自身产业发展定位的基础上，应以大力发展地区特色产业为导向，依托小镇自身资源环境承载力、产业发展潜能、资源要素禀赋和历史文化特色，科学制定发展目标、确定特色产业，合理规划小镇经济规模、人口规模、用地规模。通过整合重组、转型升级、调整布局、优化结构，使产业发展兼顾"特色"与"绿色"。围绕传统产业分布，以产业园区为基础，以终端产品为核心，规划培育相关产业链，在科技研发、工业设计、原材料及零配件、成品组装等环节，引导关联企业开展专业分工和产业协作，最终形成若干条以骨干企业为龙头、以配套企业为龙身、以研发和品牌为两翼的完整产业链。此外，在注重自身产业体系化、完善化、现代化发展的同时，应依托都市圈区位优势、产业定位及空间组织，找准小镇发展方向，借助既有资源实现都市圈与特色小镇的优势互补，健全南京都市圈特色小镇长效循环发展机制。

8.1.4　特色小镇总体规划策略

1. 建立都市圈层面联动协同发展机制，共筑区域高质量发展

1）加强顶层设计体系

南京都市圈特色小镇培育建设，应在都市圈层面上强化顶层设计，突出企业主体地位，健全要素市场化配置体制机制，围绕优化政策环境、基础设施环境、社会服务环境、市场环境等发力，打通人才、技术、资金、土地、信息、物流等要素通道，激活要素市场活力[①]。首先，应实现创新规划管理。将特色小镇建设发展纳入南京都市圈协同发展总体规划中，规范化、体系化地编制都市圈特色小镇建设指引，沿用南京都市圈城市发展联盟"决策层—协调层—执行层"三级运作体系，以"顶层设计—区域统筹—规划建设"实现对都市圈空间范围内特色小镇规范化的规划引导和建设管控。其次，应强化专项项目引领，针对不同产业集聚片区积极引入针对性的新技术、新方法，诸如南京市核心圈层范围内特色小镇建设应着重引入信息技术、新能源、新材料等重大项目落地，镇扬片区着重引入先进制造装备、生命技术及新医药项目入驻，共同形成南京都市圈多元化特色产业集聚片区，打造发展区域新增长极，推动南京都市圈发展壮大。最后，应坚持市场主导、政府引导的原则。在特色小镇建设发展过程中厘清政府与市场的关联关系，完善以企业投资为主体，多元化主体共同参与的特色小镇运营管理模式，充分释放小镇企业活力。

---

① 孟庆莲. 都市圈协同发展视角下特色小镇的规范健康发展: 功能、挑战及其发展路径[J]. 行政管理改革, 2021（11）: 74-80.

2）构建区域统筹机制

结合南京都市圈已有的城市发展联盟体系，在此基础上，首先应建立特色小镇与都市圈之间的产业发展协调体制机制，促进市场和企业主导下的生产要素流动与聚集，形成特色小镇产业聚集区，辐射带动周边城镇产业发展，进而推进区域间的城乡融合；其次，通过机制创新和数字化平台创新，将特色小镇建成产业柔性平台，形成资金流、信息流、人流、物流等要素流动，促使特色小镇成为高效运转和加速流动的中转平台，以较小的生产空间带动更大范围和量级的产业运行[①]；最后，应建立都市圈层面人才资本和创新管理的共享平台，如何留住南京都市圈人才、资本、技术是需要考虑的核心内容，特色小镇作为人才引进、资本入驻、项目落地的重要载体，应为其企业人力资源与创新管理提供可行的、有效的专业服务，通过人力与项目的集聚与流动，促进区域创新的协调发展。

2. 注重特色小镇层面产业体系架构，聚力区域可持续发展

1）构建系统化产业体系

南京都市圈特色小镇在找准区域发展定位的基础上，应挖掘本土人文历史等产业特色，以高端制造类产业为主导，提升产业价值链和产业附加值，全力打造产业更特、创新更强、体制更优、形态更美、辐射更广的特色小镇。首先，应以江苏省新型电力装备、工程机械、物联网等高端制造类产业集群和安徽省家电、汽车制造以及建材等传统优势产业为主导，围绕中心城市和次中心城市差异化发展特色小镇特色产业，形成宁镇扬片区新能源、新材料产业集群和芜湖、滁州片区家电产业集群两大区域性特色产业集聚区，以产业基础高级化、产业链现代化为总方向，全方位、全链条拓展传统产业，抢占产业链制高点，增强小镇发展后劲，结合联动的发展思路，构筑"产业＋"共同体。其次，应围绕生产和生态链的构建，实现"产业＋旅游＋文化＋N"的赋能增值和提质扩容，构建起相互依托、相互促进的产业组织体系。最后，还应依托区域优越的发展基础条件，依靠特色产业，瞄准高端人才、高端资源、高端产品，掌握新技术、新手段、新方法，诸如家电产业的智能技术、等离子体技术、变频技术、节能环保技术等核心技术与相关核心关键部件的掌握，强化产

---

① 虞金洲，赵迎军，宣晓，等.特色小镇产业集聚与都市圈区域集聚的耦合机制研究：以浙江省为例[J].软科学，2021，35（4）：68-75.

业支撑，打造特色品牌，拓展资源市场，形成产业集聚区，真正实现以产立镇、以产带镇、以产兴镇，提升特色小镇内生动力，让其更具有生命力、创造力以及活力。

2）注重历史文化挖掘

南京作为历史文化底蕴深厚的中心城市，对人文历史资源的挖掘显得尤为重要。特别是处于核心圈层或是介于文化资源富集区的特色小镇更应借助先天发展优势，深入挖掘地区历史文化资源，摒弃过度注重发展速度，重视文化传承和建设。当前，特色小镇建设追求现代化，各个地方千篇一律，建设规划与当地的实际情况不符，缺乏对历史文化的探索和挖掘，同时也造成社区功能的缺失。特色小镇的发展不能生搬硬套，都市圈层面下的特色小镇建设指引更需要重视，依托当地人文底蕴，始终贯彻历史人文内涵的滋养，将文化因素融入小镇建设，进而推动特色小镇的特色产业和文化底蕴的有机融合。

3）配置差异化设施体系

加强基础设施与公共服务设施建设，强化小镇社区功能，在人口数量与分布、空间结构与利用等方面进行科学设计，为人们提供舒适、便捷的生活空间。重视生态环境和文化建设，树立绿水青山就是金山银山的理念，实现经济与生态双赢、产业与文化融合，让特色小镇更加宜居宜业宜游，充分挖掘和彰显当地人文特色与底蕴。坚持以人民为中心的发展思想，在特色小镇建设中深入践行共享理念，让广大群众参与到小镇建设中来，充分发挥特色小镇的社会效益，增加就业和居民收入，不断提升特色小镇及周边居民的获得感。

4）完善政策保障体系

南京都市圈作为典型的跨省域都市圈代表，其特色小镇建设发展的保障体系应打破原有的行政壁垒，在全面认知江苏省、安徽省关于特色小镇的政策体系的基础上，找寻两省之间的政策"共识"区间，应围绕产业支撑、公共服务、社会治理等重点内容加强体制机制创新，完善相关政策。比如，围绕产业创新平台构建新型制度和政策体系，创新投融资方式，探索产业基金、股权众筹等融资途径，提高企业发展能力和发展水平；构建以高质量发展为导向的竞争机制和激励机制，激发企业在创新创业、绿色低碳发展等方面的热情与动力。此外，可沿用江苏省特色小镇官方网络平台通过大数据将南京都市圈特色小镇相关信息向公众展示，起到公众参与和公众监督的作用，同时借助平台对都市圈范围内特色小镇实现实时考核评估，对建设情况较差且未来不具备发展潜力的实行淘汰制，对建设情况较好的采用政府和市场双重作用扶持。

8.2　西安都市圈特色小镇的规划实践导引

8.2.1　都市圈发展历程

1. 发展历程

西安是古丝绸之路的起点和新丝绸之路经济带的重要节点，自古以来就是关中地区的政治、经济、文化中心，与周边城市具有紧密的联系。现如今，西安都市圈地处我国"两横三纵"城镇化战略格局中陆桥通道横轴和包昆通道纵轴的交会处，是关中平原城市群的核心区域，也是西部地区发展条件最好、经济人口承载能力最强的区域之一，成为西北地区的经济中心、文化中心、科技中心和对外交往中心。从国家发展战略来看，西安都市圈的发展，不仅有利于打造西安内陆型改革开放的新高地，同时有助于带动西北地区整体发展。从区域发展来看，西安都市圈是陕西省乃至西北地区重要的增长极，对陕西省的经济发展、文化发展具有重要的推动作用，对关中平原城市群的高质量发展具有促进作用。

西安都市圈的发展历程总体可分为西咸一体化提出阶段、西咸新区启动建设阶段、西安都市圈发展阶段。自 20 世纪 80、90 年代起，李占星等学者开始提出"大西安"的设想，王圣学提出建立西安经济区带动西安咸阳一体化；2002 年 10 月，中国西安城市发展战略规划国际研讨会在"大西安"概念的基础上提出建立以西安为中心的区域新型城市空间格局，王兴中、孙久文、张沛、张宝通等学者也从不同角度思考西安都市圈的发展方向。在大西安建设的推动下，政府层面不断深入探索和实践西咸一体化发展，2004 年 6 月，西安、咸阳两市共同制定出台《西安·咸阳实施经济一体化战略规划纲要》，提出西咸一体化的发展目标和思路；随后，在国家和省级政府层面出台相关政策加快推进西咸一体化进程，并于 2010 年 2 月设立西咸新区作为西咸一体化的主要载体，2014 年 1 月国家正式批复西咸新区成为中国第七个国家级新区，成为西咸一体化进程的里程碑。随着 2017 年西咸新区由西安代管，大西安的空间拓展与西咸新区和咸阳市逐渐融为一体，不仅有利于西咸新区实现高质量发展，同时也有利于其融入西安战略发展格局中去。2022 年 2 月，国家发展改革委正式批复《西安都市圈发展规划》（以下简称《规划》），成为全国第五个、西北地区唯一一个国家批复的都市圈发展规划，其作为西安都市圈发展建设的指导性文件，标志着西安正式进入西安都市圈发展阶段（表 8-5）。

西安都市圈相关政策梳理　　　　　　　　　　　　　　　　表 8-5

时间及政策文件	相关内容
2006 年 7 月,《陕西省城镇体系规划 (2006—2020 年)》	西安都市圈由多层次城镇构成"主辅两城、指向分布"的总体空间结构,范围包括西安行政辖区的 9 区 4 县和咸阳行政辖区的 2 区 1 市 4 县
2010 年 6 月,《西安国际化大都市发展战略规划(2009—2020 年)》	确立西安大都市区空间形态,形成以主城区和卫星城为都市区城镇体系基本格局。范围包括西安市除周至外的行政辖区,咸阳市的秦都、渭城、泾阳、三原"两区两县"七个卫星城;主城区外围的卫星城,分别为泾阳、三原、高陵、阎良、临潼、户县、蓝田
2014 年 9 月,《陕西省新型城镇化规划(2014—2020 年)》	培育大西安都市圈,核心区包括西安市和咸阳主城区、西咸新区;辐射区包括铜川市区、三原县、泾阳县、富平县、临渭区、柞水县、镇安县等。采用大城市带动大郊区的城镇化模式,建设中心城市与卫星镇相融合的城乡一体化示范区
2016 年 3 月,《陕西省国民经济和社会发展第十三个五年规划纲要》	推进大西安建设,按照研发服务在中心、制造转化在周边的思路,推进大西安产业空间重组、公共服务重置、交通体系重构,疏解中心城区过密人口
2018 年 2 月,《关中平原城市群发展规划》	提出构建"一圈一轴三带"格局,其中"一圈"指由西安、咸阳主城区及西咸新区为主组成的大西安都市圈
2018 年 3 月,《大西安(西安市—西咸新区)国民经济和社会发展规划(2017—2021 年)》	西咸新区划归西安管理,使西安自改革开放以来第一次拥有"大西安"的格局和体量
2018 年 11 月,《大西安 2050 空间发展战略规划》	规划确定大西安的规划范围为在以西安、咸阳、渭南、杨凌、西咸新区为主体的约 1.76 万 km² 规划范围内,实施"北跨、南控、西进、东拓、中优"空间战略,确定"三轴、三带、多中心、多组团"的规划结构
2018 年 12 月,《陕西省关中平原城市群发展规划实施方案》	培育大西安都市圈,支持西铜、西渭、西商融合互补发展,打造带动西北、服务国家、具有国际影响力的现代化都市圈
2019 年 1 月,《西安国家中心城市建设实施方案》	合理调整行政区划明确大西安都市圈边界:大西安都市圈由西安、咸阳部分区域及西咸新区为主组成;实施"北跨、南控、西进、东拓、中优"空间战略,打造大西安"三轴三带三廊一通道多中心多组团"的空间格局
2021 年 3 月,《陕西省"十四五"规划纲要》	培育建设西安都市圈,构建"一核一轴、两翼三区、多组团"的发展格局,西安主城区、咸阳主城区和西咸新区组成都市圈核心区;深入推进西咸一体化发展,引导产业集群发展;优化产业发展空间布局,形成梯次配套、优势互补的现代化产业生态圈;加强都市圈同城化交通基础设施和公共服务体系建设
2021 年 3 月,《西安市"十四五"规划纲要》	培育建设西安都市圈,强化都市圈城市同城化发展,建设都市圈交通基础设施网络,推动科技资源共享,实施跨区域资源共享
2022 年 2 月,《西安都市圈发展规划》	明确了西安都市圈范围、发展目标等总体要求,并从空间格局、基础设施、协同创新、产业协作、高水平开放、生态环境、公共服务、文化传承、城乡融合和实施保障等方面提出具体发展方向

资料来源:作者整理

　　《规划》中指出，西安都市圈规划范围包括西安市全域（含西咸新区），咸阳市秦都区、渭城区、兴平市、三原县、泾阳县、礼泉县、乾县、武功县，铜川市耀州区，渭南市临渭区、华州区、富平县，杨凌农业高新技术产业示范区，面积约为 2.06 万 km²。《规划》也提出近远期发展目标：到 2025 年，西安国家中心城市辐射带动能力进一步提升，非省会功能有序疏解，西安—咸阳一体化发展取得实质性进展，周边城镇发展水平和承载能力明显提升，城市间同城化协调发展机制更加健全，大中小城市和小城镇发展更加协调；到 2035 年，现代化的西安都市圈基本建成，圈内同城化、全域一体化基本实现，形成大中小城市和小城镇协调发展的格局（图 8-3）。

　　此外，《规划》要求优化都市圈发展空间格局，强化都市圈核心引领作用，发挥其他中小城市比较优势，形成"一核、两轴、多组团"的发展空间格局。都市圈核心区主要包括西安市中心城区，即新城区、碑林区、莲湖区、雁塔区、灞桥区、未央区、长安区（不含秦岭生态保护区）；咸阳市主城区，以及西咸新区沣东新城、沣西新城规划范围，国土面积约 1923km²，占都市圈规划面积的 9.3%。同时，推动形成东西、南北两条发展轴，以及富平阎良组团等一批特色功能组团，优化提升中小城市和县城的人口、产业承载能力，支持中心镇发展壮大，发挥都市圈优势培育精品特色小镇。

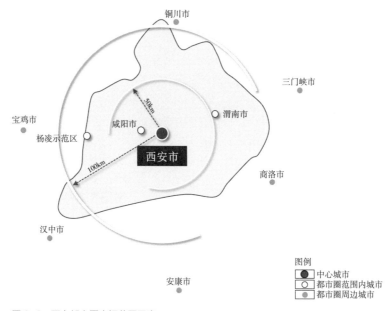

图 8-3　西安都市圈空间范围示意
资料来源：作者自绘

2. 发展基础

1) 人口经济

西安都市圈陆域面积约为 2.06 万 km², 2020 年年底常住人口 1802 万人，常住人口城镇化率超过 72%，在校大学生约 110 万人，人力资源丰富。"十三五"以来，西安都市圈综合实力、发展活力和竞争力日益增强。经济增速持续保持在全国平均水平以上，2020年地区生产总值达到 1.3 万亿元，接近陕西省的 1/2、西北五省的 1/4（表 8-6）。

西安都市圈主要统计数据一览表　　　　　　　　表 8-6

城市	土地面积 （km²）	年末人口 （万人）	生产总值 （亿元）	增幅 （%）	第三产业占比 （%）
西安市	10978.8	1316.3	10688.2	4.1	63.6
咸阳市	4638.4	310.1	1459.6	9.9	39
渭南市	3643	183.1	687.7	9.1	40
铜川市	1617	18.36	129.13	7.1	42.7
杨凌示范区	135	25.43	157.78	2.2	52.6
合计	21012.2	1853.3	13122.4	6.5	47.6

资料来源：根据 2021 年西安都市圈各城市官方统计数据整理，其中西安市数据包含西咸新区，咸阳市、渭南市、铜川市数据为都市圈范围内区县的统计数据

2) 综合交通

西安都市圈地处关中平原中心，具有优越的交通区域条件，多条国家干线高速公路、铁路在此交会，综合交通建设已初具规模。公路方面，对外形成以连霍、京昆、福银、沪陕等干线公路为支撑的高速公路网，对内已建成西宝、西铜、西潼、西禹、西汉等高速公路，西安通过绕城高速与区域内高速公路实现空间连通，形成"环形 + 放射"的内部交通网络体系；铁路方面，除陇海、西康、西延、西平等普速铁路外，郑西、西银、西成、西兰等高速铁路已投入运行，西十、西渝高铁开始建设，按照国家《中长期铁路网规划》，以西安为中心的"米"字形高铁骨干网初步建成，西安未来将成为全国"八纵八横"高速铁路网的中心枢纽之一；航空方面，西安咸阳国际机场通航点总量达到 67 个，航线 75 条，联通全球 36 个国家、74 个主要枢纽和旅游城市，年旅客吞吐量排名全国第七位。轨道交通方面，截至 2021 年西安地铁共获批三轮五次建设规划 12 条线 422km，建成运营 8 条线路 259km，在建 7 条线路 163km。

3）产业体系

以新一代信息技术、航空航天、新材料、新能源等为代表的战略性新兴产业集群不断聚集壮大，已成为全国重要的装备制造业基地和高新技术产业基地（表8-7）。

西安都市圈各市区县主导产业一览表   表8-7

城市	区县	主导产业
西安市		计算机、通信和其他电子设备制造、兵器制造、汽车制造业等装备制造、能源化工、医药制造、航空航天、新材料和文化旅游产业等
	碑林区	商贸、科教和文化旅游产业等
	莲湖区	商贸、高新技术产业等
	新城区	商贸、金融业和轻工产业等
	雁塔区	科教、设备制造和文化旅游产业等
	未央区	商务商贸、文化旅游和现代物流产业等
	长安区	航天科技、科教产业等
	灞桥区	物流业和文化生态旅游产业等
	临潼区	农业和旅游产业等
	阎良区	航空产业等
	高陵区	农业、汽车制造产业等
	鄠邑区	现代农业，以民间绘画、鼓舞等为代表的文化娱乐业等
	蓝田县	以奶山羊产业为代表的农副产品深加工和旅游业等
	周至县	以猕猴桃为代表的现代农业、旅游产业等
	高新区	高新技术产业，包括软件、集成电路、生物医药产业等
	曲江新区	影视制作、出版传媒、电竞、会展、文艺娱乐等文化旅游产业
	经开区	商用汽车产业、新材料产业和国防科技产业等
	浐灞生态区	生态旅游、现代金融、会议会展产业等
咸阳市		能源化工、食品、装备制造、医药制造、纺织服装产业等
	秦都区	电子信息、医药保健、现代纺织产业等
	渭城区	石油加工、医疗器械制造、电子产业等
	兴平市	装备制造、化工、食品加工产业等
	泾阳县	电子信息、智能装备制造和现代食品产业等
	三原县	种植、食品加工制造产业等
	礼泉县	水果种植、旅游产业等
	乾县	畜牧、装备制造、建材产业等
	武功县	钢构建材、食品医药、彩印纸包产业等

续表

城市	区县	主导产业
西咸新区		生态产业、临空产业、新材料等战略新兴产业和文化旅游产业等
	泾河新城	能源、化工、物流贸易、会展业和文化旅游产业等
	空港新城	航空物流、国际商务服务业、商务会展产业等
	秦汉新城	文化旅游、现代农业、生态休闲产业等
	沣西新城	新材料、物联网产业等
	沣东新城	以电子信息、太阳能光伏、物联网为代表的高新技术产业等
渭南市		现代农业、电力、煤炭、建材、纺织、机械制造和文化旅游产业等
	临渭区	以葡萄、猕猴桃、设施瓜菜为代表的种植、化工、装备制造产业等
	华州区	以桃、石榴、花椒等为代表的果蔬种植、现代畜牧、冶金化工产业等
	富平县	种植业，以奶山羊养殖为代表的畜牧产业等
铜川市		煤炭、耀州窑文化、现代农业和旅游产业等
	耀州区	原煤、建材、耀州窑文化产业等
杨凌示范区		生物医药、农产品加工、农机装备制造和旅游产业等

资料来源：作者整理

8.2.2　特色小镇发展潜力分析

1. 特色小镇发展历程

近年来，陕西省重视推进小城镇的特色化建设。2011年起，陕西省按照"城乡政策一致、规划建设一致、公共服务均等、收入水平相当"的原则，择优培育35个重点示范镇，采取专项资金引导、土地指标支持、专业人才帮扶、目标责任考核等一系列措施，目标是打造县域副中心，吸引农民落户和创业。2013年，为更好地保护与传承历史文化，提出建设以传统古镇为主体的31个文化旅游名镇，按照"规划引领、保护修复、完善功能、开发利用、突出特点、宜居富民"的总体思路，着力构建传统"形态"、传承多元"文态"、打造宜居"生态"、丰富旅游"业态"，通过开发特色旅游促进县域经济发展。2022年，陕西省为提升旅游村镇品质化发展水平，又命名9个镇为陕西省旅游特色名镇。"两镇"建设在管理体制、规划引领、要素供给等方面积累了实践经验，也为后来的特色小镇建设创造了有利条件。

2016年10月，陕西省政府印发《深入推进新型城镇化建设实施意见》，要求省发改委、住房和城乡建设厅牵头开展特色小镇培育工作。随后，省直部门和地市各级政府部门结合自身职能，陆续出台相关政策或专项政策推进特色小镇建设（表8-8）。

陕西省关于支持特色小镇建设的政策文件及相关内容   表 8-8

时间及政策文件	相关内容
2016 年 11 月，省政府《关于深入推进新型城镇化建设的实施意见》（陕政发〔2016〕47 号）	培育发展特色小镇，持续推进 35 个重点示范镇和 31 个文化旅游名镇建设，打造县域副中心和宜居宜游特色镇；积极争取国家特色小镇政策支持，进一步发掘历史文化、产业、生态等资源，打造一批休闲养生小镇、民俗小镇、特色产业小镇；到 2020 年，全省形成 100 个特色小镇
2017 年 2 月，省发改委《关于加快发展特色小镇的实施意见》（陕发改规划〔2017〕232 号）	提出"力争通过 3 ~ 5 年的培育创建，建设 100 个特色小镇"的宏伟目标，明确了小城镇建设的总体要求和主要目标
2017 年 5 月，省政府《关于加快发展健身休闲产业的实施意见》（陕政办发〔2017〕33 号）	充分挖掘自然、科技和人文资源优势，打造"五色"体育旅游小镇，包括以革命教育为基础的红色体育旅游小镇、以农业为基础的黄色体育旅游小镇、以生态为基础的绿色体育旅游小镇、以科技为基础的蓝色体育旅游小镇、以滑雪运动为基础的白色体育旅游小镇
2017 年 8 月，省政府《关于印发陕西省全域旅游示范省创建实施方案的通知》（陕政办发〔2017〕62 号）	深入推进 31 个文化旅游名镇建设，加快 71 个中国传统村落保护与发展，打造一批山水景观、历史遗址、特色聚落、特色农业、民俗风情、休闲康养、运动康体等特色小镇
2017 年 10 月，省政府《关于进一步促进农产品加工业发展的实施意见》（陕政办发〔2017〕81 号）	加快建设农产品加工特色小镇，实现产城融合发展
2017 年 11 月，省政府《关于激发重点群体活力带动城乡居民增收的实施意见》（陕政发〔2017〕52 号）	加快培育一批特色小镇，出台我省加快建设特色小镇的实施意见，积极开展特色小镇试点示范工作；推动产城融合，拓宽农民增收渠道，促进农村人口就近就地转移就业
2018 年 1 月，省政府《关于县域创新驱动发展的实施意见》（陕政办发〔2017〕111 号）	鼓励各县（市、区）以建设创新型市、县、区为目标，围绕主导产业、高成长性产业，强化体制机制创新，集聚创新资源，提升创新能力，推进科技示范镇、重点示范镇、文化旅游名镇和专业小镇建设，培育创新型企业，加快构建区域创新体系，推动资源型县域经济向生态型、创新型转变
2018 年 3 月，省政府《关于进一步扩大旅游文化体育健康养老教育培训等领域消费的实施意见》（陕政办发〔2018〕13 号）	落实文化和旅游融合发展规划，重点建设一批文化旅游融合发展重大项目和重点城镇；大力发展以运动体验、运动休闲度假和重大赛事观赏为主要内容的体育旅游，打造一批具有红色、绿色、科技、生态、养老等特色的体育旅游小镇
2018 年 5 月，省住房和城乡建设厅、发改委等多部门《关于规范推进全省特色小镇和特色小城镇建设的意见》	明确要把特色小镇和特色小城镇建设成为农民脱贫致富的重要载体，成为加快县域经济发展的有力支撑，成为新型城镇化和经济转型升级的重要平台，为实施乡村振兴战略和全面建成小康社会发挥积极作用；突出五项重点任务，即打造鲜明特色、推进"三生"融合、拓宽资金渠道、引领人居环境、加快机制创新；明确了规范推进特色小镇和特色小城镇建设的具体要求和目标责任
2018 年 11 月，省政府《关于推进农业高新技术产业示范区建设发展的实施意见》（陕政办发〔2018〕57 号）	积极培育、发展示范区文化与创意产业，建设布局合理、功能完善、宜业宜居的美丽乡村和特色小镇

续表

时间及政策文件	相关内容
2018 年 12 月，省政府《关于印发省关中平原城市群发展规划实施方案的通知》（陕政办发〔2018〕68 号）	持续推进省级重点示范镇和文化旅游名镇建设，打造县域副中心和宜居宜游特色镇；积极稳妥推进特色小镇建设，按照"产业支撑、企业主体、政府引导"的思路，重点在科技创新、文化旅游、新兴产业、现代农业等方面打造一批富有地域特色和创新力强的特色小镇
2020 年 11 月，省发改委《关于启动建立全省特色小镇清单管理的通知》（陕发改规划〔2020〕1523 号）	建立全省特色小镇管理清单，对拟纳入全省特色小镇清单的所有特色小镇规划逐一进行审核
2021 年 5 月，省发改委《促进全省特色小镇规范健康发展实施方案》（陕发改规划〔2021〕656 号）	组织开展全省特色小镇培育创建工作，按照严定标准、严控数量、统一管理、动态调整原则，建立健全全省特色小镇清单、省级特色小镇创建方案和评估指标体系
2021 年 9 月，省发改委《陕西省特色小镇培育创建方案（试行）》（陕发改规划〔2021〕1412 号）	提出全省特色小镇的主要创建类型，包括先进制造类、科技创新类、创意设计类、商贸流通类、文化旅游类、体育运动类和三产融合类七大类，支持有条件的主体创建数字经济类和金融服务类小镇；明确申报条件、创建程序、支持政策措施等内容；区位方面，以优化发展原有产业聚集区为主、培育发展新兴区域为辅，重点布局在城市群、都市圈等优势区域或其他有条件区域，重点关注市郊区域、城市新区及交通沿线、景区周边等区位
2022 年 2 月，省发改委《关于公布纳入全省第一批特色小镇管理清单的通知》（陕发改规划〔2022〕28 号）	公布陕西省第一批特色小镇管理清单，包括西安市翱翔小镇、航空小镇、茯茶小镇、大唐西市丝路文旅小镇、周至水街生态旅游小镇，铜川市照金红色文旅小镇，延安市南泥湾红色文化小镇，汉中市营盘运动休闲小镇，咸阳市西北电商小镇共 9 个

资料来源：作者整理

　　从上述文件可以看到，2016 年以来，陕西省政府在发展健康休闲、文化旅游、农业高新技术、创新驱动等方面政策文件中将特色小镇作为推进新型城镇化的重要抓手，并把持续推进"两镇"建设作为特色小镇的重要基础。陕西省发改委则是推进特色小镇发展的主要部门，在国家政策指导下又结合本省实际，针对性地出台了特色小镇的专项引导政策，提出了具体的推进措施和规范管理机制。

　　由于西安都市圈的规划建设刚刚起步，并没有针对特色小镇建立管理协调的机构和机制，各地市纷纷结合自身资源特色和产业规划制定政策和发展规划，总体来看，创建工作取得了一些成绩，但与杭州、成都、广州等都市圈的特色小镇相比，仍存在政策体系不完善、特色产业不强、建设主体不清、协调机制不顺等诸多问题。此外，各地市对于特色小镇的创建热情和积极性也有较大差异，除西安市外，咸阳市、铜川市、渭南市仅限于落实省政府关于特色小镇的政策要求，并没有出台市级特色小镇相关的专项支持政策和开展市级特色小镇的创建评审工作，特色小镇的培育仍处于初级阶段，企业和社会资本的参与热情不高。西安作为都市圈的中心城市，政府自 2017 年开始积极学习借鉴"浙江经验"，全面推进特色小镇创建工作，取得了阶段性成果，下面以西安市为例介绍特色小镇的发展情况。

2017 年 3 月，西安市面向行政辖区内的各区县、西咸新区和各开发区征集特色小镇77 个，于 8 月公布第一批 35 个创建类特色小镇名单。2020 年 3 月西安市特色小镇规划建设领导小组办公室公布了第一批创建类特色小镇评价考核结果，西咸新区中国西部科技创新港智慧学镇等 8 个小镇评价考核为优秀；航天基地空天小镇等 6 个小镇评价考核为良好；浐灞生态区灞柳基金小镇等 8 个小镇评价考核为合格，给予警告；临潼区秦匠旅游商品创意小镇等 13 个小镇评价考核为淘汰，退出第一批创建类特色小镇名单。西安市特色小镇的创建过程中在政策设计、运营管理、体制机制创新等方面积累了一定的经验，比如政策体系构建和管理服务方面，成立了由市委书记为第一组长、市长为组长、各市级领导为副组长的西安特色小镇规划建设领导小组，下设办公室负责日常工作，各区县、开发区也成立了相应部门，共同指导全市范围内特色小镇培育建设工作；建立"2 对 1"包抓机制，即由 1 名市级领导和 1 名区县（开发区）领导包抓 1 个特色小镇；制定了"1+3+N"系列文件[①]，编制了《西安市特色小镇总体规划（2018—2021 年）》；确立镇长联席会议制度和督导考核机制。此外，特色小镇开发运营主体在机制、模式创新和产学研合作方面也不断实践探索，发挥各自优势（表 8-9）。

西安市支持特色小镇发展的政策体系　　　　　　表 8-9

1+3+N 主要政策文件	相关内容
2017 年 4 月，市政府《西安市加快推进特色小镇建设的指导意见》（市发〔2017〕11 号）	结合区域经济社会发展基础和条件，从西安实际出发，按功能特征和产业定位，将特色小镇划分为信息经济类、商贸物流类、金融基金类、先进制造类等 10 大类；提出培育和创建的 5 个原则，因地制宜、分类施策、以人为本、市场主体、集约高效；实行创建制，按照"宽进严定、分类分批"的原则统筹推进，提出力争通过 5 年努力，分批培育和创建 50 个左右特色小镇等一系列目标；针对创建对象在规划、产业、投资、功能等方面提出要求；在规划审批、土地供给、财政扶持、人才建设、奖励措施等方面提供支持

---

① "1"是指市委、市政府印发的《西安市加快推进特色小镇建设指导意见》，"3"是指市委办公厅、市政府办公厅印发的《西安市特色小镇创建导则（试行）》《西安市加快推进特色小镇建设若干政策》《西安市特色小镇建设工作考核办法（暂行）》，"N"是指各有关部门制定的具体支持政策，包括《关于文化类特色小镇的规划部署方案》《西安市文化类特色小镇支持政策实施细则》《西安市特色小镇金融扶持政策实施办法（暂行）》《关于加快推进工业特色小镇建设的实施方案》《关于印发西安市特色小镇财政政策实施办法的通知》《西安市金融基金类特色小镇规划方案》《农业类特色小镇规划方案》《西安市商贸特色小镇发展规划方案》等。

续表

1+3+N 主要政策文件	相关内容
2017 年 5 月，市政府《西安市特色小镇创建导则（试行）》《西安市加快推进特色小镇建设若干政策》《西安市特色小镇建设工作考核办法（暂行）》（市办字〔2017〕80 号）	进一步明确了特色小镇的申报条件、申报材料要求、申报程序、审核流程、监管措施和验收命名标准；在用地保障、基础设施完善、财政金融支持和奖励政策等方面提出实施细则；明确了特色小镇年度考核内容、考核程序和方法
2018 年 12 月，市政府《关于印发西安市特色小镇总体规划（2018—2021 年）的通知》（市政发〔2018〕52 号）	明确发展思路、目标和原则，重点建设和发展 10 类产业特色小镇，分析其发展基础、发展导向和布局导向；规划的主要任务是优化总体布局、完善五大功能、推进创建工作；在招商引资、投融资、要素保障、管理服务等体制机制方面进行创新；按照"分批创建、滚动推进"和"谋划一批、创建一批、建成一批"的要求进行分批试点

资料来源：作者整理

　　尽管西安市在特色小镇创建初期在政策红利和社会资本的支持下进展迅速，涌现出一批特色鲜明、发展潜力巨大的小镇，但也存在着诸多问题，导致发展后劲不足。首先，西安市特色小镇在征集阶段要求各区县等政府管理机构推荐，评审阶段为鼓励每个区县都有特色小镇参与，将许多发展基础并不扎实、产业特色不够鲜明的小镇列入创建名单，追求行政空间上的平均分布反而浪费了有限的政策资源，影响真正有潜力的特色小镇发展；其次，西安市特色小镇的产业发展基础整体较为薄弱，主导产业特色不够鲜明、产业根植性不足，受发展要素供给制约等因素的影响，小镇实际建设推进速度较慢，企业数量、企业规模、企业家素质与产业发展环境都处于初级阶段，龙头企业未能很好地发挥带动作用，再加上投融资机制不健全、市场化运作不成熟，短期内难以在市场中形成较强竞争力；再次，政策支持后续乏力，2019 年后未再出台与特色小镇相关的专项政策，政府层面未能根据国家和省级最新政策进行响应，第二批特色小镇名单迟迟没有公布，客观上影响了社会资本和市场主体对创建特色小镇的积极性，特别是政府未能主导建设西安市特色小镇官方的信息发布网站和平台，社会公众和投资者难以及时获取小镇发展的新闻资讯。此外，虽然政策中要求严控房地产化倾向，但在实际建设过程中，一些以房地产为开发主体的小镇仍然靠住宅开发作为主要盈利模式，产业投入的强度和质效水平差强人意，没有真正起到特色小镇在产业集聚和创新发展上的引领带动作用。

2. 特色小镇发展潜力

1）发展基础层面

西安都市圈作为关中平原城市群的核心区域，对于国家战略和区域经济发展都具有重要意义，"十三五"以来，西安都市圈综合实力、发展活力和竞争力日益增强，设施一体化建设不断完善，促进区域内人口、经济之间的联系愈发紧密。西安市不仅是都市圈的中心城市和主体，还是"一带一路"建设的桥头堡，具有承东启西、连接南北的重要战略地位，国家中心城市功能体系的建设进一步强化了西安在全国的引领、辐射、集散功能，增强了城市的吸引力、创造力和竞争力，为发展特色小镇的各类要素集聚和流动共享提供有力支撑和重要保障。

西咸新区由西安市全面代管加快了西咸一体化进程，由西安市和咸阳市主城区以及沣东新城、沣西新城构成的都市圈核心区是人才、技术、资本等先进要素的密集区，成为引领都市圈高质量发展的动力源，同时，广阔的城乡接合区域和乡村地区为特色小镇的发展提供了空间优势。

西安都市圈具有丰富的科教资源，拥有 79 所普通高校，集聚着全国航空航天和兵器工业三分之一以上的科研单位、专业人才及生产力量，初步形成电子信息、装备制造、军民融合等产业集群，产业结构向高端化迈进，为区域内特色小镇发展新材料、人工智能、生物医药、信息技术等新兴产业提供创新平台和人才优势。

此外，西安都市圈拥有西安、咸阳两座历史文化名城和大量历史文化遗迹，是世界级文化旅游目的地，文旅资源密度大、质量高，具有很高的文化产业竞争力和挖掘潜力。秦岭和渭河区域发展第一产业，以较好的生物多样性保护和森林覆盖率为都市圈提供重要保障，良好的生态基底和气候条件有助于发展以优势资源为依托的特色小镇。

2）区域协同层面

为完善都市圈空间联系，西安都市圈正在进一步完善基础设施功能，通过建立高铁、城铁、地铁、高速公路等多层次交通体系，打造高密度、高效率的互联互通交通网络来提高都市圈通勤水平，并加强以 5G、大数据等为代表的新型基础设施建设来提升交通运输管理智能化水平，为特色小镇的选址布局以及加强与中心城市联系提供便利。

在产业协同方面，以建设秦创原创新驱动平台为契机，推动"政产学研金"有机结合，打造集"研发—孵化—生产"为一体的复合型科技创新系统，带动都市圈各创新主体之间的合作模式创新，初步形成了多个以高校、科研院所为核心的创新转化平台，促进创新链和产业链融合，加快形成以先进制造业为基础、高端服务业为重点、现代都市圈农业为特色的都市圈现代产业体系，这都为特色小镇的发展提供了良好机遇。

西安都市圈特色小镇的发展还需要站在都市圈一体化的高度，围绕都市圈内的主导产业和空间结构进行统筹规划布局，通过创新合作协商机制、产业一体化机制和市场一体化机制来解决都市圈特色小镇与中心城市协同发展能力不足的问题。

3）自身潜力层面

整体来看，西安都市圈特色小镇建设尚处在起步阶段，民营经济实力较弱，缺少能带领产业发展的龙头企业，难以完全照搬先发地区的经验，培育思路和发展模式较为单一，需要从自身发展基础和比较优势出发，探索符合西安都市圈实际的发展道路，使特色小镇成为推动西安都市圈高质量发展的重要力量。

因此，要充分培育建设都市圈内有发展潜力的特色小镇，一方面重点研究都市圈内省级、市级创建类特色小镇，另一方面将研究范围扩大到陕西省住房和城乡建设厅认定的"两镇"的产业核心区，以及具有产业集聚基础和发展潜力的片区（表 8-10）。

西安都市圈特色小镇培育对象统计 表 8-10

类别	地区	名称	备注
陕西省第一批创建类特色小镇（2022 年）	西安市（含西咸新区）	翱翔小镇	科技创新类
		航空小镇	先进制造类
		茯茶小镇	三产融合类
		大唐西市丝路文旅小镇	文化旅游类
		周至水街生态旅游小镇	文化旅游类
	铜川市	照金红色文旅小镇	文化旅游类
	咸阳市	西北电商小镇	商贸流通类
西安市第一批创建类特色小镇（2017 年）	新城区	民间金融小镇	金融服务类
	莲湖区	老城根文尚小镇	商贸流通类
		大唐西市丝路文旅小镇（省级）	文化旅游类
	雁塔区	明德门文化艺术创意小镇	文化旅游类
	阎良区	武屯羊乳小镇	三产融合类
	高陵区	通远创想小镇	三产融合类
	长安区	长安大学城梦想小镇	科技创新类
	鄠邑区	祖庵文化旅游小镇	文化旅游类

续表

类别	地区	名称	备注
西安市第一批创建类特色小镇（2017年）	蓝田县	华胥家居小镇	先进制造类
	周至县	周至水街生态旅游小镇（省级）	文化旅游类
	高新区	西安国际社区时尚小镇	商贸流通类
	经开区	光伏小镇	先进制造类
	浐灞生态区	世园婚庆文旅小镇	文化旅游类
		灞柳基金小镇	金融服务类
	国际港务区	陆港金融创意小镇	金融服务类
	航空基地	航空小镇（省级）	先进制造类
	航天基地	航天小镇	数字经济类
	西咸新区	中国西部科技创新港智慧学镇	科技创新类
		硬科技小镇	科技创新类
		翱翔小镇（省级）	科技创新类
		茯茶小镇（省级）	三产融合类
重点示范镇	西安市：长安区滦镇街道办、鄠邑区草堂镇、临潼区零口街道办、高陵区泾渭镇、阎良区关山镇、蓝田县汤峪镇、周至县哑柏镇；咸阳市：兴平市西吴镇、礼泉县烟霞镇；渭南市：富平县淡村镇；杨凌示范区：五泉镇、揉谷镇		
文化旅游名镇	西安市：鄠邑区祖庵镇、蓝田县玉山镇；咸阳市：武功县武功镇；铜川市：耀州区照金镇		
典型特色产业集聚区	西安市：灞桥区白鹿原白鹿仓景区、鄠邑区原乡牧歌田园康养小镇、长安区长安唐村中国农业公园、曲江新区电竞产业园、经开区兵器特色小镇；咸阳市：袁家村；渭南市：富平天玺柿子小镇；铜川市：小丘镇、庙湾镇特色农业集聚区；杨凌示范区：杨陵农业科技小镇		

资料来源：作者整理

总体来看，西安都市圈特色小镇具有较大的发展潜力，应确立切合实际的发展思路，明确发展方向，清除发展障碍，促进都市圈产业协同和创新协同生态圈。

8.2.3 特色小镇发展战略方向

西安都市圈从发展阶段上看仍属于发展型都市圈，与我国东部发达地区都市圈相比，西安都市圈综合实力和竞争力不强，发展不平衡、不充分问题较为突出，中心城市的经济能级不足、辐射带动能力有待提高，区域产业分工协作水平和产业集聚度较低，基础设施一体化水平和公共服务设施体系建设还有明显短板，政策协同、要素流动、城乡融合等发展体制机制还需完善。

西安都市圈特色小镇建设应从区域产业规划布局与协同出发，立足都市圈内各区县资源和产业的比较优势，不局限于省市级特色小镇的创建名单，而是从重点示范镇、文化旅游名镇、特色产业集聚区等发展基础入手，引导激发政府和社会参与特色小镇建设的积极性，鼓励有条件的旅游景区、农业园、文创园、产业园、科技园、电商物流园等向特色小镇转型，借助秦创原等创新平台整合分散的产业板块和资源重点在城乡接合部规划布局科技创新类、先进制造类等产学研特色小镇，发挥铜川市、渭南市、杨凌示范区等都市圈外围区县得天独厚的自然条件优势和资源禀赋，重点发展文化旅游类、三产融合类等休闲旅游特色小镇，利用西安市高端要素的集聚和辐射发展金融服务类、创意设计类特色小镇，依托都市圈一体化的交通网络和城市居民日益增长的消费需求发展商贸物流类特色小镇。

8.2.4　特色小镇总体规划策略

为更好地发展西安都市圈特色小镇，要打造"中心城市 + 特色小镇"协同共生的发展格局，一方面应提升中心城市的辐射带动能力，加强都市圈产业分工与合作，促进都市圈一体化发展和区域协同发展机制的形成；另一方面，要强化顶层设计，找准定位、科学论证，明确产业发展方向，并通过完善的政策体系和长期稳定的激励机制应对要素供给不足和发展乏力的问题。

1. 提升中心城市辐射带动能力，促进都市圈一体化发展

立足西安国家中心城市的整体战略目标和综合优势，以强化综合承载能力和现代服务功能为重点，构建现代化产业体系，全面增强城市吸引力、创造力和竞争力。强化都市圈核心—边缘的联系，推动沿对外主要交通大通道形成东西向发展轴和南北向发展轴，充分发挥西安、咸阳作为中心城市和次中心城市的辐射能力，加强城市间的分工协作与经济联系，通过有序疏解中心城市一般性制造业、区域性专业市场和物流基地等非核心功能与设施，引导高陵、三原、泾阳、兴平等周边中小城市承接制造业转移，带动一批都市圈特色功能组团与中心城市形成联动发展格局。

在都市圈交通设施和公共服务一体化方面，通过完善都市圈轨道交通和快速通道网络布局，强化西安与都市圈核心圈层、紧密圈层中相关区县的交通联系，特别是结合周边大

型公共服务设施、产业集聚区、文旅资源密集区优化交通线网，推动都市圈交通网络由单核心向多点连接的网络结构转变；通过构建都市圈区域性公共服务体系，将西安和咸阳主城区的优质医疗、教育、文化等公共资源辐射到外围区县。

西安都市圈特色小镇的培育要建立与中心城市的紧密联系，结合城市轨道交通站点进行布局，围绕中心城市谋划特色产业集聚，充分利用都市圈不断完善的交通设施和公共服务盘活特色小镇，有利于承接产业转移和功能外溢。

2. 加强都市圈产业分工与合作，构建区域协同发展机制

统筹都市圈产业结构优化和生产力布局，加强西安都市圈内部的产业协作与功能互补，明确各地区产业定位和重点发展方向，实现产业错位发展，打破行政壁垒，优化资源配置，形成以先进制造业为基础、高端服务业为重点、现代都市农业为特色的都市圈现代产业体系。都市圈核心圈层利用先进要素集聚主要发展现代服务业和战略新兴产业，紧密圈层发展装备制造业等工业，辐射圈层发展现代农业、旅游业。以产业集群化、特色化、专业化为导向，鼓励都市圈龙头企业开放供应链和产业链，带动形成专业化分工协作体系。

在产业分工与合作的基础上，构建区域协同发展机制。通过建立西安都市圈市长联席会议制度，协调区域之间的沟通与合作，统筹产业协同发展，促进要素自由流动和产业衔接，完善人力资源、技术市场、金融服务、市场准入等一系列市场一体化机制。特别是要建立都市圈协同创新体系，依托西安都市圈内丰富的高校、科研院所等优质科教资源，搭建"政产学研用"一体化的协同创新平台，促进产业链、创新链、人才链等多链有机融合，健全创新成果转化和交易服务共享平台，利用秦创原等产业创新生态体系激发都市圈创新产业发展，培育新兴主导产业集群。

西安都市圈特色小镇应注重引导特色产业相关的企业在空间上集聚，鼓励西电集团、隆基集团、陕鼓集团等龙头企业整合创新资源和上下游企业资源共同打造特色小镇，通过竞争与合作机制促使企业之间形成资源优势互补，利用都市圈的资源实现产业协同、空间协同、要素协同和创新协同，促进特色小镇提升竞争力。

3. 强化特色小镇建设的可行性论证，明确产业发展方向

西安都市圈特色小镇要在前期阶段加强小镇建设的可行性论证，在空间布局上应依托都市圈产业发展轴和区域综合交通网络，在选址范围内临近国家级、省市级重点产业平台

或重大项目，如军民融合创新示范区"一区两园四基地"等科技园或产业基地，或者结合中心城市优质科教资源的外溢进行重点布局，如大学新校区、西安光机所等。科学选址一方面有利于快速实现集聚和规模效应，另一方面便于承接中心城市产业转移和功能外溢，以及实现与中心城市及重点地区之间的人才、物资等要素的快速流动。小镇所在的区域应尽可能充分发挥城乡接合部优美生态环境和设施完善的优势，打造可达性强、高品质、低成本的创新创业空间。

产业决定小镇发展的未来，产业定位是小镇建设的起点和前提，应主线明确、方向清晰，体现核心优势，突出主导产业的同时兼顾多元性，构建具备弹性的空间利用模式。在特色产业选择上，要明确自身产业优势和发展需求，与中心城市实现差异化发展，避免产业同质化造成恶性竞争。特色小镇要建立以产业价值链延伸为主体的空间组织，结合西安都市圈的产业基础、布局和战略发展方向，特别是以硬科技等新兴产业为导向，吸引龙头企业入驻引领和相关生产性服务集聚。

4. 完善特色小镇发展政策体系，注重激励机制的长期性

针对西安都市圈特色小镇在政策制定和实施过程中的问题进行深入总结，结合特色小镇发展过程中面临的实际困难予以应对，特别是优化土地、资金和人才保障方面的政策措施，提升政策目标的科学性和可操作性，以企业为主体来提高小镇开发和运营的市场化程度。西安都市圈应完善区域层面的政策体系，引导特色小镇的选址布局和产业选择，从实际出发合理制定小镇建设的时间表和路线图，在投资规模和创建周期上给予区别对待，集中有限的政策资源大力扶持精品特色小镇的高质量发展，鼓励企业投资热情和社会资本参与的积极性，鼓励企业、高校、科研院所等社会主体成为小镇的开发建设、投资运营的主体。在具体政策措施方面，通过盘活存量土地资源和用地绿色审批通道保障土地供给，利用财政资金和政策性金融的杠杆效应吸引社会投资来保障资金供给，通过优惠政策引导高端人才落户小镇保障人才供给，有效解决小镇发展过程中的要素不足问题。

政策的实施上要注重激励的长期性和连续性，加强对区域内特色产业集聚区的正向引导，建立西安都市圈特色小镇培育的种子库，择优进入特色小镇创建清单，形成合理的发展梯队和后备力量。通过体制机制创新和优化，改变单一的用地指标和财政收入返还等激励手段，运用财税等价格手段减少政策套利，激发市场活力。

主要结论

创新点

不足及展望

结论与展望

第 9 章

截至 2022 年 7 月，国内已有南京、福州、西安等 5 个都市圈规划获得国家批准实施，另有以北京、上海、杭州、天津、重庆等十多个人口超 1000 万人的特大超大城市为核心的都市圈，从未来城市布局趋势来看，都市圈作为人口、资本以及企业最为集中的区域，以相对较小的空间汇聚了大量的人口、资金等生产要素，将迎来重要发展机遇，新增长动能、新经济增量等都会在都市圈内的中心城市中率先涌现，而都市圈的发展也关系到中国整个经济的未来发展走势。目前，国家也出台了一系列政策支持培育现代化都市圈的发展，明确了以发展都市圈为核心的城市规划和区域规划战略，未来随着都市圈战略的持续推进，中心城市的发展模式将逐渐从单打独斗转向区域协调发展。都市圈时代，特色小镇需要以产业集聚和产业链延伸的形式与中心城市形成产业生态格局，成为都市圈空间层次构建中不可或缺的一层，以其在特定区域及其历史人文背景下嵌入的"产业生态位"成为产城人文融合的新型城市空间，在区域高质量发展和城乡融合发展中发挥重要作用。

9.1 主要结论

9.1.1 大都市圈中心城市与特色小镇的互动机制

都市圈内中心城市与周边区域存在着共生与竞争的关系，这也是都市圈发展的原动力。特色小镇是城市化进程中非连续性、过渡性的政策手段，它的发展顺应了都市圈以及城市群的发展趋势。从某种意义上讲，特色小镇是城市体系的一部分，是智慧城市理念的深化。在都市圈内通过公共基础设施（轨道交通）引导产业和人口疏解，将地理邻近的大中小城市整合为高效的城市网络，通过高端要素的集聚和产业链的延伸实现城乡一体化发展。可以说，都市圈重塑了城市空间布局和产业格局，也使得中心城市与特色小镇协同发展、和谐共生成为可能。

作为新型城镇化的主体形态，都市圈承载着以超大特大城市或辐射能力强的城市来促进区域协调发展的职能，中心城市与特色小镇通过经济辐射效应建立起公共服务、基础设施以及产业和生态环境保护的协同发展。理想的都市圈是一个在人口、经济、社会、文化和整体结构上具有合理体系，在资源配置、产业分工、人文交流等方面具有良好协调机制的城市发展综合体。特色鲜明、分工明确、彼此互补是良好都市圈的标配，避免"同质化"是都市圈建设中的重要问题。而"促进城市功能互补、产业错位布局和特色化发展"的指导方针，要求中心城市以规模化、同质化、高层次的资源聚集支撑各类特色小镇的发展，特色小镇又以快速的发展反过来推动中心城市资源数量和质量的提升，这才是中心城市和特色小镇最优的互动机制。

9.1.2　大都市圈特色小镇发展的要素体系

　　根据实践案例和理论梳理，从都市圈、中心城市、特色小镇在不同阶段的发展基础和发展诉求角度，将都市圈特色小镇的发展要素归纳为核心要素和支撑要素两大类，其中核心要素为特色小镇的发展核心，包括基础要素、动力要素、发展要素三个方面；支撑要素是由都市圈和中心城市对特色小镇发展的主要影响要素构成，包括都市圈的基础水平、联系水平、协同水平，以及中心城市的规模能级和辐射水平。特色小镇的基础要素包括区位选址、产业基础、资源禀赋、历史文化、生态环境、特色风貌、设施配套；动力要素包括政策支持、土地保障、人才引进、资本推动、企业引领；发展要素包括发展模式、体制机制、创新水平、运营管理、品牌宣传。都市圈基础水平包括经济实力、人口规模、设施建设，都市圈联系水平包括经济联系、人口联系和交通联系，都市圈协同水平包括战略协同、空间协同、要素协同、产业协同、创新协同和治理协同。

9.1.3　大都市圈特色小镇发展演化的动力机制

　　都市圈特色小镇发展演化的动力机制是一个复杂有机的运作系统，解释了特色小镇在都市圈内部如何生成和发展的过程，及其与中心城市互动的各种动力要素之间的相互关系、作用原理和运行方式。大都市圈特色小镇发展演化的动力机制包括发生阶段核心动力机制、发育阶段核心动力机制和提升阶段核心动力机制，是在都市圈区域形成的外部环境中，由不同发展阶段对特色小镇所起主导作用的外生动力因素和内生动力因素构成。其中，发生阶段核心动力机制是都市圈内促进特色小镇形成的动力机制，主要包括经济推动机制、政策引导机制和市场协调机制；发育阶段核心动力机制是特色小镇发展过程中自我完善、内部企业相互协作的动力机制，主要包括自组织机制、竞争合作机制和知识溢出机制；提升阶段核心动力机制是特色小镇迈向高质量发展阶段、在都市圈内与中心城市形成良性互动的动力机制，主要包括创新机制、协同机制和共生机制。

9.1.4   大都市圈特色小镇的发展路径

新型城镇化导向下都市圈特色小镇发展的终极目标是以特色产业发展来实现农村人口就近城镇化和为创业者提供创新发展平台，特色小镇利用都市圈提供的一体化基础设施和均等化公共服务等资源，承接中心城市非核心功能的疏解和产业转移，通过特色产业集聚提供多样化工作岗位和学习机会，通过多元功能融合为人的发展提供完整和高效的社会关系网络，通过优美环境满足人亲近自然、追求精神愉悦的需求来吸引人才、留住人才，通过创新灵活的体制机制为人提供集约高效的创新空间。培育型都市圈特色小镇建设要增强中心城市的综合实力和辐射带动能力，完善区域设施建设，挖掘特色资源；发展型都市圈特色小镇建设要注重营造良好制度环境吸引人才；成熟型都市圈特色小镇建设要建立协同发展机制，强化区域品牌形象。不同类型的特色小镇应根据其对发展要素的具体需求，选择不同的发展路径，秉持少而精、少而专方向，在具备客观实际基础的前提下确立主导产业。

9.1.5   大都市圈特色小镇的发展模式

都市圈特色小镇的发展模式包括开发模式、空间组织模式、投融资模式、产业发展模式、运营模式五大类，不同类型的特色小镇应根据都市圈的不同发展阶段和不同空间结构来选择不同开发模式。特色小镇的开发模式可以归纳为政府主导模式、政企联动模式以及政企共建模式，无论是哪种模式，政府都在政策和资金支持方面对小镇初期的开发起到重要作用，而企业作为市场主体，其主观能动性发挥关系到小镇能否实现可持续发展。特色小镇作为推进新型城镇化的重要载体，可以布局在都市圈核心圈层的中心城市市区、紧密圈层的城乡接合部和辐射圈层的农村地区，与中心城市的距离不同享受城市功能要素的程度也有所差异，从生产、生活、生态"三生"空间的视角，将特色小镇的空间组织模式归纳为多元融合模式、联动共生模式和独立复合模式。特色小镇可用的融资模式包括政策性、商业性银行（银团）贷款、债券、融资租赁、基金（专项、产业投资基金等）、收益信托、PPP 融资等，每个特色小镇结合自身实际情况，在不同发展阶段运用灵活的融资模式，自由选择优化组合，要强化政府、企业、银行、社会资本之间的合作和协同互动，实现资本化和市场化运作，解决特色小镇产业项目、公益性或非营利性项目的投资周期长、短期内收益慢等制约问题，需要创新特色小镇投融资体制，构建多方参与、多种模式融合的金融平台。特色小镇特色的形成关键在于产业的特色，产业发展以核心产业为主线，并与相关的第一、二、三产业相互渗透和交叉。根据产业驱动力的不同可以将特色小镇的产业发展模式归纳为休闲旅游驱动模式、产学研驱动模式和专业服务驱动模式。特色小镇运营模式按照运营主体发挥作用的程度不同，可以分为政府主导模式、企业主导模式和政企合作模式三种，要基于市场化机制进行运营，明确政府与市场的关系，将行政管理与运营发展功能相分离，遵循市场规律，强化特色小镇在产业发展和项目运营上的自我组织能力。

9.2　创新点

9.2.1　学术层面

在中国全面进入都市圈经济时代的背景下，对都市圈与特色小镇协同发展进行深度解析，探索特色小镇推动区域发展的新思路、新方法，提出都市圈特色小镇高质量发展的价值导向。本研究围绕建立现代化都市圈网络，总结国外典型都市圈特色市镇和国内典型都市圈特色小镇实践经验，构建适合大都市圈语境的特色小镇发展要素体系和动力机制，探讨都市圈中心城市和特色小镇的互动机制，总结归纳都市圈特色小镇的主要发展模式，在学术上具有较强的创新性。

9.2.2　技术层面

基于国内都市圈和特色小镇发展现状，面向都市圈中心城市与特色小镇的空间耦合和功能协调，建立都市圈特色小镇发展绩效评价体系进行综合分析，采用"发展基础、协同程度、潜力水平"三个指标维度，分别测算都市圈内特色小镇在发展中与都市圈中心城市的带动能力、联动协同水平和特色小镇发展潜力三项内容，测度不同发展阶段都市圈特色小镇的综合发展绩效水平，对国内典型都市圈特色小镇进行实证分析，总结问题并提出对策，为我国大都市圈特色小镇发展构建奠定坚实基础。

9.2.3　实践层面

立足城乡规划学，通过对都市圈特色小镇发展要素体系的梳理、机制体系的辨析，紧扣特色小镇发育的典型问题和核心矛盾，总结归纳出不同阶段、不同类型都市圈特色小镇发展的路径，构建都市圈特色小镇发展模式，最后以多中心的南京都市圈和单中心的西安都市圈为例，提出有针对性的规划引导策略，为国内都市圈特色小镇的高质量发展提供有益借鉴。

9.3　不足及展望

9.3.1　不足之处

现代化都市圈和特色小镇都是崭新的学术议题，本书充分吸收和借鉴已有的研究成果，归纳总结了都市圈特色小镇发展的基础理论、动力机制、要素体系及发展路径和模式，构建了都市圈特色小镇发展绩效评价体系，针对全国范围内典型的八个都市圈特色小镇发展绩效进行评估，分析不同发展阶段都市圈特色小镇的发展特征及内外影响因素，并以南京都市圈和西安都市圈为例进行特色小镇发展的规划策略研究，是一项具有探索性和开创性的研究工作。

由于国内都市圈和特色小镇仍处在迅猛发展过程中，大部分都市圈的发展规划仍在编制或者刚刚开始实施，都市圈一体化及中心城市的引领作用还未发挥预期的作用和价值。同时，特色小镇培育发展中各省市的创建方式和管理机制存在较大差异，且多数特色小镇信息和数据的全面性、公开性存在不足，困于信息获取渠道缺乏与数据统计口径不一，一定程度上影响实证研究的深度与广度，需要在未来持续关注都市圈和特色小镇的发展，建立相关数据库和计量分析模型，验证都市圈特色小镇的发展理论。此外，不同地区的都市圈及特色小镇由于其发展基础的差异，其发展进程和结果会呈现多样化，需要在现有不同发展阶段和不同类型的研究分类基础上，进一步深入对典型地区的都市圈特色小镇的典型案例进行持续跟踪和深入分析。

9.3.2 研究展望

本书从理论和实践层面对都市圈特色小镇展开了深入研究，在未来的研究中要重视绿色低碳发展理念的作用，通过规划引领区域转变传统的城市发展和经济增长方式，以点带面成为新型城镇化发展的典型示范。

绿色低碳发展是建设生态文明、应对气候变化背景下的新型发展模式，是生产模式和治理模式的变革，要求在发展过程中尽量减少对资源的消耗和对环境的破坏，以较低的资源环境代价获得较高的发展成效，是实现经济高质量发展的必由之路。特色小镇是以特色产业集聚为导向、生产生活生态相融合的创新创业平台，也是新产业、新业态、新模式的试验载体，都市圈特色小镇建设必须找准在新型城镇化背景下的定位，注重生态效益和综合效益，走生态环境美丽、文化脉络清晰、产业集群低碳、生活智慧宜居的绿色低碳发展道路，才能适应新时代我国未来城镇化高质量发展的需要。

1. 大都市圈特色小镇绿色低碳发展的意义

1）绿色低碳有利于促进特色小镇自身健康发展

相对于传统城镇空间，特色小镇是解决交通拥堵、环境污染等"大城市病"的重要途径，其优势在于能够依托资源禀赋和生态基底为特色产业提供生长空间，如果特色小镇不采取绿色低碳的发展理念，便会走先污染后治理的传统城镇化老路。因此，特色小镇不仅要选择绿色产业打造绿色经济，还要通过合理运用绿色规划、绿色建筑、绿色交通、绿色能源设施等低碳技术，在规划设计、开发建设、运营管理等方面减少碳排放和增加碳汇，推动小镇自身实现可持续发展。

2）绿色低碳有利于引领区域经济转型高效发展

新型城镇化导向下的大都市圈特色小镇必须转变发展方式，以绿色低碳发展理念来引导产业、人口集聚及空间集约高效发展。特色小镇可以推动能源低碳、安全、高效利用，引导非化石能源消费和分布式能源使用，为工业、交通、建筑等领域的低碳转型提供示范引领，还能推动大数据、物联网、人工智能等新兴产业在绿色经济增长方面的创新，为中国早日实现碳中和、碳达峰作出贡献。

3）绿色低碳有利于形成城乡美丽人居环境示范

特色小镇大多位于都市圈城市与乡村之间的广阔空间中，以美丽宜居、绿色生态为目标导向推行新型城镇化建设，是农业转移人口市民化的重要载体，绿色低碳发展重视对土地、水和能源等资源的集约利用，强化环境保护和生态修复，能够打造空间小而美的发展典范，改变乡村、小城镇原有粗放式的发展方式，提升乡村地区的人居环境品质和生态保护力度，引导小镇居民形成绿色低碳的生产生活方式，形成城乡美丽人居环境的典型示范。

2. 国外低碳城镇发展的做法和经验

随着全球气候变暖以及人们环境保护意识的逐渐增强，低碳城市和低碳社区受到越来越多的关注，国外发达国家为低碳城镇建设提供政策和制度支持，在规划和实践方面积累了丰富的经验，试图通过努力降低对化石燃料的依赖和消耗，鼓励绿色产业和生态友好型的建造技术，实现环境可持续发展。

1）注重政府规划引导

国外低碳城镇创建十分重视规划的整体性和长期性，地方政府将区域战略规划与国家发展战略相结合，通过及时调整公共政策，编制实施城市可持续发展规划，有效缓解了各种城市问题。英国是最早提出低碳概念的国家，通过制定绿色家庭计划来引导居住建筑的节能减排，以及绿色机构计划鼓励公共建筑的节能改造，加强对新建项目的碳排放要求。德国的小城镇建设考虑到经济与环境发展的矛盾，使科学规划与环境保护相结合，考虑到设施的完善和未来改扩建的可能性，充分发挥规划的指导和协调作用，积极引导公众广泛参与规划编制，并且出台相关法律对规划实施进行约束和保障。新西兰新普利茅斯镇政府通过制定战略规划，引导以能源工业为主的小城镇产业向高价值、低碳经济转型升级，并采取"开发生态居住模式"的规划策略提升绿色覆盖率。瑞典开展以生态城市网络建设为代表的小镇环境运动，成立"瑞典生态自治区"（SEKOM）联合组织，提出环境指标体系来监督各个小镇的可持续发展进程，例如罗伯茨福镇编制《可持续行动计划》，将规划项目、预算实施和可持续目标相联系。

2）低碳技术应用示范

德国、瑞典等欧洲国家在低碳城镇的创建中进行了有益尝试，构建了较为完整的低碳技术体系，促进低碳技术研发和示范应用。瑞典哈马比生态城是由工业区和港口改造而成的高循环、低耗能、低碳排放的城镇，其垃圾处理系统可以将分类垃圾通过地下真空管道输送到中央收集站进行再利用，垃圾焚烧和污水处理可以用来生产热能和发电，再加上太阳能和风能的利用使清洁能源成为主要能源来源。德国欧瑞府零碳科技园是工业遗址结合零碳能源技术改造而成，园区 80% ~ 95% 的能源从可再生能源中获得，光伏风电地热等可再生能源得到了灵活有效的利用，电动汽车智能充电站的电来源于风电，环保且价格低廉，储能电站、园区的储热储冷及热泵保障了用能的灵活性，所有的新建筑都是获得 LEED 能源性能标准认证的"绿色建筑"，通过推进清洁电气化、能源基础设施智慧化和超节能建筑来实现兼顾社会效益和经济效益的超前规划。

3）绿色交通体系导向

交通领域是后工业化国家城市温室气体排放的重要来源。国外低碳城镇主要通过采取 TOD（公共交通导向）理念规划，提高公交系统的便利度和可达性，使用电动、沼气等低排放公交工具，鼓励社区拼车或租车，促进就地职住平衡等途径减少区域交通领域碳排放。在优化公交系统和绿色出行条件的同时，国外许多新城采取减少停车位的方式限制私家车的发展，通过完善的公共交通系统和生态系统设计倡导居民低碳出行。

城市交通体系与城市空间形态密切相关，从城市规划角度，低碳城市空间结构需要与公交导向发展的绿色交通体系相联系，城市组团、社区在发展方向上应与公共交通走廊相一致，以保证公交优先在重要的公共走廊上的良好实现。公共交通为导向的城市土地利用模式主要内容包括：①以公共交通走廊为纽带形成节点状的综合用地组团；②以土地混合利用来减少出行次数，降低出行距离；③以高密度开发来促进利用公共交通出行，在距离轨道交通站相差不大时，高密度住宅区的公交出行比例较低密度住宅区高 30%；④小尺度的空间，舒适宜人的公共空间，与公交车站之间合理、适宜的步行空间，有利于提高公共交通以及步行出行的吸引力。

4）强化低碳产业支撑

良好的产业发展与可持续经济影响小镇的生存能力和宜居性，小镇的主导产业能够带动相关新产业的出现，应注重多产业的融合发展，吸引资本、人口等要素的集聚。低碳产业作为低碳城镇化的重要支撑，一方面是传统产业的升级转型，即根据现有产业发展状况以及企业技术水平，制定重点行业低碳发展路线图，推动实现现有产业的改造升级与转型发展；另一方面要大力发展低碳排放的战略新兴产业，如信息技术、节能环保、新能源、生物、高端装备制造、新材料、新能源汽车等战略新兴产业，具有资源能源消耗低、产业带动系数大、就业机会多、综合效益好等特征，是低碳产业发展的主攻方向。发达国家的工业城市通过产业转型有效推动了城镇化低碳发展，如法国洛林地区成功实现了由传统的煤炭、钢铁工业向高新技术产业、复合技术产业的转型；德国鲁尔工业区则实现了由以煤炭、钢铁产业向贸易、信息产业的转型。

3. 大都市圈特色小镇绿色低碳发展的规划思路

应将绿色低碳发展理念与目标有机融入大都市圈特色小镇的总体规划体系，以低碳为突破口提高城镇规划水平，统筹考虑能源、产业、居民等所能实现的减碳贡献，从空间结构、土地利用、交通体系、产业发展、绿色空间、市政设施六个主要维度入手，构建大都市圈特色小镇绿色低碳发展的规划策略，同时将低碳评价关键指标纳入特色小镇总体规划的指标体系，形成一套面向特色小镇总体规划方案的低碳化优化技术。

1）形成布局合理的空间结构

根据都市圈低碳化空间演进规律，引导由中心城市的绝对集中向相对分散的紧凑形态发展，合理控制城市密度，结合生态单元建立有效的城市增长边界，限制城市无序扩张。要构建都市圈合理的城镇等级体系，中小城镇要与中心城市构成比较紧密和完整的城市网络，形成比较明确的分工与合作，使规模效应、集聚效应、辐射效应和联动效应达到最大化，实现都市圈低碳化的空间发展目标。大量中小城镇依据本身和所在地区自然资源、交通等特点，有机融入全国或区域城镇体系，在保持区域格局、接续城市结构的基础上，充分考虑特色小镇空间形态整体性和组团特色，加强片区整合发展，突出城市公共中心体系，构建合理且疏密有致的城市形态。

2）实现集约高效的土地利用

在组团和社区层面则在于发展以轨道交通或快速交通站点为中心的高密度混合化社区，通过提高土地利用密度、混合使用，以增加土地利用及交通的整合，推动就业与住房的平衡，减少交通出行次数，提高公交使用比例，实现城市节能减碳目标。以轨道交通引导特色小镇的空间集聚、功能布局、用地开发，增加用地开发强度，充分考虑职住平衡，促进人口和产业有序聚集，形成集约高效的土地利用方式。

3）构建公交导向的交通体系

优先发展区域轨道交通，在都市圈的城镇发展轴上设置交通走廊，以中心城市向外围放射状布局大运量、公交化运营的交通设施，提升核心—外围的交通可达性，引导城镇空间集聚发展。构建低碳化的交通出行方式，提升区域交通基础设施，构建新区综合公共交通体系，形成系统完善、换乘多元、衔接灵活、高效可达的公共交通网络。积极发展 TOD 导向的交通规划体系，鼓励发展轨道交通、多级换乘体系，通过改善路网布局满足公交系统与慢行系统的衔接，小镇中心区采用窄马路、密路网、小街区的交通规划格局。

4）强化低碳引领的产业发展

都市圈产业格局应围绕中心城市形成专业化的分工合作，中心城市以金融、商贸服务等高级形态的第三产业为主，第一、二产业在外围梯度分布，城镇体系之间的产业呈现产业链化的联动模式，建立若干优势产业集群，促进产业协作和融合，共同构成生产有机体，达到优化资源配置、降低能耗、提升效益的目标。通过战略规划和空间资源调控，以小镇地方资源和环境约束条件引导产业发展，推动制造业和服务业融合发展，以及现代服务业和传统服务业相互促进，加快服务业创新发展和新动能培育，摆脱产业对化石能源的依赖，普及低碳生活方式和消费方式，追求经济发展与碳排放脱钩，为传统优势产业向高附加值产业转型升级和减排增效明确发展方向。

5）建立生态优先的绿色空间

建立都市圈生态安全格局控制线，识别不同类型绿地的功效，坚持生态优先的原则，加强区域性绿地廊道的控制与保护，推进城市生态修补与修复。特色小镇实现绿色空间布局低碳化，需要在保证一定绿化面积的前提下，实行绿化带、小公园在空间上分散设置，降低城市热岛效应，减少建筑的制冷需求，尽可能增加乔木数量，以增强其碳汇吸收能力。同时，优化生态景观品质、维护生物多样性、保障市民游憩休息，实现人工生态空间与自然生态空间的有机融合。

6）建设绿色智慧的市政设施

采用绿色低碳的市政设施，发展绿色能源，推进清洁能源综合利用规划与实施；建设地下综合管廊系统，统筹各类市政管线专项规划，保障城市安全与稳定运行，完善新区功能；大力发展绿色基础设施建设、海绵城市建设，针对不同功能区推广利用低影响开发技术，鼓励使用中水系统、雨水收集利用系统；建设固废回收利用体系，严格执行垃圾分类收集，推进废弃物减量与再利用。特色小镇的能源规划应根据产业特色、资源禀赋等具体状况进行差异化、精细化配置，从用户用能的需求特点出发，精准分析全年能源需求的种类、数量以及逐时变化特征，降低能源设施的装机容量，减少设备投资，提高能源利用效率，减少运行成本。同时，小镇的能源规划应着眼于智慧管理，运用能源大数据，结合移动互联网、云计算、物联网等科技，建立集中管理平台，为不同使用主体提供特色化的能源管理方案。

图目录

表目录